2003

中国生物技术发展报告

中华人民共和国科学技术部 农村与社会发展司
中国生物技术发展中心

中国农业出版社

图书在版编目（CIP）数据

中国生物技术发展报告.2003/中华人民共和国科学技术部农村与社会发展司，中国生物技术发展中心编.北京：中国农业出版社，2004.5
ISBN 7-109-09074-4

Ⅰ.中… Ⅱ.①中… ②中… Ⅲ.生物技术-技术发展-研究报告-中国-2003 Ⅳ.Q81-12

中国版本图书馆 CIP 数据核字（2004）第 043308 号

中国农业出版社出版
（北京市朝阳区农展馆北路 2 号）
（邮政编码 100026）
出版人：傅玉祥
责任编辑 洪兆敏

中国农业出版社印刷厂印刷 新华书店北京发行所发行
2004 年 7 月第 1 版 2004 年 7 月北京第 1 次印刷

开本：889mm × 1194mm 1/16 印张：21.5
字数：300 千字 印数：1～2 000 册
定价：148.00 元

2003 中国生物技术发展报告

编 辑 委 员 会

主　　编：王宏广

副 主 编：贾敬敦　王　宇　马宏建　张　木
　　　　　安道昌

参加人员：（按姓氏笔画排列）

丁一明　于拴仓　于振行　万　涛
万方浩　马月辉　马贵宏　王　军
王　岩　王小行　王云峰　王仁武
王忆平　王以光　王东根　王印政
王汉中　王军志　王国英　王学德
王德平　尹红章　石东生　卢大儒
叶兴国　田颖川　付卫平　付红波
白先宏　冯　锋　冯家勋　吕川根
吕蓓蕾　朱仁英　朱宝泉　伍津津
刘　伟　刘　铭　刘彦君　庄　平
关镇和　安成才　许泽永　孙其信
孙修炼　杨　涛　杨仁崔　杨志明
杨泽森　贡锡锋　苏　月　李　青
李先恩　李劲松　李迪强　李校堃
李雄彪　李瑞国　吴　泉　吴玉章
吴永宁　吴家和　何正权　佟　彬

2003 中国生物技术发展报告

执　笔　人

政 策 篇

王宏广　李　青　赵清华　郑玉果　苏　月

科 学 篇

范　明　饶子和　冯　锋　赵爱民　沈　岩
马大龙　朱玉贤　金　奇　王忆平　贺福初
饶子和　李亦学　刘湘军　范　明　程　京

技 术 篇

医药生物技术

潘卫庆　陈志南　佟　彬　娄　竞　刘彦君

朱仁英	邹全明	吴玉章	袁正宏	彭朝晖
万　涛	钱关祥	卢大儒	李校堃	梁　旻
白先宏	曹谊林	杨志明	解慧琪	刘　伟
崔　磊	金　岩	伍津津	王　岩	裴雪涛
王以光	邵荣光	魏于全	王军志	范　玲
于振行				

农业生物技术

植　　物	朱　祯	郭三堆	张　锐	王学德	吴家和
	田颖川	唐克轩	何正权	林拥军	彭友良
	杨仁崔	张书标	陈佩度	张学勇	王国英
	孙其信	辛志勇	徐惠君	叶兴国	陈锦清
	于拴仓	安成才	李雄彪	许泽永	王汉中
	傅廷栋	吕川根	王德平	杨泽森	
动　　物	李　宁	曾溢涛	扈荣良	郑兆鑫	王云峰
	童光志	李瑞国			
微 生 物	林　敏	张义正	黄日波	张　伟	姚　斌
	胡志红	孙修炼	徐玉泉	宋福平	裴　炎
	李　瑾				

工业生物技术

曹竹安　刘　铭　黄英明

环境生物技术

赵立平　林　敏　马延和　冯家勋　王小行
杨　涛

海洋生物技术

徐安龙　陈省平

资源与安全篇

生物资源　刘　旭　顾东风　孟智斌　李迪强　王仁武
高卫东　庄　平　马月辉　王印政　蒋尤良
李先恩　顾万春　姜瑞波

生物安全　彭于发　万方浩　李劲松　陈洁君

食品安全　吴永宁　周乃元

国际合作篇

吕蓓蕾　贡锡锋　王东根　张　学　曾长青

产 业 篇

吴　泉　朱宝泉　金区燕

附　录

郑玉果、苏月、黄英明、董静等整理

序 言

当今世界，科学技术发展突飞猛进，新兴学科、交叉学科不断涌现，科技进步对经济社会的影响作用日益广泛和深刻。伴随着信息科技革命方兴未艾的浪潮，生命科学和生物技术的发展也正在展现出未可限量的前景。越来越多的人们已经预见到，一个生命科学的新纪元即将来临，并将对科技发展、社会进步和经济增长产生极其重要而深远的影响。

党的十六大指出，对于我国来说，21世纪头20年是一个必须紧紧抓住并可以大有作为的重要战略机遇期，我们要集中力量，建设惠及一几亿人口的更高水平的小康社会。应当说，生命科学和生物技术及其产业的发展为我国提供了一次实现科技创新和社会生产力跨越发展的重大战略机遇。

无论是科技界还是产业界，都基本认同这样一个重要判断：在新的世纪里，生命科学的新发现，生物技术的新突破，生物技术产业的新发展将极大地改变人类及其社会发展的进程。日益成熟的转基因技术、克隆技术以及正在加速发展的基因组学技术和蛋白质组技术、生物信息技术、生物芯片技术、干细胞技术和组织工程等关键技术，正在推动生物技术产业成为新世纪最重要的产业之一，深刻地改变人类的医疗卫生、农业和食品的状况。尽管世界各国对高科技领域范围的界定不完全相同，但几乎无一例外地将生命科学和生物技术放在重要位置。

在近代历史上，中国曾经几次与世界科技革命的发展机遇失之交臂，留下诸多遗憾和教训。今天，生命科学和生物技术作为新兴的尖端科技领域，无论对发达国家还是对发展中国家来说都是一次全新的选择，这对我国来说更是十分难得的战略机遇。可以认为生命科学和生物技术将成为我国最有希望后来居上并实现跨越发展的高科技创新及产业领域。

实现上述目标，我国已具备独特的优势和条件。首先，我国拥有丰富的生物遗传资源，为我国生命科学与生物技术提供了丰富的材料；其次，广阔的市场需求也为我国发展生物技术及其产业提供了强大的动力；第三，中国蕴含丰富的传统文化理念将对我国生命科学和生物技术的发展产生重要的影响，形成自己的特色；第四，经过多年努力，我国在生命科学和生物技术领域形成了一支水平较高的研发队伍和相当的工作基础，创新和开发能力不断增强，具备了加快发展的基础和条件。

为此，我们应采取更加积极有效的措施，大力支持生命科学和生物技术研究，促进生物产业快速、健康地发展。我们要从关系我国国计民生和国家的根本利益出发，树立把握重大发展机遇的战略意识；我们要充分发挥自身的特点、优势和已有基础，加强创新，寻求新的突破和跨越；我们要加强宏观调控，形成协调一致、贯彻始终的战略部署和政策扶植体系，为生物技术及其产业的发展创造良好的政策环境。只有这样，才能使我国生物技术及其产业在激烈的国际竞争中占据有利地位，为全面建设小康社会，实现中华民族的伟大复兴做出实质性贡献。

为了科学、准确、全面地介绍我国生物技术及其产业发展的现状与主要成就，交流、总结发展生物技术及产业的经验，宣传政府发展生物技术的政策方针，继出版《2002中国生物技术发展报告》之后，科学技术部农村与社会发展司和中国生物技术发展中心又组织专家编写了《2003中国生物技术发展报告》，在继承上一本报告风格的同时，对内容结构进行了适当调整，并尽可能全面收集反映了截止2002年底国内外生物技术研发和产业化的最新进展，希望能够为科研工作者、企业界人士、科技管理人员和其他关注中国生物技术发展的人士起到参考作用。

李学勇

2004年4月

目 录

政 策 篇

2002年，中国生物技术及其产业取得了长足的进步。各有关部门、地方政府进一步通过完善政策法规、加强领导、增加研发投入、建立生物产业园区等多种措施，加速生物技术产业的发展。中国生物技术应用研究与开发取得多项重大突破，一批新兴企业迅速崛起，生物技术园区快速发展，生物领域国际科技合作日趋广泛，生物技术及其产业的国际竞争力明显增强，技术和产业水平与发达国家的差异不断缩小。

发展环境不断改善

生物技术研究开发及其产业化工作越来越受到中国政府有关部门的重视与支持，科学技术部、教育部、国家发展与改革委员会、农业部、国家环境保护总局、国家自然基金委员会、中国科学院、国家质量监督检验检疫总局等有关部门都采取不同措施加强生物技术研究及其产业发展。北京、上海、广东、山东、福建、陕西等地相继出台了一批政策措施，进一步加速生物技术及其产业的发展。全国生物技术产业发展的环境进一步改善，发展速度明显加快。

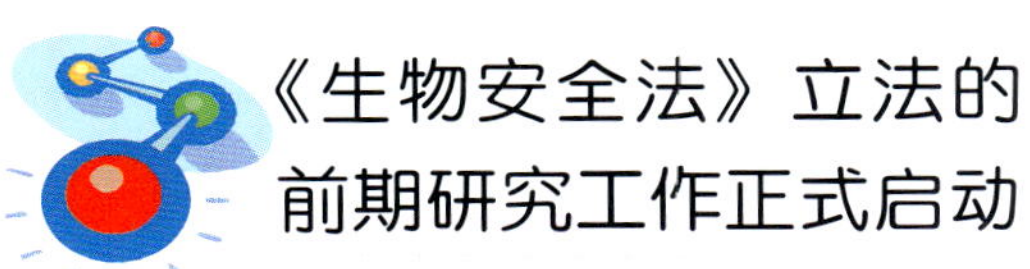

《生物安全法》立法的前期研究工作正式启动

中国政府一直十分重视生物安全工作。特别是1993年以来，国务院有关部门进行了大量的工作，先后制定和发布了一系列与生物安全相关的法律、法规，对保障我国生物安全的管理发挥了重要作用。为了进一步加强对生物安全的管理，使生物安全的管理法制化、科学化，保障生物技术产业的健康发展，科学技术部从2002年3月开始会同国家环境保护总局、农业部、卫生部、国家林业局等14个部门，在原有工作基础上，开展了有关生物安全立法的前期调研工作，并成立了生物安全法研究起草领导小组及其工作班子。在调查研究的基础上，起草了《生物安全法》立法框架讨论稿，并召开了3次生物安全立法研究起草小组会议，广泛征求有关部门和专家的意见，积极推进生物安全立法的起草工作。

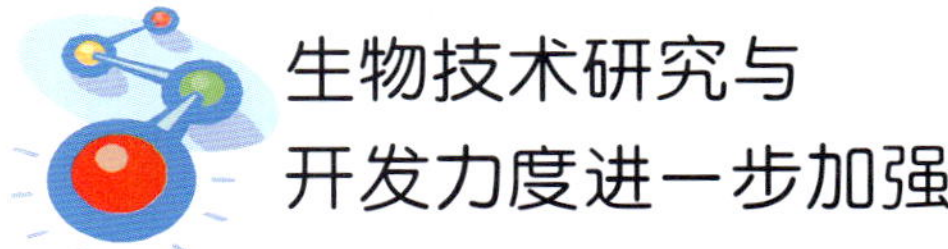

生物技术研究与开发力度进一步加强

一、科学技术部继续实施了一批生物技术领域的国家科技计划

“功能基因组和生物芯片”、“创新药物和中药现代化”两个国家重大科技专项以及“组织器官工程”、“生物反应器”等863计划生物和现代农业技术领域重大专项全面启动，总计立项209项，落实经费约7亿元。作为“十五”计划的第二年，国家863计划生物和现代农业技术领域于2002年启动了生物工程技术、基因操作技术、生物信息技术和现代农业技术四个主题第二批197个课题，累计落实经费约3亿元。

2002年，国家重点基础研究发展计划（973计划）启动了3个农业领域项目和4个人口与健康领域项目。其中“重要农作物品质性状功能基因组学与分子改良的研究”项目的主要内容是从功能基因组学角度开展小麦和大豆品质性状遗传改良的基础研究，为品质性状的分子改良奠定理论基础并提供基因资源，建立小麦和大豆品质性状分子改良的技术体系。“基于生物信息学的药物新靶标的发现和功能研究”项目围绕发现并验证药物新靶标这一目标，建立并应用生物信息学技术平台，结合功能基因组学方法，解决药物靶标发现的准确性、系统性和成药性等一系列关键科学问题。此外，本年度的973计划综合与前沿领域还启动了两个与生命科学和生物技术相关的项目，一是“调控细胞增殖重要蛋白质作用网络的研究”；二是“生命科学若干前沿与交叉问题的研究”。

“十五”国家科技攻关计划项目于2001年12月批准启动了两项生物技术领域项目，一是“生物资源与生物安全技术研究开发”，主要进行生物资源和生物安全关键技术的研究开发，建立我国自己的生物种质资源保存评价技术和生物安全监测技术，并将它们应用于生物种质资源的开发利用和转基因植物及其产品的监测，从而促进我国生物产业的发展，保证我国的生态安全，保障人民身体健康；二是“发酵工程关键技术研究与重大产品开发”，主要进行发酵工程关键技术及重大产品的研究开发，发挥我国丰富的生物资源优势，提高发酵工程的技术水平，增强食品加工、生物化工、生物医药等相关行业的产品竞争力和可持续发展能力。

二、中国科学院继续实施创新计划，加强研究平台建设

2002年，中国科学院在生命科学和生物技术方面启动了3个创新重大项目。“创新药物研究开发与药物创新体系建设”项目的目标是从创新药物研究的持续、长远发展着眼，

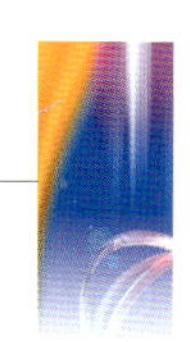

构建适应国际生物医药科技发展趋势、与国际新药研发规范接轨的药物创新体系，建立关键技术平台，针对我国重要疾病，开发一批具有知识产权的创新药物，推动成果的产业化；"造血干细胞及血液系统疾病相关蛋白质的结构基因组学研究"是从测定造血干细胞及血液系统疾病相关蛋白质及其复合物的三维结构，发现一些折叠新类型和重要功能的新结构以及潜在的药物靶标，为新药发现提供蛋白质结构基础；"重要外来种入侵的生态学效应"主要研究外来入侵种的传播途径、扩散机理、生态学效应和危害的防治手段等科学问题，最终建立一套外来种入侵的预警系统。与此同时，中国科学院在生物医学、农业生物学与生物技术和环境生物学与生物技术领域共确定了48个重要方向，启动了49个项目（含交叉），全面展开实现创新目标的攻坚战。

与此同时，中国科学院进一步优化研发平台和机构设置，在上海成立营养科学研究所。研究所的建设参照国际一流营养科学研究机构模式，注重在分子和细胞尺度上研究营养与健康的分子机理，为营养与疾病诊疗提供科学理论基础和创新知识的储备，成为中国营养与健康科学界具有高度学术声誉和浓厚学术气氛的基础性研究中心，逐步建成国际一流的营养科学研究所。

中国科学院以基因组信息学中心为基础，组建了北京基因组研究所。该所定位为生命科学的基础研究所，它将依托自有的大规模基因组数据产出，以信息整理、分析和理论研究为主要任务，在交叉学科建设、优势集成的基础上，结合我国的战略需求，研究、探索基因组蕴涵的基本生物学信息和意义，形成新的知识、新的思想理论和技术方法，进行深层次的生命活动、遗传和进化规律的探索。

2002年5月，我国首个主要用于生命科研的专业性图书馆——上海生命科学图书馆在上海创建。

三、国家质量监督检验检疫总局加大生物相关科研投入力度

国家质量监督检验检疫总局为提高质检科技工作水平，及时解决检验检疫工作中面临的热点、难点和重大技术问题，做好基础性研究和技术储备，真正做到科研为质检系统的执法提供技术支撑和保障，2002年进一步加大了生物相关科研的投入力度，涉及生物领域的仪器设备投资为4 700万元，安排的科研项目中涉及生物领域的有60余项，共安排经费1 500余万元。对承担的国家"十五"期间重大科技攻关项目"食品安全关键技术研究"中的4个课题在本类项目中予以经费补贴约800余万元，并安排"食品中常见病原微生物和生物毒素快速检测技术及食物中毒的定量危险性评估"等15个项目为重点项目。

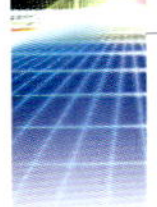

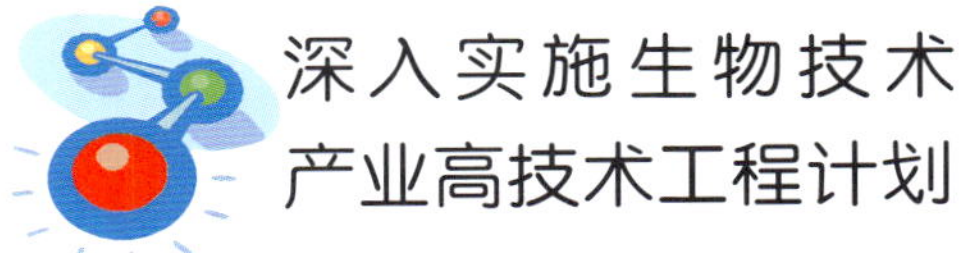

深入实施生物技术产业高技术工程计划

按照国务院批准的“十五”期间实施的十二大高技术产业工程的原则精神，为加速我国现代生物技术产业的发展，国家发展与改革委员会于2002年2月11日发出公告，将在2002—2005年期间集中实施“生物技术产业高技术工程”。

“工程”的总体目标是：通过国家宏观引导，针对我国医药、农业和西部大开发等方面的需要，重点发展优质抗逆重要农作物新品种种子、优良林木种苗、家畜胚胎工程、兽用疫苗、生物防治制剂与微生物农药、生物肥料、生物饲料的产业化，积极发展抗体工程、重组疫苗、基因治疗与细胞治疗、组织工程、基因药物，推进环保生物技术、海洋生物技术产业、生物反应器的产业化，促进采用现代生物技术在发酵、制药、食品、轻工等传统产业的应用。解决、完善我国生物技术产业的资本市场运作机制，形成合理产业结构和具有国际竞争力的特色产业，使我国生产的现代生物技术产品销售额从2000年的200亿元，增加到2005年的2 000亿～3 000亿元，为我国生物技术产业的快速发展奠定基础。

“工程”的主要内容是：完善、建立转基因生物安全评价体系，建立解决生物技术产业发展共性、关键技术与产业化技术支撑体系，强化生物技术基础研究能力和生物资源保护能力，培育具有国际竞争力的特色产业基地，促使一批重大生物技术产品实现产业化。具体是：

（1）围绕《农业转基因生物安全管理条例》的实施，设立农业转基因生物安全评价中心；按照《药品法》的要求，完善、提高基因工程药物安全评价能力。

（2）强化我国生物技术的产业化能力，形成产业技术支撑体系。以科技成果工程化、运行机制企业化、发展方向市场化为指导思想，以解决生物技术产业共性、关键技术为主要任务，鼓励在生物技术产业积聚区建设具有创新能力和工程化集成能力的公司制国家工程研究中心，推动科研与产业的结合，加速科技成果转化。

（3）结合国家重大科学工程的建设和国家科技计划的实施，进一步完善提高基因测序、功能基因挖掘、生物信息学研究等领域的创新能力，强化对我国特有重要生物种质资源的保护。

（4）在研究力量相对集中、优势产业比较明确、企业发展潜力较好的地区，扶植以生物技术产业为核心的产业链的发展，形成我国各具特色的生物技术产业基地，带动全国生物技术产业的发展。

（5）促进具有知识产权和发展优势的重大生物技术产品的产业化。

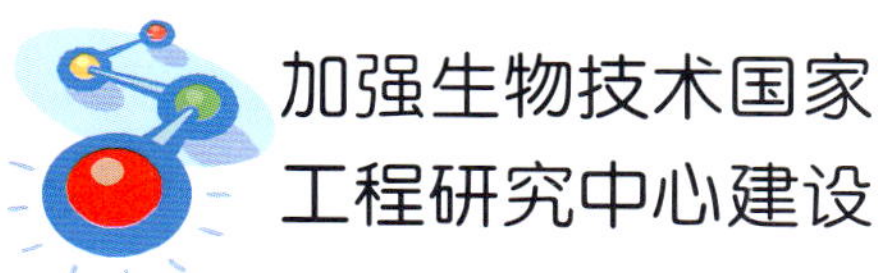

加强生物技术国家工程研究中心建设

为促进科技与经济结合，科学技术部会同有关部门共同组织实施国家工程技术研究中心（以下简称国家工程中心）计划。国家工程中心建设是在“创新、产业化”方针指引下，探索科技与经济结合的新途径，加强科技成果向生产力转化的中间环节，促进科技产业化；面向企业规模生产的需要，推动集成、配套的工程化成果向相关行业辐射、转移与扩散，促进新兴产业的崛起和传统产业的升级改造；促进科技体制改革，培养一流的工程技术人才，建设一流的工程化实验条件，形成我国科研开发、技术创新和产业化基地。

国家工程中心是主要依托于行业、领域科技实力雄厚的重点科研机构、科技型企业或高等院校，拥有国内一流的工程技术研究开发、设计和试验的专业人才队伍，具有较完备的工程技术综合配套试验条件，能够提供多种综合性服务，与相关企业紧密联系，同时具有自我良性循环发展机制的科研开发实体。

到2002年底为止，科学技术部已批准建立103个国家工程技术研究中心，分布于农业、能源、制造业、信息与通信、生物技术、材料、建设与环境保护、资源开发利用、轻纺、医药卫生等领域，遍及全国二十多个省、直辖市、自治区。其中与生物领域相关的工程中心近30个，从事现代生物技术研究与开发的达10个（详见附录）。

《医药科学技术政策》和《中药现代化发展纲要》进一步强调生物技术在相关产业发展中的作用

2002年9月18日，科学技术部、国家经济贸易委员会、国家中医药管理局联合颁布了《医药科学技术政策（2002—2010年）》，强调积极发展生物制药技术，推动医药产业结构调整。并指出：以基因技术为代表的现代生物技术的发展，导致了以基因工程制药为主的一个新兴生物制药业的产生与发展，并且成为各国制药领域竞争的热点。生物制药是国际制药业未来发展的重要方向，因此，大力发展以基因技术为代表的生物制药技术是今后一项重要的战略任务。其重点方向和任务是：

——针对我国人群的重大疾病，研究开发新型生物药物、疫苗和生物治疗方案；研究并建立疾病与药物筛选和安全评价模型；研究哺乳动物细胞大规模培养技术、转基因和治疗用单克隆抗体；研究开发产品过程优化技术。

——建立和完善规模化、高效率的功能基因组研发体系，寻找重要遗传疾病致病基因、重大多因素多基因疾病的易感基因以及具有重要生理功能的基因，用于疾病诊断和药物、疫苗、生物靶点的开发利用。

——研究病原及特殊功能微生物功能基因组，寻找微生物致病、主要免疫靶点及代谢调节基因，用于疫苗、诊断及药物筛选的开发利用。

——发展生物信息技术，结合功能基因组研究和蛋白质组研究，建立国家生物信息获取、管理、分析和服务体系；建立和发展生物芯片研究开发和服务系统；建立高通量药物筛选、药物分子设计技术体系。

——重点突破主要抗生素、维生素、甾体激素和氨基酸生产的基因工程菌构建与高效表达，确定工程菌大规模发酵工艺参数，研究高效分离纯化手段，实现商品化生产。

——研究基因工程药物的检测分析和安全评价，建立规范的检测分析方法与评价标准；研究生物治疗所涉及的伦理学问题，确保基因工程药物和生物治疗方案的安全性。

2002年10月10日，科学技术部、国家发展计划委员会、国家经济贸易委员会发布《中药现代化发展纲要》(2002—2010年)，指出加强多学科交叉配合，深入进行中药药效物质基础、作用机理、方剂配伍规律等研究，积极开展中药基因组学、蛋白组学等研究。

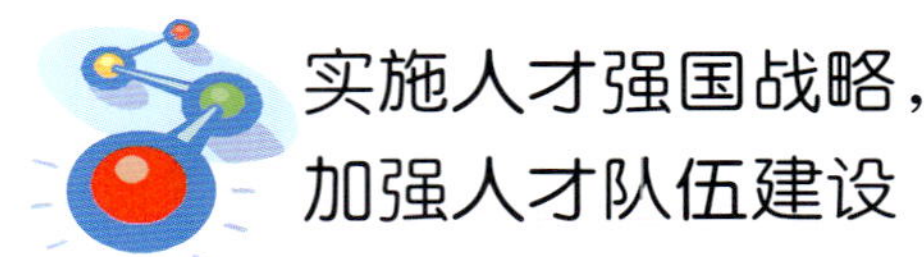

实施人才强国战略，加强人才队伍建设

以提高创新能力和弘扬科学精神为核心，加快培养、造就一批具有世界前沿水平的生物技术和生命科学高级专家。坚持基础研究与应用研究并重，依托新世纪百千万人才工程等国家重大人才培养计划、重大科研和建设项目、重点学科和科研基地以及国际学术交流与合作项目，积极推进生物技术和生命科学创新团队建设。建立国家生命科学与技术人才培养基地，加大后备人才培养力度。

一、人才计划凝聚了大批优秀生物技术人才

教育部面向全国高校实施的优秀人才计划项目，基本形成定位明确、层次清晰、相互衔接的三个层次的优秀人才培养和支持体系：第一层次以“长江学者奖励计划”为主，吸引、遴选和造就一批具有国际领先水平的学科带头人和学术大师，长江学者特聘教授构成两院院士的一支后备梯队（表1）；第二层次以“高校青年教师奖”和“跨世纪优秀人才培养计划”为主，培养、造就新一代优秀年轻学术带头人，这支队伍将作为长江学

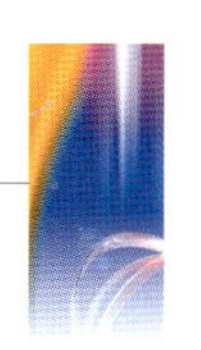

者特聘教授的后备梯队；第三层次以“优秀青年教师资助计划”、“高等学校骨干教师资助计划”和“留学回国人员科研启动基金”等项目为主，吸引、稳定和培养一批有志于高等教育事业的优秀青年骨干教师。至2002年，“优秀青年教师资助计划”计划资助人数达2 019人，资助经费总额达1.29亿元。与此同时，有关部门推出了“国家杰出青年科学基金”、“创新研究群体科学基金”、“高校青年教师奖”、“跨世纪优秀人才计划”，生物学家、生物技术学家及生命科学家亦是其中的主体之一。

表1 “长江学者计划”特聘教授上岗情况统计简表 （人）

批　次	第一批	第二批	第三批	第四批	第五批
总人数	73	127	107	143	94
其中生物方面	15	26	26	41	27
特聘教授所占比例	20.5%	20.5%	24.3%	28.6%	28.7%

二、建立国家生命科学与技术人才培养基地，加大后备人才培养力度

2002年7月19日，为适应我国经济结构战略性调整的要求和生物技术产业发展对人才的迫切需求，实现我国生物技术产业化高层次人才培养的跨越式发展，发挥高等教育基础性和先导性作用，促进高校学科专业结构调整，按照“自愿申报、结构优化、选优保重、合理布局”的原则，教育部、国家发展计划委员会共同批准在北京大学、清华大学 、北京师范大学、中国农业大学、北京中医药大学、首都医科大学、南开大学、内蒙古大学、吉林大学、沈阳药科大学、东北林业大学、复旦大学、上海交通大学、第二军医大学、同济大学、南京大学、南京农业大学、中国药科大学、江南大学、浙江大学、中国科学技术大学、厦门大学、山东大学、青岛海洋大学、武汉大学、华中科技大学、华中农业大学、中南大学、湖南师范大学、中山大学、四川大学、云南大学、西安交通大学、西北大学、西北农林科技大学、第四军医大学、兰州大学等36所高校建立“国家生命科学与技术人才培养基地”。

“基地”建设将鼓励在招生对象、人才类型以及人才培养体制、机制等方面进行大胆创新；鼓励进行跨学科、跨校、跨行业、跨国合作办学模式探索；鼓励与生命科学领域有关机构进行上下游、学研产联合建设；鼓励企业及社会各界广泛参与和支持“基地”建设。各“基地”要根据自身学科背景，从本科教育入手，积极探索创新，拓展办学空间，形成特色优势，在实验条件、教师水平、教学内容、方法与手段等方面达到或接近国际先进水平。

教育部和国家发展计划委员会希望经过

若干年努力，将“基地”建设成为集教学、研发与产业化功能于一体的创新创业人才培养基地，为21世纪我国生物高新技术产业发展培养各类高素质复合型人才，并在生命科学领域人才培养中起到示范、辐射作用，促进高校学科专业结构调整，为教学、科研人员提供创新创业平台，促进高校科技成果转化及产业化。

研究开发取得重要进展

2002年，随着我国发展生物技术的政策环境不断改善，投入进一步增加，越来越多的海外留学人员回国创业，更多的优秀人才开始脱颖而出，我国在生物技术的研究开发方面继续保持了强劲的发展势头，取得了一批重要的研究成果和技术突破。主要表现在以下几个方面。

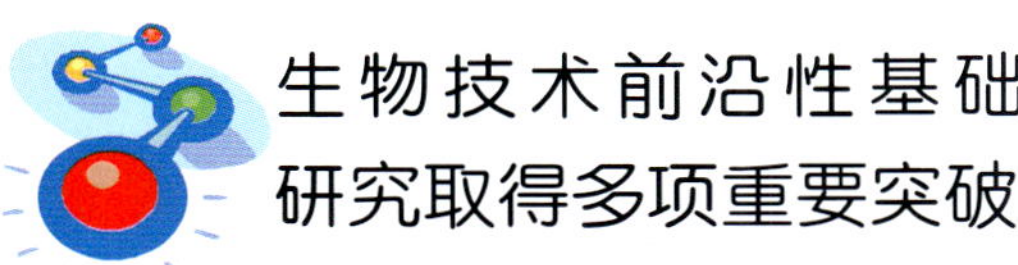

生物技术前沿性基础研究取得多项重要突破

2002年，我国生命科学研究不断深入，在基因组、生物信息、干细胞等与生物技术密切相关的基础研究领域取得了一批重要研究成果，在脑科学、生物进化、纳米生物技术等前沿性、综合性生命科学研究方面也有重要进展。

在人类基因组与蛋白组相关研究中，我国参与了新近启动的人类单核苷酸多态性(SNP)的研究，并在其中承担了10%的任务。在疾病基因组相关分析中也有一定的截获，对帕金森氏病的遗传分析，证明该病的主要致病因素是环境以及环境与基因突变的相互作用。对精神分裂症遗传因素的研究目前也进展较好，有望从分子水平认识该病的发生发展机理，并为探讨人类认知与情绪的物质基础提供了新的思路。有关Binlb的鼠源新基因功能的研究，证明该基因产物是附睾防御系统相关的天然抗菌肽，从而发现了国际上第一个与男性生殖系统炎症相关的功能基因，成果发表在《Science》。我国科学家还发现年轻的人类细胞存在可与P16基因调控区的负调控组件ITSE结合，进而抑制P16基因表达的24kD蛋白。初步证明了P16可能是细胞衰老的主导基因。这项成果被评选为“2002年

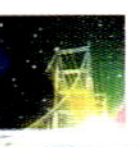

中国十大科技进展新闻”。

在人类基因组研究的带动下，我国在动植物基因组、微生物基因组研究方面也有了明显的进展。在破译水稻全基因组框架结构的基础上，又对水稻的第四对染色体做了详尽的分析，有关工作均发表在国际著名刊物上。在水稻研究中发现杂种优势形成的遗传组分可在同一遗传体系中共存而不是非此即彼，而且水稻与大麦抗稻瘟病的相关基因部分呈现完全相同的小种专化性。此外，在小麦、大豆、白菜等重要粮食和经济作物功能基因组也取得明显进展。

野油菜黄单胞菌野油菜致病变种8004菌株是一种典型的植物病原细菌，能在世界范围内侵染所有十字花科植物，引起黑腐病，造成严重危害。我国科学家在全基因组信息的基础上，构建了基因组范围的饱和突变体文库。对饱和突变库进行筛选，鉴定由基因突变所产生的表型，在基因组范围内收集基因失活突变体致病性的变化，鉴定出了野油菜黄单胞菌全部的致病相关基因。在此基础上，采用全基因组ORF芯片技术，研究了致病相关基因之间的表达调控机理，鉴定出在致病过程中起关键作用的基因，并研究了有关作用机理和可能的药物作用靶标。

2002年，中国科学家与欧洲分子生物学网络组织EMBnet合作，在进一步完善公开数据库系统的基础上，从人类全基因组入手构建人类蛋白质索引，开发基于蛋白序列的注释系统和基于序列模体的注释系统，构建具有重要生物功能的蛋白家族二级数据库，并开发相关生物信息学算法等方面进行了卓有成效的工作。已建成国内生物数据库种类多、数据量大、更新更为及时的生物信息资源中心，为生命科学和生物技术各领域提供生物数据库检索、数据资源下载等各项服务。针对本平台建设的需要，为ENSEMBL、GoldenPath、ExPASy、RGD等国际著名基因组注释系统、SRS数据库检索系统、BLAST数据库搜索系统以及FTP数据库下载系统专门配置了高性能服务器，实现专机专用，提高了效率；更新和扩充了数据库检索系统SRS，公共数据库总数近150个。

我国在成体干细胞跨系或跨胚层分化、干细胞增殖分化调控干细胞治疗技术及其临床应用等主要研究方向均有所突破。建立了以造血干细胞和间充质干细胞为重点的成体干细胞分离纯化、体外扩增、定向诱导分化等技术路线，并依据干细胞生长、发育和分化的体内环境和主要调控机制，采取“程序性”扩增与诱导分化的策略，以保证其效率、功能和安全性，同时优化其诱导条件，实现扩增与诱导的规模化和标准化，重点向心肌、神经、肝脏、胰岛等组织细胞分化。在此基础上将部分干细胞技术应用于血液系统疾病、

癌症放化疗后的造血支持治疗，心血管疾病、肝病、神经退行性疾病、糖尿病等重大疾病的临床治疗。

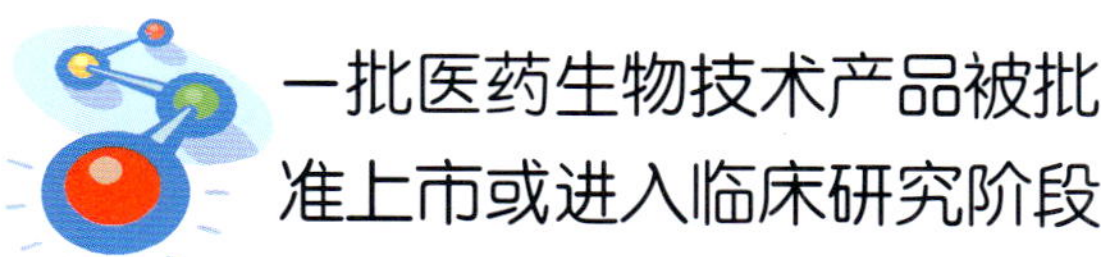

一批医药生物技术产品被批准上市或进入临床研究阶段

2002年中国医药生物技术研究开发及产业化取得了一系列重要进展，医药生物技术领域的技术水平和创新能力明显提高，特别是医药生物技术产业化步伐明显加快。截止2002年底我国共批准了20种生物技术药物和疫苗上市，有150余种生物技术药物和疫苗处在临床研究阶段，仅2002年就有57种生物技术药物和疫苗（含原料和制剂）获准进入临床研究。

在基因工程药物与疫苗研究开发方面，我国自1989年批准第一个基因工程药物干扰素α－1b以来，先后批准包括3种拥有自主知识产权的重组人干扰素α－1b（IFN α－1b）、重组人碱性成纤维细胞生长因子（r－bFGF）和重组链激酶（r－sk）共17种基因工程药物与疫苗上市。目前有几十种基因工程药物处于不同临床研究阶段。

在基因治疗和生物治疗研究方面，我国在基因导入和基因治疗临床试验等方面取得了很大进展，并建立了几个国家基因治疗示范基地。截至2002年底，我国已批准7个基因治疗方案进行临床研究，另外还有一批具有自主知识产权的基因治疗方案可望在近2～3年内进入临床研究。

在组织工程和干细胞研究与应用方面，目前国内已初步形成了几个组织工程研发基地，建立了一批各具特色的组织工程实验室，研究范围涉及临床医学、组胞生物学、分子生物学、高分子生物材料以及相关领域，与国外的差距正在逐渐缩短，某些研究已经达到世界先进水平，形成了一支以中青年为骨干的、高水平的专业组织工程科研队伍。目前已研制出一些较为成熟的技术和产品，包括组织工程化骨、软骨、肌腱、皮肤等系列组织工程产品，部分产品达到或接近临床应用阶段。在干细胞研究与应用方面也取得可喜进展，利用干细胞定向培育出血液、角膜、神经、胰岛、肝脏、心肌等细胞产品，为下一步用于癌症、心血管疾病、糖尿病、肝脏疾病、帕金森病、老年性痴呆等疾病的替代治疗奠定了基础。

一批农业生物技术产品已经完成研究工作，具备了产业化条件

我国已有转基因耐贮藏番茄、改变花色的矮牵牛、抗病毒甜椒和辣椒、抗病毒番茄、抗虫棉等6种转基因植物通过了商品化生产许可，并有20余种转基因植物进入环境释放阶段。

目前，我国的转基因植物研究已经在功能基因的分离克隆、外源基因转化技术的改进、功能验证、安全性评价等方面取得了重要进展。在“国家转基因植物研究与产业化专项”的资助下，2002年获得了具有重要价值并拥有自主知识产权的新基因26个，其中功能明确、对农作物品种改良具有重要价值的目的基因7个，一批具有重大应用价值的科技成果脱颖而出。

在转基因植物研究产业化方面，我国已培育出转基因抗虫棉新品种19个和一批优良品系，2002年我国抗虫棉推广面积达到194.3万公顷，其中国产抗虫棉为80万公顷，占41%。中国农业科学院生物技术研究所主持的抗虫棉研究项目荣获2002年国家发明二等奖。转基因抗虫、抗病水稻 已进入了安全性评价的生产性试验阶段。转基因抗虫杨12号通过审定，抗虫741获得品种权保护，抗虫杨已推广了116公顷（40万株）。我国自主培育了“超油1号”和“超油2号”两个转基因油菜新品系，含油量高达52.82%，是目前世界上含油量最高的甘蓝型油菜。

我国的动物体细胞克隆技术得到了迅速发展，体细胞克隆山羊（西北农林科技大学）、奶牛（中国科学院）均已获得成功，建立在动物克隆技术基础上的新型转基因动物技术平台已经基本建立，国内不少单位利用动物乳腺生物反应器表达了10余种外源基因。中国农业大学2002年4月获得了我国体细胞克隆黄牛—红系冀南黄牛。2002年在中国科学院遗传与发育生物学研究所的主持下，相继诞生了4只携带有医用蛋白的转基因体细胞克隆奶山羊，并有3只成活。经过DNA检测，证明已获得了转β-干扰素基因和转抗凝血酶素Ⅲ基因的克隆羊。

我国转基因鱼已进入控制性生产，中国科学家培育出的三倍体鱼湘云鲫（鲤）已推广至全国23个省、直辖市，中试期间共生产湘云鲫（鲤）鱼苗1.9亿尾和复花鱼种3 580万尾，获纯利457万元。

我国已经开发了幼畜腹泻基因工程疫苗、口蹄疫基因工程疫苗、马立克氏病毒疫苗、鸡传染性喉支气管炎病毒痘病毒活载体疫苗、禽流感痘病毒活载体疫苗以及猪伪狂犬病基因缺失疫苗等。其中上海生物工程研究中心开发的幼畜腹泻基因工程疫苗K88、K99，完成了中试研究和大规模试验。复旦大学生命科学院和上海农业科学院等单位研制的口蹄疫基因工程疫苗属中国首创。华中农业大学动物病毒研究室开发了“猪伪狂犬病基因缺失疫苗”和“猪伪狂犬病油乳剂灭活疫苗与快速诊断试剂盒”，其“油乳剂灭活疫苗”已获农业部颁发的一类新兽药证书。

在微生物农药方面，中国农业科学院植物保护研究所和华中农业大学分离了一批杀虫新基因，构建了一批多功能工程菌。一个新型Bt杀虫工程菌制剂进入安全性评价的商品化

生产阶段，完成了1.3万公顷的田间中试；中国科学院武汉病毒所改进了重组病毒的生产工艺，对具有应用前景的重组病毒申请了商业化生产的临时登记。杀虫真菌菌剂在利用杀虫真菌侵染相关基因协同效应，提高菌株毒力和利用化学诱导基因表达系统提高重组真菌安全性方面取得技术突破。植物增产抗病虫基因激活制剂harpinX农药产品向农业部农药检定所申请了登记药效试验，产业开发进展顺利。

我国的微生物肥料和饲料用酶实现了工业化生产。北京大学等单位研制出新型高效多功能固氮菌肥3个，并获得肥料登记证和AA级绿色食品认定推荐证书。中国农业科学院饲料所研制的单胃畜禽用植酸酶和中性植酸酶2002年7月获得科学技术部、环境保护总局等6部委颁发的国家重点新产品证书（2002ED326007）。“利用基因工程酵母生产植酸酶”技术获2001年度国家科技进步二等奖；建成了一个年生产能力为1万吨的饲料用植酸酶生产基地。

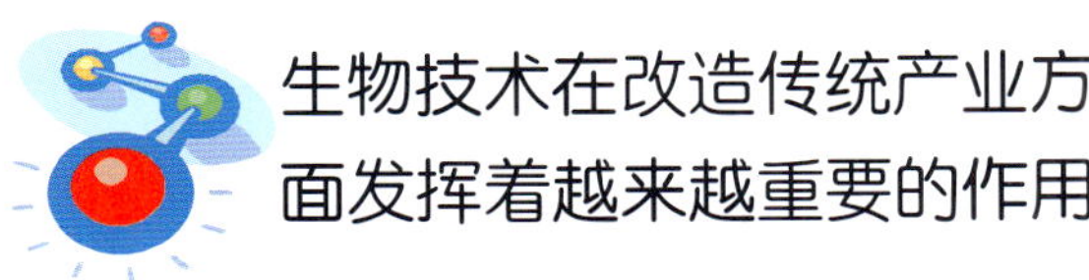

生物技术在改造传统产业方面发挥着越来越重要的作用

以生物催化和生物转化为核心的工业生物技术在支撑新世纪社会进步与经济发展的技术体系中的地位已经被提到空前的战略高度，被广泛认为是继医药生物技术、农业生物技术之后的第三次浪潮，是中国参与生物技术国际竞争的一个难得的机遇和切入点，也是我国生物技术应用研究的一个战略重点。

过去的20年，由于我国工业生物技术的飞速发展和广泛应用，使我国一些主要发酵产品如谷氨酸、柠檬酸、啤酒等的产量达到了世界的前列，我国酶制剂生产企业已经逐步向规模化和现代化发展，2000年有10家企业通过ISO9002质量管理认证或ISO9000质量检验认证。2002年，生物催化法（腈水合酶为催化剂）生产丙烯酰铵的研究又取得了重要的进展，通过发酵工程和代谢工程的研究，进一步强化了腈水合酶的产酶过程，使单位发酵液的酶活有了巨大的飞跃，是目前腈水合酶研究的最高产酶水平。另外，通过极端条件驯化的方法，大幅度提高了菌体对于催化产物丙烯酰胺的耐受性，实现了丙烯酰胺的高浓度生产，达到了世界领先水平，可以实现丙烯腈水合和丙烯酰胺结晶过程的耦合，这对于降低丙烯酰胺溶液的浓缩能耗、提高产量和改善产品质量有非常重要的意义。

我国在生物材料和生物能源方面已经和正在进行着大量的产业化工作。为解决我国能源短缺和粮食阶段性供过于求的问题，我国正在开展燃料酒精的计划，目前已经取得了一定的进步。各种生物加工（制造）过程的核心是生物催化，随着原料路线的改变、新产品加工的要求和对环境保护要求的提高，

需要各种各样的新型工业生物催化剂。因此，寻找新的催化剂，对催化剂进行改造，对催化加工过程和装置的研制是很迫切的任务，也是进一步发展工业生物技术的基础。

2002年，我国在工业生物技术方面有两项重要成果获得国家科技发明二等奖，一是清华大学的生物可降解塑料（PHA）研究，二是北京化工大学的发酵工业废菌丝体综合利用研究。

生物技术在资源利用和环境保护方面取得新进展

以我国极其丰富的特殊环境未培养微生物资源利用为技术创新的切入点，初步建立了云南腾冲热泉、青海藏牦牛瘤胃和传统堆肥未培养微生物的生态基因组文库，已获得一批具有特殊性质和应用前景的淀粉酶、纤维素酶、蛋白酶和脂酶编码基因，并正尝试建立其高效表达系统。

最具典型意义的含酚工业废水生物治理以技术集成应用为重点，针对几种对我国生态环境和国民健康危害极大的有毒污染物，从污染环境中分离到一批具有高效降解芳烃类化合物的优势菌株，克隆了典型污染物苯酚和苯胺降解的关键基因，构建了多株高效工程菌。生物制革、生物制浆和生物漂白等清洁生产新工艺已进入中试阶段。

以极耐高温木聚糖酶和海藻糖磷酸化酶的工业应用为产业突破点，开发出“利用玉米芯酶法生产低聚木糖”新工艺，已在山东省建成一个年产 1 000 吨低聚木糖的生产基地。开发出“直接从淀粉生产海藻糖”的新技术，在广西壮族自治区建成一个年产 200 吨海藻糖的生产基地。

我国利用生物技术开发海洋资源研究在四个方面取得了重要进展。一是加速实现海水养殖的良种化，培育出一批市场需求大、价格较高的石斑、军曹、鲽、鳎、蛤、蟹和斑节对虾等新品种；对大黄鱼、鲍鱼、扇贝、珠母贝、中国对虾和坛紫菜等进行了遗传改良。二是海洋药物的开发利用。2002 年共分离和鉴定了 238 种海洋天然化合物，对 170 多种化合物进行了生物活性测定，发现近 60 种化合物有明确的生物活性；抗早老性痴呆新药HSH-971、抗心律失常新药A1998、抗肝炎新药鲨肝刺激物质sHSS、镇痛新药芋螺毒素SO等一批新药临床前研究进展顺利；抗艾滋病新药泼力沙滋、抗脑缺血新药 D-聚甘酯、抗肿瘤新药 K-001 等一批新药正在进行临床试验和产业化生产的研究工作。三是海洋生物资源的优化利用和高值化加工。主要包括海洋寡糖抗植物病毒生物新农药的研制，海带综合利用，海洋生物材料的研发和海洋新型酶的研发和应用等。四是滩涂耐盐植物的研究与开发。在这方面取得的进展主要体现在滩涂经济植物新品种培育以及滩涂高效种养殖系统优化等方面。

生物产业快速发展

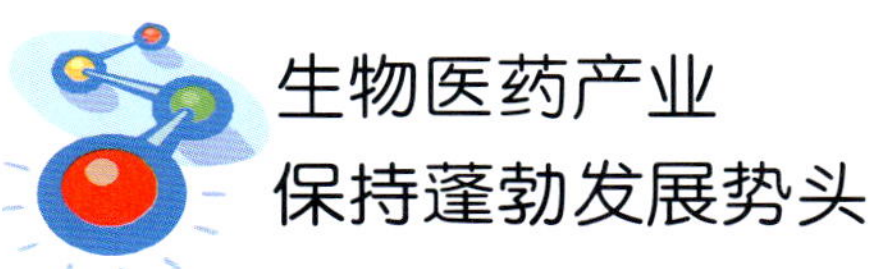

生物医药产业保持蓬勃发展势头

据统计，至2002年底，全国已有300多家生物工程研究单位，20个国家重点实验室，3个基因工程药物开发中心，有320余家现代生物医药企业，这些企业主要分布在一些经济发达的省、市和经济开发区，如北京、上海、深圳、吉林、浙江、江苏、山东等。我国已经开发成功了21种基因工程药物和疫苗，其中有3种是拥有自主知识产权的一类新药，世界上销售额排名前10位的基因工程药物和疫苗，中国已能生产8种。中国进入临床研究的生物医药达150多种。虽然目前行业规模还比较小，但是已经出现良好的发展势头，生物技术产业“高投入、高回报”的产业特征初步显现。一批基因工程药物和疫苗正在从实验室研究向产业化转化，基因工程重组人α-lb干扰素已占有国内干扰素市场的60%份额，年销售额已达3亿元人民币，超过了进口产品，成为我国干扰素的第一品牌。基因工程制药产业已初具规模；人工血液代用品即将进入临床研究；体细胞克隆和遗传病的基因诊断技术达到国际先进水平；B型血友病、恶性肿瘤、梗塞性外周血管病等6个基因治疗方案已进入了临床研究；纳米技术开始应用于医药研究；肿瘤免疫治疗、抗血管治疗、组织工程、生物芯片和干细胞等技术也取得了一系列突破和重要进展。

2002年医药工业实现产品销售收入2 464亿元，比上年同期增长16.12%；盈亏相抵后实现利润总额219亿元，比上年同期

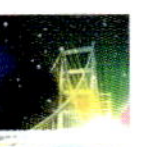

增长22.35%；其中生物制药工业总产值为200亿元左右，约占整个医药行业总产值的6%，增长率为16%，仅低于化学药品工业的21%的年增长率。

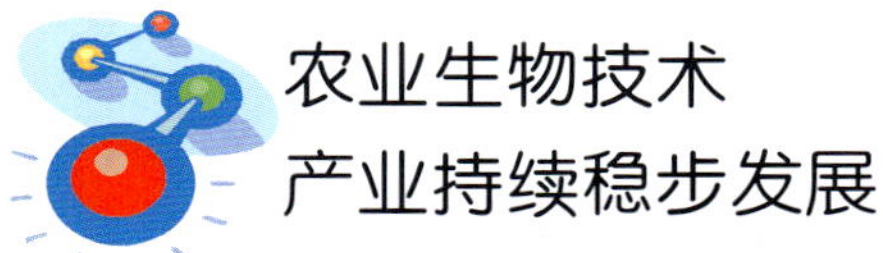

农业生物技术产业持续稳步发展

2002年，我国转基因作物种植面积达210万公顷（主要是转基因棉花），比2001年增加了40%，已经成为世界第四大转基因植物种植国家。国产抗虫棉种植面积约为80万公顷，占国内抗虫棉市场份额的40%左右。五年来，国产转基因抗虫棉已为棉农带来直接经济效益48亿元，抗虫棉的推广应用，提高了优质棉花生产率，为促进我国棉纺织品出口、减少优质原棉进口而带来间接经济效益200多亿元。

转基因抗虫棉的推广应用，大大降低了棉农因使用农药的中毒事件发生率，年减少化学农药用量2万～3万吨，相当于我国化学杀虫剂生产总量的7.5%左右。

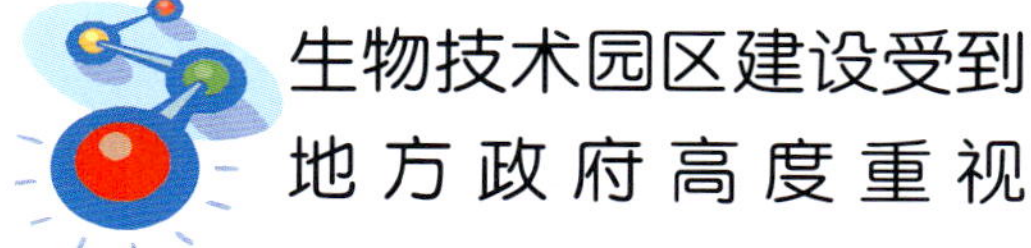

生物技术园区建设受到地方政府高度重视

各地政府纷纷出台政策、建设园区，加速生物技术产业发展。1999年，上海市委、市政府制定“聚焦张江”的战略决策，明确张江园区以生物医药和信息技术两大高科技产业为主导产业，集中体现创新创业的主体功能。张江园区步入了快速发展阶段。至2002年底，园区完成开发面积10平方公里，累计引进项目564个，吸引外资72.74亿美元，内资130.89亿元人民币，注册企业达2 110家，固定资产投资287.57亿元人民币，全年完成销售总额100亿元人民币。技术、资金、市场在园区有了畅通的互动渠道，“自我设计、自主经营、自由竞争”和“鼓励成功、宽容失败”的园区文化和创业氛围逐渐形成。

经过近10年的开发，园区构筑了三大国家级基地(国家上海生物医药科技产业基地、国家信息技术产业基地和国家科技创业基地)的框架，形成了生物医药、集成电路和软件三大主导产业。生物医药产业目前已形成由罗氏、阿莫仙、葛兰素史克、先锋药业等43个国内外一流药厂组成的产业群体，引进中国科学院药物所、国家人类基因组南方中心等23家研发机构以及以120多家中小型科技企业为代表的创业群体。

2002年10月，北京市政府决定在大兴区建设“北京生物工程与医药产业基地”，这是首都四大现代制造业基地之一。这个国家和北京市重点产业基地项目总占地28平方公里，生物工程与医药产业基地一期开发用地

6平方公里。生物医药基地由研究开发区、企业孵化区、生产加工区、商务配套区和生活服务区组成。目标是成为国内主要的生物医药产业基地，带动和促进北京乃至全国的生物医药产业的发展。

其他地方政府亦都非常重视产业园区建设，纷纷出台优惠政策，或单独设区，或在高技术产业园开辟专门的生物技术产业基地。

国际合作空前活跃

广泛开展国际合作一直是中国生物技术领域的良好传统，为中国生物技术的快速发展发挥了重要作用。2002年，中国生物技术领域的国际科技合作进一步扩大和深入，主要表现在以下几个方面。

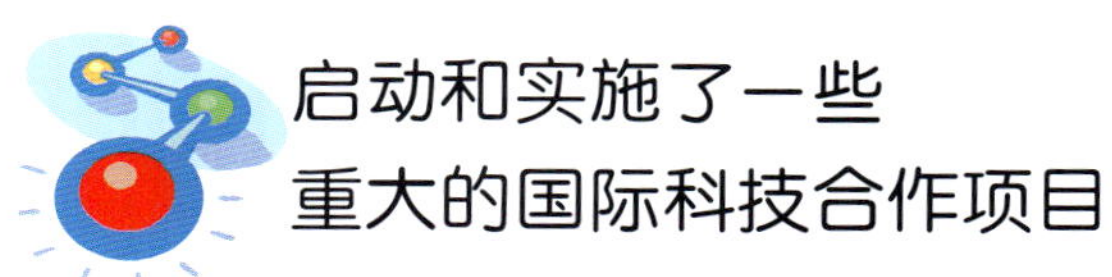

启动和实施了一些重大的国际科技合作项目

一、人类基因组单体型图计划

人类基因组单体型图（Haplotype map，以下简称HapMap）计划是继人类基因组测序计划后又一多国参与的重大国际合作项目，也是人类基因组研究领域的第二个重大战略目标。其目的是在通过测序了解遗传基本信息的基础上，进一步确立世界上主要族群基因组的遗传变异图谱。这一计划的主要内容是对亚、非、欧裔全基因组中DNA序列上的多态位点进行测定和分析，由此构建出整合了人类遗传多态信息的每条染色体的“单体型图”，为疾病易感性、药物敏感性、遗传多态性等研究提供最基本的信息与工具。

HapMap国际协作组于2002年10月27～29日在美国华盛顿向全球公布了这一重大国际计划的正式启动。参加国有美国、英国、日本、加拿大、尼日利亚和中国。中国在这一重大多国合作项目中将做出10%的贡献，具体内容为构建3号、21号染色体和8号染色体短臂的HapMap以及提供一半的亚洲样品。正是由于中国的参与，争取到一半亚洲样品将由中国提供，意味着在完成了的单体型图谱中，将含有大量汉民族全基因组的信息及与其他族裔的比较结果，为中华民族的遗传多态和疾病相关研究提供重要的基础数据。

二、人类肝脏蛋白质组计划（HLPP）

2002年4月29～30日，在国际人类蛋白质组组织（HUPO）Bethesda会议上，中国代表介绍了中国蛋白质组及肝脏相关研究情况，并呼吁在国际开展人类肝脏蛋白质组协作研究，得到了HUPO以及与会代表的支持。2002年10月22～24日，在北京召开了国际人类肝脏蛋白质组研讨会，出席会议的14个国家和地区的102位科学家就中国提出的“人类肝脏蛋白质组计划”（简称HLPP）主要任务和科学目标进行了充分研讨并达成了共识。2002年11月21～24日，在法国召开的第一届HUPO国际大会上，一致同意将此计划作为HUPO人类蛋白质组计划首批启动项目。经HUPO提名，成立了由中国科学家为主席、加拿大和法国科学家为共同执行主席的人类肝脏蛋白质组计划领导机构。

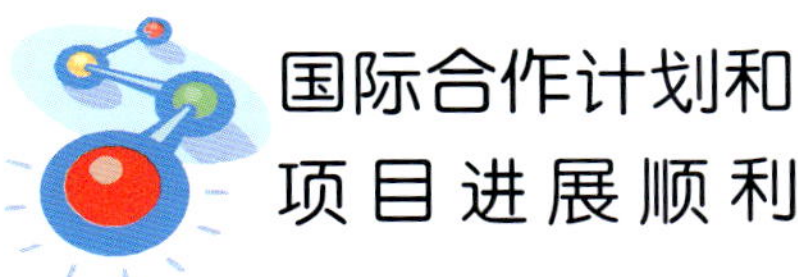

国际合作计划和项目进展顺利

一、艾滋病的国际合作

从“九五”开始，中国、德国、荷兰科学家合作，在艾滋病研究领域共同申请并连续获得欧盟第四框架协议国际合作项目（INCOI、II、III）的资金支持，取得了一系列重要进展。通过分子流行病学调查，发现一种在中国云南出现的新的HIV B’/C重组毒株，在中国的西南、中西部和西部迅速流行，感染人数和比例呈逐年上升的趋势，已和原来的B亚型毒株并列成为我国最主要的流行毒株。完成了C亚型毒株全长基因的克隆，并根据此全长克隆构建DNA疫苗和VLP疫苗。我国的科技人员通过在国外的技术培训，正在开展疫苗的安全性和免疫原性研究工作。

二、家猪基因组测序项目

中国科学院先后与丹麦、美国农业部达成合作意向，进行家猪基因组全方位系统研究。家猪基因组测序项目的主要研究内容有：家猪基因组全序列“工作框架图”的构建；家猪基因组BAC物理图的构建；含家猪功能基因的基因组大片段的克隆与分析；家猪基因组序列差异（SNP）标记图的构建和家猪与人类及其他家畜的比较基因组研究。

三、植物功能基因组研究项目

2001年，国家自然科学基金委员会国际合作局和生命科学部联合组织正式启动国际合作研究项目“植物功能基因组研究——拟南芥全部转录因子的克隆与功能分析”，资助由北京大学和中国科学院遗传所组成的项目组与美国耶鲁大学进行合作研究，资助期限为3年。项目实施1年来，已经成功地将733个各种转录因子克隆到中间载体，有379个基因已经被克隆到植物和酵母中间表达载体；将转录因子克隆到受半乳糖诱导表达启动并形成融合蛋白，并转化酵母后获得了79个表达各种拟南芥转录因子的酵

母株系；发展了快速、高效地从酵母细胞中分离纯化外源表达蛋白的新方法；初步开展了用蛋白质芯片技术研究拟南芥转录因子DNA结合活性实验优化了蛋白质微阵列技术。在《Plant Cell》等著名杂志发表了该项目成果论文。

美国自然科学基金会（NSF）于2001年开始启动“拟南芥功能基因组研究2010计划”，即用10年时间于2010年前破译拟南芥全部基因的功能。目前已有欧洲、日本、北美等国家参与，每年召开碰头会，并设立了由各国资助组织的代表和科学家代表组成的协调指导委员会。

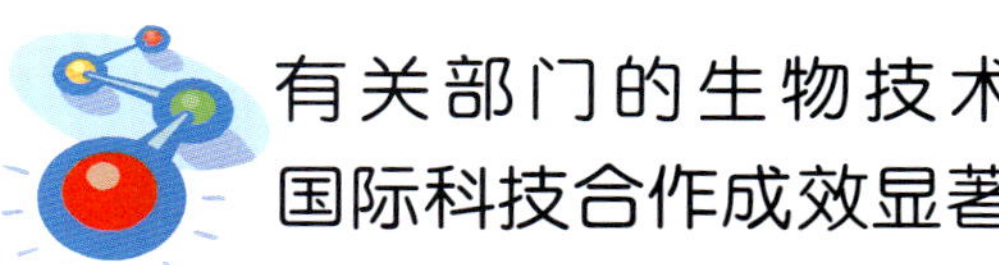

有关部门的生物技术国际科技合作成效显著

2002年国家自然科学基金委员会资助的国际交流项目总的形式是点和面的结合，既有面上资助，如一般合作研究项目、在华举办国际会议、出国参加国际学术会议、邀请留学人员回国讲学或工作等，也资助重点、重大的国际合作项目。面上项目资助总经费大约为2 080万元，其中生命科学领域资助经费约为586万元；重点项目资助总经费1 850万元，用于资助生命科学的经费约为1 280万元，其中“植物功能基因组拟南芥转录因子”项目资助总经费为1 200万元，是国家自然科学基金委员会最大的国际合作项目。此外，国家自然科学基金委员会在资助双边国际合作交流方面投入了约820万元。到2002年，与国家自然科学基金委员会签署了开展国际合作双边协议的国家或地区已经达到60个。这些协议的实施，将促进中外科学家开展实质性合作研究。

2002年，中国农业科学国际合作工作紧密围绕科技创新和产业发展的优先重点，在遗传资源、生物技术、动植物育种、病虫害防治、软科学研究等领域，与一些国家和国际组织以及民间机构开展了多层次、多渠道、全方位的深入合作，在巩固和加强现有合作关系的基础上，培育了新的合作生长点，开拓了一些新的合作领域。2002年中国农业科学院国际合作工作主要包括：积极作好基础工作和条件建设，引进了大批生物材料和先进的仪器设备，为我国的农业科技创新奠定了良好的条件；作为发起单位，积极参与国际农业生物技术领域的重大国际行动计划，包括国际农业研究磋商小组系统的全球挑战计划项目“挖掘生物多样性基因资源”，“动物分子生物学诊断技术和畜产品安全”等欧盟重点项目；与国外共建分子生物技术合作国际开放实验室，包括与荷兰共同建设了园艺分子生物学国际开放实验室，中国农业科学院与国际玉米小麦改良中心的小麦品质改良实验室等；与国外联合培养生物技术领域的高级人才等。

科 学 篇

综　　述

当代生物技术致力于应用生命科学手段研究生命奥秘，探索生命起源乃至改造和创造新型生命，是自然科学中发展最快，影响最大的学科之一。在中国，有关生物技术的基础研究进展势头强劲，2002年在不同的领域都获得了明显的成绩。

在分子水平，主要是围绕基因信息的基因组、功能基因组、蛋白组、生物信息学进展迅速。在人类基因组与蛋白组相关研究中，我国参与了新近启动的人类基因多态性(SNP)的研究，并在其中承担了10%的任务。在即将启动的人类肝脏蛋白质组学研究中，中国科学家成为共同首席科学家，并承担了大约30%的研究任务，这也是我国科学家在生物高技术领域中第一次领衔大型国际合作项目。回顾历史，从我国在人类基因组研究中承担1%的任务，到现在的10%，30%，反映出我国在这一领域突飞猛进的发展。在疾病基因组相关分析中也有相当的斩获，如对帕金森氏病的遗传分析，证明了该病的主要致病因素是环境以及环境与基因突变的相互作用。对精神分裂症遗传因素的研究目前也进展良好，有望从分子水平认识该病的发生发展机理，并为探讨人类认知与情绪的物质基础提供新的思路。有关新基因Binlb功能的研究，证明了该基因产物是附睾防御系统相关的天然抗菌肽，从而发现了国际上第一个与男性生殖系统炎症相关的功能基因。有关结果作为我国生命科学领域的首篇实验性研究论文发表在《Science》。我国科学家还发现年轻的人类细胞存在可与P16基因调控区的负调控组件ITSE结合，进而抑制P16基因表达的24kD蛋白，初步证明了P16可能是细胞衰老的主导基因。这项成果被评选为“2002

年中国十大科技进展新闻”。

在人类基因组研究的带动下，我国在动植物基因组、微生物基因组研究方面也有了明显的进展。如在破译水稻全基因组框架结构的基础上，又对水稻的第四对染色体做了详尽的分析，有关工作均发表在国际著名刊物上。这些文章目前的引用率高于同期发表的美国科学家的类似工作，体现了我国在植物基因组研究中的领先地位。在另一重要粮食作物——小麦基因组的研究中，定位了多种抗性基因位点，并对小麦赤霉病抗性遗传相关的抗扩展类型和抗侵染类型进行了研究，促进我国抗病小麦的筛选和育种的应用研究。在大白菜基因组研究中，获得了享有自主知识产权的9 700条白菜发育和软腐病有关的EST序列。其中包括一批白菜新型分子标记和各种抗病、抗逆境的防卫反应基因相关EST序列，为白菜分子标记辅助选择育种和用基因工程手段构建抗软腐病植物打下了基础。随着植物病原菌对药物抗性的增强，农药用量在不断增加，不仅加剧了环境污染、药物残留，也大大提高了农业生产成本。微生物基因组学的研究为开发新型药物和防病策略提供了有效的方法和手段。如我国科学家已经鉴定出了野油菜黄单胞菌全部的致病相关基因并研究了有关作用机理和可能的药物靶标，为防治这一引起所有十字花科植物黑腐病的世界性植物瘟疫打下了基础。

在后基因组时代，结构基因组、生物信息学的发展不断加速，为了尽快推动我国相关学科的研究和发展，我国汇集国家、地方、部门和单位的力量，建立了一系列相关研究的技术平台。我国科学家与欧洲分子生物学网络组织EMBnet合作，建成了生物数据库种类多、数据量大、更新及时的生物信息资源中心，为生命科学和生物技术各领域提供生物数据库检索、数据资源下载等各项服务，在提升我国相关研究水平方面做了卓有成效的工作。

抗体组药物利用了基因组学等的最新研究成果，整合了现有重组单克隆抗体技术，特别是近年来发展起来的人源化单克隆抗体克服了以前技术的不足，表明一个以抗体药物为主的生物医药业发展新高潮正在到来。在我国，用于治疗肾移植后排斥反应的单克隆抗体WuT3，用于治疗银屑病（俗称牛皮癣）的抗人IL-8单克隆抗体，用于肺癌治疗的碘［^{131}I］^{131}I-chTNT人鼠嵌合型肿瘤细胞核单克隆抗体注射液等均已经得到国家新药证书，获准上市，。还有两个单克隆抗体药物处于临床研究中，十余个单克隆抗体药物处在临床前阶段。在诊断性单克隆抗体生物制品方面，已获国家批准的有31个品种。

在细胞水平，有关的热点仍然是干细胞、细胞移植、转基因动物等。我国在成体干细胞“跨系或跨胚层分化”、干细胞增殖分

化调控干细胞治疗技术及其临床应用等主要研究方向均有可喜的进展。如建立并完善了以造血干细胞和间充质干细胞为重点的成体干细胞分离纯化、体外扩增、定向诱导分化等技术路线，并初步实现扩增与诱导的规模化和标准化，研究重点不断由基础研究向临床倾斜。在此基础上，已经在有关规定允许的范围内，初步将部分干细胞技术应用于血液系统疾病、癌症放化疗后的造血支持治疗、心血管疾病、肝病、神经退行性疾病、糖尿病等重大疾病的实验性临床治疗。随着临床治疗的迫切需要，我国学者还在干细胞移植后体内核素显像的研究中初步建立了活体显像技术平台。

在863等国家项目的支持下，我国对转基因动物的研究从无到有，已经初具规模，目前进入了自主创新的研究。如通过基因敲入HBV基因技术建立了肝细胞癌的转基因动物模型，为深入研究严重危害国民健康的乙型肝炎致病及其癌变机理，提供了有力的工具，为HBV的预防和治疗药物的研制提供了理论依据。有关研究已申请国内和国际发明专利。

在整体水平的研究中，神经科学、生物进化等方面的研究进展迅速。我国科学家在有关的国际核心刊物上发表了一系列重要的文章，受到了国外学者的广泛关注，使得我国在这些领域的某些方面进入了世界前列。如找到了一个在神经生长中起关键作用的下游信号分子，为研究神经再生提供了新的思路；发现了一种负责识别大范围复杂图形的新型脑皮层球状镶嵌结构，对了解脑是如何处理复杂图像信息的神经机制具有重要的意义；阐明了一种新的、单纯由神经冲动导致的神经元之间信号传递的分子机制，受到了诺贝尔奖获得者英国Bernard Katz教授的高度评价；成功地构建了目前国内外最大的感觉神经节组织特异性cDNA库，为进一步研究疼痛的治疗策略和新的镇痛药物提供了重要依据。

我们从何而来？这是人类的“千古之谜”。如何连接上生物进化的“线路图”中众多的确失环节，这是生命科学家孜孜以求的难题。在以寻找化石为主的经典考古学基础上，利用生物高技术进行生命起源和进化研究，为这一领域带来突破性进展。在植物进化研究上，我国学者将地理上具有古老复杂和丰富植物区系的东亚地区，提升为一独立的植物区——东亚植物区，在国内外产生了较大的反响。从分子进化的角度提出最早的陆地植物为藁类植物和证明被子植物最早基部类群的论文在《Nature》等刊物发表。在动物进化研究方面，我国云南澄江化石动物群的发现提示了在特定的历史时期中，古生物群的形态进化可能会以跃变方式进行。这为物种跃变进化的假说提供了有力的证据，对

达尔文关于物种渐变进化的理论提出挑战，动摇了100多年来以物种渐变进化理论为基础的现代生物进化理论。有关硬骨鱼类起源的研究、有关早期脊椎动物进化的新证据的研究等成果也在《Nature》、《Science》上发表，弥补了生物进化研究的一项重要空白。在东亚及中国现代人群的起源和迁徙的研究中，我国学者提出了现代东亚人的Y染色体均来自于非洲和我国的北方群体起源于南方的证明，对北京猿人等是否为现代中国人的祖先提出了质疑。

在某些高新技术方法的建立和引进上也有了长足的进展。如在纳米科技研究中取得了一批具有国际影响的成果。国际纳米科技相关刊物的论文数量已超过日本，居世界第二位。研发了基于分子光谱技术无创、实时监控糖尿病患者血糖水平的检测方法，并建立了与外科手术中快速诊断相关的红外光谱数据库，初步临床应用效果良好。利用成本仅为核磁共振10%的电子顺磁共振技术直接评判生物组织的恶变，可以非常容易地进行肿瘤的普查和重症病人的长期监测等等。

当前，以基因信息为基础的新型知识经济产业正在形成，基因工程、干细胞工程、多种高新生物技术的应用为临床治疗医学开辟了新的领域和前景。而应用生物技术对生命起源和进化、人与自然的关系、人脑及其精神活动的研究对人类的世界观、价值观和伦理观的影响，对促进自然、社会、经济的协调发展，都将起到重要的作用。

2002年我国与生物高技术相关的基础研究大致有以下几个趋势：

第一，随着我国“十五”863计划的启动，有关研究进展不断加速。

第二，研究模式进一步向多学科、规模化发展。

第三，863计划与国家其他基础研究计划呈现良好的交流、融合。

第四，其他学科的高新技术，如纳米技术，表面修饰技术等不断引进。

第五，生物高技术的基础研究与应用研究的结合越来越紧密。

当前，随着我国综合国力的提高，科技投入不断加大。根据“洛桑报告”，目前我国R/D经费投入已经突破1%GDP的瓶颈，这使得我国生物技术水平大幅度提高，从单纯的模仿、跟踪，进入了“自主、创新”的阶段。而实现自主创新的关键在于加强生物技术的相关基础研究。在这一方面，我国在2002年收获颇丰。由于编者水平有限，可能有遗漏和不妥之处，但现有材料已经非常令人鼓舞。

基因组学

2002年在基因组研究方面，主要的进展是人类基因组研究的突破带动了植物和微生物基因组的研究。在水稻基因草图和第四号染色体基因序列研究完成并发表的基础上，我国又开展了水稻相关基因的进一步研究。同时，在我国北方人民重要蔬菜——大白菜的相关基因研究中也有重要的进展。

水稻是单子叶植物基因组学研究的模式植物。1992年中国和日本先后宣布实施水稻基因组测序计划。经过10年的努力，水稻结构基因组学研究取得重大进展。2002年《Science》、《Nature》先后发表了有关研究报告，国际水稻测序计划也宣布完成了任务。近年来国际上十分重视水稻功能基因组学研究，而构建突变体库是开展功能基因组学研究的必不可少的基础性工作。韩国斥巨资构建的水稻突变体库含有10万个T-DNA插入的独立株系，报道了包括株高、叶色在内的表型变异。澳大利亚、美国、法国等国的一些实验室也开展了相应的研究，但规模小于韩国。目前国际上尚无从T-DNA插入突变体库克隆基因的报告。日本构建了逆转座子突变体库，据报道，仅克隆了穗发芽等两个基因。

我国在“九五”期间通过863计划、973计划和国家自然科学基金重点项目等推动了构建水稻突变体库的研究，为水稻功能基因组学研究奠定了良好的基础。2002年中国科学技术部又将“构建T-DNA插入的水稻突变体库”列入重大科技专项。

通过不懈的努力，建立了大规模、实用化的转基因技术平台；继成功获得成熟胚和幼胚转基因植株后，在国际上率先报道了花药愈伤组织转基因成苗。提出以潮霉素抗性基因（Hyg）作为选择标记基因，bar基因作为报告基因的质粒构建策略，研究了对转基因水稻植株进行Basta检测的方法。进一步改进了移栽方法，按照新方法，转基因苗移栽成活率稳定地超过95%。

在研究过程中不断完善突变体库的构建策略；充分发挥项目组遗传学研究和大田试验的优势，在进行分子水平研究的同时，对水稻突变体的种植、研究、入库、发放和建立数据库等方面进行探索。基于一系列的技术改进，项目组获得了25 000株独立的T-DNA插入的转基因株系。用除草剂Basta涂抹含有bar基因的转基因T0代植株的叶片，检测结果表明95%的转基因植株抗Basta。对T1代植株按株系播种，苗期考查对除草剂的抗感分离比，结果表明约60%～66%的株系呈典型的3∶1的分离比。目前已有4 500份突变体送种质资源库整理保存。

基于转基因群体的突变性状十分丰富的特点，项目组建立了相应的工作程序。目前从中花11、日本晴的约25 000个转基因株系中已经发现并鉴定了1 000余份突变体的相应突变表型。按表型划分，大致可分为：叶色与光合作用、株高、分蘖、株型、抽穗期、育性、籽粒、抗性、对重力反应特性。除了Ds从原插入位点正常切离和转座之外，还在水稻中首次观察到Ds发生不准确切离和Ds因子复制后转座等现象。初步建立了T-DNA插入突变体的数据库，数据库含原始记录5 937条（其中除草剂4 409条，突变体记录1 497条，光合作用相关记录31条）。

中国是基因资源的大国，但拥有自主知识产权的基因极少，严重制约了我国农业生物技术产业的发展，直接威胁着我国农业经济的安全。水稻突变体库的构建和集中保存，也为育种家提供了巨大的资源平台，将为我国开展水稻功能基因组学研究提供重要的资源平台和技术平台，为克隆与水稻重要农艺性状相关基因提供基础研究材料。

近几年，国际上许多国家和大公司竞相建立重要物种的DNA序列数据库，并投入巨资开发重要基因资源。目前，国际上最大的EST专门数据库——dbEST中已有近2 000万个EST片段，覆盖520多个物种。植物中小麦的EST数目最多（超过40万条），继之依次为大麦（超过30万条）、大豆（超过30万条）、玉米（超过20万条）等。与上述物种相比，芸薹属蔬菜中EST数目最多的白菜也仅有4 316条，其次是油菜，仅有2 691条。目前国际上对白菜、油菜、甘蓝等芸薹属蔬菜分子标记、基因作图和比较基因组研究全部借鉴拟南芥的DNA序列，显然有不足之处。为了挖掘和保护我国白菜的基因资源，在国家863课题的支持下，我国科学家初步建成了我国第一个白菜DNA序列数据库。这一数据库是白菜EST数据库，

含有14 000条EST序列，其中9 700条序列为我国自主开发，主要来源于白菜发育和软腐病发病过程，其中有180个在拟南芥和其他植物中没有任何同源序列。已经获取近150个与白菜各种抗病基因、抗逆境基因、防卫反应基因以及与抗病和抗逆有关的各种信号传导基因和转录因子基因的EST序列。经过EST拼接已经获得了多个完整的cDNA序列，为克隆和分离这些基因打下了基础。同时，分析了白菜生长发育和软腐病发病过程的基因表达谱。

这些序列为研究白菜独特的发育过程、开展白菜的分子标记和分子生物学研究，为利用基因工程手段构建抗软腐病植物，为白菜分子标记辅助选择育种打下了基础。也为研究其他与之亲缘关系密切的芸薹属蔬菜作物，如油菜、芥菜、甘蓝等提供丰富的基因资源和数据。植物软腐病在世界范围内广泛发生，软腐病细菌能够侵染多种重要经济植物，造成严重的经济损失。至今，国际上对软腐病的研究工作甚少，而且都是在拟南芥中进行的。本研究开发出的参与白菜软腐病的各个基因序列对于理解软腐病的发病机理、构建抗软腐病的植物具有重要用途。

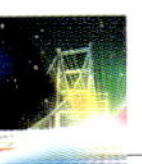

功能基因组学

与结构基因组学不同，以EST分析为基本前提的功能基因组学研究带有明显的垄断性和知识产权保护特点，因此，这种研究工作对于抢占有价值的受知识产权保护的功能基因，直接产业化和发展基因经济具有重要意义。

2002年我国生物高技术研究领域的相关工作中，多种微生物、小麦和人类疾病相关功能基因的研究进展较为突出。

植物病害一直是使农作物减产、品质降低的主要因素之一。随着病原菌对药物抗性的增强，农药用量在不断增加，这不仅加剧了环境污染、药物残留，也大大提高了农业生产成本，因此，亟待研发新的防病治病策略和新型的无公害药物。弄清植物病原菌侵染寄主的遗传机制是开发新型药物和防病策略的关键，基因组学研究为人们从分子水平上全面、系统地认识植物—微生物的互作关系提供了有效的方法和手段。随着DNA测序技术的不断进步，基因组学研究已由以序列测定为主的结构基因组学阶段全面进入了以ORF功能解析、基因功能开发为主的功能基因组学时期。高通量、大规模的基因功能的研究为新兴的生命科学产业奠定了基础，对基因资源的开发利用和对基因知识产权的保护已成为国际竞争的焦点。在植物病原细菌基因组学研究方面，目前已发表的全基因组序列有：木质部难养细菌、柑橘溃疡病菌和野油菜黄单胞菌ATCC33913菌株（巴西），茄假单胞菌（法国），根癌农杆菌、丁香假单胞菌（美国）等。正在进行测序的主要有：水稻黄单胞菌水稻变种（日本、韩国）、洋葱伯克氏菌（美国）、欧文氏菌（芬兰）、木质部难养细菌的另外3个菌株（美国、巴西）。与

此同时，相应病原菌的功能基因组学研究计划也已全面展开，我国正在开展的植物病原细菌功能基因组学研究的主要有野油菜黄单胞菌和水稻白叶枯病菌等，研究水平均已达到了该领域国际先进水平。

Xcc 是一种典型的植物病原细菌，能在世界范围内侵染所有十字花科植物，引起黑腐病，造成严重危害。同时，该菌产生的胞外多糖（也称为黄原胶），因其特殊的理化特性，广泛地用于工业生产和石油开采，具有很大的经济价值。我国科学家联合攻关，完成了*Xcc* 菌株8004的全基因组测序并建立起该菌基因组数据库。*Xcc* 8004 全基因组大小为 5 148 725 bp，G+C 含量为 64.9%，预测ORF 为 4 325 个，致病相关基因为293 个，多数致病相关基因以基因簇形式存在。这些基因包括：过敏反应与致病性基因、胞外水解酶类基因、多糖及致病因子调控基因、解毒与逆境适应相关基因、表面蛋白、毒素基因以及其他分泌途径基因等。预测与黄原胶合成、转运相关的基因有 19 个，其中包括一个有 12 个ORF的*Gum*基因簇及调控基因等。通过与 *Xcc* ATCC 33913 全基因组比较，发现在*Xcc* 8004基因组中存在两个基因岛，长度分别为 71 549kb 和 62 197kb，包含了大多数的菌株特异基因，其中的致病相关基因有type III effector HopPmaI 基因、PbrT protein（Pb^{2+} transporter）基因、TX hemolysin activation protein 基因和 microcin 合成相关基因等。基因组信息数据库为野油菜黄单胞菌功能基因组学研究奠定了坚实的基础。

近年来我国进一步获得了 2 700 多个 ORF 的突变体库，覆盖了整个基因组 ORF 的 62.4%。完成了对野油菜黄单胞菌 *Xcc* 8004 突变体库的植株试验工作，初步鉴定表明有 51 ORF 与致病性有关，其中 5 个 ORF 属于新发现的致病相关基因。用带有相应基因片段的粘粒进行互补，均能使相应突变体恢复至野生型表型。生理生化分析结果表明，这些基因分别参与了黄单胞菌的脂多糖合成（XC1856）、胞外多糖合成（XC3515）、蛋白质折叠（XC2607）、铁锌吸收代谢调控（XC1371）及碳代谢（XC1880）等。XC1371 为一长 519bp 的 ORF，推测其编码产物为一转录调控蛋白，该蛋白拥有一个 Fe^{2+} 和一个 Zn^{2+}结合位点，参与调控菌体在逆境中（寄主体内质外体空间）对铁、锌等元素的吸收利用。铁、锌代谢与病原菌在寄主的质外体内生存和定植能力相关。XC1856的预测编码产物为一转葡萄糖苷酶，可能参与脂多糖 LPS 的核心多糖的合成。脂多糖一方面对病原菌体有保护作用，另一方面参与病原菌与寄主细胞表面识别。在动物病原细菌中，脂多糖的多糖部分（含 O-特异性多糖和核心多糖）是主要的致病因子之一。XC1880的基因产物是病原菌逆境条件下碳代谢及糖类转化的关键酶类，推测该酶对黄单胞菌在植物体内最初生长的能量获得起关键作用。XC2607的基因产物编码产物为肽酰脯氨酰顺反异构酶，该酶催化多肽中脯氨酸残基顺反式异构，其结果是改变了蛋白的折叠结构而产生某种生物活性。蛋白质折叠在一定程度上决定蛋白质功能。这种酶在周质空间中起作用，由于该酶的失活导致毒力下降的现象在动物病原细菌嗜肺军团菌中也得到了证实。在黄单胞菌中该酶的作用机理目前尚不清楚，估计该酶作用的目标蛋白可能包括毒素类、外膜蛋白、菌毛与多种分泌途径的分泌蛋白等，理论上这些蛋白的失活都可能导致病原菌致病力的降低，推测该肽酰脯氨酰顺反异构酶基因是一种关键致病性基因。

已建成的覆盖率达62.4% ORF的突变体库是目前已知的植物病原细菌最大的突变体库，该突变体库已成为我们研究基因功能、解析基因之间表达调控关系的最重要的物质基础和关键的信息资源。*Xcc* 8004 高覆盖率突变库的建成标志着我国在微生物功能基因组研究领域中已占有一定的国际地位，该突变体库也是我们进行国际合作和竞争的重要筹码。由于动、植物病原细菌在致病相关基因上的相似性，使得细菌致病机理方面的最新研究成果能够在医药卫生和植物保护双方面共享。因此，*Xcc* 8004 全基因组序列的测定及高覆盖率突变体库的建成具有重大的科学价值。

小麦是世界上重要的农作物之一。由赤霉菌［*Gibberrella Zeae*（Schw.）*Petch*］引起的小麦赤霉病广泛发生于世界温暖潮湿和半潮湿地区，不仅造成小麦严重减产，降低籽粒品质，而且赤霉菌产生的毒素影响人、畜健康，给小麦生产造成极大危害。尽管通过改进耕作方式或利用化学、生物防治可在一定程度上对赤霉病的发生与危害有所控制，但选育抗病品种仍是控制病害最为经济有效的途径。研究表明，小麦赤霉病抗性受少数主效基因位点控制，且分为抗扩展和抗侵染等抗性类型。目前对赤霉病抗性研究中使用的材料多为苏麦 3 号及其衍生品系，且已取得一些进展。但是，小麦中其他抗源的相关研究还很少，极大地影响了这些抗源在小麦育种中的有效利用，有必要对其他优良抗源做深入研究。望水白是我国江苏的地方品种，被认为是目前最优秀的抗源之一，但对其开展的相应研究却较少，且有些结论还需进一步验证。

在 863 计划的支持下，我国科学家开展了相关研究。在遗传图谱构建中总共筛选了654对SSR引物，315对在双亲间有差异。多态位点数有402个，多态位点率为33.9%，分布于小麦7个同源群上。通过对其中248个位点的分析，构建了小麦部分遗传图谱，约1 995 cM。目前所得到的最好的连锁群为

1B，2B，3B，5A 和 5B，都超过 100cM。此外，还发现了一个染色体结构变异，在5A和4B之间发生了易位。获得的位于4A染色体上的抗侵染QTL *QFhs.nau*-4a迄今为止尚未有报道，另外在3B染色体上发现两个QTL位点，与苏麦3号的抗赤霉病位点有所差异。这一研究对探索不同抗源之间在抗性机制方面有无必然联系提供了线索，将利于丰富育种中的抗源。同时，提示在小麦赤霉病抗性研究中要兼顾两种抗性，全面了解小麦抗赤霉病的机制。

在构建“汕优63”重组自交系的基础上，进一步构建了“永久 F_2”群体，对水稻杂种优势形成的机理进行了比较深入的研究，发现显性、超显性、上位性都可成为杂种优势形成的遗传组分，可在同一遗传体系中共存而不是非此即彼。通过水稻与大麦抗稻瘟病的比较基因组研究，发现4个QTL在水稻和大麦中表现出位置上的对应性，其中两个QTL呈现完全相同的小种专化性，表明数量抗性也存在小种专化性。这些创新性的研究成果分别发表在《Genetics》和《PNAS》。

精神分裂症作为一种典型的多基因、多因素、复杂性状疾病，病因尚未阐明，但已确证遗传因素在其发病中起到重要作用。流行病学研究结果显示，精神分裂症患者亲属中的患病率比一般居民高得多，且与病人的血缘关系愈近，患病率愈高，最高可达35%～68%。精神分裂症孪生子研究发现，单卵孪生的同病率比双卵孪生一般高4～6倍；在寄养子研究中，由寄养长大成年后发生精神分裂症的病人的血缘亲属中，该病的发生率比正常对照组高，而寄养家庭亲属中的发病情况则与正常对照组相接近。在精神分裂症家系中进行的分子遗传学研究发现，本病与包括染色体3p26-24，5p13，6q24-22，8p22-21，9p23，13q14-32，20p12和22q12-13在内的许多位点都有一定的连锁关系。这提示本病是一种多基因疾病。同时，神经生化、生理、精神药理、神经精神免疫等学科的迅速发展，脑成像技术的应用，为精神分裂症相关功能基因的筛选和研究提供了新线索。现在认为不仅是经典的多巴胺（DA）和5-羟色胺（5-HT）系统，更有包括γ-氨基丁酸（GABA）、谷氨酸等许多其他递质被认为与精神分裂症疾病过程相关；不仅是递质受体亚型的基因（5-HT2A，5-HT2B，D1，D2等），同时递质的代谢基因（MAO等）和转运蛋白基因（COMT、DAT等）也成为研究的热点。因为多基因疾病的发病是由许多微效基因共同作用引发的，并且有很多干扰因素作用，而这一部分疾病在人群中发病率最高，给社会造成了重大经济负担，需要重点防治的疾病，如：高血压、糖尿病、冠心病、精神系统疾病等。以精神分裂症这一疾病为切入点，将有助于探索研究多基因遗传病发病机理的新思路。因此，以精神分裂症为模板，探讨多基因遗传病发病机理的解决之道，不但具有很强的代表性，而且对该病本身的其他领域研究也将有重大意义，使我们对精神分裂症的发病过程有更深入的认识，从而有助于该障碍的早期诊断和早期干预。对于缩短疾病病程、减轻精神残疾程度、降低发病率以及今后的抗精神病药物的开发都会有一定的帮助。

在863计划支持下，我国科学家正在尝试找到精神分裂症易感基因特定基因型与临床表型之间的关联，为临床上对本病进行疾病风险预测、预后奠定基础；并建立可从复杂遗传背景中提取主效因素的数学方法和相应的二级数据库，用于精神分裂症临床、药物和分子机制的研究。目前已经建立了比较完整的中国人群偏执型精神分裂症基因变异数据库，为以后本领域的研究人员进行数据查询、交流等提供场所，并可作为精神系统疾病数据库的一个部分。

中国科学院上海生化与细胞研究所和香港中文大学对Binlb的鼠源新基因的功能进行了深入研究，发现该基因在附睾头部上皮细胞中特异表达具有抗菌功能的多肽，生育旺期表达最高。这是世界上第一个发现的与附睾防御系统相关的天然抗菌肽，也是国际上第一个发现的与男性生殖系统炎症相关的功能基因。研究论文发表在《Science》杂志上，这也是我国生命科学领域首篇实验性研究论文发表在该杂志上，《Science》还为此发表了专题评论。权威医学杂志《Lancet》发布了此项成果的消息。

北京大学医学部经过多年潜心研究，初步阐明了人类细胞衰老的主导基因P16是人类细胞衰老遗传控制程序的主要环节，揭示了P16基因在衰老过程中高表达的原因，说明P16基因在细胞衰老过程中表现突出，可能是细胞衰老的主导基因。他们还发现P16基因调控区存在ITSE的负调控组件，年轻细胞存在24kD蛋白与ITSE结合抑制P16基因的表达。由于ITSE及24kD蛋白均属新发现，这项成果被评选为“2002年中国十大科技进展新闻”，同时还在“2002年公众关注的中国十大科技事件”评比中名列榜首。

结构生物学

随着人类基因组计划大规模测定DNA碱基序列工作的完成，各国已经开始把目标集中在后基因组的研究上，对这些基因产物的功能研究成为热点。其中一项就是结构基因组（SG：Structural Genomics）的研究，目前已经成为结构生物学的热点研究领域。SG是在基因组水平进行生物大分子的三维结构的测定及功能研究，通过采用高通量的技术和实验设计，来完成数以万计的基因克隆、蛋白表达、提纯、结晶、晶体结构测定以及结构和功能分析。

对蛋白质功能的理解依赖于其结构细节，在目前蛋白质一级结构（序列）基本已知的情况下，对其三维原子结构的了解已成为下一个、也可能是最后一个细节层次。只有结合蛋白质的三维结构，才能更准确、有效地研究生命现象。同时，蛋白质的三维结构具有最高程度的保守性，即无序列同源但结构相似的蛋白可具有相似功能，因此只有在完整的结构信息基础上才能更准确地预测未知结构及其功能，深入理解生物学基本问题。同时促进开展基于结构的药物设计、蛋白质工程、生物技术开发和诊断治疗等等应用研究。

大规模蛋白质三维结构测定技术的制约瓶颈主要是可溶性蛋白的高效表达、蛋白质分离纯化以及适合于X射线衍射的蛋白晶体的制备，次级制约步骤是晶体衍射数据的快速收集和高通量晶体结构解析。在实际操作过程中，往往会遇到蛋白质分子的错误折叠、聚合、对环境过于敏感和构象不稳定以及蛋白可溶性差等诸多技术性难题。对于多结构域的蛋白质，此类问题尤为严重。因此，在大规模地进行结构基因组学研究之前，建立

一个能够高通量地选择靶基因、基因克隆、蛋白表达、精制、结晶和通过收集X-射线衍射数据进行高通量蛋白结构解析的技术平台是非常重要和必要的。

为了尽快推动我国结构基因组学的研究和发展，国内有关科学家首先选取了多种疾病及重大功能相关靶基因，建立了包括基因克隆—蛋白质表达、蛋白质分离纯化、结晶筛选和优化以及结构解析的规模化结构基因组学研究的技术平台。

利用Gateway克隆技术对首先选取的多种疾病相关靶基因，进行了BP反应克隆，成功率为88%，在大肠杆菌中70%成功表达(35)，其中24%为可溶性蛋白。克隆了近300条人类和细菌基因，表达了近150种重组蛋白并且得到相当一部分可溶蛋白。在蛋白纯化和高通量地筛选结晶条件方面获得良好结果的基础上，成功地建立了应用室内X光源SAS（SASIH: Single-wavelength Anomalous Scattering In-House）方法直接从头测定了蛋白晶体结构的“直接晶体学”方法，可快速、简捷地测定大分子晶体结构，适合结构基因组学高通量、高产出的需要，被国际同行誉为“结构基因组研究领域中人类基因在大肠杆菌中表达的高通量技术平台建设的最早贡献之一”。

生物信息学

从人类基因组中进行基因预测，不仅仅只是预测出编码的所有可能的蛋白质序列，还要对发现的序列进行功能预测。除了用实验方法克隆和鉴定基因外，从全基因组序列入手，利用生物信息的预测手段，可以产生一个可能的蛋白质组或转录组——给定基因组编码的全部可能的蛋白集合。这个序列集合（索引）至少要提供每个基因或蛋白在基因组中的定位信息。对于得到的蛋白质组的集合，还可以利用生物信息技术提供的手段进行大规模的高通量功能注释以及表达定位预测，从而为实验科学家提供一定的功能信息，方便进行后续的实验克隆和功能研究。

2002年，我国科学家与欧洲分子生物学网络组织EMBnet合作，在进一步完善公开数据库系统的基础上，从人类全基因组入手构建人类蛋白质索引，开发基于蛋白序列的注释系统和基于序列模体的注释系统，构建具有重要生物功能的蛋白家族二级数据库，并开发相关生物信息学算法等方面进行了卓有成效的工作。已建成国内生物数据库种类多、数据量大、更新更为及时的生物信息资源中心，为生命科学和生物技术各领域提供生物数据库检索、数据资源下载等各项服务。针对本平台建设的需要，为ENSEMBL、GoldenPath、ExPASy、RGD等国际著名基因组注释系统、SRS数据库检索系统、BLAST数据库搜索系统以及FTP数据库下载系统专门配置了高性能服务器，实现专机专用，提高了效率；更新和扩充了数据库检索系统SRS，公共数据库总数近150个。

以GenScan为基础，结合多个基因预测程序予以分析和综合，得到最佳组合的基因预测平台已经构建完成，得到的第一批结果准确度比仅用 GenScan 要高出 10%以上。

众所周知，人类基因组中目前已知功能的基因还不到一半。通过大规模基因预测可能得到的全部人类未知基因及其编码蛋白，对这些新蛋白质序列进行功能注释，可以为进一步的实验研究提供参考。基于蛋白序列模体和蛋白功能域的序列比对方法是最主要的蛋白质组注释方法，因为这种方法更敏感，注释覆盖度高，而且所基于的序列模体库或是功能域库会为每一种模体和功能域提供详细精确的功能描述信息。因此，基于蛋白保守序列模体和功能域的注释方法被广泛用于蛋白组注释。

我国综合各种类似算法，在对人类蛋白组进行注释、存储和整合的基础上，开发了以蛋白为中心的注释系统。与 EBI 基于各种蛋白模体的综合型蛋白家族数据库 InterPro 相比，由于引入了BLAST系列搜索算法以及基于蛋白序列之间进化关系的 COG 数据库，并去除了注释结果中的冗余，已开发成具有我国特色的查询系统，并且用它对包括人、大鼠、小鼠、拟南芥、啤酒酵母、裂殖酵母、果蝇和线虫等模式生物基因组序列进行了注释并已经通过网络提供服务。

通过数据库搜索寻找未知功能的新序列，为下一步的实验验证提供依据或参考信息，是目前新基因发现的主要途径之一。所谓新序列，是指那些由大规模计算方法预测得到、但未经生物实验验证的序列，通常没有文献信息支持。基于上述目标，开发了以序列模体为中心的注释系统（Motif Centric Annotation System，MCAS）。MCAS和PCAS系统的数据源相同，但由于MCAS以蛋白功能域或蛋白家族为中心，即可以通过一个蛋白家族代码，如 InterPro 的检索号，查询某一物种蛋白组中所有成员。查询结果按统计显著性排序，除统计显著性很高的已知蛋白外，统计显著性较低的序列也会列出，其中可能会有未经实验验证的新序列。此外，很多真核蛋白一般具有多个功能域，其不同组合会产生不同蛋白。该系统目前已经能够支持多个结构域的组合查询。2002 年以来已经开发完成了GPCR、分泌蛋白、细胞核受体和离子信道 4 个二级数据库。在已有蛋白家族二级数据库基础上，通过数据库搜索程序，对人、大鼠、小鼠全基因组序列扫描，寻找可能的未知 GPCR、细胞核受体以及离子信道序列。

开发新的算法，为蛋白组注释和数据挖掘提供新的工具，是另一项重要内容。基于多肽短序列片段PepPat模式搜索程序已经完成，故开始通过Web为用户提供服务。此外，还开发了分泌蛋白搜索算法SecHMMER、铁反应组件搜索算法IRE-FINDER、探针设计程序ProbeDesigner等。建立具备新基因筛选

功能的生物信息平台及其相关的公开数据库和工具软件是一个整合的系统，通过该平台，作为开展生物学实验的参考；还可以从蛋白家族入手，帮助生物学家选择可能的新的研究靶标；我们的二级数据库系列包括了一些重要的蛋白家族，适用于药物开发等特殊的目的，实际上可服务于生物学研究领域内任何特定的科学任务。

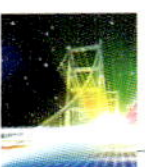

干 细 胞

近年来，人们发现成年动物体内多种组织器官中存在着可进行自身组织修复的成体干细胞。骨髓来源的干细胞是迄今为止研究最为深入并得到广泛应用的成体干细胞，而间充质干细胞向骨、软骨、脂肪、造血基质及神经元样细胞等分化成熟的特性使其在组织工程中作为最佳种子细胞来源的地位令人看好。1999年以来，多个研究小组证实，来自成年动物和人的骨髓、脐带血等组织的成体干细胞具有跨系、甚至跨胚层分化的能力，可分化成为骨、软骨、肌肉、神经、肝脏、脂肪等细胞类型。此外神经干细胞和肌肉干细胞也均能转变成血液细胞。脂肪基质干细胞也可变成骨和软骨细胞。人们把成体干细胞可以跨系、甚至跨胚层分化这一特性称为干细胞的可塑性。

我国在成体干细胞“跨系或跨胚层分化”、干细胞增殖分化调控干细胞治疗技术及其临床应用等主要研究方向有所突破，建立了以造血干细胞和间充质干细胞为重点的成体干细胞分离纯化、体外扩增、定向诱导分化等技术路线，并依据干细胞生长、发育和分化的体内环境和主要调控机制，采取“程序性”扩增与诱导分化的策略，以保证其效率、功能和安全性，同时优化其诱导条件，实现扩增与诱导的规模化和标准化，重点向心肌、神经、肝脏、胰岛等组织细胞分化。在此基础上将部分干细胞技术应用于血液系统疾病、癌症放化疗后的造血支持治疗、心血管疾病、肝病、神经退行性疾病、糖尿病等重大疾病的临床治疗。

（1）以不同诱导分化因子（细胞活化因子，5-aza；坏死心肌组织提取液；化学药物等）诱导骨髓MSCs分化为心肌细胞，诱导

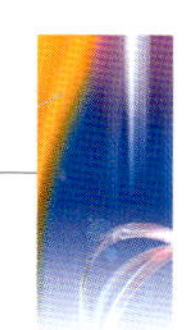

后的细胞出现多核，随后可见肌小管形成；建立大鼠心肌梗塞再灌注模型，探索细胞治疗的最佳时机及最佳治疗方案，同时建立大动物心肌梗塞模型，对细胞治疗的临床应用及临床安全性进行评价。

（2）建立帕金森氏症大鼠模型，成功从脑组织中分离NSCs，建立了NSCs的体外培养体系，并将培养的NSCs植入帕金森模型大鼠观察其存活分化状态，结果NSC移植能提高纹状体内DA及代谢产物含量，部分改善大鼠诱发旋转行为；体外诱导NSC向DA能神经细胞分化，探讨定向分化可能的诱导因素及其作用机制，为NSC移植治疗的临床应用提供实验依据和理论指导。

（3）建立骨髓来源的干细胞与肝细胞的共培养体系，体外以不同诱导分化因子组合对其进行诱导分化，分化后的细胞具有成熟肝细胞的形态、表面标志及相似的生物学功能；建立肝损伤动物模型，应用磁靶向仪对肝损伤动物进行干细胞的靶向治疗，为其临床应用提供实验依据和理论指导。

（4）应用不同诱导分化方案体外诱导骨髓MSCs分化为nestin阳性细胞，再将其定向诱导分化为胰岛β样细胞，建立糖尿病动物模型，对诱导分化后的细胞进行功能鉴定并为其临床应用和临床安全性提供实验依据和理论指导。

（5）已建立了染色体核型分析、多种癌基因检测方法、裸鼠接种实验等用于干细胞临床应用安全性评估的细胞与动物模型，并对分离纯化的干细胞及其诱导靶细胞进行表型分析、体外与体内的性能检测、干细胞植入及分化证据以及干细胞治疗技术的临床安全性评估等临床前研究。

（6）同时将不同干细胞亚群或诱导分化前后的干细胞以抑制消减杂交法建立cDNA文库，利用基因芯片技术寻找干细胞与诱导分化的细胞之间的差异基因，对差异基因进行生物信息学分析；或利用酵母双杂交系统、蛋白双向电泳等技术，寻找干细胞增殖分化的重要调控分子，为研究干细胞的增殖及定向分化调控以及利用干细胞技术平台进行药物筛选或评价提供新的线索。

与胚胎干细胞相比，成体干细胞在应用上具有更大的优势：①用于再生医疗的成体干细胞源于自身，用于自身，无须担心胚胎干细胞在应用中所无法避免的免疫排斥问题；②与胚胎干细胞的无限自我更新能力相比，成体干细胞似乎在正常情况下通常处于静止状态，只有在病理情况下才显示出一定的自我更新潜能。因此，其导致细胞“永生化”甚至癌变的可能性较小；③成体干细胞可以产生一个含有多种细胞成分的特定的组织，因而，当移植入患者体内后，它们有望产生该器官的所有类型的细胞，而达到在结构上和功能上都能完美地修复或替代组织的

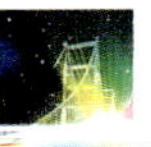

作用；④一些类型的成体干细胞具有向体内损伤的部位远距离迁移，成为它们的前体细胞并分化为终末成熟细胞的特性。因此，不仅可利用它来修复组织损伤，还可将它作为基因治疗的理想载体，协助目的基因的表达产物通过生理屏障进驻靶组织而长期发挥治疗作用；⑤某些成体干细胞可分泌生长因子，发挥动员或保护该组织其他细胞的作用以加强移植效果，还可以利用基因工程的手段对成体干细胞进行操作，使其兼具细胞治疗和基因治疗的作用。

可以肯定的是，以成体干细胞治疗为基础的细胞工程、组织工程技术必将越来越成熟地用于临床各个领域，更多的患者将得益于该项伟大的技术。对于成体干细胞可塑性机制等基本问题的深入探索和研究无疑会使成体干细胞在未来的细胞工程和组织工程中具有广阔的应用前景。

当前，影响干细胞治疗临床应用研究的最大障碍之一，是缺少移植后干细胞在体内成活、分化以及安全性监测的可靠方法。目前常规动物实验所采用的组织取材、体外检测手段，并不适于人体。无创、可多次重复应用的检测方法已成为制约干细胞移植治疗真正走向临床应用的“瓶颈”。

近年来，国内外学者探索了多种活体示踪干细胞的方法。其中，核磁共振（MRI）技术的相关研究进展较快，其共同特点是：在体外将磁共振增强剂导入到干细胞或前体细胞中，移植后，依赖增强剂的信号改变反映干细胞的存在和迁移。但这种方法只适用于移植后短期内监测体内的标记干细胞，至于细胞是否存活、是否增殖、分化方向等方面则无法提供信息；标记干细胞在体内可能释出增强剂，可能造成假阳性或假阴性结果。其他技术目前的进展也并不令人满意。

核医学显像利用放射性核素标记的配基与组织细胞的内源性标志物特异性结合达到显像目的，具有高灵敏性、高特异性，在活体示踪干细胞方面有独特的优势。国内外都有学者希望应用核素显像追踪干细胞，但迄今为止，尚未见到成功报道。我国学者在2002年中探讨了干细胞移植后体内核素显像的可行性。兔T10脊髓内移植入3×10^{6}人间充质干细胞，以^{131}I标记转铁蛋白（transferrin）作为显像剂，应用临床用SPECT（单光子发射计算机断层扫描）观察到了细胞移植部位放射性浓聚（图1），而未移植细胞的伪手术动物或以^{131}I标记人血清白蛋白进行显像均未观察到类似现象。半定量分析显示：实验组与两个对照组间存在显著性差异。

由于使用了能够体现细胞增殖状态的转铁蛋白受体（TR）作为显像靶分子，干细胞体内增殖与该受体表达明显正相关，通过重复显像显示：随着移植后时间的延长，显像转为阴性，相应的免疫组化方法验证了体内

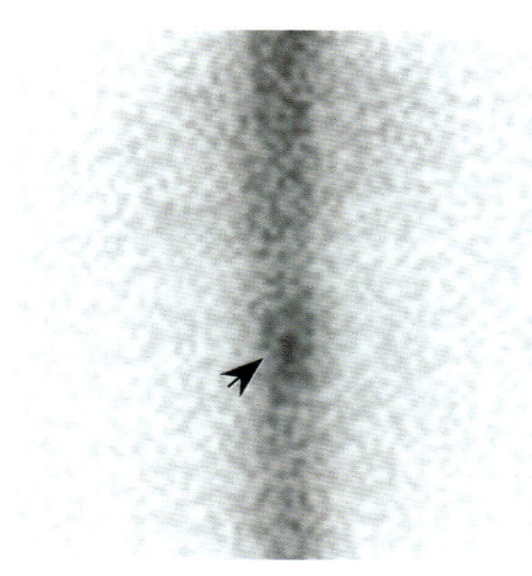

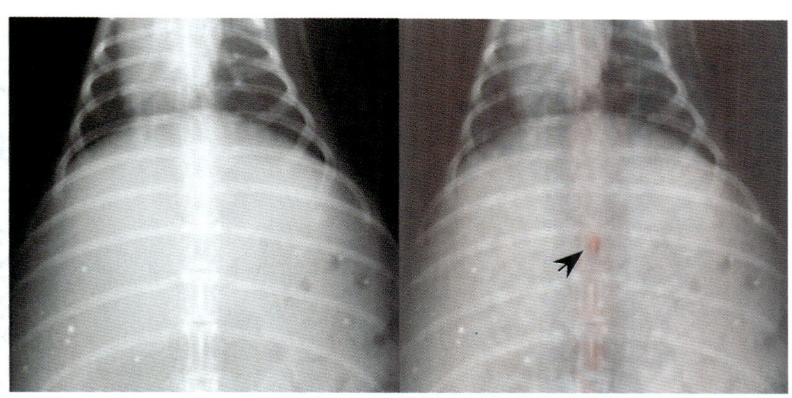

图 1　蛛网膜下腔内注射 ^{131}I－Tranferrin 后 16 小时，兔 T10 脊髓内移植有人间充质干细胞，伽玛相机扫描，X 线图像定位放射性浓聚于第十胸椎

细胞 TR 表达的降低。证明：应用不同标志物，可以在活体显示干细胞发育的阶段性。

帕金森氏病的多巴胺通路的异常导致了种种临床症状，纹状体内细胞的多巴胺 D_2 受体表达异常。干细胞移植治疗后，如果有效，将在一定程度上纠正该种异常。D_2 受体显像将有利于监测干细胞向多巴胺能神经元方向的分化。^{11}C－raclopride 在众多 D_2 受体显像中特异性好、安全性高，课题组已经成功地在国内首次完成其合成，并已申请了专利（专利号：02130810.1），针对 ^{11}C 半衰期短（20分钟），自行设计、研制了 ^{11}C－raclopride 在线生产设备，使合成完全自动化，合成效率大大提高，最终产品无需 HPLC 纯化，即可满足注射要求，合成时间与国外先进水平相比，可大大缩短。单侧纹状体损毁猴帕金森氏病模型，在损毁区移植入微囊包裹的肾上腺嗜铬细胞，在改善临床症状同时，^{11}C－raclopride 显示了毁损侧 D_2 受体表达明显增加（图 2）。多巴胺转运体正电子核素示踪剂的合成也已经完成，可更直接的反映多巴胺能神经元，两者结合应用，将为动态监测干细胞治疗帕金森氏病疗效提供可靠、坚实的基础。

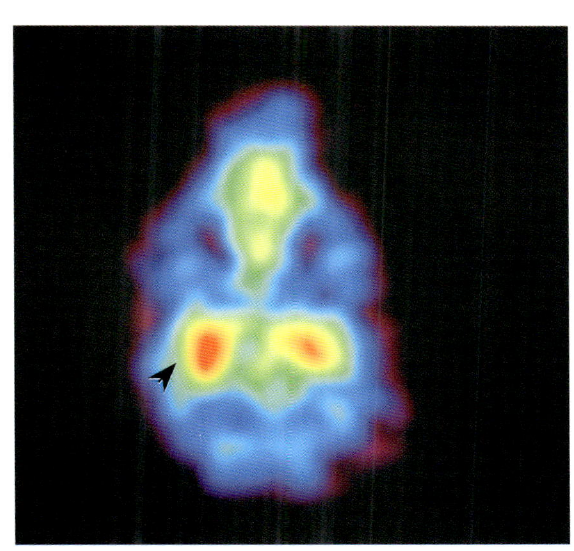

图 2　猴脑右侧纹状体损毁术后 6 个月，手术移植入微囊化肾上腺嗜铬细胞 1 年，^{11}C－raclopride PET 显像观察到右侧纹状体放射性浓聚增加（箭头指示）

外源性细胞移植入体内后的生物安全性，是干细胞治疗技术最关键的问题。理论

上干细胞的多方向分化能力存在向恶性细胞转化的可能。建立移植后在体的持续监控技术，对干细胞治疗的合理性和安全性具有极其重要意义。肿瘤细胞的转铁蛋白受体表达、核酸与氨基酸代谢水平均明显高于干细胞，利用这一特点，可以早期发现干细胞向肿瘤细胞的转化。如：移植部位转铁蛋白显像超过正常强度或显像强度经历降低后出现反弹，都表明细胞向恶性转化。此项活体显像技术所建立的技术平台，有应用于目前已知任何体内器官、活组织、细胞移植的在体、无创监测的巨大潜力，有助于促进生物修复、替代治疗方面的医学、生物学研究水平和速度的提高。

转基因动物

在863计划等国家项目的支持下，我国对转基因动物的研究从无到有，初具规模，目前已经能够从单纯模仿进入自主创新的研究。2002年中的重要进展是通过基因敲入HBV基因建立肝细胞癌的转基因动物模型。

肝细胞癌（HCC）是全球最主要的恶性肿瘤之一，全世界每年发生HCC的患者超过100万人，5年存活率低于5%。肝细胞癌的发生有明显的地区性，非洲撒哈拉沙漠以南的莫桑比克和乌干达以及亚洲的我国均属于肝细胞癌的高发地区。HCC发生和发展与多种致病因素有关，尤其与乙型肝炎病毒（HBV）感染密切相关。由于HBV一般不感染培养细胞，也不感染常用的实验动物（黑猩猩是惟一敏感的实验动物），在一定程度上限制了对其致病机理的研究。因此，有必要建立合适的动物模型来进一步探讨HBV的致病机理。转基因动物技术为研究HBV致病机理提供了新的途径。我国学者采用基因敲入的方法替代传统的转基因方法，构建了HBV表面抗原基因和X基因分别定位整合的转基因小鼠。

采用基因敲入的方法，通过同源重组和ES细胞培养技术将2.2kb的编码HBV表面抗原基因（*HBsAg*）和1.73kb的编码HBV X基因（*HBx*）的片段分别定位地引入小鼠染色体组的p21位点中。通过显微注射和胚胎移植，获得了稳定表达HBV表面抗原基因和X基因的转基因小鼠。Southern杂交及原位杂交都证实HBV表面抗原基因和X基因在转基因小鼠基因组中定位整合。定位敲入表面抗原基因的小鼠在肝脏、肾脏及睾丸中表达外源基因，而转入X基因的小鼠仅在肝脏及肾脏中表达X基因。HBV基因在定位整合转基因小

鼠中按孟德尔遗传规律稳定遗传。

HBV表面抗原基因定位整合转基因小鼠能够正常存活，杂合子和纯合子小鼠均发育正常。初期表现出类似人慢性肝炎的症状，转基因小鼠血清中甲胎蛋白、谷草转氨酶和谷丙转氨酶的含量明显高于同窝野生型对照小鼠血清中的含量。组织病理学检测发现在1年以上的转基因小鼠的肝脏中开始出现轻度脂肪变性和淋巴细胞的浸润。杂合型转基因小鼠15个月开始发生高分化的肝细胞癌，肿瘤组织明显地挤压正常肝组织，有较多的嗜酸性小体，也有胞浆疏松化的改变。此外，细胞中有脂肪样病变，点状坏死，可见分裂相。增殖细胞核相关抗原（PCNA）检测显示*HBsAg*定位整合转基因小鼠肝细胞异常增殖。

*HBx*转基因的杂合子及纯合子小鼠均发育正常，并且可以存活至18月龄以上，18月龄时开始发生肝细胞癌。观察了各年龄段的*HBx*转基因小鼠及野生型对照，发现*HBx*转基因小鼠在6月龄时已经有大量肝细胞开始凋亡，而同年龄的野生型对照则基本没有。对24月龄的*HBx*转基因小鼠及野生型对照的肝细胞进行电镜观察，发现HBx转基因小鼠的肝细胞在细胞核形态、内质网结构以及糖原分布上都有明显的异常。

18月龄至24月龄的*HBx*定位整合转基因小鼠中，杂合型雄性转基因小鼠发生肝细胞癌的比例为60%，杂合型雌性转基因小鼠发生肝细胞癌的比例为45.5%；纯合型雄性转基因小鼠发生肝细胞癌的比例为63.6%，纯合型雄性转基因小鼠发生肝细胞癌的比例为42.9%。15月龄至24月龄的*HBsAg*定位整合转基因小鼠中，只有雄性转基因小鼠才发生肝细胞癌。杂合型转基因小鼠发生肝细胞癌的比例为53.3%，纯合型转基因小鼠发生肝细胞癌的比例为72.7%。雌性转基因小鼠和野生型的小鼠均未发现有肿瘤发生。这与人类肝细胞癌男性患者明显高于女性患者非常相似，说明*HBsAg*基因表达与雄性易患HBV相关肝细胞癌密切相关。

利用cDNA微阵列对3月龄纯合型*HBsAg*定位整合转基因小鼠和同窝对照的野生型小鼠的肝脏基因表达进行检测，通过分析二者之间基因表达的差异信息，初步寻找*HBsAg*致肝细胞癌的相关基因，并通过Northern杂交对候选基因的表达进行验证。发现与肿瘤发生密切相关的分子，如醛缩酶A、核糖体s3a、膜联蛋白A4、嘧啶核苷激酶等在转基因小鼠的肝脏肿瘤中明显升高。发现与基因不稳定性相关的基因*H3f3a*，*Ptb*和*HMGiy*在转基因小鼠肝细胞癌中表达量升高，说明*HBsAg*引起的基因组不稳定性增加可能是HBV诱发肝细胞癌的一个重要原因。

利用Affymetrix公司的小鼠基因组芯片系统检测了6月龄、12月龄、18月龄的野生型、杂合型*HBsAg*定位整合转基因小鼠、纯

合型*HBsAg*定位整合转基因小鼠、杂合型*HBx*定位整合转基因小鼠、纯合型*HBx*定位整合转基因小鼠肝脏及肝脏肿瘤的基因表达情况。通过比较分析发现了一些差异表达的基因。同时收集了对应小鼠的肝脏以及肿瘤蛋白质，对其进行了蛋白质组学检测。通过分析比对，将找到的差异表达的蛋白进行胶内酶切后进行质谱鉴定。目前一共对147个蛋白点进行了质谱分析及检索，其中大约65%的蛋白可以检索到有意义的结果。对这些蛋白进行归类及分析，可以提供一些有价值的线索。与野生型小鼠相比，在*HBsAg*定位整合转基因小鼠的肝脏及肿瘤中有一系列的与氧化应激相关的蛋白质发生变化，如铁蛋白轻链在肿瘤中表达量降低，硫氧还蛋白依赖的过氧化物酶2、4在肿瘤中表达量明显升高，谷胱苷肽依赖的过氧化物酶在肿瘤中升高，精氨酸酶降低等等，这一系列蛋白质的变化提示我们表面抗原基因致肝细胞癌的机制可能与ROS（Reactive Oxygen Species）的过量产生以及氧化应激反应的激活相关。对*HBx*转基因小鼠的肝脏以及肿瘤蛋白质进行分析，发现一些蛋白质的变化与*HBsAg*转基因小鼠的相同，如铁蛋白轻链的表达量在肿瘤中降低、硫氧还蛋白依赖的过氧化物酶4在肿瘤中升高，rho-GDP解离抑制子在肿瘤中升高等等。

有关研究已申请国内和国际发明专利。国内外大部分针对肝癌的基因谱和蛋白质组学的研究均利用临床标本，其结果往往反映的是肝癌发生中晚期的分子事件，并且需要大标本量以消除个体差异的影响。利用我们研制的HBV基因定位整合转基因小鼠，可以对不同发育阶段的肝脏基因表达谱和蛋白质组学进行研究，寻找肝癌发生的早期分子事件，可能发现用于早期诊断的功能基因。通过比较两种定位整合转基因小鼠的基因和蛋白质的表达差异，可以进一步揭示表面抗原基因及X基因在肝癌发生过程中的不同作用及其机制，同时为HBV的预防和治疗药物的研制提供理论依据。该肝细胞癌模型小鼠还可用于基因治疗以及各种治疗方案和药物的评价，具有广泛的推广和应用前景以及潜在的重大社会效益和经济价值。

神经科学

脑科学是21世纪国际上最具挑战性和最活跃的前沿基础学科之一。了解脑的奥秘——脑如何发育和成熟，智力和创造性怎样产生，以及学习、记忆和高级认知功能的机制是什么，脑的退化和神经细胞的死亡由什么原因引起，怎样才能促进脑的再生和修复，对所有这些问题的回答，都将取决于人类在神经系统发育和可塑性基本机制的了解上能否取得突破。

在神经生长发育有关的研究中，通过将浓度梯度分析法首先应用到哺乳类中枢神经元的轴突生长导向，证明了G-蛋白偶连受体在介导轴突生长导向方面起重要作用，并表明PKC是关键的下游信号分子，通过抑制PKC等手段，也可以使上述因子的作用从排斥改变为吸引。这一工作成果发表在2002年的《Nature Neuroscience》，是中国科学家第一次在该杂志上发表研究论文。

在神经系统功能结构研究中曾经观察到，在初级视皮层神经元的传统的感受野外面，还存在着一个大范围的“整合野”。刺激一些神经元的整合野会引起细胞兴奋，刺激另一些神经元的整合野会引起细胞抑制；前一种称为易化性整合野，后一种称为抑制性整合野。前一种细胞能编码大范围的、相同的图形特征，而后一种细胞则能编码局部与周围之间图形特征的差别；通过后一种机制，视皮层神经元能够把目标物从各式各样的复杂背景图像中分离出来。通过细致的分析，确定了在初级视皮层中，存在着一种与处理大范围复杂图形特征有关的、新的功能筑构系统。与目前所有已知的功能筑构不同，这种新的脑功能筑构不是柱状的，而是形成许许多多直径约300微米的小球，镶嵌在垂

直的方位柱和眼优势柱中。这些由易化和抑制性整合神经元所构成球状结构是在已知功能柱基础上所形成的第二级功能筑构，它们分别处理大范围图形的同质性和异质性，从而以有限的信息量实现图形与背景的分离。这项研究于2002年8月发表在《Neuron》上，是国内神经科学家第一次在该刊物上发表的文章。

神经元间形成突触后，神经信号可以从一个神经元传到另一个神经元，但这些信号传递的分子和细胞机制有待于深入研究。一般认为神经递质的释放需要钙离子内流，而国内学者发现与钙离子无关的、单纯由神经冲动导致的神经递质的释放机制，对神经信号的传导和信息整合研究产生重要影响。他们在大鼠背根神经节（DRG）感觉神经元上，应用细胞膜电容测量技术发现了一种无需Ca^{2+}，只要动作电位就可触发的神经元胞体分泌（CIVDS）。这种分泌属于小泡分泌的一种，并且对经典的分泌蛋白SNAIRE敏感。这一发现的重要性在于，它对“神经元分泌递质必须由Ca^{2+}介导”这个神经信号传导的经典观念提出了一个反例，因而在国际上引起了普遍关注。这一工作已发表在2002年的《Nature Neuroscience》杂志上。最近神经递质分泌的Ca^{2+}假说的鼻祖，诺贝尔奖获得者英国Bernard Katz教授发表了专评文章，这突显了CIVDS的重要意义。

慢性炎症、外周神经损伤和病毒感染等可以引起初级感觉神经元发生分子和细胞生物学改变，从而导致其兴奋性异常增高，为慢性痛主要起因。发现在以上病理条件诱导高表达的、具有感觉神经节和神经元相对较高选择性的基因，特别是与神经递质、受体和细胞内信号转导系统有关的分子，并研究其病理生理学功能，将对寻找镇痛药物的靶分子有较大的意义。通过我国不同领域科学家的精诚合作，成功地构建了高质量的正常和神经损伤后大鼠感觉神经节cDNA文库，通过对两个文库的大规模EST测序，共获得11 229条序列，已经提交给GenBank，接受号为：BG662484–BG673712，占GenBank大鼠EST库总数的3.5%，占5’端测序总数的21.5%。生物信息学分析表明，60%的克隆为已知基因，20%的克隆为已知的EST，20%的克隆为新的EST。经过整合后，共获得6 509种基因，其中3 236个为大鼠的Unigene，从而建立了目前最大的感觉神经节组织特异性cDNA库。同时用cDNA array等技术建立了外周神经损伤后大鼠背根节损伤后的基因表达谱，共获得173种表达水平改变的基因。这是痛研究领域第一次发表这样规模性的工作成果。

对这些脑发育基本问题的深入了解，将对成年脑的工作原理和脑发育异常引起的各种疾病的起因有更好的认识。在脑发育时期

神经系统有很大的可塑性，这种神经可塑性是脑的学习、记忆、认知等高级功能的基础，没有神经可塑性，人类就不可能有适应环境的能力，这也是研究脑发育基本过程的调控机制有重大学术和实践意义的原因。研究成年脑的功能和结构的可塑性，也使我们对脑损伤后的代偿和修复能力有新的认识。在神经突触水平研究神经可塑性，即研究突触传递长时程增强和长时程抑制的机制；研究基于神经可塑性变化的脑最重要的功能之一：学习和记忆的机制；研究神经损伤后发生的可塑性变化，包括神经元基因表达的变化，这方面的研究也有潜在的临床应用价值。关于慢性痛的基因研究工作发现了几个临床上使用的对一些慢性痛治疗有效的抗忧郁类、抗癫痫类和抗惊厥类的药物靶点，为临床上使用这些药物治疗某些类型的慢性痛提供了分子基础。这项研究为进一步设计有针对性的治疗慢性疼痛的治疗策略和新的镇痛药物提供了潜在的靶点。视觉系统获取视觉信息后，经过复杂的整合上升为视知觉，是研究脑功能最好的模型系统。视觉系统获取视觉信息、对信息进行复杂的加工和整合的能力，是通过基因和环境的相互作用，在发育过程中（以神经可塑性为基础）逐步形成的，在成年后仍有可塑性。以视觉系统的视觉皮层和视网膜为对象，从发育和可塑性的角度，深入研究视觉整合的突触、细胞和神经回路机制。项目小组成员关于视皮层新的功能筑构系统地发现，是一种非同寻常的、全新的脑功能结构，对了解脑处理复杂图像信息的神经机制具有十分重要的意义。

生 物 进 化

我们从何而来？这是人类的“千古之谜”。如何连接上生物进化“线路图”中众多的确失环节，这是生命科学家孜孜以求的难题。在以寻找化石为主的经典考古学基础上，利用生物高技术进行生命起源和进化研究，为这一领域带来突破性进展。

达尔文关于物种起源的研究是19世纪生命科学的重大进展之一，奠定了生物进化理论的基础。然而，近年来越来越多的古生物学发现提示古生物的形态进化可能是以跃变方式进行的，这对达尔文关于物种渐变进化的理论提出挑战。现在，每年的世界重大科技进展中，都会有关于生物进化方面的研究报道。目前正在兴起的进化发育生物学对各门典型动物的基因组和发育机制的比较研究将阐明形体结构图式和形态进化机制、微进化与巨进化的关系，将在在分子水平促进遗传、发育和进化的理论综合。目前的研究重点：前生命化学进化中核酸和蛋白质共起源的研究；真核细胞起源问题的探讨；动、植物形态发育的分子机制与形态进化的研究；基因组进化机制的研究；动、植物分子进化的研究；生物类群的起源、演化、时空散布式样与分类系统研究；昆虫与植物协同进化机制的研究。除了经典考古研究之外，利用分子生物学和生物信息学的发展成果，从分子水平来诠释生物进化，也是近年来值得重视的动向之一。

在植物进化研究上，20世纪是最辉煌的时期。随着大陆漂移和板块构造学说的提出，人类对植物界尤其是被子植物系统进化的认识不断深化。德国以假花学说和英国以真花学说为基础提出的被子植物演化系统，是研究被子植物进化的两个主要派别。但前苏联、

美国和瑞典植物学家等综合各学科所有的研究成果，也相继发展和提出了自己的被子植物演化系统。在20世纪后期，分支分析方法的运用极大地推动了植物系统演化的研究。90年代以后，分子生物学技术的发展给植物系统进化的研究注入了新的活力，如Manhart, J. R.利用rbcL基因序研究了绿色植物的系统关系等。此期最大的特点是世界各国的植物学家联合组成了被子植物系统进化研究组（APG），对被子植物进行了广泛的分子系统学研究，并于1998年提出了被子植物起源和演化的全新系统。与此同时，古植物学的研究也取得了可喜的进展，如Peter R. Crane等1995年在《Nature》上发表了被子植物的起源和早期分化一文，界定了被子植物起源于早白垩纪；Kenrick和P. R. Crane1997年在《Nature》上提出了陆地植物的起源和早期演化的时间是在古生代中期，大约是在4.8亿～3.6亿年间。

在人类起源研究上，最重要的工作是在77年前科学家第一次发现南方古猿化石的基础上，通过线粒体DNA同一性方法和微卫星手段等生物高技术手段，证明了现代人类起源于非洲。这一支猿人几经迁移，最终遍布欧亚非大陆，从遗传学上覆盖了各地原有的猿人，成为了现在世界各国、各族人民的共同祖先。最近，《Nature》报告了在非洲发现的有600万～700万年历史的人科动物头骨化石“托迈”，它比迄今已知的任何人科动物化石年代要早300万年。“托迈”的发现在很大程度上填补了人科动物起源初期的化石空白，进一步证明了人类进化路线的同一起源和多分支性。

中国生物学家在生物进化，尤其是脊椎动物进化方面的研究也取得了令人瞩目的进展，受到了国外同行的高度评价。不仅如此，这一领域还是中国科学工作者与国际交流最频繁，合作成果最突出的领域之一。

在植物进化研究上，吴征镒等1996年将地理上具有古老复杂和丰富植物区系的东亚地区，提升为一独立的植物区——东亚植物区；同时也提出了被子植物多期、多域和多系演化的观点，并从现存被子植物的地理分布和系统进化分析发表了被子植物的八纲系统，在国内外也产生了较大的反响。1998年仇寅龙等从分子进化的角度提出了最早的陆地植物为苔类植物，并在《Nature》上提出了被子植物最早的基部类群是睡莲目的Amborella和八角目的Austrobailey等。孙革等在《Science》上发表的关于最早的被子植物花的文章，并将被子植物的起源时间前移到了晚侏罗纪。最近，孙革等又在《Science》上发表了出现在晚侏罗纪和早白垩纪被子植物的基部科古果科（Archaefructaceae），并认为最早的被子植物是水生的草本类型。我国植物学家对被子植物的系统演化、区系起源

以及陆地植物的早期起源及演化等，从古植物学和宏观生物学、细胞学水平和分子生物学等方面进行了广泛和深入的研究，在国际上产生了重大的影响，为进一步揭示植物界的进化和发展作出了贡献。

在动物进化研究方面，我国云南澄江化石动物群的发现表明在寒武纪生命爆发的短暂地质年代里，动物界现有主要门类均已出现。这一发现提示在特定的历史时期中，古生物群的形态进化可能会以跃变方式进行。这在国际考古领域引起很大震动，为物种跃变进化的假说提供了有力的证据，直接动摇了达尔文物种渐变进化的理论。《Nature》将中国科学院脊椎动物与古人类研究所有关硬骨鱼类起源研究的成果列为封面标题之一。而后又发表了我国考古学家有关5.3亿年前最早脊椎动物化石的研究成果。而后，《Nature》又相继发表了朱敏有关早期脊椎动物进化的新证据的研究报告，弥补了生物进化研究的一项重要空白。《Science》也长篇介绍中国古生物学近年的科研成果，并给予了高度评价。中国科学院昆明动物研究所与美国学者联合对白臀猴消化酶研究的成果也在《Nature-Genetics》杂志上发表。中国科学院南京地质古生物研究所、台湾“清华大学”和有关的美国学者在“海口虫”的研究中合作，陆续发现了一些重要的解剖学构造。为脊椎动物起源问题提供了证据。

在东亚及中国现代人群的起源和迁徙的研究中，中国学者也作出了重大贡献。北京猿人等一系列直立人、早期智人和现代人化石在中国的出土，将东亚有人类活动的历史追溯到了1百万年以前，成为现代人东亚独立起源假说最重要的证据。然而，近年来线粒体DNA遗传学研究对传统的“多区独立起源”假说提出了挑战。遗传学家发现所有现代人线粒体DNA的祖先类型仅在非洲人群中发现，提示他们均来源于非洲。换句话讲，北京猿人等并不是现代人的祖先，即所谓的非洲起源（又称单区起源）假说。由于坚持单区起源的西方遗传学家对东亚人群的研究较少，证据不多，因此有关包括中国人在内的东亚人群的起源和迁移一直存在较大争论。我国科学家采用大规模人群Y染色体单核苷酸多态位点、线粒体DNA和核基因座位等进行了基因分型分析，证明现代东亚人的Y染色体均来自于非洲。进一步的工作说明最早我国的北方群体起源于南方。这些研究工作具有重大的科学创新性，有关学术论文也发表在国际顶尖的学术杂志上。

抗体组药物

抗体组药物是利用基因组学、蛋白质组学、免疫组学、抗体组学、抗原表位组学及系统生物学的最新研究成果，结合鼠、兔、人及重组单克隆抗体技术，经过大规模建立抗原表位库及抗体库，高通量筛选研发得到的抗体药物。与传统的抗体药物研发生产相比，抗体组药物研发一方面大大提高了抗体药物的开发速度，缩短了药物开发的周期；另一方面由于抗体组药物的筛选利用了基因芯片、蛋白芯片和组织芯片等技术，这样既可以获得广谱的抗体药物，又可以生产个性化的抗体药物，应用领域更加广泛。

19世纪末，白喉毒素的发现宣告第一代抗体诞生，随着现代免疫学、细胞生物学和分子生物学的不断发展，第二代抗体——单克隆抗体、第三代抗体——基因工程抗体分别于1975年和1984年问世。一个多世纪以来，抗体作为体内最奇妙的蛋白质分子，一直是生命科学，尤其是生物医学领域的研究热点，为人类多种疾病的预防、诊断和治疗做出了巨大贡献。

1975年，英国剑桥的科学家Kohler和Milstein，通过小鼠杂交瘤技术建立了单克隆抗体，这种抗体为鼠源性单克隆抗体。单克隆抗体有特异性识别作用靶点（如肿瘤细胞、病原微生物）的能力，可用于疾病的诊断、预防和治疗。如在肿瘤的治疗上，单克隆抗体药物靶向性强，对癌细胞的追踪能力高，只聚集在癌细胞周围，能阻断癌细胞的生长，并让癌变部位萎缩，从而达到低剂量、低毒副作用的有效治疗。但最初的鼠源性单克隆抗体由于人、鼠之间遗传背景的差异，在人体内使用会成为外源性的蛋白抗原而引起免疫反应，这极大地限制了单克隆抗体在

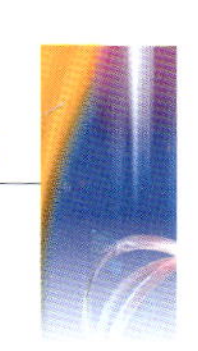

疾病治疗上的应用和发展。随着生物技术的发展，单克隆抗体经历了几个主要的发展阶段：鼠源单克隆抗体、鼠/人嵌合单克隆抗体、人源化单克隆抗体、人抗体和完全人源化单克隆抗体。其中鼠源性蛋白的成分比例不断下降，近年来发展起来的人源化单克隆抗体和完全人源化单克隆抗体含极少甚至不含鼠源成分，这种抗体不仅减少或避免了人抗鼠抗体反应，而且特异性、亲和力不受影响。最近英国剑桥大学的Dr Karpas已成功筛选出一个人骨髓瘤细胞系，经与人B细胞融合后，能稳定高产地生产百分之百的人抗体。这一重大技术克服了以前技术的不足之处，使人类有可能筛选出由人类免疫系统所产生的最有效的治疗性抗体，并有可能在整体水平上研究所有人产生的抗体，建立人类抗体库即免疫或抗体基因组学的研究，在疾病的治疗中将发挥巨大作用，拥有极其广阔的应用前景。

目前单克隆抗体药物主要用来治疗肿瘤、自身免疫性疾病和感染性疾病，尤其是在癌症治疗方面疗效突出。据美国制药工业协会的调查报告显示，单克隆抗体药物居所有医药生物技术产品之首。1993年，美国批准了用于临床治疗肾移植急性排斥的OKT3。到2003年已批准了16种单克隆抗体药物，另有十几种已进入临床后期实验阶段。同时单克隆抗体药物的销售额也迅速增长，预计会保持30%左右的速度发展，到2005年将达到近90亿美元。2002年完全人源化单克隆抗体humira获得批准上市，目前已有100多种抗体类药物在临床试验中，这表明一个以抗体药物为主的生物医药业发展新高潮正在到来。

与国外相比，我国单克隆抗体药物的产业起步较晚，基础比较薄弱，但近年来我国在这方面给予了越来越多的关注和重视，单克隆抗体药物研究已被列入863计划和国家重点攻关项目，并取得了不少成绩。1999年武汉生物制品研究所抗肾移植单克隆抗体WuT3（注射用鼠源性抗人T淋巴细胞CD3抗原单克隆抗体）在国内最早批准上市，用于治疗移植器官的排斥反应。2001年东莞宏远逸士生物技术药业开发的，用于治疗银屑病（俗称牛皮癣）的“恩博克乳膏”（抗人白细胞介素-8单克隆抗体）获得国家一类新药证书。2003年上海美恩生物技术有限公司与美国南加大合作开发的碘［^{131}I］人鼠嵌合型肿瘤细胞核单克隆抗体注射液（^{131}I-chTNT）获准上市，用于肺癌的治疗。第四军医大学基础部的国家一类新药碘［^{131}I］肝癌单克隆抗体放免诊断剂和治疗剂也处于临床研究中。该抗体药物的中试生产下游工艺经不断优化，通过使用SREAMLINE扩张柱床吸附技术，再配合疏水层析，取得了比传统工艺更为理想的结果。北京百泰生物药业公司的人源化单克隆抗体药物H-R3也已经进入二期临床。

H-R3是继用于治疗结肠癌淋巴转移患者的PANOREX和用于治疗转移性乳腺癌的HERCTPTIN之后，第三个面世的单克隆抗体实体瘤治疗药物。我国的产品具有大批量发酵和规模生产、比美国的同类药物Erbitux人源化程度更高的特点。目前国内正在进行临床前研究的抗体药物还有：用于治疗结肠癌的抗CEA嵌合抗体（北京赛科药业）；用于预防破伤风的抗破伤风抗体（军事医学科学院）；用于乙型脑炎的抗乙型脑炎单克隆抗体（中国科学院遗传所）；用于治疗肝癌的抗FabC1027（中国医学科学院）。另外，在诊断性单克隆抗体生物制品方面，已获国家批准的有31个品种。

其他高新技术

纳米科技

纳米科技是材料科学的重要发展方向。纳米技术与生物技术的交叉是生命科学的一个突出的生长点。各国政府投入纳米科技的研究经费平均年增长40%，而有的国家研究经费投入的增长甚至达1～2倍。2002年，富勒烯、纳米碳管及其他纳米材料的销售总额为5 000万美元；但2002年美国在部分使用纳米材料的产品上的销售总额为265亿美元，现有的产品主要用在催化剂、防晒膏、涂料等，大约已有300余家企业从事与纳米技术有关的产品制造和销售。生物纳米科技的发展目标，主要在疾病早期诊断、新型药剂或靶向药物、生物材料和先进的检测仪器。制药业则着重发展生物友好的笼型化合物为基础的缓释或靶向药物。

1999—2002年间，中国各部门在纳米材料和纳米生物研究方面投入1 600多万元，2002年科学技术部在国家高技术发展计划（863）中又启动了纳米材料重大专项。对纳米生物医用材料等7个研究专题投入约1.7亿元，大大推动了有关研究的进展。近年来，国内建立了多个纳米研究与开发中心，起到了公共技术平台的作用。我国的纳米科技研究取得了一批具有国际影响的成果，在纳米材料制备方法的研究上取得了重要突破，自主发展了纳米材料的苯热合成方法，纳米碳管和纳米半导体定向生长技术和规模制备高质量的多壁或单壁纳米碳管的制备技术，电沉积高密度块状金属的制备技术，有序模板与CVD、电沉积相结合合成半导体和金属微阵

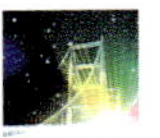

列的技术，并成功地制备了各种准一维纳米材料和纳米结构材料。在纳米材料的结构评估上也取得了重要成果，如用STM技术研究有机分子或金属原子在硅表面上的有序分布、大块纳米铜的室温超塑延展性和力学性质研究、低温下表面纳米渗氮技术、碳纳米管储氢研究。复合纳米陶瓷的抗弯强度等达到国际先进水平。总之纳米材料是我国的优势领域，资金和人力投入较多，研究范围广，研究成果多，在国际已具有相当高的地位和影响。在SCI文章发表数目上，已超过日本，居世界第二位。而纳米科技的论文数量，2001年已达世界纳米研究领域的第二位。

分子光谱技术

癌症是人类健康的头号敌人，肿瘤的早期诊断对癌症治疗具有极为重要意义，为此人们不断致力于用各种先进的物理化学和生物医学技术发展肿瘤诊断新方法。从癌变形成过程来看，在人体内首先表现为基因突变，然后细胞的主要组分，如蛋白质、磷脂、糖类等生物分子的结构和组成发生相应变化，进而使细胞变性和癌细胞形成，再发展长大成为癌瘤肿块组织，才能被CT、NMR和X光透视等物理诊断方法发现。再从该部位采取活体标本，经切片染色、显微镜观察检测等方法进行确诊，并依此进行对症治疗。不难看出，这种行之有效的传统检验方法的灵敏度、准确度和检测速度都远远满足不了大量病人诊断的治疗需要。

分子光谱能从分子水平上反映生物组织的各种病理变化，对肿瘤诊断具有巨大潜力。20世纪80年代后期，国外开始研究胃、肠、口腔、肺及乳腺等恶性肿瘤组织切片和细胞的FTIR光谱。近年来，用分子光谱法研究肿瘤受到国内外生物和医学界的广泛重视，发展较快，文献报道逐年增加。美国国家工程院把“癌症诊断的分子光谱新方法”列为重要方向。美国国立卫生研究院（NIH）已投入巨资开展此项研究。近年来我国学者在胆结石成因的研究、血糖的无创检测和肿瘤的早期诊断等方面，以振动光谱为中心，与生命科学相关领域进行学科交叉合作研究工作，取得了一系列具有高度科学意义的创新性研究成果。

色素型胆结石是我国多发病，其化学组成及生成机理长期以来是一个未解决的问题。通过振动光谱等进行结石的研究，发现结石含有大量水溶性蛋白、多糖和糖蛋白，它们与胆红素钙共同形成复杂网络结构是胆石难溶的原因；发现铜对胆红素的催化氧化及络合作用是黑色胆石呈黑色的结构本质。在结石形成机理研究中，引入非线性科学概念，首次揭示了胆结石的分形结构和非线性生长

行为，发现生物体中存在少量有机高分子与金属离子配位，对胆结石等生物矿化组织的形成起关键性诱导作用；发现有机组分和金属离子的相互作用存在非化学计量行为。以上研究工作获美国临床医学研究联合会（American Federation for Clinical Research Foundation）优秀科研奖。

糖尿病是一种常见病，常规检测血糖的方法是微创取血测定，不仅增加了感染的机会，也不易于对血糖进行实时监控，因而无创测定血糖方法是国际上共同追求的目标。目前我国利用振动光谱对分子结构的灵敏性，使用中红外光纤和全反射光谱法对血糖进行测量。通过大量实验室和临床实验证实：葡萄糖的相关谱带强度与血糖值具有较好的相关性。利用中红外光纤测定血糖的方法是一种无创测定技术，可减少病人的痛苦、降低感染的机会，并使血糖的实时监控成为可能。

癌症发生首先表现为分子结构的改变，分子光谱法可及时检出这种变化，并可能发展成癌症的早期和快速诊断新方法。在应用中红外光谱法测试了人体多种组织的上千个正常与癌变组织标本的基础上，得到了6 000多个光谱图，以此对比、归纳和总结癌变组织变化的光谱证据，建立了相应正常和癌变组织的红外光谱数据库（包括胃、肠、口腔、食道，胆囊，肺，肝，乳腺、甲状腺等）。并采用冰冻切片活检法配合验证，发现组织癌变有相应的振动光谱变化，但各种人体组织器官的变化规律不大一样。换言之，每一种器官的变化具有各自的规律性。这种新技术已经初步用于配合外科手术的快速诊断，通常手术中肿瘤组织的活检约需半小时，病人常要开着腹腔等待化验结果，而光谱法可在5分钟内得到诊断结果，为病变组织的快速定性提供了依据。以上提及的分子光谱技术临床应用的原创性结果均已经申报了专利。

电子顺磁共振

EPR（Electronic Paramagnetic Resonance）电子顺磁共振技术是20世纪80年代以来在美国迅速发展起来的生物医学检测技术. 由于EPR（L－Band）与NMR的使用频率相近，故可用于人体的测量。它是利用检测人体组织中的氧自由基，并转化为生物氧压，通过物理方法和计算机影像技术，来形成类似于核磁共振多维图形。该传感器还可以通过血液注射或直接注射至人体的各种组织周围或内部，形成对组织的包覆，由组织氧压的变化来评判这些组织属正常或不正常。目前人们熟知的B超、CT、核磁共振、胃镜、腹腔镜等诊断仪都只是用人的肉眼来观察患者脏器水平的变化，如患者机体某部

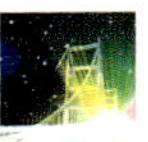

位有一肿块，上述诊断方法通常只能给出这个肿块的大小、形状、颜色、软硬等指标，但这一肿块是否系由炎症或畸形所致，或是良性还是恶性等最关键的指标不到细胞水平的，诊断是难以作出的，而EPR生物医学传感器就可直接对其作出“好”与“坏”的评判。由于该方法的使用成本仅为核磁共振检测的10%，因此具有很大的应用前景。目前美国已有检测人体局部部位的EPR生物影像仪在临床上使用，但局限于人体表层的检测，如皮肤癌的检验、浅表性血管瘤等，其主要原因是受材料的限制。

国外这一类材料的研究主要集中在美国的Dartmouth Medical School（DMS），University of Illinois 和比利时的鲁汶大学，其中主要的一些材料均由DMS开发应用，如India ink 和锂酞菁（LiPc）等;而 Illinois 主要开发碳系材料，如Charcoal; 比利时鲁汶大学曾对Charcoal 等材料进行过研究，但一直进展缓慢，与传感器密切相关的问题仍未搞清楚，需要进一步研究。同时选择新的材料就显得尤为重要。

碳系EPR 氧生物医学传感器，是一种比较典型的纳米级生物医学传感器。采用的顺磁材料，如专用炭黑、焦炭等为非水溶解性材料，故对颗粒的要求极高，其原因是：该生物医学传感器的检测方法是通过血管直接注射至人体，或可疑组织周围，故必须减小碳材料的颗粒度，才能满足使用；其二，该生物医学传感器是利用了碳表面的一些基团（碳材料系列），通过EPR来表达氧自由基的变化，因而碳表面积的增加，在一定程度上增加了EPR氧生物传感器对EPR 信号的敏感性，这对传感器来说，是非常重要的影响因素。顺磁共振与核磁共振一样，均是对组织形成影像加以研究，由于各自所采用的物理基础不同，因此所选择的研究方法略有不同。顺磁共振利用的是人体或动物体内的生物氧化值，这是一种非常重要的生理指标。由于恶性肿瘤和正常组织的氧分压是不同的，因此，顺磁共振最为重要的作用之一就是可以直接评判生物组织的“变化”，非常容易地进行肿瘤的普查；另一方面，对于重症病人又可以实施长期（如一个月）的监测，以观察体内氧压变化，而核磁共振就无法进行这些检测。经动物实验证明，上述两种材料均具有良好的检测灵敏度，且毒性较小。就目前应用情况来看，顺磁共振的成本仅为核磁共振的10%，这一指标为顺磁共振的应用提供了非常有效的使用平台。我国学者采用分子设计的方法，针对顺磁共振的特点以及对氧敏感的特性来设计目标化合物，目前在具有高敏感性、高稳定性的新一代EPR 氧生物医学传感器材料的合成与应用上已经有所进展，正在积极地申请专利，抢占该领域的研究高地。

技术篇

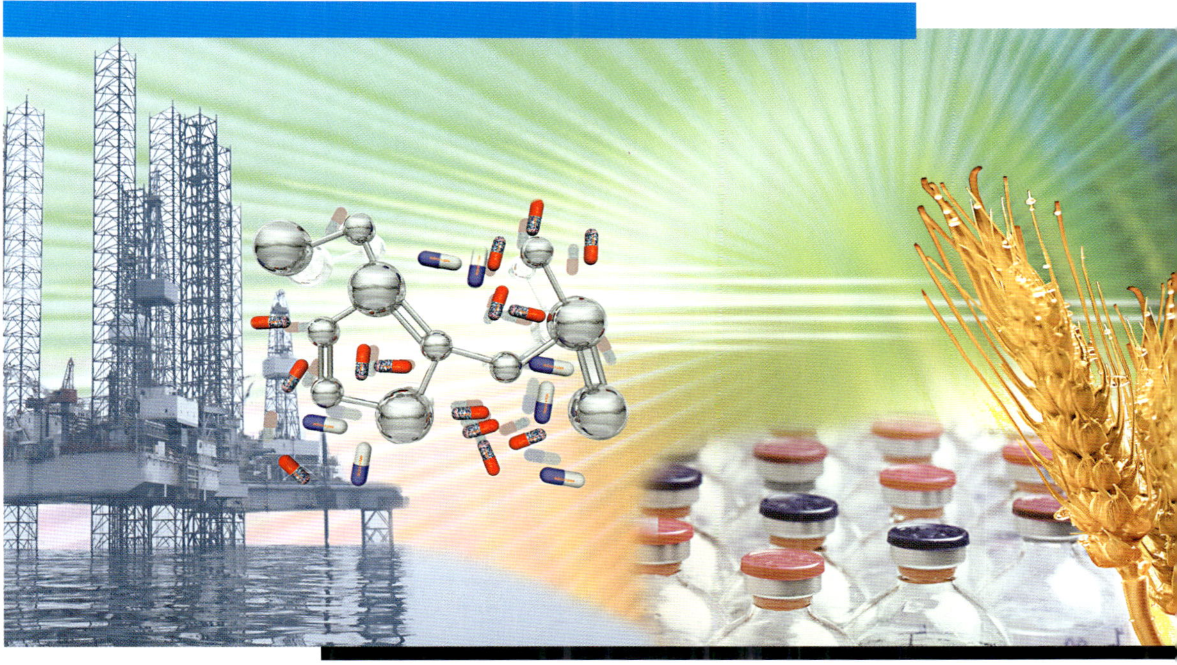

医药生物技术

概　述

随着生物技术的迅猛发展，医药生物技术正在成为促进生物产业发展和生物经济形成的主要动力。据统计，2002年美国FDA批准了35种生物技术新药及疫苗，累计共批准168种，其中超过半数是近五年来被批准的；另有350多种生物制品正处在最后开发阶段。

2002年我国医药生物技术研究开发及产业化取得了一系列重要进展。“十五”计划期间国家大幅度增加了对生物技术研究开发的经费投入，使得我国在医药生物技术领域的技术水平和创新能力明显提高，特别是医药生物技术产业化步伐明显加快。截止2002年底，我国共批准了20种生物技术药物和疫苗上市，有100余种生物技术药物和疫苗处在临床研究阶段，仅2002年就有57种生物技术药物和疫苗（含原料和制剂）获准进入临床研究。

在基因工程药物与疫苗研究开发方面，我国自1989年批准第一个基因工程药物干扰素α－1b以来，先后批准包括3种拥有自主知识产权的重组人干扰素α－1b（IFN α－1b）、重组人碱性成纤维细胞生长因子（r－bFGF）和重组链激酶（r－sk）共17种基因工程药物与疫苗上市。目前有几十种基因工程药物处于不同临床研究阶段。

我国疫苗市场潜力巨大，目前年增长率达到15%，高于全球10%的年平均增长率。我国目前已有乙肝疫苗、甲肝疫苗、流感疫苗、麻疹疫苗、破伤风疫苗等疫苗上市，但上市的基因工程疫苗较少，仅有乙肝疫苗一种。目前有十几种基因工程疫苗正处于临床试验和临床前研究阶段。

在抗体药物研究开发方面，早在20世纪80年代初，中国科学家就利用杂交瘤技术成功开展了单克隆抗体的研制工作，截至目前已经获得了一大批针对各种抗原的鼠源性单克隆抗体。1987年，863计划生物领域将抗体导向药物作为一个专题，开展了针对肝癌、肺癌、胃癌、白血病的导向药物研究。经过十几年的努力，在实验室和动物模型上评价了以鼠抗体为载体的同位素—抗体、药物—抗体和毒素—抗体等导向药物的治疗作用，并逐步从实验室研究走向临床应用。截至2002年底，我国已批准的诊断性单抗有31个，并已有7个治疗性单抗产品获准在我国上市应用，其中4个为国外进口产品，3个为我国自行开发的治疗性单抗，分别是武汉生物制品研究所研制的抗肾移植单抗OKT3（注射用鼠源性抗人T淋巴细胞CD3抗原单克隆抗体），它也是最早批准上市的国内自行研制的抗体，具有免疫抑制作用，可逆转对移植器官的排斥反应；东莞宏远逸士生物技术药业有限公司的抗人IL-8单克隆抗体乳膏，用于牛皮癣的治疗；上海华晨治癌药业有限公司与美国南加州大学合作开发的碘[^{131}I]人鼠嵌合型肿瘤细胞核单克隆抗体注射液（^{131}I-chTNT），该药物为创新药物，用于多种实体瘤，它的批准上市标志着我国抗体药物的研究已经进入全新发展阶段。

中国是世界上较早开展基因治疗基础研究和临床试验的国家之一。1991年我国首次对B型血友病进行基因治疗临床试验，获得了一定的临床疗效，之后又对多种重大疾病展开了基因治疗基础研究和临床试验。“九五”和“十五”期间，在国家863计划、973计划、国家自然科学基金等持续资助下，我国在基因导入和基因治疗临床试验等方面取得了很大进展，并建立了几个国家基因治疗示范基地。截至2002年底，我国已批准7个基因治疗方案进行临床研究，另外还有20～30个具有自主知识产权的基因治疗方案可望在2～3年内进入临床研究。

在组织工程和干细胞研究与应用方面，与国外相比我国起步虽然稍晚，但国家对组织工程给予了高度重视并逐步加大研究经费的投入强度，使我国在组织工程领域的研究工作具有了一定规模，并呈迅速发展的趋势。目前国内已初步形成了几个组织工程研发基地，建立了一批各具特色的组织工程实验室，研究范围涉及临床医学、细胞生物学、分子生物学、高分子生物材料以及相关领域，与国外的差距正在逐渐缩短，某些研究已经达到世界先进水平，形成了一支以中青年为骨干的、高水平的专业组织工程科研队伍。2002年863计划启动了“组织器官工程”重大专项，旨在通过建立

关键技术平台和高水平研究、生产和应用基地，形成我国组织器官工程与干细胞研究开发技术体系，研制出具有自主知识产权的组织工程和干细胞产品、组织器官代用品等。目前已研制出一些较为成熟的技术和产品，包括组织工程化骨、软骨、肌腱、皮肤等系列组织工程产品，部分产品达到或接近临床应用阶段。在干细胞研究与应用方面也取得可喜进展，利用干细胞定向培育出血液、角膜、神经、胰岛、肝脏、心肌等细胞产品，为下一步用于癌症、心血管疾病、糖尿病、肝脏疾病、帕金森病、老年性痴呆等的替代治疗奠定了基础。

基因工程药物

应用生物技术研制药物是医药生物技术的重点应用方向之一。2002年，中国在基因工程药物研究与开发方面取得了较大进展，有一批中国拥有自主知识产权的药物及制剂正在进行临床研究。

一、重组葡激酶的临床研究及新剂型

重组葡激酶（Recombinant Stapylokinase，r-Sak）是通过基因工程的方法制备的一种新型溶血栓药物，用于由血栓引起的急性心肌梗塞的治疗，并有治疗外周血管血栓及由血栓引起的缺血性组织坏死类疾病的应用前景。它与目前临床使用的溶血栓药物相比，具有溶栓速度快（图3）、毒副反应小、成本低且易于生产等优点。r-Sak先后被列为国家“九五”科技攻关计划、“十五”重大科技专项“创新药物和中药现代化”课题。r-Sak在国际生物医学领域也是一个研究热点，世界卫生组织（WHO）目前推荐六种溶血栓药物进行治疗急性心肌梗塞和脑梗塞临床应用和大规模临床研究，r-Sak是其中优先推荐的药物，目前国外同类产品的研究尚处于临床研究阶段。

葡激酶（Sak）是由金黄色葡萄球菌分泌的一种胞外蛋白质，它是通过与纤溶酶原按1∶1的分子比例形成复合物，导致纤溶酶原活性部位暴露，纤溶酶原由单链变为双链的纤溶酶，形成活性葡激酶纤溶酶复合物，后者再激活纤溶酶原分子，从而产生溶血栓的作用。Sak是纤溶酶原激活剂，它的活性是指对纤溶酶原的激活效力。实验表明，Sak对纤维蛋白呈高度特异性，它只激活血栓表面上的纤溶酶原，而对系统性纤溶作用无激活作用，对循环中的纤维蛋白原无降解作用，所以Sak是一种安全有效的溶血栓药物。

r-Sak的基因是在噬菌体溶原性转换的研究中由Sak溶原性转换的噬菌体中分离，并抽取该噬菌体DNA，经酶切连接获得初级克隆，其后对次级克隆的基因片断进行了测序，并合成引物，经PCR扩增得到Sak基因。

它是一个由408个核苷酸组成，编码136个氨基酸的DNA片断。Sak基因连接到大肠杆菌质粒，转化到大肠杆菌中，得到具有产生葡激酶能力的转化子，经热诱导，其产Sak量占菌体可溶性蛋白的30%以上，质粒在大肠杆菌中相当稳定。

1983年，中国科学院上海植物生理研究所开始进行r-Sak基因的克隆研究。1995年，该所与成都金鹏生物技术有限公司联合进行r-Sak中试研究和药物临床前研究。1996年底，在吉林省通化市组建通化玉金药业股份有限公司进行产业化准备。1997年开始临床研究，北京协和医院和南京医科大学第一附属医院作为临床研究负责单位，协同中国人民解放军总医院等国内15家重点医院，组成多中心试验组，经过近六年的努力，目前临床试验的各阶段研究工作已经结束，并于2002年8月向国家药品监督管理局（SDA）申请新药证书；2002年12月国家药品审评中心组织了新药审评会，要求进行补充试验。

心血管疾病是全世界致死人数最多的常见疾病之一，我国每年有200万人死于这类疾病，目前全国大约有3 000万名患者。由血栓形成而导致的急性心肌梗塞、脑梗塞及其并发症是心血管疾病中最危险的病种。近年来溶血栓药物市场规模呈不断上升的趋势，据2000年统计，我国用于治疗心肌梗塞与缺血性中风两种主要疾病使用的溶栓药物约为42亿元人民币，而且以每年接近20%的速度持续增长。由于缺血类、血栓类疾病的发病率会随着生活水平的提高和人口的老龄化呈不断增长的趋势，因而，近几年来国内外学者正在深入研究第三代溶栓药。一方面探讨研究第三代溶栓药的药理及药效；另一方面

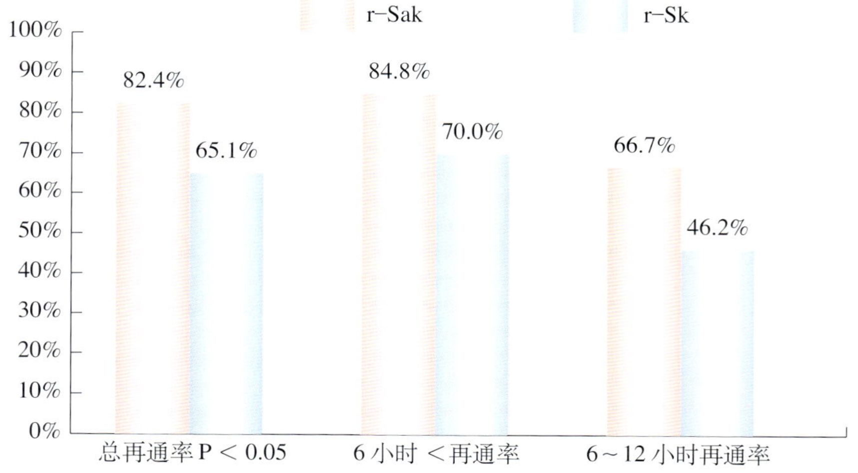

图3 临床研究的对照试验中注射用重组葡激酶与对照用药的再通率比较

（摘自中国医学科学院北京协和医院朱文玲〈注射用重组葡激酶临床试验总结报告〉，略有改动）

寻找新的治疗及给药方案,要求新药疗效好,副作用小或无副作用,能长期服用。其中r-Sak就是第三代溶栓药的代表药品。

我国研制的溶血栓药物r-Sak拥有产品、生产方法和抗体制备与检定方法等三项发明专利。在国家科技重大专项“创新药物和中药现代化”的立项资助下,研制单位正通过专利合作条约组织(PCT)向有关国家申请r-Sak的发明专利,为该项技术及其产品进入国际市场做充分的准备。目前研制单位正在进行扩大临床适应症研究和新剂型制备等后续研发工作,争取让该药更多地造福于人类。

二、重组人血小板生成素的研制

血小板生成素(thrombopoietin, TPO)是一种造血生长因子,它通过与其特异性受体结合而产生生物学效应,调节巨核细胞增殖、分化、成熟并分裂形成有功能的血小板。沈阳三生制药股份有限公司研制的重组人血小板生成素(rhTPO)采用重组DNA技术,克隆人TPO基因,并以哺乳动物细胞作为宿主细胞进行分泌型表达,表达蛋白产物高度糖基化,并与天然TPO结构和功能完全一致,能够特异性提高体内血小板的水平。rhTPO将是继促红细胞生成素(EPO)和集落刺激因子(CSF)之后,生物技术药物研制开发的又一个新的里程碑,因为rhTPO将填补对骨髓三大血细胞系中缺乏调节巨核细胞特异性药物的空白。

至2002年底已经完成rhTPO的临床Ⅰ/Ⅱ期研究,并获得两项专利。临床研究结果表明,该药是迄今为止最特异的刺激血小板增殖的造血生长因子,可适用于预防和治疗肿瘤化疗引起的血小板减少、原发性血小板减少性紫癜和骨髓及干细胞移植等临床适应症。

rhTPO具有自主知识产权,其工艺技术在国内外领先,市场应月前景广阔。仅以其在肿瘤方面的应用计算(表2):全国每年新增肿瘤病人150万人,肿瘤病人总数逾450万人,其中60%~70%的病人在发病的不同阶段需要进行相应的化疗,以其中30%病人接受一个疗程计算,仅此一项市场容量将达到200万支以上。另外,血液病治疗和骨髓移植的市场也随着医药科学的发展不断地扩大。TPO治疗将打破价格高、安全性差的血小板输注的垄断。

rhTPO是目前被普遍看好的基因工程药物之一,将成为治疗血小板减少症的特效药物,具有良好的经济效益和社会效益。rhTPO的研究与开发先后被列为“九五”863计划和“十五”国家重大科技专项“创新药物和中药现代化”的研究课题。rhTPO的上市将为大规模细胞培养技术产业化应用提供示范,对我国生物技术产业的发展起到积极的推动作用。

表 2　肿瘤及血小板减少症的市场分析

	现　状	未来 3～5 年
肿瘤发生率和得到治疗的病人数	比 20 年前有显著增加	将会继续增加
肿瘤病人总数	约 450 万	预计将增至 500 万
在正规医疗机构得到治疗的人数	130 万～160 万	预计将增至 200 万
参加化疗人数	约 90 万	预计将增至 120 万
血小板减少症人数	PLT<(20～30) × 109/L 的病人约 3 万	PLT<(50～60) × 109/L 的病人可达 15 万人
治疗血小板减少症的市场容量（人民币）	约 2 亿元	预计 8 亿～10 亿元

数据来源：DMRC-血小板减少症市场调查，2002 年 7 月，北京

三、重组人淋巴毒素衍生物的研究

人淋巴毒素（LT）是机体在应激情况下由被激活淋巴细胞分泌的一种多功能细胞因子，对人体有多种生物学活性，如促进免疫细胞增殖；抑制某些癌细胞的增殖以及细胞毒作用；化疗和放疗时的增敏作用等，尤其是抗肿瘤的潜在药用价值以及毒副作用低于 TNF α 的特点已经引起了广泛的关注。

上海复旦张江生物医药股份有限公司通过对 LT 的结构和功能研究发现，在 LT 的晶体结构中，N 端 1～27 个氨基酸在空间结构上并不影响亚单位结构和受体的结合；N 端缺失 1～27 位的氨基酸残基，其生物活性也没有明显的下降，但却消除了野生型LT引起动物血压下降的副作用。根据 N 端部分氨基酸缺失不影响其生物学活性的原理，在国家 863 计划的支持下，该公司利用基因重组技术独立开发了重组人淋巴毒素 α 衍生物（N 端缺失 1～27 位氨基酸，rhLT28-171），于 2001 年 3 月 21 日完成 rhLT28-171 所有临床前研究工作，并正式申报临床试验，2002 年 6 月获得临床试验批文。rhLT28-171 成为世界上第一个获准进入临床实验阶段的重组人淋巴毒素衍生物。

2002年10月，该公司与中山大学肿瘤防治中心合作，正式开始 rhLT28-171 的 I 期临床研究。 I 期临床的阶段性结果表明，rhLT28-171的主要急性毒副反应为发热、寒战，停药后大多可恢复。初步疗效观察发现，该药物可能对恶性黑色素瘤或肾癌肺转移有一定的疗效。

rhLT28-171 的主要治疗对象是肿瘤患者。肿瘤已成为我国人口第二位死因。我国有近500万肿瘤患者，每年约有100万新发病人。目前，化疗是肿瘤治疗中除手术之外的主要常规手段，特别是晚期患者肿瘤多已全面扩散，化疗往往是主要的治疗方法。但达到化疗效果时的药物剂量所产生的毒副作用往往很明显，严重限制了化疗实际应用时的治疗效果。因此，临床上癌症治疗迫切需要疗效确切、放疗增敏或与化疗联合使用的药品，但目前尚无理想的药物应市。rhLT28-171 主要用于肿瘤的治疗以及辅助治疗，与化疗药联合使用，可大大减少化疗药用量，

降低化疗药的毒性，促进患者的康复。因此，可以预见rhLT28-171将有广阔的市场前景及良好的社会效益。

四、重组改构人肿瘤坏死因子的研制

肿瘤坏死因子（TNF）主要是由巨噬细胞产生的一种非糖基化可溶性多功能细胞因子，由157个氨基酸组成，其主要生物学活性能够较为特异性地杀伤多种肿瘤细胞，破坏肿瘤血管，引起肿瘤细胞坏死，这就使得人TNF成为一种潜在的抗肿瘤药物，其开发前景在国内外引起了广泛的重视。但是，临床试验研究表明，全身大剂量应用人TNF可产生严重的毒副作用，而小剂量又难以达到治疗效果。对天然TNF的结构与功能关系研究表明，适当改变TNF的结构，可提高TNF对肿瘤细胞的杀伤活性，扩大对肿瘤细胞的杀伤范围，降低对组织器官的毒副作用。第四军医大学生物技术中心构建了多种人TNF的突变体，应用基因工程技术在大肠杆菌中得到高效表达，最终筛选出了一株表达高活性、低毒性的hTNF突变体——重组改构人肿瘤坏死因子（rmhTNF）的菌株。构建的工程菌株具有良好的稳定性；表达量占菌体蛋白的67.4%；纯化的rmhTNF的比活性高达1×10^9国际单位/毫克蛋白；免疫印迹实验表明，rmhTNF与hTNF的单克隆抗体发生特异性反应。连续制备3批中试产品工艺稳定，活性回收率达70%。按国家关于基因工程产品的有关要求对3批中试产品进行检定，纯度达95%，其他项目均符合要求。Ⅱ期和Ⅲ期临床试验结果表明，rmTNF联合化疗药物治疗肺癌、头颈部癌、消化道癌、泌尿系统恶性肿瘤的有效率显著优于单纯化疗药物的有效率。由于有明确疗效和较低的毒副作用，rmTNF有希望成为一种可全身应用的肿瘤坏死因子。

五、白细胞介素-1受体拮抗剂

白细胞介素-1受体拮抗剂（Interleukin-1 receptor antagonist，IL-1ra）是迄今为止惟一被发现的、天然存在的细胞因子受体拮抗剂，它能特异性地与IL-1受体结合，而不激活靶细胞，从而阻断IL-1的生物学活性。国内外许多实验结果证实IL-1ra能够有效抑制IL-1的作用，治愈或减轻由IL-1引发并参与的各类疾病，具有广阔的临床应用前景。

据不完全统计，我国每年眼科门诊就诊人数约为4 380万人，其中眼表面损伤病人占眼科门诊病人的1/3，因角膜损伤等眼表面疾病而致盲人数达200万人以上。目前，临床上对于因各种原因引起的眼表面损伤多采用抗生素加激素治疗，但长期使用激素会给人体带来很大的副作用。IL-1ra的开发成功，将为临床治疗眼表面炎症提供一种新的治疗手段，不仅能使那些不宜使用激素治疗的患者得到及时、有效的治疗，也能减少临床激素

的用量，减轻或避免激素带来的副作用，使很多因治疗不当或治疗不及时而造成视力受损的患者从IL－1ra治疗中受益。

北京北医联合生物工程公司研制的重组人白细胞介素－1受体拮抗剂（rhIL－1ra）的各项质控指标与国外同类产品持平：纯度大于95%，生物活性达到3×10^5活性单位/毫克；cDNA序列、分子量、等电点、肽图分析与文献报道的一致；采用大肠杆菌表达，每升发酵液可得到1克纯化的rhIL－ra，大大降低了生产成本。临床前和Ⅰ期临床试验的结果以及正在进行的Ⅱ期临床试验的阶段性结果表明，以rhIL－1ra为主药的滴眼液（图4），对于物理、化学等因素所造成的眼表面损伤有较好的治疗效果，可以明显抑制损伤局部的炎症反应，有助于创伤的愈合；明显抑制角膜创伤后的角膜新生血管的生成，防止因新生血管而导致的失明；可以抑制角膜移植后的免疫排异反应；无显著的毒副作用。

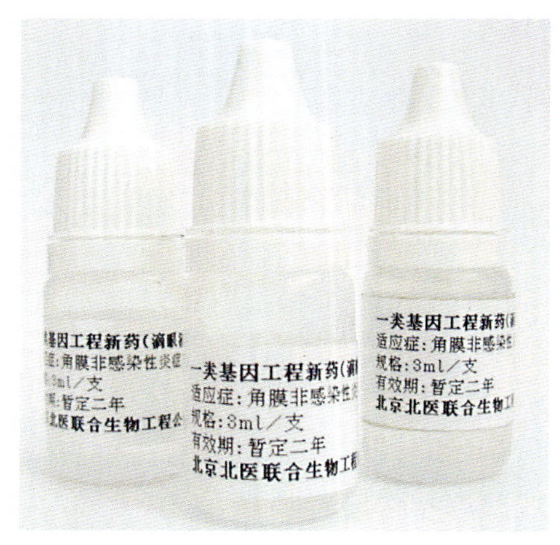

图4

六、重组人脑钠素的研究

心力衰竭是一种常见、严重影响人民身体健康的疾病。急性心力衰竭是威胁人类生命健康的罪魁之一，也是65岁以上老人的常见病，尽管各国的科学家为治疗急性心力衰竭做了许多努力，但在过去的10年中进展有限。目前，治疗急性心力衰竭的药物分三大类：利尿、血管舒张及强心，前两者是降低患者的心脏负担，但通常疗效不够显著；后者是增强心脏泵血能力，但经常引起严重甚至致死的心律紊乱。

脑钠素（BNP）是在1988年发现的一种利钠多肽，由32个氨基酸组成，仅含一对二硫键，具有很强的利尿、利钠、扩张血管及降低血压的作用，在临床治疗心力衰竭方面疗效显著，并且具有疗效快、副作用小、不产生药物依赖性等优点。我国在20世纪90年代初就开始了BNP的研究，其制备方法主要为化学合成及BNP串联多聚体的化学裂解等，但迄今为止未能应用这些方法实现BNP工业化生产。重组人脑钠素（rhBNP）是我国科研工作者根据人类天然物质BNP的生物活性，研制出的具有专有技术的基因工程新药。研究人员表达得到的含有这种肽的融合蛋白是一种可溶性蛋白质，采用自己表达得到的、比商品化肠激酶具有更高比活力且更稳定的肠激酶，使rhBNP从融合蛋白中释放出来，然后采用层析技术分离、纯化得到的rhBNP，这

样可以较大量地获得较廉价的rhBNP。

生物工程疫苗

生物工程疫苗是利用新的生物工程技术研究开发的新型疫苗，2002年中国在该领域内也取得了明显进展，一批新型生物工程疫苗正处在临床研究中。

一、霍乱弧菌口服重组活菌苗

对于霍乱弧菌这种非侵袭性的肠道致病菌，发展安全、有效的菌苗是预防该病原菌感染最有效可靠的方法，截至2002年底已研制出多种形式的霍乱菌苗。20世纪60—70年代，霍乱弧菌疫苗的研制侧重于发展非肠道菌苗，但效果不理想。进入80年代后，随着霍乱分子生物学研究的深入、基因重组技术的发展以及对肠道免疫重要性的认识，霍乱菌苗的研制向口服菌苗的方向发展。口服活菌苗因模拟霍乱自然感染过程，可在肠道内定居增殖，刺激肠道黏膜产生分泌性抗体，获得的免疫力有效而稳固，持续时间长而具有独特优势。口服菌苗有两个发展方向：一是灭活全菌细胞加霍乱毒素B亚单位（Whole Cell/B subunit，WC/BS）；二是遗传工程改造的口服活菌苗。总的来说，口服活菌苗在免疫效果上要优于口服的灭活菌苗，只需口服1次即可达到免疫保护效果。

IEM101是我国自行筛选到的对人体无致泻性的候选霍乱弧菌菌株，天然不携带编码霍乱毒素的CTX基因组，将ctxB基因和rstR基因导入IEM101后对其进行进一步的改造，获得了有良好应用前景的生物安全性口服霍乱活菌苗候选株IEM108。

动物实验表明，IEM108具有良好的免疫原性和保护力。以IEM108为基础，军事医学科学院生物工程研究所研制的0139霍乱工程菌复合苗，已完成了中试研究，正在开展Ⅱ期及Ⅲ期临床研究，在山东省和广东省投苗量都超过了500人，目前试验进展顺利，参加试验的全部成人和儿童口服疫苗后安全，未见不良副反应。

二、口服重组幽门螺杆菌分子内佐剂疫苗研究

幽门螺杆菌（*Helicobacter pylori*，Hp）在人群中具有很高的感染率，全球有40%～60%的人受到Hp感染，我国Hp感染者达6亿。现阶段主要应用抗生素联合治疗Hp感染，但存在耐药性广泛、毒副反应大、易复发、医疗费用高且不能最终彻底消灭Hp等缺陷。第三军医大学的科研人员利用基因工程技术构建出幽门螺杆菌分子内佐剂疫苗，该疫苗为口服剂型，具有长效缓释功能，可减少服用次数，能充分发挥疫苗防治作用，不仅有望克服现行抗生素疗法存在的毒副反应等不足，而且能大幅度节省个人防治费用，

群体防治效果更佳。该疫苗的研制，将为预防Hp感染、大幅度降低Hp相关疾病发病率提供一种良好的技术手段。

免疫学研究证实，以产生分泌型sIgA为特征的高效局部免疫应答，能有效防治或清除Hp的黏膜感染。第三军医大学的科研人员在比较、分析Hp国际标准及中国代表株主要抗原亚单位的基础上，运用免疫学、生物信息学、分子生物学等技术手段，分析、筛选出适合中国人群免疫用Hp疫苗的亚单位组分及其组合成分；同时筛选确定了高效、低毒的适于Hp疫苗的黏膜免疫佐剂；通过基因工程改造技术，运用计算机辅助设计建立Hp有效保护性抗原与口服黏膜佐剂的最适融合方案，构建出了高效表达疫苗蛋白的工程菌株。经发酵、纯化获得了以激发局部黏膜免疫应答为特征的Hp亚单位基因工程疫苗。临床前研究表明，该疫苗不仅无毒副作用，而且具有良好的免疫原性，能激活Th2细胞应答途径，促进分泌型IgA产生。

自Hp疫苗研究开发以来，第三军医大学的科研人员已取得了如下进展：①利用基因工程和蛋白质工程技术构建了Hp疫苗工程菌株，并完成了其生物学性质和免疫学活性鉴定。在实验室小试到中试规模放大研究中，通过摇瓶及发酵罐培养试验，筛选确定了工程菌的最适生长及疫苗蛋白表达所需的温度、pH及转速等发酵条件。经反复试验确定了纯化工艺，用此法纯化制备的融合蛋白纯度≥95%，且成本较低，易于稳定相关技术参数，适合产业化放大；②经3 000多次的动物试验，成功建立了Hp感染动物模型，Hp菌可长期定植在动物的胃窦及相关部位的黏膜上，诱发胃炎及溃疡发生。该模型是研究Hp疫苗的必要与关键性条件，曾经是Hp疫苗研究开发中的难题之一；③按照预防用新生物制品药理、毒理研究的技术要求，完成了毒理性实验及过敏原性试验，各项检测指标合格；动物免疫攻毒保护试验表明，Hp疫苗的免疫保护率为95%；完成了Hp疫苗菌株的生物学与遗传学特性检查试验。

由于Hp疫苗可具有预防与辅助治疗的双重功效，因此市场前景广阔。在Hp未感染者和新生儿市场方面，市场容量为5亿～6亿人份；在胃病患者市场方面，我国胃病的发病率和发病人数已居世界首位，目前全国胃病患者在3亿人以上；同时在国际市场上也可望占有一定的份额。

三、治疗性乙肝疫苗的研制

乙型病毒性肝炎是一种全球性疾病，全球乙肝病毒感染者约3.5亿人。在全球范围内，中国属高流行区，乙肝病毒携带者约占人口的10%（1.2亿）、慢性肝炎患者3 000万，被称之为中国的“国病”，是我国的主要公共卫生问题之一。目前，控制乙型肝炎流行的主要手段是由国际卫生组织（WHO）推行的

全球免疫接种计划（EPI 计划）。但是，由于该计划依赖的预防性疫苗，对已感染者无效，对未感染的新生儿人群，有 5%～15% 不应答，且接种未能普及。因此，在今后一个相当长的时期内，乙肝仍将是国内外的重要健康问题之一。

自 20 世纪 80 年代起，原上海医科大学（现复旦大学上海医学院）医学分子病毒学实验室的研究人员，通过分析我国乙型肝炎患者的特点——大多为母婴传播，导致婴儿对乙型肝炎病毒（HBV）耐受，认为患者对乙肝表面抗原的耐受为我国乙型肝炎发生慢性化的主要机理，据此提出组建新抗原、改变耐受原的提呈方式，构建乙肝治疗性疫苗以消除机体对HbsAg免疫耐受性达到治疗乙型肝炎的新途径。在国家863计划的支持下，从1988年起，经过10年的建立鸭乙肝免疫耐受动物模型及消除免疫耐受对策的研究，在鸭动物模型中发现用抗原—抗体复合物作为治疗性疫苗有较好疗效，并于1993年创建了用乙肝疫苗及抗乙肝免疫球蛋白组成新型的乙肝表面抗原—抗体免疫原性治疗性疫苗（“乙克”），并获得了国家发明专利。2002 年该种疫苗获得临床研究批文，并于同年 9 月开始在北京地坛医院进行 I 期临床试验，同年 12 月底 I 期临床研究结束。有 24 例健康志愿者参加的 I 期临床试验研究结果显示，HBsAg-HBIG（IC）型乙肝治疗性疫苗安全，没有观察到副作用；受试者注射 3 针疫苗后均能够产生高水平乙肝表面抗体；免疫学指标检测结果提示该治疗性疫苗可诱生有效的特异性免疫应答（包括抗体和细胞因子等）。HBsAg-HBIG（IC）型乙肝治疗性疫苗将在“十五”期间完成临床研究。

四、治疗用（合成肽）乙型肝炎疫苗的研制

第三军医大学的科研人员完成了乙肝病毒抗原的高分辨率免疫识别研究，获得了其表位图谱、系列模拟位和表位内的必需氨基酸残基，提出了“蛋白质抗原免疫识别的氨基酸密码学说”。在根据表位设计特异性主动免疫治疗药物方面创建了“根据表位设计疫苗”的全新技术路线。在抗原分子设计上，研究人员提出了“抗原工程、模拟抗原、模拟病毒”等概念和方法，以有效启动CTL反应。为克服小分子多肽免疫原性差的问题提出并采用了“抗原颗粒化”策略，率先采用了分子内佐剂，通过表位的组合与搭配设计免疫原。在克服乙型病毒性肝炎免疫耐受这一免疫治疗的关键问题上创新性提出了“采用模拟抗原而非天然抗原作为治疗性疫苗的候选分子以克服免疫耐受”的新思路。基于以上理论和技术，设计、合成、筛选了 200 多种结构，得到了较为理想的一种先导结构。经进一步优化，将其作为治疗用乙型肝炎疫苗进行开发。

目前已完成中试和临床试验3批用药的制备，完成了临床前药学、药理学、毒理学等全部评价工作，制订了质量标准并通过了中国药品生物制品检定所检定，正在申报临床试验批文。该治疗用乙型肝炎疫苗研究拥有完全自主知识产权，目前正申请国际专利。

五、“重组疟疾疫苗”的研制

疟疾为世界范围内广泛流行的疾病。世界卫生组织的调查资料显示，约占世界人口40%的人（即24亿人）生活在疟疾流行区，分布于100多个国家。另一方面，随着全球旅游业的发展，越来越多的旅游者进入疟疾流行区，如法国每年去疟疾流行区旅游的人数为几百万，其中有数千人因此而患了疟疾。部队调动、难民迁移等过程也会有大量人员进入疟疾流行区。用疫苗预防疟疾是一种理想的手段，有很广阔的市场前景。

第二军医大学研制的“重组疟疾疫苗”（图5）是由恶性疟原虫融合抗原疫苗PfCP-2.9与Montanide ISA720佐剂乳化而成的。PfCP-2.9是由恶性疟原虫红内期两个重要候选抗原AMA-1和MSP1-19融合而成，可用酵母密码子人工全合成该抗原基因，并构建毕氏酵母高表达菌株。融合抗原构像分析显示，两个抗原融合为一个分子后其主要表位构像与天然蛋白一致，并且作为融合蛋白组分的AMA-1和MSP1-19比它们单独表达时更接近天然的构像。这种融合蛋白极为稳定，为今后使用时的贮运和产品的有效期提供了保证。该抗原具有很高的免疫原性，在小鼠、家兔和恒河猴中都激发出高滴度的抗体。用融合抗原的免疫血清进行体外抑制恶性疟原虫生长试验结果表明，免疫血清经6.7倍稀释（15%血清浓度）后能完全抑制疟原虫体外生长（98%抑制率），且这种抑制作用是抗体介导的，融合蛋白的两个组分共同发挥了作用。使用由法国赛比克公司研制的Montanide ISA720佐剂，与融合抗原疫苗联合免疫产生的抗体水平不低于使用福氏佐剂的抗体水平，这为融合抗原疫苗的人体试验寻找到了合适的佐剂。

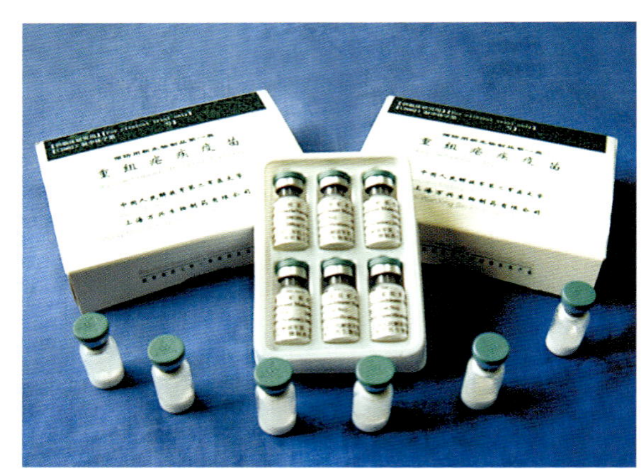

图5 “重组疟疾疫苗”样品

在“重组疟疾疫苗”制备中，研究人员选择毕氏酵母偏爱密码子通过不对称PCR方法全合成PfCP-2.9基因，克隆到毕氏酵母载体上，筛选出高表达菌株表达疟疾疫苗；再通过疏水层析、离子交换层析和凝胶过滤层析纯化表达蛋白，再配合使用Montanide

ISA720佐剂，就可以得到“重组疟疾疫苗”。由于优化了菌株发酵表达的条件，PfCP-2.9菌株15升罐发酵表达产量已达到3克/升以上，并且生产工艺简易，极大地降低了疫苗成本，符合世界卫生组织提出的开发价廉疟疾疫苗的要求。

该疫苗已于2002年11月29日获准进入临床试验；研制单位正通过与世界卫生组织合作，按国际GCP标准制定临床试验方案，争取能进入国外临床试验。

抗体药物

与传统的药物比较，抗体药物具有特异性强、毒副作用小等优点，我国的抗体药物研究基础较好，发展潜力很大。

一、肝癌单抗靶向药物

碘[131I]肝癌单抗片段HAb18 F（ab’）$_2$注射液是第四军医大学细胞工程研究中心研制的用于肝癌治疗的放射免疫治疗剂。该产品是以HAb18 F（ab’）$_2$为导向载体，将放射性核素碘^{131}I带到肿瘤部位（图6），^{131}I发出的射线杀死癌细胞，但全身其他器官无放射性药物的蓄积。该药物较化疗毒副作用小、体内稳定性能良好，适合于各期肝癌及肝癌术后清扫治疗。

肝癌放射免疫导向药物可以通过两种方法制备：①体内法制备抗体HAb18，盐析粗纯化，用胃蛋白酶酶切，FPLC分离纯化制备F（ab’）$_2$片段抗体，测定纯度、回收率、免疫活性，检测细菌和热原；②改良的溴代琥珀酰亚胺碘化法制备标准化碘[131I]肝癌单抗片段HAb18 F（ab’）$_2$注射液药盒，备临床应用。建立标准化的纯化制备过程，简单易控。

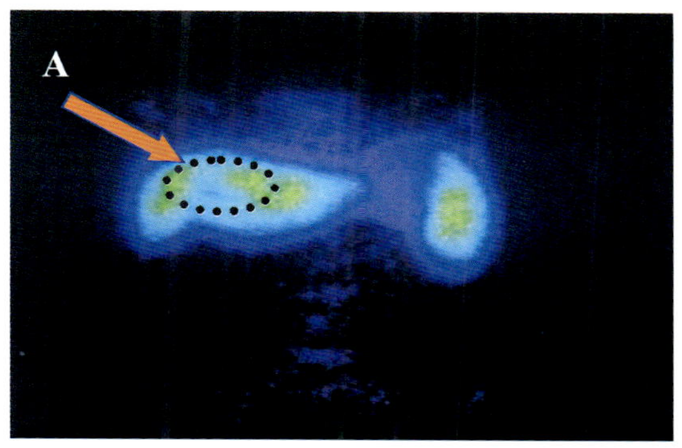

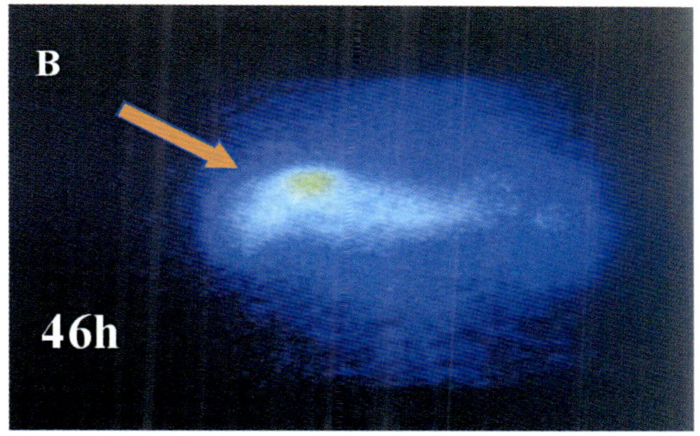

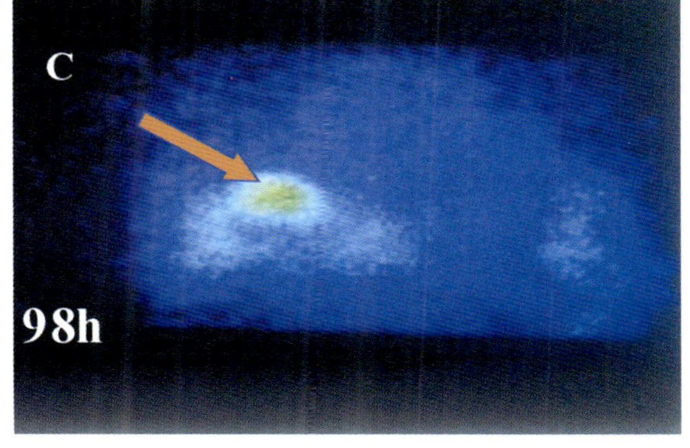

图6

A. ^{99}Tc-SC胶体成像未占据的部位为肝癌组织　B、C. 碘[131I]肝癌单抗片段F(ab’)$_2$富集于上述肝癌组织部位该药物目前已完成Ⅰ、Ⅱ、Ⅲ期临床研究。Ⅰ期临床结果显示：经肝动脉插管给药后，药物主要浓聚在肝癌病灶内，呈特异性、持续性浓聚。药物主要通过肾脏排泄，但对肾功能并无影响。药代动力学符合二室模型，代谢与剂量呈负相关。该药物不产生过敏及发热、寒战、乏力等不适反应，临床安全耐受剂量为 2 775 × 10^4 贝可 / 千克。Ⅱ、Ⅲ期临床结果显示：经过一个周期的治疗，其临床有效率（CR + PR + MR）为15.55%，临床获益率（CR + PR + MR + SD）为77.78%；经过两个周期的治疗，其临床有效率（CR + PR + MR）为36.95%，临床获益率（CR + PR + MR + SD）为84.78%（图7），一年以上的中位生存率>50%。显示出较好的肝癌治疗及防止转移的临床效果。

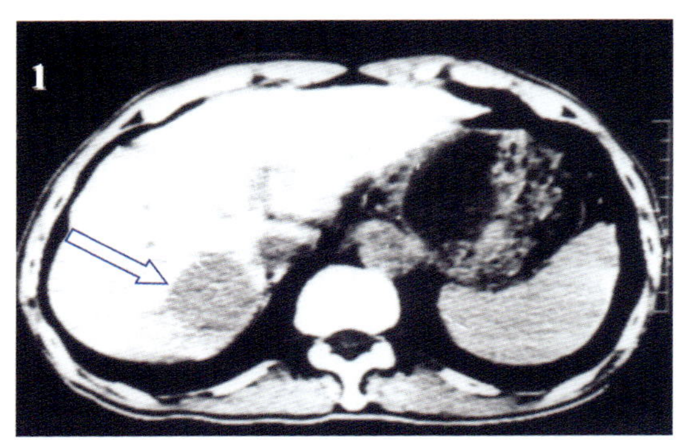

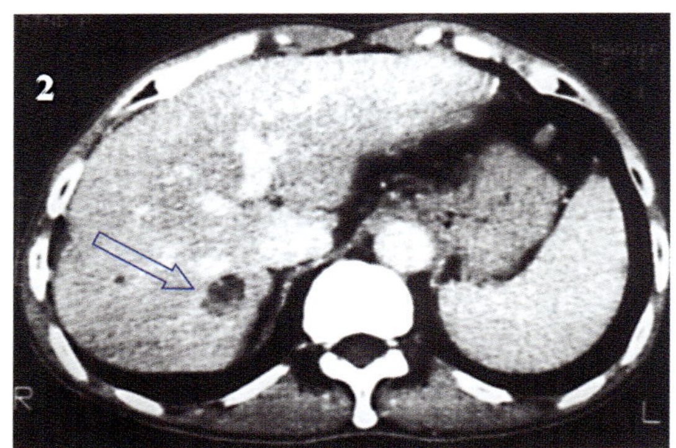

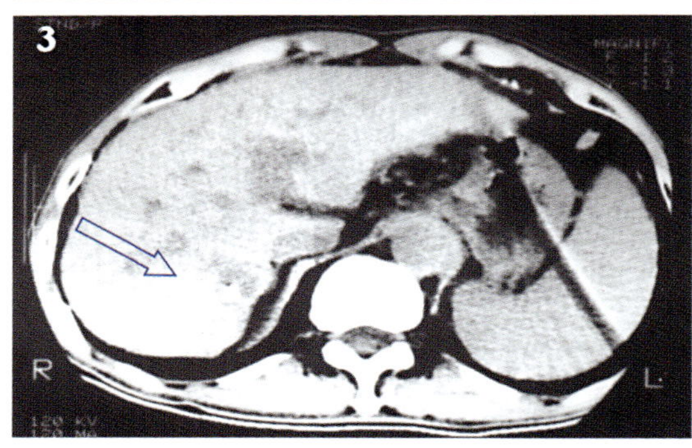

图 7

1. 肝癌组织，4.8 厘米 × 5.4 厘米　2. 经本品治疗 3 个月后的肝癌组织，1.8 厘米 × 2.2 厘米　3. 经本品治疗 3 个月后肝癌组织消失

肝癌被称为癌中之王，病情凶险，进展快，患者自然生存期3～6个月。我国是原发性肝癌高发区之一，年发病率5～10人/10万人，每年约有13万人死于原发性肝癌，占恶性肿瘤的第二位。因此可以预见肝癌单抗靶向药物将会有较大的市场需求量，具有广阔的市场前景。

二、注射用抗肾综合征出血热病毒单克隆抗体

肾综合征出血热（简称出血热）是一种以发热、出血和急性肾功能损害为特征的急性传染病，流行于世界上30多个国家。中国是世界上出血热疫情最严重的国家，主要表现在：①流行范围广：目前已有32个省、直辖市、自治区的1 000多个县、市（区）有病例报告；②发病人数多：目前我国每年发病人数为10万人左右；③病死率较高：为5%～10%。出血热主要危害青壮年，其传染源和

宿主动物广泛，传播途径多样，特别是目前临床尚缺乏特异有效的治疗药物。出血热对我国人民的生产、生活、经济建设和国际交往等均造成很大威胁。

第四军医大学和武汉生物制品研究所联合研制的针对出血热病的特异性单克隆抗体制剂，用于肾综合征出血热早期患者的治疗，具有清除病毒、阻止继发的病理损伤及病情发展、降低病死率和减少后遗症的效果。

在注射用抗肾综合征出血热病毒单克隆抗体的研制过程中，科研人员采用淋巴细胞杂交瘤技术制备并筛选出了对出血热病毒具有高中和活性、高血凝抑制活性及对感染动物具有保护活性的单克隆抗体；采用辛酸—硫酸铵沉淀及离子交换层析等方法纯化得到的单克隆抗体纯度达95%以上，以其冻干制剂供临床应用。

该抗体于2000年获准进入临床研究，至2002年底已完成Ⅰ期临床研究和部分Ⅱ期临床研究。初步结果表明，该单抗制剂安全、有效。

肾综合征出血热主要危害青壮年，且治疗过程长、费用高，特别是重症患者，仅腹膜透析一项就需3 000～5 000元，且具有一定危险性。目前国内出血热的年发病人数为10万人左右，以当前推算的治疗用单抗市场价格估计，用抗肾综合征出血热病毒单克隆抗体治疗出血热，每个患者将花费2 000元左右（比现在的治疗费用大大降低），市场前景可观，具有良好的社会效益。此外，由于出血热是一种世界范围内流行的传染病，特别是在东亚和北欧危害较为严重，而目前国际上尚无同类产品，因此还可逐步开辟国际市场，推广应用前景十分广阔。

三、重组人源化单克隆抗体h-R3

表皮生长因子（EGF）是一种含53个氨基酸残基的多肽，具有刺激细胞分化、生长等广泛的生物学作用。正常情况下，表皮生长因子受体（EGF-R）在膜上的密度相对较低。研究发现，上皮源性肿瘤和EGF-R过度表达有直接关系。已经证实许多恶性肿瘤，如头颈部肿瘤、胃癌、肺癌、乳腺癌、结肠癌、直肠癌、食道癌、宫颈癌等肿瘤中EGF-R都有过度表达，EGF-R可能在肿瘤的发育、预后中起重要作用。因此，如果用某种抗体封闭EGF-R，使得EGF不能与EGF-R结合，抑制表皮生长因子高表达的细胞的生长，可以达到治疗癌症的目的。

百泰生物药业有限公司研制的重组人源化单克隆抗体h-R3是采用基因工程、单细胞克隆等生物技术开发的生物技术药物，是一种专门针对肿瘤细胞中表皮生长因子受体（EGF-R）高表达的人源化单克隆抗体，属于人们常说的“生物导弹”范畴，可用来治疗头颈部、胃、肺、乳腺、结肠、直肠、食道、宫颈等器官的上皮源性肿瘤。其主要特点是：①人源化程度高，达到95%，大大降低了免疫排斥反应；②针对性强，直接靶向肿瘤细胞；③用药安全，毒副作用小；④疗效显著，治疗效果好。该药物被国际医药学界认为是21世纪治疗癌症最有希望的药物品种之一，正成为世界主要发达国家竞相开发的生物药品。

体内和体外试验表明，重组人源化单克隆抗体h-R3可以抑制EGF-R高表达的肿瘤细胞的增殖，抑制肿瘤组织中的血管生成，提高肿瘤组织中的细胞凋亡指数，从而达到治疗癌症的目的。

h-R3可以通过下列技术手段得到：用富含人表皮生长因子受体（EGF-R）的人胎盘组织提取物，采用分子生物学和分子免疫学手段免疫BALB/c小鼠，获得能产生EGF-R抗体的鼠脾细胞；采用细胞融合技术将鼠脾细胞和鼠骨髓瘤细胞杂交融合获得可分泌抗EGF-R的单克隆抗体的鼠杂交瘤细胞；采用基因重组技术对鼠杂交瘤细胞进行人源化，得到人源化单抗h-R3的基因；将该基因导入宿主细胞——鼠骨髓瘤细胞NSO细胞系，获得分泌人源化单抗h-R3的种子细胞；由种子库获得主细胞库和工作细胞库；通过哺乳动物细胞大规模连续培养技术进行细胞培养，上清液经收集、分离、浓缩、纯化等过程得到人源化单抗h-R3的原液，配制灌装后得到h-R3成品（图8）。

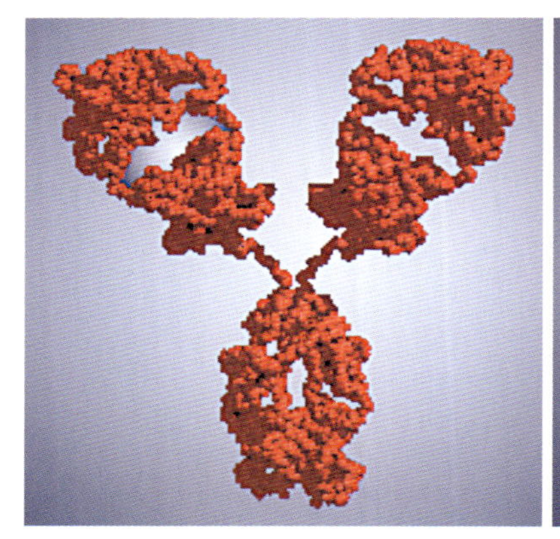

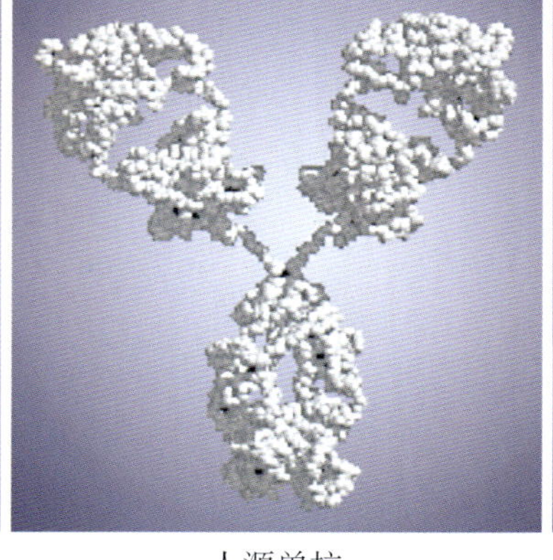

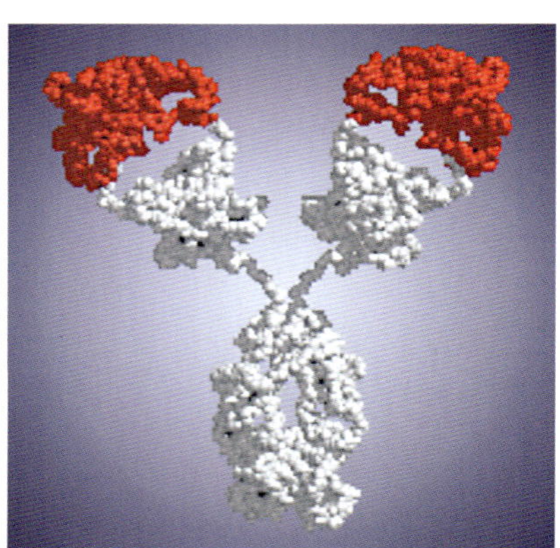

鼠源单抗　　人源单抗

嵌合单抗
30 % 鼠
70 % 人鼠

人源化单抗
5 % 鼠
95 % 人

HAMA 氏
免疫排斥反应　高

HAMA 氏
免疫排斥反应　低

图8　鼠源单抗，人源单抗，嵌合单抗，人源化单抗的人源化程度的比较

基因重组人源化单克隆抗体h-R3抗癌新药已于2002年完成了Ⅰ期临床试验，结果表明，h-R3和放疗结合用于治疗肿瘤的有效率高达100%，其中55.6%的病人肿瘤得到治

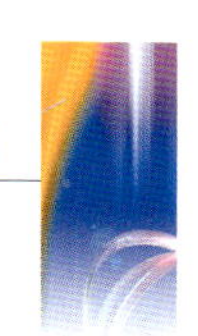

愈；在I期临床试验中，该药没有显示出可察觉的毒副作用（表3）。

表3　I期鼻咽癌患者试验结果评价

编号	分期	剂　量（毫克）	疗终总体评价	结束后第五周回访总体评价
1	IV	50	PR	PR
2	IV	50	CR	CR
3	IV	50	**	PR
4	IV	100	PR	PR
5	IV	100	SD	PR
6	IV	100	CR	CR
7	IV	200	PR	CR
8	IV	200	PR	CR
9	IV	200	PR	CR
总有效率			77.8%	100%
完全缓解率			22.2%	55.6%

** 由于缺乏CT或MRI资料，没有评价原发灶

CR：完全缓解　PR：部分缓解　SD：病情稳定　PD：病情进展

癌症是世界范围排第二位的主要死因，且各类癌症的发病量仍呈持续上升趋势，而伴随着这一趋势，抗癌药物的市场规模也随之不断增长。癌症在我国是仅次于心血管疾病的高发病症，目前每年死于癌症的病人超过160万人，而且缺乏有效的治疗药物，临床上迫切需要新的癌症治疗药物，重组人源化单克隆抗体h-R3的研制成功将使上皮源性肿瘤患者的治愈率得到大幅度的提高。

基因治疗

基因治疗是以改变人的基因表达为基础的治疗和防病方法，通常是通过应用某种生物技术手段将人正常基因或遗传材料导入人体靶细胞，以替代、清除“坏的”或者导致人体发病的有缺陷的基因，从而发挥治疗作用。基因治疗针对的是疾病的根源——异常的基因本身，因而具有很大的潜在医用和商业价值。

根据www.wiley.co.uk/genmed 2002年公布的资料，当前全世界已有636个基因治疗临床试验方案，计划受试的患者有3 496例，见表4。

表4　基因治疗（基因转移）的类型及病种

类　型	方案 数目	方案 %	病人 例数	病人 %
治疗性				
恶性肿瘤	403	63.4	2 392	68.5
单基因疾病	78	12.3	309	8.8
传染病	41	6.4	408	11.7
心血管病	51	8.0	86	2.5
其他疾病	12	1.9	21	0.5
基因标记	49	7.7	274	7.8
非治疗性（健康自愿者）	2	0.3	6	0.2
共　计	636	100.0	3 496	100.0

表4显示目前基因治疗的病种主要为恶性肿瘤，占总方案数的63.4%。临床试验的状态见表5。

表5　临床试验状态

分期	方案 数目	方案 %	病人 例数	病人 %
I期	420	66.0	1 804	51.6
I／II期	134	21.1	914	26.1
II期	73	11.5	507	14.5
II／III期	5	0.8	N/C	–
III期	4	0.6	251	7.2
共计	636	100.0	3 496	100.0

基因治疗的临床试验已有10多年的历史，但2/3方案尚处于Ⅰ/Ⅱ期临床试验，Ⅲ期者仅4个方案。治疗的策略有9种，但在进入临床试验的治疗策略中以免疫基因治疗的临床方案最多。

在基因治疗药物研究方面，我国达到或接近世界先进水平，一批基因治疗药物和治疗方案正在进行临床研究。

一、重组腺病毒-p53抗癌注射液治疗恶性肿瘤临床试验研究

深圳赛百诺基因技术有限公司自主开发了被批准进入临床试验的基因治疗制品——重组人p53腺病毒注射液（rAd-p53）；建立了基因治疗产品的GMP生产厂房；具有基因治疗制品大规模生产工艺、质控标准和方法，达到世界先进水平，拥有多项与rAd-p53有关的发明专利，涉及生产工艺、工程细胞等关键技术和产品；已发展了基因治疗研究开发和产业化的两大技术平台，即病毒载体基因转导系统和非病毒载体基因转导系统。

p53基因是细胞内关键的“看家基因”，可影响多种基因的表达，调节细胞生长，防止细胞癌变。高表达的p53蛋白质能有效刺激机体的特异性抗肿瘤免疫反应，杀伤肿瘤细胞。缺陷型重组腺病毒，在体内对细胞只发生一次性感染，不能繁殖，使用安全性高。腺病毒DNA不整合到人细胞基因组中，无长期毒性。用5型腺病毒载体DNA和人p53肿瘤抑制基因重组，形成有活性的基因工程重组腺病毒颗粒，就可以得到一种广谱的肿瘤基因治疗药物——重组腺病毒-p53。该药物可特异地引起肿瘤细胞程序性死亡，或者使肿瘤细胞处于严重冬眠状态，而对正常细胞无损伤。

经批准，北京肿瘤医院、北京同仁医院、福建省肿瘤医院和中国医学科学院肿瘤医院对赛百诺公司研制生产的重组人p53腺病毒注射液进行了多中心临床试验，以观察其有效性。主要结果如下：临床上使用806人次，观察到的主要副作用是32%的人次出现Ⅰ/Ⅱ度自限性发热，即注射后约3小时出现发热，持续4小时左右，热度自行消退。未见其他副反应。病人血、尿、便和肝、肾功能，胸片、心电图均无明显变化。

在头颈部鳞癌治疗中，rAd-p53可用于肿瘤术后，消灭残留病，预防肿瘤复发。使用rAd-p53联合手术治疗12例中晚期喉癌病人，疗后随访3年，无1例病人肿瘤复发。而单纯手术后3年的复发率达30%。单独使用rAd-p53也取得了肯定疗效。rAd-p53单药治疗14例复发的、难以手术或不宜放/化疗的晚期头颈部鳞癌病人，1/2的病例出现肿瘤不同程度的缩小，最大的缩小率达95%。

rAd-p53与放疗联合使用，具有协同作用，疗效非常显着。rAd-p53联合放射治疗

107例中晚期头颈部鳞癌病人（其中77%的病例为Ⅲ～Ⅳ期），疗后随访1～6个月表明：肿瘤完全消退（CR）率达到64%，是单纯放疗CR率的3.4倍；其余病人肿瘤部分消退（PR）。统计分析 $p< 0.01$，疗效非常显著。

据美国市场专业机构预计，第一个基因治疗产品将是用于恶性肿瘤治疗的重组腺病毒基因治疗制品，上市后的当年销售额即可达22亿美元；销售额成指数级增长，4年内达到99亿美元。从最新资料WHO Date Bank检索显示：中国城市人口和农村人口每年每10万人死于癌症的分别为255人和210人，即中国每年死于癌症的人数约为265.5万人。中国每年新发恶性肿瘤患者的人数大约为250万人，需要治疗的肿瘤病人约600万。深圳赛百诺基因技术有限公司研制的重组人p53腺病毒注射液有望成为世界上第一个肿瘤基因治疗产品，并率先推向市场。

二、树突状细胞为基础的肿瘤体细胞治疗与基因治疗研究

肿瘤细胞逃逸免疫监视的机制之一是不能激发机体特异性的免疫应答，因此诱导机体抗肿瘤特异性免疫是肿瘤免疫治疗的重要方法。树突状细胞（Dendritic Cells，DC）是体内最强的抗原递呈细胞，可以激活体内初始性T细胞，是机体免疫的始作俑者，处于启动、调控、并维持免疫应答的中心环节。利用负载肿瘤抗原的树突状细胞作为瘤苗，能有效打破机体对肿瘤的耐受，激活T淋巴细胞，杀伤并清除肿瘤细胞，是目前晚期恶性肿瘤的一种有效的治疗方式。

第二军医大学研制开发的“抗原致敏的人树突状细胞（APDC）”（图9）是一种应用于大肠癌患者的肿瘤治疗性疫苗，其作用是诱导患者体内产生针对肿瘤的特异性免疫，从而清除手术后的微小转移灶，抑制肿瘤转移及复发，延长患者生存期。从大肠癌患者外周血中分离的单核细胞，在体外GM-CSF与IL-4等细胞因子的作用下诱导成为具有抗原递呈功能的DC，然后采用热诱导等处理后分离制备的肿瘤抗原致敏DC，将负载肿瘤抗原的DC作为肿瘤疫苗回输至患者体内，诱导机体产生具有肿瘤抗原特异性T细胞，从而杀伤肿瘤细胞，清除手术后的肿瘤残存灶，抑制肿瘤的转移及生长。

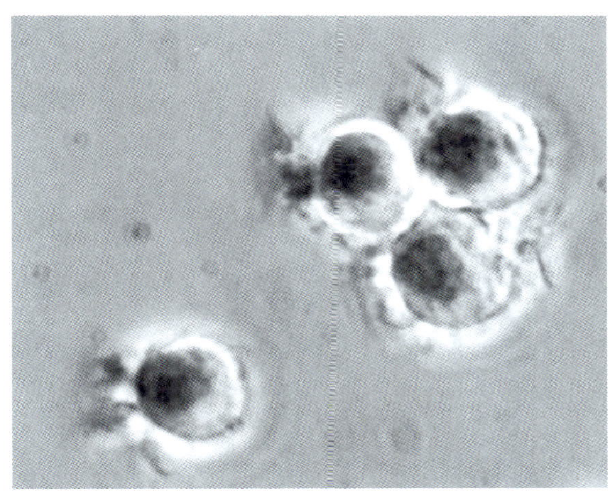

图9　抗原致敏的人树突状细胞

第二军医大学已完成APDC临床前研究，于2002年4月获得Ⅰ期临床批文，目前

正在开展I期临床研究。APDC是我国第一个树突状细胞疫苗，拥有完全的自主知识产权，具有独特的DC诱导与检定工艺、DC致敏及保存工艺等，已经申请国家发明专利（专利申请号：02136518.0）。

近年来，肿瘤的发病率不断上升，大肠癌的发病在我国日趋多见。大肠癌是较为常见的癌症之一，有相当一部分患者在发现患上大肠癌时已经发生了病灶转移；即使治愈，复发率也较高。树突状细胞疫苗被认为是最为有效的肿瘤免疫治疗方法之一，是抑制肿瘤转移、消除肿瘤残存病灶的重要方法，因此具有广阔的市场前景。

三、TK基因治疗恶性脑胶质瘤Ⅰ期临床试验研究

经卫生部、国家药品监督管理局批准，在1996—2000年间，上海市肿瘤研究所与上海长征医院、北京天坛医院合作，进行了人恶性脑胶质瘤第一代TK基因治疗中试开发研究，所做的临床研究包括35例病例，其中少量临床研究8例，I期临床研究27例。临床研究表明此基因治疗方案有良好的疗效和安全性，出现的毒副反应与动物实验时出现的毒副反应基本一致，病人均能耐受，治疗结束后均能恢复正常，没有发生一例因基因治疗导致死亡的报告，病人生存期显著延长。

但目前该基因的转导率较低，旁观者效应有限。为了提高疗效，在采用多种基因或结合其他免疫因子等以寻找更完善的治疗方案的前提下，进行了第二代TK基因与其他基因联合基因治疗制剂的研究。目前已完成多基因方案的筛选并制备了连续三批多基因工程化细胞制剂，送中国药品生物制品检定所检定；完成了所有的临床前研究，证明该治疗方案对治疗恶性脑胶质瘤安全、有效，已向国家药品监督管理局提出了进行I期临床试验的申请。

四、B型血友病基因治疗研究

血友病B是一种由于人凝血因子IX（hFIX）缺陷导致的严重出血性遗传疾病，临床治疗主要依靠输血或凝血酶原复合物，常规的替代治疗易引起输血反应，更可能感染肝炎病毒或艾滋病病毒。理论上，只有基因治疗可望从根本上治疗血友病B。腺相关病毒2型（Adeno-associted virus type 2，AAV-2）载体因其安全，性质稳定，既可感染分裂细胞，又可感染不分裂细胞及感染效率高，可长期表达外源基因等优点而备受关注，成为基因治疗研究和临床应用中最具前景的病毒载体之一，迄今未发现AAV-2病毒与任何疾病有关。

将人正常FIX基因构建到AAV病毒载体中（同时去除了病毒的结构基因），利用AAV载体的安全性和高效转染特性，通过肌肉注射，将AAV-hFIX重组病毒导入到血友病B患者体细胞中，外源正常的人FIX基因就在

人体肌肉细胞中表达正常的FIX蛋白，通过血液循环到全身，弥补血友病B患者FIX缺陷的问题，纠正血友病B患者的出血现象。作为基因治疗药物，不同于普通药物，复旦大学遗传工程国家重点实验室研制的血友病B基因治疗药物能够在患者体内长期表达，不需要重复注射，有望从根本上治疗血友病B。

复旦大学遗传工程国家重点实验室自1987年开始血友病B基因治疗的研究，并于1991年开展了世界上首次血友病B基因治疗的临床试验。共有4位患者接受了治疗，经过10余年的随访观察，证明治疗效果安全有效。为了更加方便血友病B患者的临床基因治疗，提高基因治疗的效果，复旦大学实验室与北京本元正阳公司合作开展了AAV途径的血友病B基因治疗研究，采用具有我国自主知识产权的单纯疱疹病毒/腺相关病毒杂合辅助病毒制备系统进行了重组腺相关病毒（rAAV-hFIX）的大量制备，经过离体细胞转染和血友病B小鼠动物实验，证实重组病毒具有生物活性，在血友病B小鼠实验中，取得了完全避免血友病B症状的结果，可以持续1年以上。在此基础上，为了申请临床试验，建立了rAAV-FIX规模化生产、中试、质控、保存的方法，通过了中国药品生物制品检定所rAAV-FIX病毒的安全性检测，向国家药品监督管理局（SDA）申请rAAV-FIX基因治疗血友病B临床试验，并获得了批准。

该产品引入人FIX基因内含子，显著提高了FIX的表达活性；采用了具有我国自主知识产权的rHSV/AAV杂合辅助病毒制备系统进行重组AAV的大量制备，突破了AAV大量制备困难的瓶颈，正在进行产业化开发；克隆并构建了小鼠IX因子重组AAV载体，制备了相应单克隆抗体，使血友病B基因治疗动物模型更加完整，为临床试验提供更充足的依据。腺相关病毒介导的血友病B基因治疗临床试验，是继我国第一个血友病B基因治疗进入临床试验以后的又一个突破，对于中国的基因治疗具有重要的推动作用。

血友病B基因治疗研究不但可以为血友病B患者造福，而且可以为其他遗传病、肿瘤和艾滋病的基因治疗提供参考依据，这项工作具有巨大的社会效益、重要的科学价值和潜在的商业价值。据国外相关机构预测，在10年内，血友病B的基因治疗将进入商业市场，市场容量可达4亿美元。

五、VEGF和HGF治疗梗塞性心血管病研究

由北京大学心血管研究所进行的血管内皮生长因子基因治疗肢体动脉梗塞病，目前已经国家药品监督管理局批准进行特殊临床试验，在指定的北京安贞医院进行10例下肢梗塞性血管病VEGF基因治疗临床试验，这是我国第一个批准进入临床研究的心血管疾病基因治疗方案，也使得我国成为继美国之

后第二个开展心血管疾病基因治疗临床试验的国家。

大鼠和小型猪心肌梗塞模型表明，心肌内注射pcD2/hVEGF121质粒后能够增加血管生成和改善缺血心肌灌注，未发现严重副作用，初步证实了VEGF基因治疗血管梗塞性心脏疾病的有效性和安全性，为临床应用奠定了良好的基础。目前该研究组正在着手申请和开展临床试验；探索VEGF与新近发现的基因——促血管生成素-1（Angiopoietin-1）联合治疗梗塞性心脏病的协同作用和机理，完成临床前实验的有关研究。

军事医学科学院放射研究所进行了人肝细胞生长因子基因治疗梗塞性血管病和病理性瘢痕研究，采用人肝细胞生长因子（HGF）来治疗动脉硬化闭塞性疾病，通过在缺血部位促进血管形成，建立侧枝循环而达到重建血供、改善患者机体功能的目的，目前该基因治疗研究已完成了临床前试验，基因治疗制剂Ad-HGF和pUDKH已通过中国药品生物制品质量检定所的质量检定，向国家SFDA申报临床试验。

六、白细胞介素-2基因工程胃癌细胞瘤苗

据统计，在我国有将近3亿人患有各种胃疾，其中每年死于胃癌的就达30万人，胃癌已经成为我国常见多发的恶性肿瘤之一。尽管近一个世纪以来，外科手术、化疗和放疗一直是人类治疗恶性肿瘤的主要方法，但是对于胃癌的治疗来讲，这几种方法都存在着这样或者那样的缺点，因此，胃癌的治愈率一直没有实质性的提高。寻找新的治疗手段成了胃癌治疗的重要需求，胃癌瘤苗有望为胃癌患者的治疗提供一种新的策略。

可以采用以下策略制备胃癌细胞瘤苗（即胃癌疫苗）：制备胃癌治疗所需细胞因子基因cDNA，将其克隆至缺陷型逆转录病毒载体，包装成重组的逆转录病毒颗粒，用以感染胃癌细胞而成“胃癌瘤苗”。这种胃癌瘤苗经^{60}钴照射后，致瘤性消失，而免疫原性仍旧保留，其还在一定时间内持续分泌细胞因子。该胃癌瘤苗用于胃癌患者手术后消灭残存的癌细胞，并预防肿瘤复发和转移，对无手术指征或手术后复发的患者可作为一种辅助性措施。

胃癌瘤苗治疗肿瘤基于两方面的机制：一方面改变肿瘤的致瘤性并增强其免疫原性，有利于被机体T淋巴细胞识别，并激发特异抗肿瘤细胞毒反应（CTL、CD4+和CD8+）和非特异免疫反应（NK、LAK、巨噬细胞等）；另一方面在肿瘤局部建立一个抗肿瘤细胞免疫反应的微环境，将一些具有重要免疫调节作用的细胞因子基因（IL-2、IL-4、IL-6、IL-7、IL-12、TNF、IFN-γ、GM-CSF），转导人胃癌细胞，由于基因修饰的瘤细胞能

持续分泌相应的细胞因子，从而建立抗肿瘤免疫的微环境，通过局部的扩大免疫反应而达到全身的效应。胃癌的基因治疗至今鲜有这方面的文献报道，更未见有关细胞因子基因修饰人胃癌细胞的详细研究报道。

上海第二医科大学生物化学与分子生物学教研室人类基因治疗研究中心研发的“白细胞介素-2基因工程人胃癌细胞瘤苗”制品，2000年获国家药品监督管理局批准进入特殊临床试验。2002年又获国家药品监督管理局颁发的新药临床研究批件，获准进入Ⅰ/Ⅱ期临床试验。现有的临床试验结果表明：胃癌瘤苗治疗晚期胃癌患者安全，无毒副反应，病人延长了生存期，提高了生活质量。目前Ⅱ期临床试验正在进行中。

七、H101基因工程腺病毒注射液

p53基因是一种抑癌基因，在维持细胞正常生长，抑制恶性增殖过程中起重要作用。当DNA复制出错或细胞受到射线、药物等作用以及病毒等外源基因侵入细胞而导致DNA损伤时，p53基因系统便发挥作用，使细胞分裂停止在G1期，直到体内的修复系统将错误修复，否则诱导细胞发生凋亡（即细胞的程序化死亡）。如果p53基因发生突变或其他原因造成其编码产物失活，则即使细胞DNA复制上有许多错误，也能继续复制，由此常引发肿瘤的产生。大量研究表明，p53基因的突变是人类癌症中最常见的基因异常，半数以上的人类肿瘤均存在p53基因突变。

上海三维生物技术有限公司研究开发的H101基因工程腺病毒注射液（简称H101），是具有自主知识产权的肿瘤治疗生物制品。根据肿瘤细胞和正常细胞内p53基因状态的不同，研究人员通过基因工程方法对5型腺病毒进行基因重组后得到H101，使得H101病毒在p53基因正常的细胞中不能复制，而在p53基因突变的细胞中可以复制，造成了H101病毒对p53基因突变细胞的特异性杀伤。

H101基因工程腺病毒属于一种溶瘤病毒，与第一代肿瘤基因治疗载体相比，具有很大进步。H101病毒不携带、也不表达p53基因，而是针对细胞p53基因状态的不同产生选择性杀伤效果，这样就具有了肿瘤特异性，而且H101病毒在肿瘤细胞中可以复制，理论上，其产生出的子代病毒可以继续杀伤周围没有被感染的肿瘤细胞，增强了其杀伤肿瘤的效率。所以，相对于第一代肿瘤基因治疗非复制型载体，H101病毒具有自身的优势。

在H101临床前药理学研究中，研究人员发现H101对p53基因突变的肿瘤细胞能产生杀伤作用，而对人正常细胞及p53基因正常的肿瘤细胞杀伤效果很弱。在动物模型上进行的体内试验结果显示，H101有效杀伤了人肿瘤细胞。在毒理学试验中，没有发现H101有明显的毒副作用。

2000年6月，国家药品监督管理局正式批准H101病毒进行I期临床试验。截止到2002年12月底，H101已经顺利通过I期临床试验和Ⅱ期临床试验，正在进行Ⅲ期临床试验。H101临床试验结果已显示出作为一种全新的基因治疗抗肿瘤药物的潜力。上海三维生物技术有限公司已经建立了H101的产业化生产工艺（图10）。

图10　H101病毒的大规模生产

组织工程与干细胞技术

组织工程学是根据细胞生物学和工程学的原理，应用正常的具有特定生物学活性的组织细胞与生物材料相结合，在体外或体内构建组织和器官，以维持、修复、替代、再生或改善损伤组织和器官功能的一门科学。组织工程技术的兴起改变了传统以创伤修复创伤的治疗模式，是生命科学发展史上一个新的里程碑，标志着医学将走出“拆东墙补西墙”式的器官移植范畴，步入制造组织和器官的新时代。其最突出的优点是：①小损伤修复大缺损，可只取少量组织获得种子细胞，经体外大量扩增后与生物材料复合，用于修复大块组织缺损；②自身组织的永久性修复，其修复组织完全由病人自体细胞形成，是具有生物学功能的永久性修复；③完美的形态与外观修复，可将生物材料加工成与缺损完全一致的大小和形状，从而使新生组织与缺损区大小形态完全一致。

一、软骨组织工程研究

软骨缺损或损伤是外科常见疾病之一，可引起顽固的疼痛及功能障碍（关节）或明显的外观异常（耳鼻缺损）。软骨组织自发修复能力极低，损伤后几乎不能自身修复，而人体内可供移植的软骨供区较少，取材创伤大，并可能发生各类并发症。因此，探索应用组织工程技术修复软骨缺损具有重要的社会意义与应用价值。

在软骨组织工程研究中，最为重要的是种子细胞研究，因为种子细胞是组织工程化软骨构建最基本的原材料，是组织工程化软骨走向临床应用的基础。上海第二医科大学在软骨组织工程种子细胞方面进行了系统而全面的研究。在软骨细胞增殖老化规律及延缓老化方面，应用基因芯片、免疫组化、免疫荧光、Western blotting、RT-PCR等先进的方法与技术，系统地研究了软骨细胞体外

功能老化规律及其可能机制，并通过生长因子（bFGF）的应用实现了软骨细胞的快速增殖，同时还将生长因子基因（TGF β1）及端粒酶基因导入软骨细胞，在一定程度上阻止了软骨细胞的去分化与老化；在种子细胞新来源的探索方面，应用胎羊软骨细胞为种子细胞，在成年羊体内成功地构建了同种异体组织工程化软骨，并开展了软骨细胞免疫耐受诱导的相关研究，同时还完成了骨髓基质干细胞、成人脂肪干细胞、胚胎干细胞的成软骨定向诱导分化及软骨分化表型鉴定，并在国际上首次提出了软骨细胞/骨髓基质细胞共培养诱导骨髓基质细胞成软骨分化的诱导理论。这些研究大大地拓宽了软骨组织工程的种子细胞来源，为软骨组织构建研究奠定了细胞学基础。

软骨组织体内构建与缺损修复是软骨组织工程走向临床应用的关键性过渡阶段。上海第二医科大学通过实验首先确立了软骨组织体内形成的最佳时间及最佳细胞接种浓度，其后分别以半月板纤维软骨细胞及关节软骨细胞为种子细胞，成功修复了猪的半月板缺损及关节软骨全厚缺损，在此基础上，又进一步应用骨髓基质细胞成功地修复了猪膝关节软骨与骨复合缺损（图11），使软骨缺损与骨缺损分别由软骨组织及骨组织修复，并经绿色荧光蛋白标记证明，新生的软骨与骨确实由植入的骨髓基质细胞所形成，为组织工程化组织体内形成的细胞来源提供了直接证据。同时，研究人员将软骨细胞与骨髓基质细胞混合接种在猪及裸鼠皮下均形成了成熟的软骨组织。这些研究为软骨组织工程的临床应用提供了充分的、直接的理论依据和大动物实验基础。

体外软骨构建是软骨组织工程产业化发展及大规模临床应用的前提与基础，上海第二医科大学首先应用人软骨细胞为种子细胞，在体外成功地培育出了成熟的软骨组织，又进一步以软骨细胞/骨髓基质细胞共培养的方法，体外构建出了成熟的软骨。单纯应用骨髓基质细胞体外构建软骨的研究也获得了初步成功。而且进一步的实验证实，上述体外构建的各种软骨在植入裸鼠皮下后均可保持原有的大小、形状及软骨特征。更为重要的是，随着体内时间的延长，新生软骨的力学特性逐渐增强至正常水平。同时，软骨构建专用生物反应器的研制也已初步完成。这些研究均为国际前沿性研究，将为软骨组织工程的产业化发展和大规模临床应用奠定实验基础并提供技术平台。

二、颅骨、面部骨组织工程研究

骨缺损或损伤是外科临床中的常见疾病，可引起严重的运动功能障碍（如四肢骨缺损）、丧失对重要脏器的保护作用（如肋骨或颅骨缺损）或导致明显的外观异常（如头

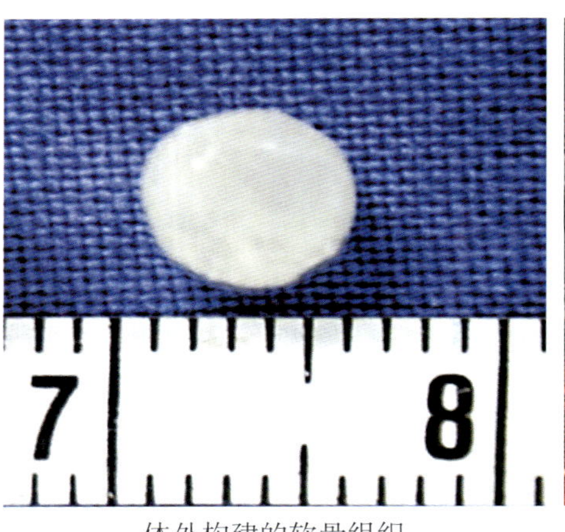

体外构建的软骨组织

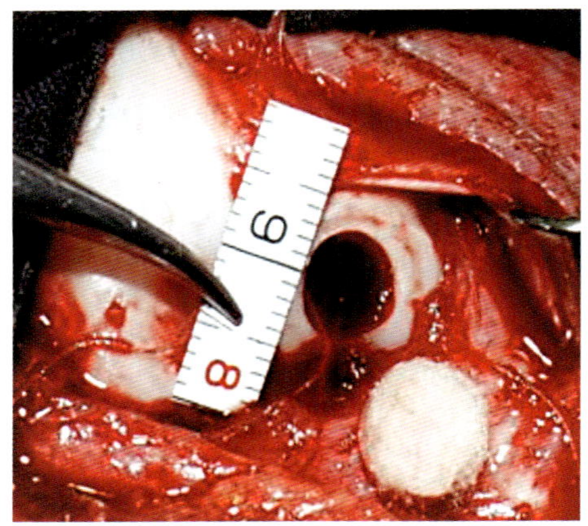

猪膝关节软骨与骨复合缺损模型

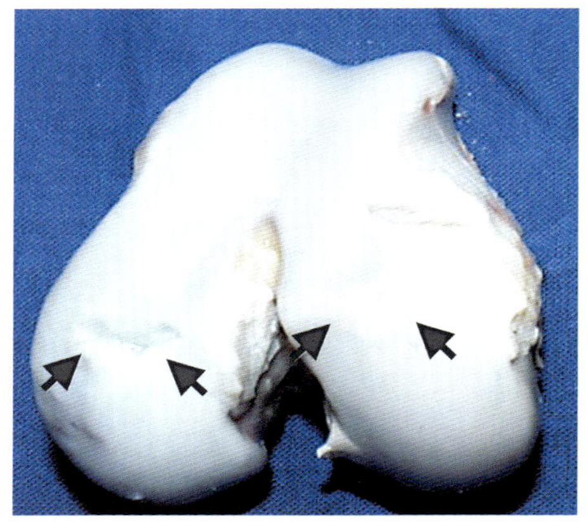
大体观：左为对照组，右为实验组

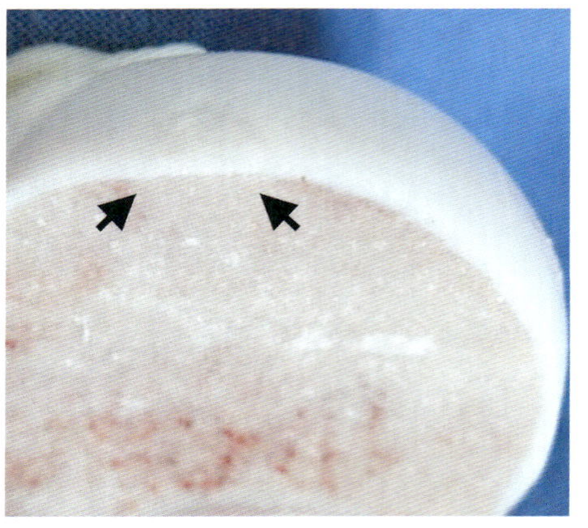
实验组剖面观，软骨与骨缺损均已修复

图 11　猪膝关节软骨缺损修复

面部骨缺损）。人体内可供移植的骨供区极为有限，取材创伤大，并可能发生各类并发症，因此，探索应用组织工程技术修复骨缺损具有重要的社会意义与应用价值。

在骨组织工程种子细胞研究方面，上海第二医科大学重点探讨了人骨髓基质干细胞体外大规模扩增技术、体外增殖老化规律及其成骨能力的变化；同时完成了人骨髓基质干细胞成骨定向诱导分化及其成骨表型鉴定以及骨髓基质干细胞扩增后维持其表型稳定的各种实用参数，基本建立了稳定实用的治疗性骨髓基质干细胞临床应用技术平台。

建立了相互连通的球形孔隙三维骨支架制备技术平台及其表面修饰的生产工艺流程和标准；建立了纳米羟基磷灰石表面修饰三维支架的工艺参数和技术标准；同时，还开发了以脱钙骨基质为主体的一系列骨基质支架材料，为组织工程化骨修复骨缺损提供了稳定实用且具有自主知识产权的可降解生物支架材料。

以骨髓基质干细胞为种子细胞，对各种骨基质材料成骨能力与成骨特性进行优选；

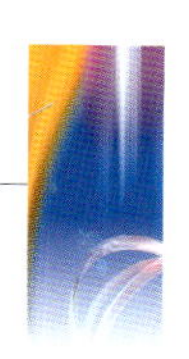

又进一步以自体骨髓基质干细胞为种子细胞，与各类优选的可降解骨基质材料相结合，成功地修复了羊或狗的颅骨、股骨、尺骨、牙槽骨、下颌骨等各类大动物骨缺损模型，并对修复结果进行了系统而全面的评价，这些研究为组织工程骨的临床应用提供了大动物实验基础和实用的技术参数。

在系统地研究了人骨髓基质干细胞分离、纯化、扩增及成骨诱导分化实验技术与参数的基础上，探讨了人骨髓基质干细胞在部分脱钙骨上的最适细胞接种密度及最佳体外培养时间等一系列参数，最终以患者自体骨髓基质干细胞为种子细胞，采用组织工程技术，成功地修复了50余例各类临床骨缺损病例（主要包括颅骨缺损、齿槽裂骨缺损、四肢骨缺损及骨不连等），取得了良好的治疗效果，通过近2年的随访，治疗结果稳定。对于形状复杂的骨缺损（颅、眶骨联合缺损），研究人员通过计算机辅助设计与快速成形技术再现了缺损模型，再根据模型对骨基质材料进行加工，使合成的组织工程化骨与缺损大小、形状完全一致（图12）。更为重要的是，通过组织学、免疫组化等技术证实，组织工程化骨能够在人体内形成，并具有良好的结构和功能。这些临床应用结果为骨组织工程的产业化发展奠定了基础。

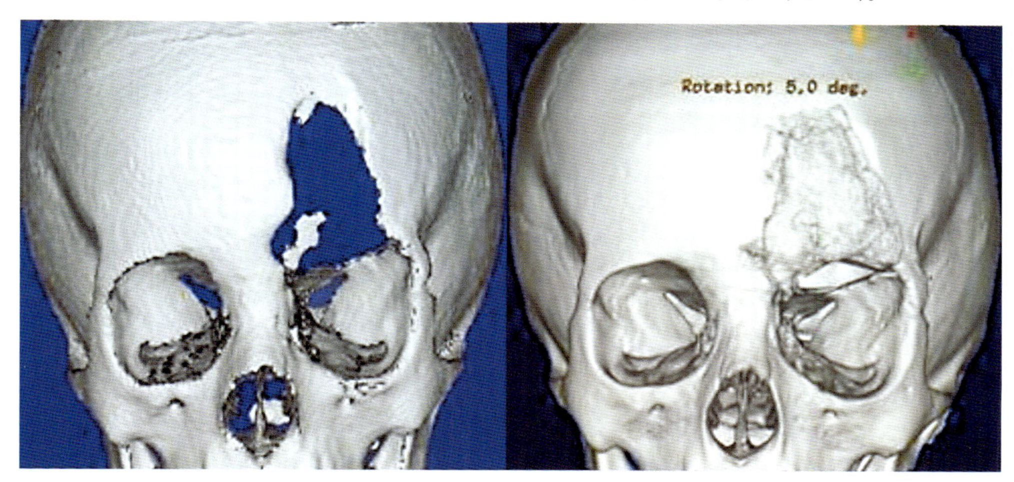

图12 颅骨、眶骨复合缺损修复

三、负重骨缺损的组织工程修复研究

四川大学研制的组织工程骨产品、支架材料选用来自于人体骨骼的生物衍生骨支架材料，具有正常的网架结构，本身具有一定的引导或诱导骨再生能力，接种成骨细胞（同种异体或自体骨髓基质干细胞）后，使支架材料具有成骨活性，在前期研究与临床应用中，已证实其成骨能力显著优于同种异体骨、异种骨和人工合成材料，也较自体骨移植优越，因此具有更好的临床应用价值，更容易被病人、医生接受。

四川大学科研人员建立了临床用标准细

胞系，以适应组织工程骨产业化的需要；制备了生物衍生支架材料，进行相关的安全性检测；试制出专用的生产设备，建立生产工艺流程及质控体系；在体外和体内分别构建了组织工程骨；进行了组织工程骨的血管化研究，采用各种不同技术研究血管化过程，并筛选出最佳血管化方案；还进行了临床应用及监测技术研究，并建立起组织工程骨长期随访、监测的计算机管理系统；还进行了组织工程骨产品的保存技术研究。

在负重骨缺损的组织工程修复研究中，研究人员取得多方面的研究进展。通过对不同来源具有成骨功能的细胞进行比较研究，初步确定了用骨髓间充质干细胞和骨膜来源的成骨细胞作为组织工程骨的种子细胞；通过对羟基磷灰石、磷酸三钙、生物活性玻璃陶瓷、生物衍生骨进行系列研究，初步确定以生物衍生骨为进一步研究组织工程骨的支架材料；探索了不同制备方法所得到的生物衍生骨支架的物理化学性质、生物力学参数、抗原抗体反应、细胞兼容性、组织兼容性、异位和正位成骨能力；探索了组织工程骨的血管化技术，采用血管化因子加上显微外科技术，可使组织工程骨较快血管化；完成了组织工程骨的体外构建及体内构建研究，并先后进行了小鼠、大鼠、兔、羊、猕猴动物骨缺损修复试验，均取得了良好的结果（图13）。应用同种异体细胞构建的组织工程骨修复除颅骨以外的多个部位骨缺损52例；应用自体骨髓间充质干细胞构建的组织工程骨修

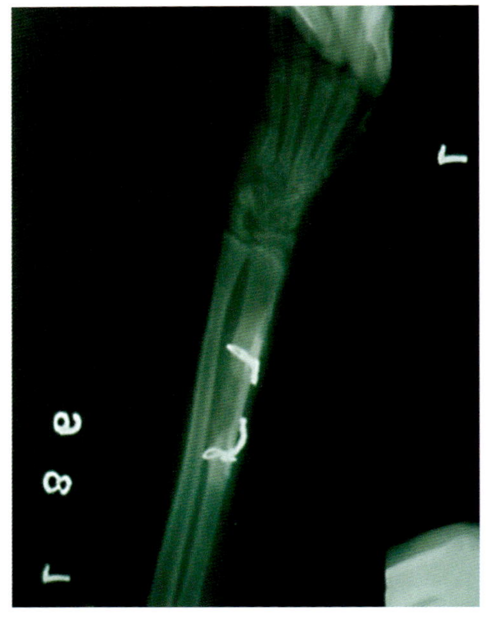

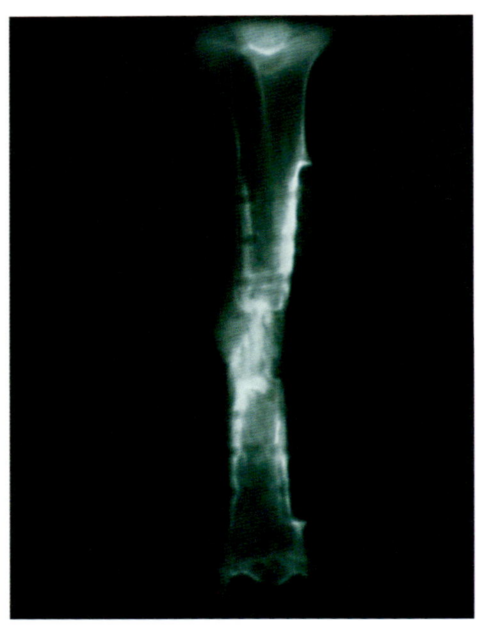

图13

左图：组织工程骨修复猴桡骨缺损，术后12周，X光片显示骨愈合完全

右图：组织工程骨修复羊胫骨缺损，术后12周，X光片显示骨愈合完全

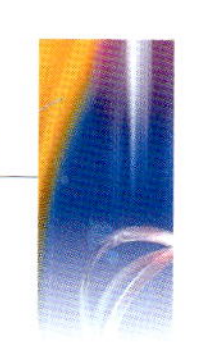

复负重骨缺损3例，均获得成功，并与自体髂骨移植进行了随机双盲对照试验，证明组织工程骨具有自体髂骨的全部优点，在缩短手术时间，减少出血及并发症方面优于自体骨移植。观察1年以上，全部达到治疗效果，未见并发症，CD3、CD4、CD8及粘附分子检测，未发现明显急性排斥反应，证明研究的技术路线及方法可行；设计并试制了生物衍生支架材料的生产设备，已具备建设一条生物衍生材料的生产线条件。

骨缺损是骨科医生每天都在面临的临床问题。在美国，植骨的数量相当于手术中输血的数量。传统的植骨方式是切取自体骨，增加了创伤、出血、并发症，同时取骨量十分有限；同种异体骨常由骨库提供，由于制备、保存方法不同，其成骨能力有限；人工材料替代种类少，且成骨活性不确定。研制有生命活性的组织工程骨将是今后植骨材料的重要发展方向。据有关部门统计：我国约有300万人需要植骨，若加上关节置换翻修手术的植骨、骨肿瘤切除后的植骨、口腔颌面部的植骨，需植骨的病人量将远远超过300万人，因此研制组织工程骨产品具有重要的实用意义及开发价值。

四、肌腱缺损的组织工程修复研究

组织工程肌腱产品是利用组织工程原理和技术，在体外将肌腱细胞与生物材料在特定的营养和力学环境下复合，形成工程化肌腱，植入体内修复肌腱损伤和缺损。四川大学华西医院早在1988年就开始了组织工程肌腱的相关研究，在前期研究的基础上，组织工程肌腱在小鼠、大鼠、兔、鸡、猴等动物体内植入实验已获得成功。

在肌腱缺损的组织工程修复研究中采用的主要技术手段有：①通过细胞扩增技术和分子生物学技术，建立实验及临床用标准肌腱细胞系；②制备由多种高分子材料复合成的梯度降解支架材料及生物衍生肌腱材料，作为组织工程肌腱的支架材料；③将肌腱细胞种植在三维支架中，模拟体内肌腱细胞的动力微环境和营养条件，构建组织工程化肌腱；④制定组织工程肌腱的临床适应症、禁忌症，规范手术操作程序，制定术后长期随访监测的管理系统；⑤研究组织工程肌腱的包装、保存和运输方法。

应用上述主要技术手段，研究人员已申请并获得两项专利，取得了多项进展：①构建组织工程肌腱种子细胞。科研人员用SV40大T抗原温度依赖性ptsA58H质粒体外转染人胚胎肌腱细胞，建立第一个组织工程实验研究用转化人胚肌腱细胞系（THETC），用同一细胞系筛选多种支架材料，使研究结果更有可比性。用构建的pGRN145质粒转染正常人胚腱细胞，转染前后细胞生物学特性无改变，仍保持二倍体特性；②用生物衍生肌腱复合材料构建组织工程肌腱。生物衍生肌腱是将同种异体肌腱经过脱细胞、去抗原、冻干处理而成。将生物衍生肌腱材料经过解聚、重组，与PGA丝混合编织，成为组织工程肌腱的支架材料。在兔跟腱缺损及莱亨鸡屈肌腱缺损的修复中证实其支架材料的结构组合有利于新腱组织的形成；③ 用组织工程肌腱修复“无人区”肌腱缺损取得了重大进展。半个多世纪以来，人体手指纤维鞘管区的肌腱损伤修复，一直是手外科的临床难题，被称为“无人区”。以人生物衍生肌腱解聚后与PGA混合编织为支架材料，与同种异体肌腱细胞复合，修复猴纤维鞘管区2.5厘米长屈指深肌腱缺损。研究发现：实验组在6周时已完全形成新肌腱，无明显粘连，腱纤维排列规则，PINP含量较单纯材料组高，与自体肌腱移植组相似。表明组织工程肌腱修复猴纤维鞘管区屈指深肌腱缺损有与自体肌腱移植相似的结果（图14）；④研究比较了深低温冻存组织工程肌腱抗冻剂的保护作用。组织工程肌腱制备完成后在4种抗冻剂保护下液氮冻存2月；快速复温后植入动物体内修复跟腱缺损，2、4、6、8、12周后取出，观察形态学、组织学、电镜和免疫组织化学变化，STR检测细胞存活状态。实验证明组织工程肌腱体内植入12周后仍有肌腱细胞存活，并具有分泌I型胶原功能；筛选出1号抗冻剂可以在深低温下较好地保护组织工程肌腱。

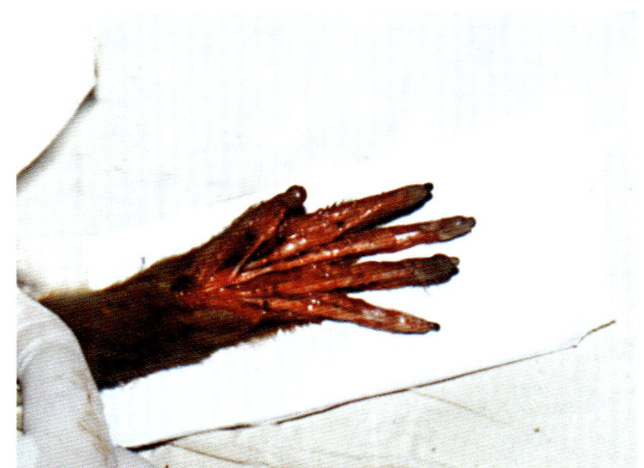

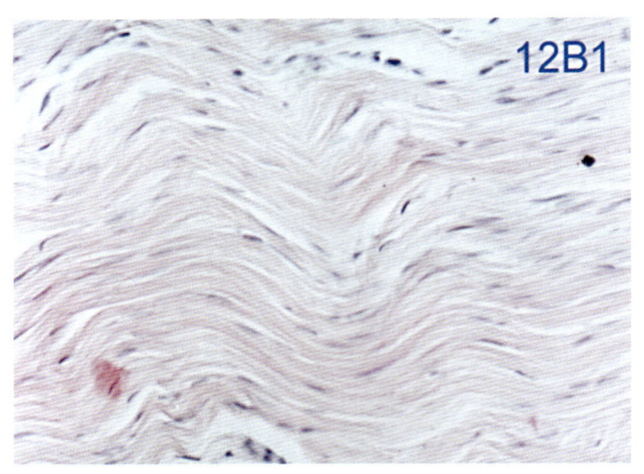

图14

左图：用组织工程技术体外构建肌腱修复猴屈指深肌腱缺损
右图：修复后12周，组织学检测新生腱纤维排列如正常肌腱

在骨骼肌肉系统中，由于外伤、运动、慢性劳损等，均可导致肌腱、韧带损伤，引起功能障碍，甚至残废。创伤在我国是危害人民生命、健康的第三个重要因素，是致残的第一因素，其发生率以每年7.3%的速度递增。在日常生活和工作中导致的肌腱缺损病人逐年增加，临床需求量相当大。因此，组织工程修复肌腱缺损的研究具有重要的实用

意义及开发价值。

然而，目前组织工程肌腱种子细胞来源有限的问题日益突出，因此不得不寻找另外的种子细胞。上海第二医科大学附属第九人民医院组织工程重点实验室在利用皮肤成纤维细胞作为肌腱组织工程的种子细胞方面做了大量细致的工作。肌腱细胞和皮肤成纤维细胞均来源于胚胎外胚层间充质细胞，而且两种细胞的生物学特性有一定的相似性。研究人员利用基因芯片方法对体外培养的第二代肌腱细胞和皮肤成纤维细胞做了8 465点基因的分析，发现经过体外培养，失去了体内力学环境的刺激，肌腱细胞与皮肤成纤维细胞在基因水平上差异很少。研究人员相信如果在体外对皮肤成纤维细胞施加了模拟体内的力学刺激，其生物学特性必定会向肌腱细胞转化。因此，科研人员研制了新型的构建组织工程肌腱的生物反应器，目前正对其参数的调整进行一系列的研究工作。

五、临床用组织工程皮肤

随着组织工程技术的发展，组织工程皮肤的研制与开发已经成为皮肤缺损移植治疗的热点。第四军医大学／陕西艾尔肤生物工程有限责任公司研制的组织工程全层皮肤是通过获得自体或异体的极少量皮肤组织，在体外经过灭菌、消化、分离、培养，在获得足够的细胞数量时将其重组成全层皮肤组织，这种皮肤产品的结构基本等同于人类的皮肤组织，包含可角化的复层鳞状上皮（表层）和含成纤维细胞的结缔组织（深层），用于患者皮肤创伤的修复。

组织学检测显示，所构建的组织工程皮肤结构完整，细胞状态良好，体外培养的组织工程皮肤的结构与正常的皮肤相似，具有表皮层和真皮层（图15），其中表皮层较薄，真皮层较厚，表皮层与真皮层二者结合紧密。但组织工程皮肤中缺少毛囊、汗腺、血管和末梢神经等皮肤附件结构。高倍镜下，表皮层包括基底层和棘层，可见颗粒层和角质层，没有正常皮肤中的透明层。基底层的细胞多为矮柱状或立方状的细胞，胞核呈圆形或卵圆形。在基底层的上方，有2～4层棘细胞组成，呈多边形，细胞和细胞的连接处可以看到明显的细胞间桥。颗粒层不连续，由大约1～4层的较扁平的梭形细胞组成，位于棘层上方，胞核大部分已退化，细胞形态不规则，大小不等，胞浆中含有较多的颗粒。可见角质层。

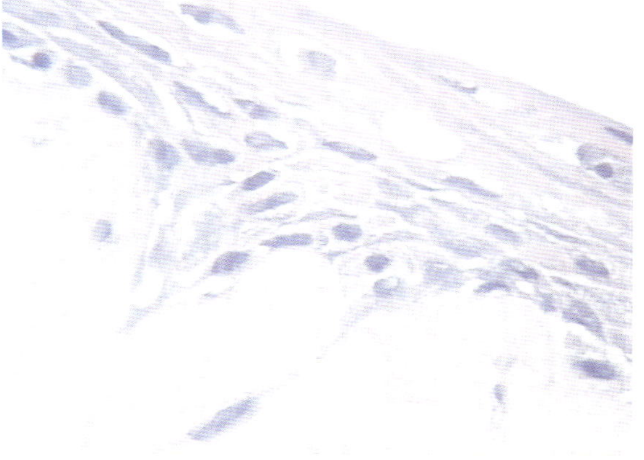

图15　组织工程皮肤含有表皮层、真皮层，其组织学结构及功能与天然皮肤相似

移植实验表明，该产品可以修复全层皮肤缺损，观察结果显示：组织工程全层皮肤移植于皮肤创面，术后7天，可见皮面光滑，色泽红润，无浮动现象，30天时皮片愈合良好，无色素沉着。移植后14天有网状纤维存在，20天可见弹力纤维存在，30天可见小血管形成，持续观察6个月未见明显排斥反应发生。与单层皮肤相比，它的功能更完备，且更利于皮肤创伤的愈合。

该产品的主要特点：促进皮肤创伤愈合的性能优于异体皮肤；免疫排斥反应低；无来源限制；可长期保存；可避免病毒传染；易于临床与实际操作；临床使用与目前的其他替代治疗相当。该产品可用于皮肤烧伤、皮肤溃疡、皮肤创伤和多种原因造成的皮肤缺损修复。可作为药物载体（释放药物或生长因子），治疗皮肤病或全身性疾病，可用于基因治疗。此外该产品还可用于药物或化妆品的检测和筛选，也可作为科研院校细胞生物学、分子生物学、药理学以及遗传学等生命科学研究的工具。

取新鲜小块皮肤组织，在行常规安全检疫（HIV、各种肝炎、性病等）之后，在体外对皮肤组织进行适当的处理、修整，用酶消化法分离表皮和真皮组织，用原代培养方法获得角朊细胞、真皮成纤维细胞、黑色素细胞和微血管内皮细胞，用经过优化的培养方法扩大培养，分别建立细胞库。建立稳定的、构建不同类型全层皮肤组织的方法。现已完成缩短实验室（体外）用组织工程方法制备人工全层皮肤的时间，降低了成本；已经研制出生产全层皮肤的技术工艺；正在逐步实现组织工程皮肤产品的中试化生产和工厂化生产。

研制单位制定了组织工程皮肤的标准《组织工程全层皮肤的检定（企业）标准》，该标准已经被中国药品生物制品检定所接受；申请了“组织工程全层皮肤制备方法”的国家发明专利。现在该组织工程皮肤产品已经进入国家药品监督管理局报批程序。在此基础上，已经构建含有黑色素细胞和血管样结构的组织工程皮肤（图16），并成功用于修复动物的皮肤缺损；分离、培养了人的表皮干细胞，并成功用于构建组织工程皮肤；利用SV40大T抗原和hTERT联合转染，建立了具有永生化性状的真皮成纤维细胞；使用以胶原、硫酸软骨素等材料制备的冻干膜为支

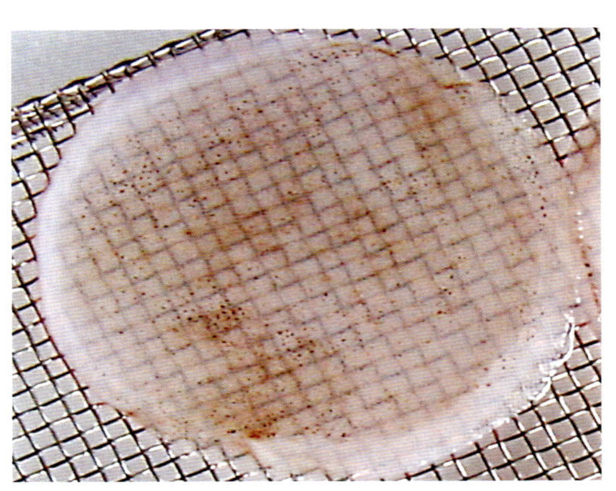

图16　含有黑色素细胞的组织工程皮肤

架，复合成纤维细胞，成功构建了组织工程真皮替代物。

此外，第三军医大学的科研人员也开展了组织工程化皮肤自动化生产研究，完成了复方壳多糖皮肤产品质量标准体系的建立，样品通过了中国药品生物制品检定所检定。复方壳多糖皮肤的临床应用能够显著地促进伤口的愈合，小型香猪自体和异体组织工程皮肤移植表明复方壳多糖皮肤能够长久地覆盖伤口。他们还完成了高敏度小张力膜状生物材料力学性能检测仪原理样机和张力仪的设计校核及机架制造。

组织工程产品在我国具有广阔的市场。考虑到我国的人口基数以及医疗水平，组织工程产品在我国的需求将远远超过其他国家。以皮肤组织工程产品为例：通过参考非战时期皮肤创伤在美国和中国的发生率可以推测，每年我国需皮肤移植病人约350万人，其中烧伤18.6万人，溃疡307.33万人*（以烧伤和部分溃疡为统计依据）。以此进行预测，市场容量即为119.2亿元/年。

六、新型人工髋关节系统的研制及产业化

中国人民解放军总医院与百慕高科京航生物医学工程中心采用计算机辅助设计（CAD）、计算机辅助工程（CAE）和计算机辅助制造（CAM）技术，共同研制开发出符合中国人解剖特征的国产新型JHB人工髋关节系统（图17）。该产品主要特点为非骨水泥固定人工关节，较国外进口人工关节相比，更符合国人的髋部解剖特点。关节的柄为直柄，有纵向长方形凹槽，表面为羟基磷灰石喷涂。假体的偏心距经调整更符合中国人骨

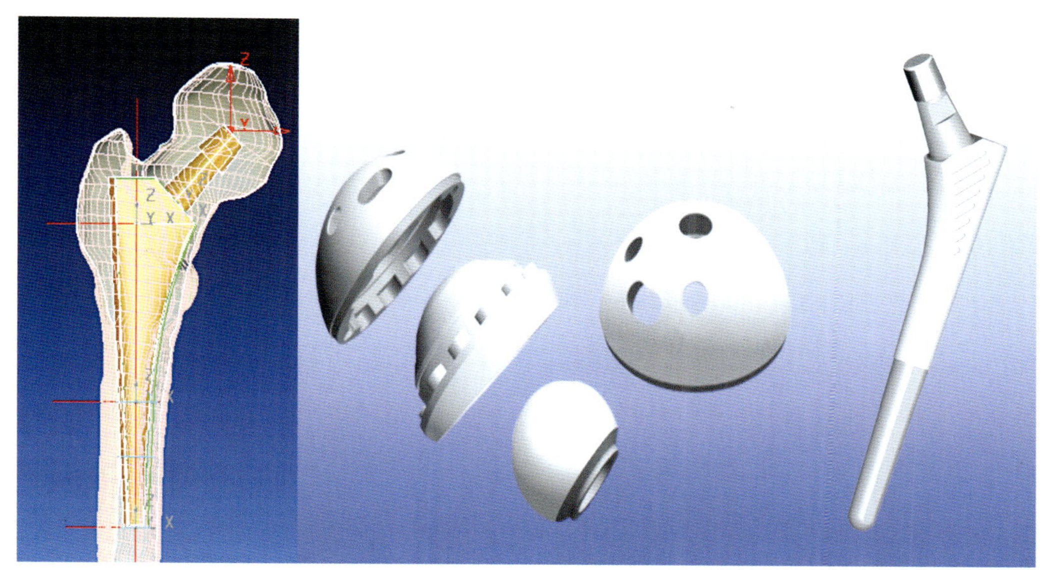

图17 中国人民解放军总医院研制的适合中国人骨骼特点的新型JHB人工髋关节系统

* 资料来源：美国ATS公司，美国烧伤情报调查专局，黎鳌《烧伤治疗学》，www.biovista.com网站等

骼特征。臼采用亚半圆结构，在保证接触面积的同时，增加了关节的活动度，减小了发生撞击的可能；表面也采用羟基磷灰石喷涂，促进骨生长固定。产品型号齐全，能满足不同患者的需要。该型系列产品已获得了国家试产注册（国药管械［试字］2002第3040016号）。

在中国人股骨骨骼几何特征测定、三维重建及数据库的建立中，科研人员应用CT对国人股骨进行扫描，通过CAD系统进行股骨的三维实体重建，获取股骨近端各部分的几何特征，建立相应的数据库，发现中国人股骨上端小粗隆区内径偏小，偏心距小，转子区的形状香槟酒瓶形的比例高，为人工髋关节设计提供了几何学的依据。

在国人股骨力学性能的测定与本构方程的建立中，科研人员使用生物力学试验机，对国人股骨的皮质骨、松质骨的力学性能进行测定，并建立本构方程。

在人工关节设计中，研究者提出了设计理念，确定了设计准则，并进行了原型设计。他们应用美国EDS公司的Unigraphics Solution和ADAMS的Figure Human Modeler软件系统，使设计平台与国外公司水平相同。通过CAD系统的三维造型、快速原型制造技术，对产品原型进行评价；CAE系统可以对产品进行运动学、动力学的分析，给出假体、人骨在运动过程中应力场和应变场的变化以及摩擦、磨损过程的模拟分析，并通过逆向工程对原型设计进行优化，确定产品原型。

在产品设计中，研究人员根据已经建立的中国人骨骼几何参数数据库，采用等概率与线性尺寸分布相结合的方案，设计出最终的产品系列。

在产品表面处理技术研究中，研究人员主要研究离子注入技术、等离子喷涂技术和多孔制造技术对人工髋关节摩擦、磨损性能及对骨长入的影响以及髋关节陶瓷头的摩擦磨损，进行临床试验。

此外，科研人员还在人工髋关节的选材及理化检测、人工关节用材的生物学评价、人工髋关节模具设计与制造及毛坯设计与制造、人工髋关节最终产品的机械加工工艺研究、卡具设计与制造、计算机辅助制造（CAM）编程、配套手术器械的设计与制造、人工髋关节检测平台的建立、人工髋关节磨损与疲劳寿命的研究、无菌包装技术等诸多方面进行了详尽的研究。

该系列产品已在国内30多家医院临床应用，现已达到700余例，使用效果良好。同时，研究人员对产品使用建立了完整全面的术前登记、术后随访等一系列制度，较为客观地、系统地记录分析该产品在实际临床应用中的缺点与不足，为假体的改造提供第一手材料。

人工关节置换主要用于治疗骨性关节炎、股骨头坏死、强直性脊柱炎、风湿、类

风湿性关节炎以及骨肿瘤等影响关节的疾病，是目前恢复关节功能和解除疼痛最有效的治疗方法。

全世界每年约有200万患者进行全髋关节置换手术，理论上估计，我国每年需要进行人工关节置换的患者人数应在100万～150万。在我国普通病人中，类风湿关节炎发病率为0.3%，骨关节炎发病率为3%，按12亿人口估算，仅上述两类关节炎病人就分别为360万和3 600万；因先天畸形、骨质疏松、骨肿瘤、交通事故及意外创伤造成关节损伤的患者数量也较大，每年都有大批的股骨头缺血坏死患者需要治疗。

但由于我国人工关节研制与应用起步较晚，过去只在一些大城市医院开展人工关节置换手术，加上国人经济条件的限制和认识上的误区，目前我国人工关节市场与发达国家仍有很大差距，每年均需进口大量人工关节。进口假体费用较高，且都是按照欧美白种人髋关节参数进行设计，有时会出现与国内病人髋关节不匹配的情况。国产新型人工髋关节系统的研制成功和产业化无疑为国内广大患者带来了福音。

近年来，随着各类人工关节置换技术培训班的举办，使得该项技术在全国迅速普及，但限于国人的经济条件，预计今后3～5年内，人工关节的市场容量将达到10万套的水平。按7 000～8 000元/套平均价格计算，市场总额为7亿～8亿元。预计随着我国医疗市场逐渐规范化，医疗保险业的不断完善，具有自主知识产权的新型人工髋关节系统将更具竞争力，市场份额将不断扩大，最终会大大降低政府及广大患者对医疗费用的支出，提高人民生活水平，产生良好的经济效益和社会效益。

七、成体干细胞可塑性研究与临床应用

军事医学科学院的科研人员建立了从人骨髓、大脑、皮肤、肌肉、脐带血、外周血等多种组织来源成体干细胞的分离纯化技术，并对得到的成体干细胞进行了相关的免疫表型和生物学鉴定。建立了成体干细胞体外大规模扩增的实验室工艺，经过15～30代的培养扩增，可使靶细胞扩增10^7～10^9倍，为今后的临床应用提供了细胞数量的保证。此外，还利用细胞因子组合、微环境基质细胞支持、细胞基因修饰等策略优化了干细胞定向诱导分化的条件，从而定向诱导出成骨细胞、软骨细胞、心肌细胞、多巴胺能神经元、肝脏卵圆细胞、胰岛β样细胞、视网膜细胞等，并对诱导细胞的免疫表型、生长特性及功能等进行了研究（图18），已申请国家发明专利6项，部分干细胞产品已完成临床前研究和安全性评价，并建立了相关的技术标准和标准化操作方案（SOP），为进一步的临床替代治疗奠定了基础。

此外，军事医学科学院还完成了造血干/祖细胞（$CD34^+$细胞）体外扩增和定向分化

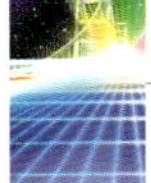

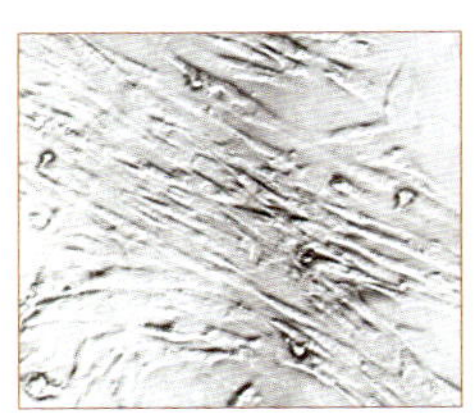
骨髓间充质干细胞

巢蛋白染色阳性

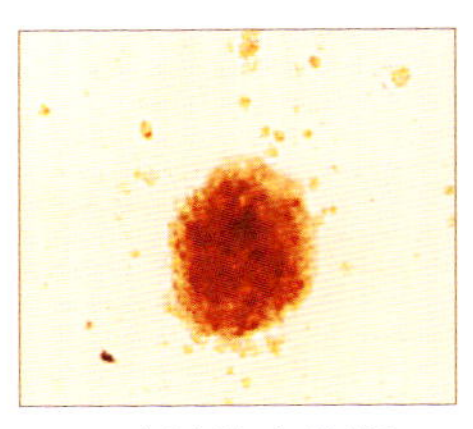
双硫腙染色阳性

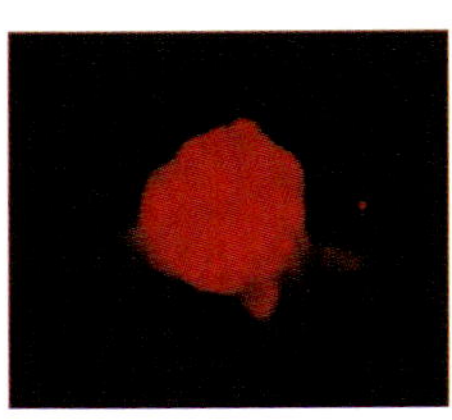
胰岛素染色阳性

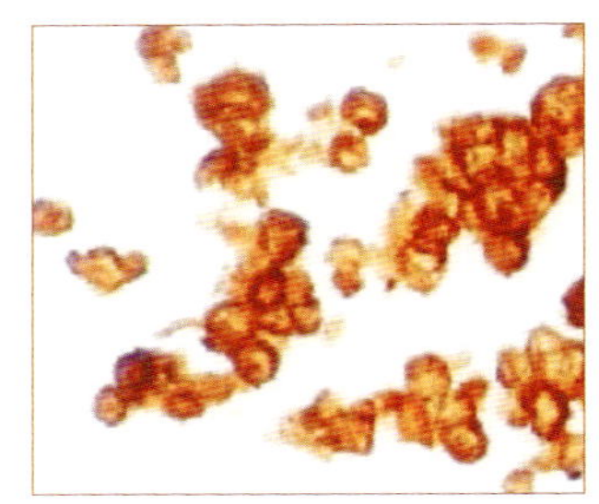
胰岛素染色阳性

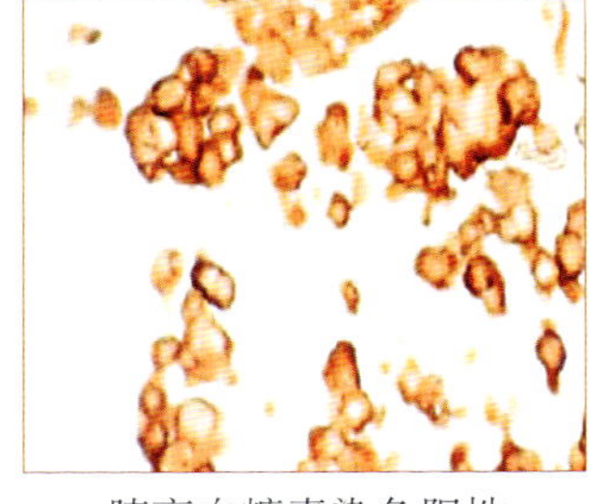
胰高血糖素染色阳性

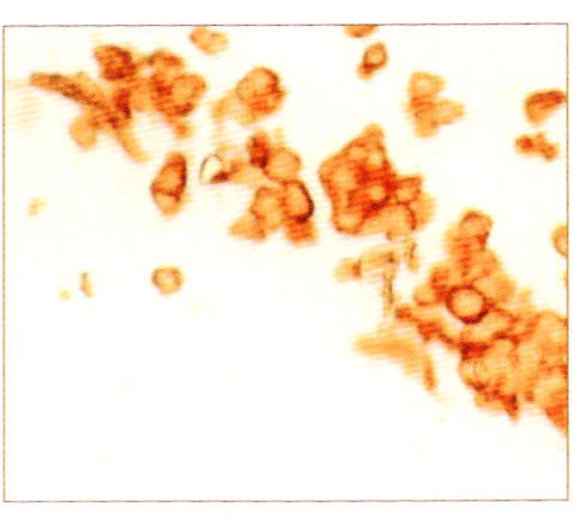
生长抑素染色阳性

图 18　成体干细胞向胰岛样细胞诱导分化：经双硫腙染色、胰岛素等的免疫组化染色证明诱导的细胞能分泌胰岛素、胰高血糖素、生长抑素

研究，已建立了$CD34^+$细胞分离纯化及体外扩增的标准化操作方案（SOP）、$CD34^+$细胞巨核系分化SOP和规模化制备外周血单核细胞源树突状细胞（DC）的SOP。开展了“巨核系祖细胞治疗”、“体外扩增造血细胞”及“DC免疫治疗”等项研究。

八、干细胞治疗在体示踪剂^{11}C－raclopride成功合成

利用现代影像技术无创性地显示和追踪移植到体内的干细胞，是干细胞技术临床应用的重要辅助手段之一。通过在移植后不同时段进行显像监测，可以提供移植手术成功与否、移植细胞在体内的存活、迁移与增殖以及向功能细胞分化的状态等方面的即时信息，有助于客观评价移植手术的疗效和安全性。

根据中国人民解放军总医院建立的神经干细胞系有多巴胺D_2受体表达的特点，选用正电子发射核素^{11}C标记该受体拮抗剂雷氯必利（raclopride），作为干细胞移植活体示踪剂，初步完成了动物体内移植干细胞的在体显示。

该示踪剂具有以下主要特点：①与D_2受体结合亲和力较高、特异性好、血脑屏障通透性高。^{11}C放射性半衰期短（20分钟），放射性吸收剂量低，经外周静脉注射后，可以自动寻找并结合于靶细胞，并可满足活体多次重复检查的需要；②C－11碘代甲烷是^{11}C－雷氯必利和多巴胺转运体（^{11}C－DAT）制备的重要前体，中国人民解放军总医院自行设计完成了全自动合成C－11－碘代甲烷的工艺和设备，整个合成过程缩短为7分钟（传统时间约20～40分钟），合成效率80%以上（传

统合成效率约20%～30%)；③ 课题组采用柱层析法合成^{11}C-雷氯必利，无须HPLC纯化，即可满足注射要求，从而提高合成效率，进一步提高产出率，缩短生产时间。

初步鉴定神经干细胞D_2受体表达，表达量可以满足体内示踪要求。将治疗剂量的细胞移植到实验治疗部位（例如脊髓损伤处）后，在不同时间点，利用^{11}C-雷氯必利进行显像追踪。通过示踪剂浓聚部位、程度判断移植手术是否成功；通过浓聚随时间的变化判断移植细胞在体内的存活状况；通过受体表达的下调或转阴，可以反映细胞开始分化时间；结合其他功能细胞标志，反映分化的方向和终点。如：帕金森病（PD）以中枢神经系统内多巴胺神经元丢失为特征，多巴胺能神经元替代治疗是目前最有希望的PD治疗方法之一。在移植治疗后，通过^{11}C-雷氯必利显像反映D_2受体表达情况，结合多巴胺转运体（^{11}C-DAT）显像反映分化终末功能细胞，一定程度上能反映疾病进展和治疗效果。

研究人员现在已经完成了现有神经干细胞（前体细胞）D_2受体mRNA（用RT-PCR方法）和细胞定性（用免疫荧光方法）的初步鉴定，两种方法均证实了该受体的表达，正在进一步进行体外细胞定量检测（放射性受体分析）；初步完成了^{11}C-雷氯必利的制备，并应用于猴帕金森病模型，显示了脑内多巴胺D_2受体的变化。目前，C-11碘代甲烷全自动化生产设备已经申请专利（图19），^{11}C-雷氯必利柱层析合成技术正在进一步完善当中，并准备申请专利；神经干细胞脊髓内移植后，应用^{11}C-雷氯必利显像初步活体检测到移植细胞的存活（图20）。拟在受体定量分析和^{11}C-雷氯必利合成进一步完善后进行大批动物实验。

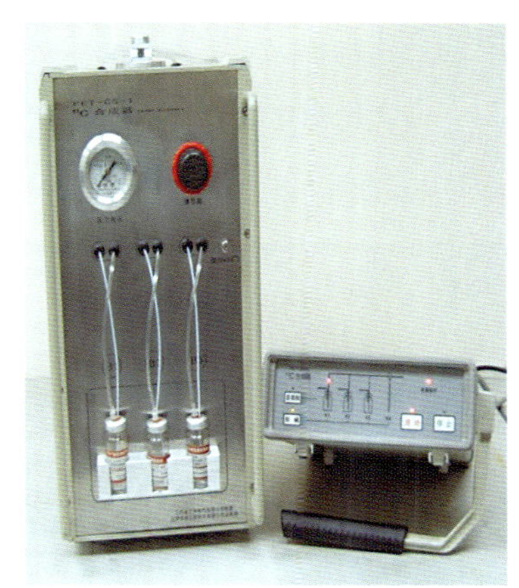

图19　碘代甲烷全自动合成设备

图20　细胞兔脊髓移植，静脉注射^{11}C-雷氯必利后，PET图像显示干细胞的存在

在干细胞移植治疗初期研究阶段，活体监测移植干细胞不仅可以减少处死取样次数，节省动物样本量，并且基于同一动物的重复观测，可以部分避免实验误差，提高实验可信度。

由于其无创性，干细胞移植在体显像技术是目前惟一可望用于人体的即时监测技术，监测潜在的危险，判断移植手术是否成功，确切反映细胞移植后的治疗效果，将成为移植治疗不可缺少的辅助手段，促进干细胞技术向临床应用过渡（图21）。

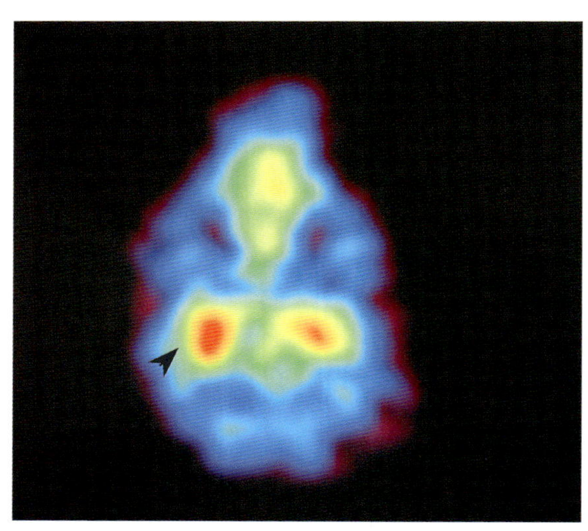

图21　猴脑右侧纹状体损毁术后6个月，手术移植入微囊化肾上腺嗜铬细胞1年，^{11}C-雷氯必利 PET 显像观察到右侧纹状体放射性浓聚增加

^{11}C-雷氯必利对帕金森病的诊断、治疗监控，及相关药物治疗机制的临床研究都是重要的辅助手段，该示踪剂的合成对国内帕金森病的临床和基础研究都将起到推动的作用。

C-11碘代甲烷自动合成装置与^{11}C-雷氯必利合成技术具有优于传统合成设备的特点和巨大的开发潜力，有自主知识产权，不但可以在国内推广应用，还有可能推广到国外。

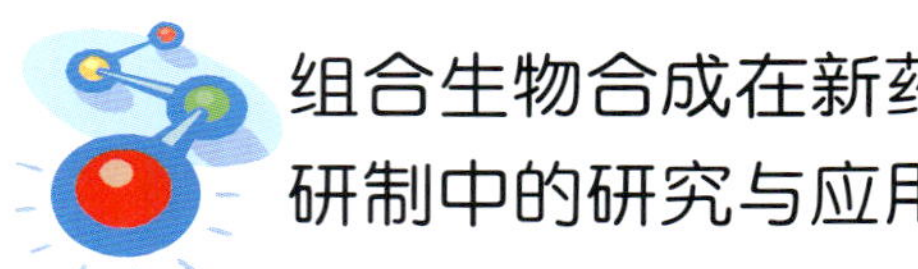

组合生物合成在新药研制中的研究与应用

一、国内外研究现状和发展趋势

组合生物合成是在微生物药物生物合成基因结构与功能研究的基础上，通过对参与基因的组合操作研制新药或新的先导化合物的技术。国际上组合生物合成研究已有近20年的历史，其基础是抗生素生物合成途径及生化研究、产生菌分子生物学的研究。目前许多产物的生物合成基因簇已得到克隆，许多基因结构与功能已得到阐明，并且发展了一系列可操作载体和合适的宿主表达系统。组合生物合成现已成为天然产物代谢工程研究中最活跃的领域。由于微生物种类繁多，其产物多样，基因组合方式多变，因此，通过组合生物合成制造多种新型药物或先导化合物的潜力很大。目前的趋势已由最初的基础研究向基础—应用研究并行发展，有目的地向产业化方向迈进。在美国，利用基因组合技术在链霉菌中表达得到的有很好抗肿瘤应用前景的epothilone D进入Ⅲ期临床试验。

与国外相比，我国在组合生物合成基础

研究的方面还有较大的差距，但在选题方面我国的研究人员比较注重实用化，已经有了一些有苗头的化合物有望发展成为新的药物。

二、基因工程必特螺旋霉素的产业化

中国医学科学院医药生物技术研究所研制的必特螺旋霉素为我国较早利用基因工程技术研制的新抗生素。必特螺旋霉素，化学名为4’酰化螺旋霉素，属于大环内酯类抗生素。

16元环大环内酯类抗生素构效关系的研究显示，与大环内酯相连的碳霉糖4’位的亲酯酰基团对于分子向细胞的渗透有重要作用。研究人员利用基因重组技术将碳霉素产生菌4’异戊酰基转移酶基因在螺旋霉素产生菌中进行了克隆表达，获得了产生必特螺旋霉素的基因工程菌。必特螺旋霉素为发酵直接产物，勿需进行化学半合成加工，生产工艺简便，成本较低，对环境污染少，便于推广生产。研究表明，由于异戊酰基的引入大大地增强了必特螺旋霉素的亲脂性，从而增强其体内活性，同时提高了对酸的稳定性和生物利用度。必特螺旋霉素对多种致病菌有效；还具有很高的组织亲和性，组织分布容积大、分布广、浓度高，并缓慢向血浆中释放，使之在体内的维持时间长；同时，毒性低，服用安全。

在国家863计划及企业早期风险投资支持下，在2001年获得临床试验批准的基础上，利用基因工程技术创制的必特螺旋霉素完成了Ⅰ期临床试验中的耐受性试验和部分药代动力学试验，在优化菌种方面也取得了一定的进展，有望在2003年完成Ⅰ期临床试验。基因工程必特螺旋霉素的研制为我国应用组合生物合成技术在微生物代谢产物的创制中提供了良好的工作基础和经验。

三、格尔德霉素组合生物合成

格尔德霉素（Geldanamycin）为具抗肿瘤活性的带苯环结构安莎类化合物，目前认为其抗肿瘤活性主要是通过其与热休克蛋白90（HSP90）N端ATP/ADP结合而起作用的，是第一个被发现的HSP90拮抗剂。目前中国医学科学院医药生物技术研究所的研究人员正在研究格尔德霉素的广谱抗病毒作用，这种作用可能也与格尔德霉素拮抗了HSP90的功能有关。该所的科研人员目前正在进行关于格尔德霉素临床前研究以及菌种改良、发酵和纯化工艺改进等方面的研究。格尔德霉素的新颖作用机制预示着对其深入研究具有潜在的、巨大的科学与经济价值，所以，格尔德霉素组合生物合成已成为近年来国际研究的热点之一。关于格尔德霉素的构效关系研究已证明，7位氨基甲酸酯和2，3位双键是其抑制HSP90活性所必需的，其他功能位点的修饰可用于其结构改造。在格尔德霉素生物合成基因簇的研究方面，我国与国际发达国家基本上同时起步，目前仍处于同一水平。

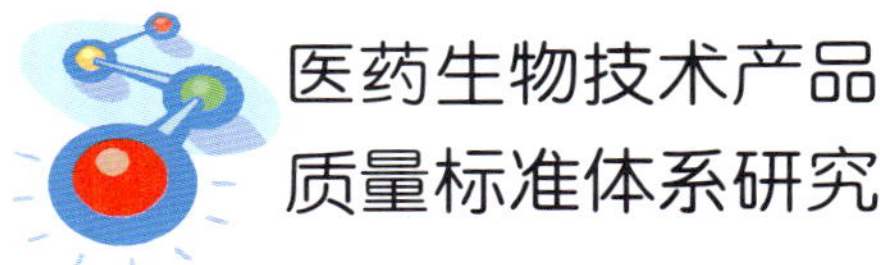

医药生物技术产品质量标准体系研究

随着医药生物技术的发展和应用，尤其是近年来人类基因组计划的完成，生物技术创新药物的研究日趋活跃。如何保证我国医药生物技术产品的整体质量，是我国医药生物技术产业化面临的重要问题。完善的质量控制体系是保证新药安全有效批准上市的必要条件，因此我国生物技术药物产业化发展迫切需要建立相应的质量控制标准和检测技术体系。

1986年始，在国家“七五”科技攻关计划和863计划的支持下，中国药品生物制品检定所（中检所）开始了基因工程干扰素的检定和检定标准的研究；随后，在863计划重大专项“生物技术药物质量标准和检测平台的建立”等10多项科研基金的支持下，建立了一系列科学规范的医药生物技术产品质量标准及其检测方法。主要涉及重组蛋白质类药物，如细胞因子、基因治疗药物、人源化抗体药物、基因工程疫苗、血液代用品、合成多肽类药物等6大类共60多个生物技术产品的质量标准以及相应的生物学活性测定、理化测定、纯度测定、外源残留物测定、安全性评价等5大类共计80多项检定方法。目前已形成了比较完善的生物技术产品检定体系，为提高我国生物技术产品的整体质量，加快与国际水平接轨，保证人民用药安全有效，促进我国创新生物技术药物产业化进程发挥了重要作用。

一、生物技术产品质量控制标准研究目标

利用中国药品生物制品检定所长期开展生物技术药物质量研究的经验和优势，在国家重大科技专项的支持下，针对我国目前正在进行中试开发的生物技术产品开展质量标准的研究，建立与世界卫生组织WHO相一致的质量标准、检定方法和国家标准品。

生物技术药物历史短，质量标准研究可借鉴资料少，由于其蛋白结构的差异及复杂性，造成其理化特性、生物学活性的差异及多样性，因此对各种检测技术要求高。生物技术产品质量控制标准研究的目的，就是运用国际标准化原则，参考人用药品注册技术要求和国际协调会（ICH）、WHO、美国食品药品管理局（FDA）的相关指南，结合国内外先进的技术与我国实际情况，根据产品具体特性，研究建立符合国际水准的创新生物技术药物的质控标准、检测方法，并予以验证，使其达到质量可控，并研制相关品种生物学活性测定和理化测定国家标准品，将研究成果推广应用。

二、生物技术产品质量控制标准研究内容

（1）建立各类生物技术制品通用的理化、纯度及含量测定方法和质控标准。

（2）建立各类生物技术制品特异的生物学活性、效力测定方法和质控标准。

（3）建立各类生物技术制品免疫原性的测定方法和质控标准。

（4）建立外源致病因子如病毒检测方法。

（5）建立生产用细胞株质量标准及其检测方法。

（6）建立国家标准品或参考品。

（7）制定上述各类生物技术产品质量控制标准。

此外，针对我国目前正在进行中试开发的生物技术产品，早期介入开展质量标准的研究，建立与国际水平相一致的质量标准、检定方法和国家标准品，及时为新药审评提供符合国家标准的质量复核报告，使其尽快通过新药审评，保证进入临床实验阶段的产品安全、质量可控，从而产生重大的社会效益和经济效益。

三、主要成果和进展

1.建立了质量控制技术平台

（1）新型基因工程药物质量控制技术平台：包括国家一类新药重组人表皮生长因子、重组碱性成纤维细胞因子、新型重组人肿瘤坏死因子突变体，及国家二类新药等40多种新生物技术产品的质控标准品和质控标准。已上市20余种产品的临床应用实践，证明了该技术平台是可靠而有效的。

（2）病毒为载体的基因治疗药物的质量控制技术平台：建立了腺病毒（Adv）、腺相关病毒（AAV）载体基因治疗药物质量控制标准和检测方法技术平台，已广泛用于采用腺病毒、腺相关病毒为载体的基因治疗药物质量控制，同时对逆转录病毒、单纯疱疹等其他类型病毒载体基因治疗药物的质控方法与质量标准的建立同样发挥切实指导作用。

（3）新型重组疫苗的质量控制技术平台：包括重组乙肝疫苗、口服重组幽门螺杆菌疫苗等目标产品，建立了质量控制标准、质控方法和/或相应的国家标准品。通过在新药审评、质量复核、国外进口和国内上市重组药物的监督检验等方面的应用，保证了我国基因工程药物质量在总体水平上与国际先进水平基本一致，为保证人民用药安全发挥了重要作用。

2.国家标准品研究工作

按与国际标准品量值溯源的原则，制备国家标准品；通过稳定性评价和协作标定研制出国家标准品33种，其中重组葡激酶、重组人肿瘤坏死因子等13种国家标准品为中国首先建立，并已获得国家批准文号（表6）。

3.建立了适合进行质量控制的检测技术和方法

这些方法与国际领先的生物学活性测定系统接轨，部分方法是国际上首次应用于药

物质量控制，在方法的重现性、可靠性、精确性等方面达到ICH、WHO、FDA有关指导原则要求，所建立和改良的理化、生物学活性测定方法在耐用性方面达到要求。

重组人干扰素α 1b等13种药物的质量规程和外源DNA残留量测定等10种标准化检测方法已作为国家标准编入2000年版《中国生物制品规程》。新生物技术产品的质量研究成果，为国家制订相关技术指南提供了科学依据。专著《生物技术药物研究开发和质量控制》于2002年由科学出版社出版发行，该书共120万字，是我国第一部关于生物技术药物质量标准的专著，比较系统地总结了近10余年来在863计划等科技计划的支持下，中国在质量标准研究方面所取得的研究成绩，反映了国内外生物技术药物研究开发的趋势。该书的出版发行对于研制开发生物技术药物、建立科学可行的质量标准、缩短研究开发周期具有重要指导意义。

表6　部分已获国家批准文号的生物技术药物标准品

活性标准品	批 准 文 号	标 定 方 法	效价（国际单位/支）
重组人 bFGF	2001 国生标字 0001	MTT/3T3 CELL	9 800
重组牛 bFGF	2001 国生标字 0003	MTT/3T3 CELL	7 000
干扰素α	91 卫参字 0025 号	Wish－vsv－Reed－Muench 法	1 000
		Wish－vsv－Reed－Muench 法	12 000
		Wish－vsv－Reed－Muench 法	7 500
重组人 IL－2	91 卫参字 0040 号	MTT/CTLL2 CELL	400
		MTT/CTLL2 CELL	2 000
重组人 TNF α	2001 国生标字 0002	L929－结晶紫法	3 500
重组人 EGF	2001 国生标字 0008	MTT/3T3 CELL	6 800
重组人 G－CSF	2001 国生标字 0005	MTT/NSF－60 CELL	5.0×10^6
重组人 GM－CSF	2001 国生标字 0004	MTT/TF－1 CELL	1.8×10^5
重组人 EPO	2002 国生标字 0012	网织红细胞法	821
重组 SK	2001 国生标字 0006	平板溶圈法	500
重组 SAK	97 卫参字 0001 号	平板溶圈法	1 000
重组（酵母）乙肝疫苗国家参考品	（2002）国生参字 0011	效力试验	5.5微克/支

四、挑战与展望

质量标准研究要更加注重与国际接轨。WHO 和 ICH 不断出台新的指导原则，我国将进一步加强质量标准研究，并根据实际情况制订一系列技术指导原则，包括质量标准和检测方法的指导原则。

基因治疗药物（包括细胞治疗产品）、新型载体产品、核酸药物和DNA疫苗等制品主要用于对艾滋病、肿瘤以及遗传性等重大疾病的治疗和预防。但在生物安全性方面，对基因治疗药物潜在的病毒危害进行评估难度很大，对基因插入人体基因组所带来的生物安全性问

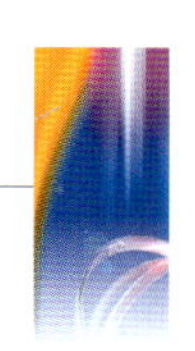

题更是知之甚少，也缺少相应的评价方法。

重组抗体药物、纳米技术药物、组织工程产品已成为今后药物研究开发的热点，目前缺少对这些新型药物进行系统的质量研究，质量控制中还有很多新问题有待解决。

针对这些世界性的新问题，2002年国家重大科技专项“创新药物和中药现代化”启动了“生物技术目标产品质量标准和检测技术平台”项目，加大了对这些问题研究的支持力度和范围。密切跟踪生物技术药物开发的最新进展，坚持早期介入、重点辅导的方针，必将使中国生物技术产品的标准化研究成果在促进生物技术产品产业化方面发挥越来越重要的桥梁作用（表7）。

表7　2002年我国批准进行临床研究的生物技术原料药和制剂

序号	药　品　名　称	申请单位名称
1	注射用重组人白细胞介素-11	杭州九源基因工程有限公司
2	口服双歧杆菌活菌散剂	丽珠集团丽珠生物工程制药厂 丽珠集团丽珠制药厂
3	重组人红细胞生成素注射液	南京华欣药业生物工程有限公司
4	口服止血凝胶	上海生物制品研究所
5	重组人干扰素α 2b栓	卫生部长春生物制品研究所
6	注射用重组人肿瘤坏死因子α-衍生物-FX	上海复星科技股份有限公司 合肥医工医药研究所
7	螺旋藻肽聚糖复合物胶囊	北京华世嘉业医药技术有限公司
8	注射用鼠神经生长因子	中国人民解放军第四军医大学生物技术中心 海南华康生物制品研究所
9	注射用重组人干扰素α 2b	深圳科兴生物工程股份有限公司
10	重组人源化单克隆抗体h-R3	百泰生物药业有限公司
11	口服酪酸梭菌活菌散剂	北京天施康医药科技发展有限公司
12	口服酪酸梭菌活菌片	北京天施康医药科技发展有限公司
13	注射用重组人白介素-11衍生物	山东东阿阿胶股份有限公司
14	甲、乙型肝炎联合疫苗	唐山怡安生物工程有限公司
15	冻干风疹减毒活疫苗	卫生部成都生物制品研究所
16	甲、乙型肝炎联合疫苗	唐山怡安生物工程有限公司
17	注射用重组人组织型纤溶酶原激活剂	爱德生物技术发展（中国）有限公司
18	注射用重组人组织型纤溶酶原激活剂	苏州中凯生物药业有限公司
19	白细胞介素-2基因工程化胃癌细胞瘤苗	上海第二医科大学
20	注射用重组人干扰素α 2b	安徽安科生物高技术有限责任公司
21	冻干人纤白蛋白微球	珠海快怡发展有限公司
22	注射用曲妥珠单抗	上海罗氏制药有限公司
23	口服凝结芽孢杆菌活菌片	北京天施康医药科技发展有限公司
24	口服红色诺氏菌细胞壁骨架	福建省天神药业有限公司
25	吸附A群脑膜炎球菌多糖结合疫苗	成都生物制品研究所
26	注射用瑞替普酶	山东元隆生物技术有限公司 江苏苏中制药厂
27	抗原致敏的人树突状细胞	第二军医大学免疫学研究所

（续）

序号	药 品 名 称	申请单位名称
28	曲妥珠单抗注射液	上海罗氏制药有限公司
29	注射用重组人干扰素α 2a	长春金赛药业有限责任公司
30	流行性感冒病毒亚单位疫苗	辽宁天成生物制药研究所
31	流行性感冒病毒裂解疫苗	上海正阳生物技术有限公司
32	流行性感冒裂解疫苗	长春生物制品研究所
33	注射用重组人干扰素α 2b	北京远策药业有限责任公司 北京凯因生物技术有限公司
34	注射用重组（酵母分泌型）人粒细胞-巨噬细胞集落刺激因子	广州英豪药业有限公司
35	外用重组人酸性成纤维细胞生长因子	广州暨南大学医药生物技术开发中心 上海万兴生物制药有限公司
36	重组人组织型纤溶酶原激酶衍生物	上海复旦张江生物医药股份有限公司 山东东阿阿胶股份有限公司
37	注射用重组瑞替普酶	北京江中药物研究所 江西江中制药（集团）有限责任公司
38	注射用重组淋巴毒素α衍生物	上海复旦张江生物医药股份有限公司
39	注射用重组葡激酶	安徽安科生物工程股份有限公司
40	注射用重组人淋巴毒素α衍生物	上海复旦张江生物医药股份有限公司
41	森林脑炎纯化疫苗	长春生物制品研究所
42	吸附无细菌百日咳、白喉、破伤风、重组工程乙肝（CHO 细胞产）联合疫苗［简称：吸附无细胞百白破重组乙肝（CHO）联合疫苗］	成都生物制品研究所
43	白细胞介素-1受体拮抗剂	北京北医联合生物工程公司
44	冻干人凝血酶	华兰生物工程股份有限公司
45	注射用鼠神经生长因子（2.5S）	中国人民解放军军事医学科学院微生物流行病研究所
46	治疗性乙型肝炎疫苗	北京生物制品研究所 复旦大学医学院
47	枯草芽孢杆菌活菌制剂（10毫升，30毫升）	哈尔滨高科技集团白天鹅药业有限责任公司
48	注射用重组人尿激酶原	中国人民解放军军事医学科学院生物工程研究所
49	重组疟疾疫苗	中国人民解放军第二军医大学 上海万兴生物制药有限公司
50	重组人干扰素-β 1b	北京天坛制品股份有限公司
51	口服凝结芽孢杆活菌片	北京天施康医药科技发展有限公司
52	外用重组人酸性成纤维细胞生长因子	上海万兴生物制药有限公司 广州暨南大学医药生物技术开发中心
53	注射用重组人生长激素	长春金赛药业有限责任公司
54	重组人血管内皮抑制素（UH-16）	烟台荣昌生物工程有限公司
55	基因工程腺病毒注射液	上海三维生物技术有限公司 杭州赛狮生物技术开发有限公司
56	冻干人纤白蛋白微球	珠海快怡发展有限公司
57	螺旋藻肽聚糖复合物	北京华世嘉业医药技术有限公司
58	重组人干扰素α 2b口含片	长春生物制品研究所

（续）

序号	药 品 名 称	申请单位名称
59	注射用抗肾病综合征出血热病毒单克隆抗体（Ⅰ型）	武汉生物制品研究所 中国人民解放军第四军医大学
60	重组人碱性成纤维细胞生长因子胶囊	珠海亿胜生物制药有限公司
61	重组葡激酶	中国人民解放军军事医学科学院基础医学研究所
62	双价肾综合征出血热纯化疫苗（VERO 细胞）	长春百龙生物技术有限公司
63	重组Ⅰ型单纯疱疹病毒	无锡博生医用生物技术开发有限公司
64	注射用瑞替普酶	山东元隆生物技术有限公司 江苏苏中制药厂
65	乳杆菌阴道泡腾片	上海信谊药业有限公司
66	流行性感冒病毒裂解疫苗	长春长征实业股份有限公司
67	流行性感冒病毒裂解疫苗	北京金迪克生物技术研究所
68	重组疟疾疫苗	中国人民解放军第二军医大学 上海万兴生物制药有限公司
69	重组人红细胞生成素注射液	山东阿华生物药业有限公司
70	PEG 化重组人粒细胞集落刺激因子注射液	山东格兰百克生物制药有限公司
71	冻干人纤白蛋白微球	珠海快怡发展有限公司
72	注射用重组人白介素-2（125Ala）	上海华新生物高技术有限公司

农业生物技术

分子生物学的诞生及现代生物技术的兴起是20世纪生命科学领域最伟大的事件，世纪之交基因组学研究的一系列突破又推动生物技术进入了更加迅猛发展的新阶段。作为“对全社会最为重要并可能改变未来工业和经济格局的技术”，世界上许多国家政府都不约而同地把生物技术产业作为最有希望的经济增长点，加大了培育和扶持力度，力图通过发展生物技术来推进经济的持续发展，而农业生物技术又是国际生物技术竞争的重要领域。以生物技术为代表的农业高新技术的迅猛发展，正深刻地影响着生产、生活和社会发展等各个方面，并带来了巨大的社会效益和经济效益。第二次绿色革命的序幕已经拉开，农业生物技术将逐渐成为衡量一个国家农业生产力水平的主要标志。

植物生物技术

农业生物技术是以农业生物为主要研究对象，以农业生产应用为目的，以现代生物技术为主体的综合性技术体系，包括植物转基因技术、动物转基因技术、动物克隆技术、植物组织培养以及重组农用微生物技术等，其中最具代表性的是转基因农作物。转基因作物2002年全球种植面积总计为5 870万公顷，比2001年增长了12%，有16个国家的600万农民种植转基因作物。在1996—2002年的7年间，全球转基因作物种植面积从170万公顷迅速发展到5 870万公顷，增加了34倍。美国、阿根廷、加拿大和中国为转基因作物的4个主要种植国，种植的作物种类主

要是大豆、玉米、棉花和油菜籽等4种。2002年我国转基因作物种植面积达210万公顷(主要是转基因棉花),比2001年增加了40%。我国有耐贮藏番茄、改变花色的矮牵牛、抗病毒甜椒和辣椒、抗病毒番茄、抗虫棉等6种转基因植物获得商品化生产许可，并有20余种转基因植物进入环境释放阶段。

目前，我国的转基因植物研究已经在功能基因的分离克隆、外源基因的转化、转基因品种的选育和示范推广、安全性评价等方面取得了重要进展。在“国家转基因植物研究与产业化专项”的资助下，2002年获得了具有应用前景并拥有自主知识产权的新基因26个，其中功能明确、对农作物品种改良具有重要价值的目的基因7个，一批具有重大应用价值的科技成果脱颖而出。中国科学院遗传与发育生物学研究所等单位合作研究，于2002年完成了籼稻品种93-11的基因组草图，中国科学院国家基因研究中心等单位共同完成了国际水稻基因组计划水稻(日本晴)第4号染色体精确测序图，为人类最终揭开水稻遗传奥秘做出了重要贡献。中国科学院遗传与发育生物学研究所还成功克隆了具有自主知识产权且功能明确的水稻分蘖基因(MOC1)，该基因可以明显提高水稻的分蘖能力，对提高作物、牧草产量具有巨大的潜在应用价值。华南农业大学定位和克隆了具有自主知识产权且功能明确的水稻BT型细胞质雄性不育育性恢复基因（Rf1），将为我国作物杂种优势利用研究、特别是杂交水稻育种再上新台阶提供了新的技术途径。北京大学、中国科学院遗传与发育生物学研究所、微生物所和上海植物生理生态所等单位共克隆了23个棉花纤维功能基因，并在世界上首次获得172个棉纤维伸长期特异性表达的cDNA，为国家正在开展的优质棉工程提供了良好的技术支撑。在新类型抗虫基因的研究方面，中国农业科学院生物技术所完成了具有高杀虫活性的Bt.GFMcryIA + cpti、Bt.GFMcryIA + choAL两个新型抗虫融合基因的合成及前期研究，为培育广谱、高效、稳定的新型转基因抗虫棉品种提供了新的研究方向和基因基础。

在转基因植物产业化方面，我国已培育出转基因抗虫棉新品种19个和一批优良品系，2002年我国抗虫棉推广面积达到194.3万公顷，国产抗虫棉占40%以上。中国农业科学院生物技术所的抗虫棉研究项目荣获2002年国家发明二等奖；转基因抗虫杨树新品种杨12号已审定，抗虫741已获得品种保护，抗虫杨12号和抗虫741分别推广与繁殖116公顷和40万株；中国农业科学院作物所育成的兼抗白粉病、黄矮病新品种晋麦73于2002年通过山西省品种审定，两年累计推广43.8万公顷；中国科学院遗传与发育生物学研究所与河南省兰考农华种业有限公司合作培育出超高产小麦新品种豫麦66，该品种高抗小麦白粉和三锈等小麦主要病害，是一个已被广泛认可的超高产优质小麦新品种。

在转基因植物安全性研究方面，中国预防医学科学院营养与食品卫生研究所以抗虫转基因水稻为重点，开展了转基因食品食用安全性和饲料安全性研究，尚未发现转基因水稻对人体健康有不利影响。在转基因棉花安全性研究方面发现，转基因棉花和常规棉花在毒性、过敏性、抗营养因子、营养成分方面无差别，对人体和食品安全性方面无差别，通过对生态环境的研究，未发现转基因棉花对生态环境的有害作用。

另外，浙江省农业科学院原子能所培育了“超油1号”和“超油2号”两个油菜新品系，其中“超油2号”的含油量高达52.82%，是目前世界上含油量最高的甘蓝型油菜。湖北省农业科学院杂交水稻工程技术研究中心育成杂交水稻新组合两优932，大面积示范2002年达到11.1吨/公顷，比当地主推水稻品种增产22.3%。

一、基因的分离克隆

1.抗虫基因

(1) 凝集素基因 (pta)。复旦大学遗传工程国家重点实验室成功获得半夏和棉花凝集素基因 (pta)。通过遗传转化，已获得含半夏凝集素基因的转基因烟草植株31株，T1代转基因株系7个；转基因水稻植株36株。经抗性鉴定，证明了所克隆的半夏凝集素基因对刺吸式口器类害虫（如蚜虫）确有抗性。目前已成功将棉花凝集素基因构建到植物表达载体PBI121，获得了用于植物遗传转化的农杆菌系EHA105（PBIGHA）。利用EHA105(PBIGHA)转化拟南芥，已获得转化植株。该研究申请国家发明专利两项。

（2）中国棉铃虫病毒组蛋白酶基因和几丁质酶基因。广西大学在国际上首次报道了棉铃虫病毒HaSNPV基因组131403bp的全序列。在此基础上克隆了两个来源于棉铃虫病毒的昆虫病毒抗虫基因，即HaSNPV的组蛋白酶基因和几丁质酶基因。HaSNPV组蛋白酶基因是具有导致宿主细胞蛋白降解、组织液化等重要功能的杀虫相关蛋白基因。HaSNPV几丁质酶基因是作用于害虫中肠围食膜的潜在抗虫基因。同时成功构建几丁质酶的重组病毒，建立了中国棉铃虫病毒Bac-to-Bac系统。“中国棉铃虫组织蛋白酶基因”和“中国棉铃虫病毒几丁质酶基因”已申请国家发明专利。

（3）胆固醇氧化酶基因choAL。中国农业科学院生物技术研究所从链霉菌菌株中分离获得胆固醇氧化酶基因choAL，实验证明该基因具有杀虫活性。利用农杆菌介导的叶盘法转化烟草，获得转choAL全酶基因的烟草植株32株，转choAL成熟酶基因的烟草植株34株，两种转基因植株均不能对棉铃虫产

生直接的致死作用，但能使棉铃虫的生长发育受到一定程度的抑制，将Bt.cryIA基因与choAL全酶基因和成熟酶基因一起，分别构建出含全酶基因和成熟酶基因的融合基因，采用花粉管通道的方法，将这两种融合基因转化棉花，获得转基因棉花植株11株，同时构建出Bt.cryIA基因与choAL全酶基因和成熟酶基因的双价基因，将双价基因植物表达载体转化棉花，获得转基因棉花植株13株，生物杀虫试验证明融合基因优越于双价基因。"同时具有两种不同杀虫机理的杀虫融合基因及其应用"目前处于专利申请状态。

（4）cry1Ie1和cry2Ab4基因。中国农业科学院植物保护研究所发现对大豆食心虫有活性的Bt cry基因cry1Ie1和cry2Ab4。cry1Ie1基因系在国际上首次表达，其表达产物对玉米螟、大豆食心虫具有高毒力，并确定了其活性的最小区段，同时发现cry2Ab4对大豆食心虫有活性。筛选到高毒力基因组合：cry1Ie1 + cryAc对玉米螟协同增效显著，cry1Ca + cry2Aa对夜蛾科害虫具有增效作用，cry1Ba + cry3Aa对鞘翅目叶甲类害虫具有协同增效作用。"苏云金芽孢杆菌cry1基因、基因组合及表达载体"和"对鞘翅目与鞘翅目昆虫高毒力的Bt基因、表达载体和工程菌"两项专利申请已进入实审阶段。

2.抗真菌基因

（1）抗真菌蛋白基因AMP。北京大学利用多种蛋白质纯化系统，对美洲商陆种子中抗真菌蛋白进行分离和纯化，克隆到抗真菌蛋白基因AMP，其主要功能是抗真菌。通过对基因产物的定位，表明该蛋白以分泌蛋白形式存在，并在种子中萌发，分泌到种子的周边环境，对种子起到保护作用。另外构建了转美洲商陆种子抗真菌蛋白全长cDNA转基因载体，获得转基因植株。

（2）几丁酶基因McChi5。西南农业大学从苦瓜叶片中分离克隆了一种新的几丁酶基因（McChi5）。对其功能进行分析，发现McChi5基因能分解真菌细胞壁，抗真菌病害。离体实验结果表明，苦瓜几丁酶对棉花枯萎病菌有很好的抑制作用。目前已获得转基因植株50株，获得的转基因株系GH-01、GY-01、GY-02、GY-03获农业部农业生物安全委员会批准进行了中间试验，进一步环境释放工作正在申请中。申请专利"高效抗真菌苦瓜几丁酶基因"进入公开阶段。

3.抗逆基因

（1）偃麦草钠离子反向转运蛋白基因ENHX1。山东农业大学分离出编码质膜上的Na^+反向转运蛋白基因ENHX1（AF507044）。该基因主要在根中表达，进一步构建正义表达载体，转化模式植物拟南芥，结果表明转基因植株具有较高的耐盐性，耐盐能力可达200毫摩尔/升。2002年"偃麦草钠离子反向转运蛋白基因及其克隆方法与应用"申请国家发明专利。

(2) ABPs。中国农业科学院生物技术所首次从玉米种子幼胚中分离出能够与Cat1基因ABRE顺式组件相互作用的反式因子ABP2、ABP4、ABP9的全长基因。对ABP2、ABP4、ABP9进行功能分析表明，ABP2、ABP4、ABP9均是具有ABRE结合特异性和转录激活功能的bZIP类转录因子，转ABP9基因能够提高植株的抗旱、抗盐和抗寒的能力，这是来源于重要农作物中的ABRE结合因子提高植物抗非生物逆境的首次报道。将ABP2和ABP9基因转到拟南芥上，获得转基因植株90株。“一个玉米bZIP类转录因子及其编码基因与应用”目前处于专利申请状态。

(3) 水稻乙烯受体类蛋白基因OSPK1。中国科学院遗传与发育生物学研究所从水稻中克隆出水稻乙烯受体类蛋白基因OSPK1，该基因主要功能是参与逆境信号的传递。2002年申请的“植物耐逆相关的信号传递基因及其编码的蛋白质”国家专利已进入公开阶段。

(4) UDP-葡萄糖脱氢酶基因、烯醇酶基因。四川大学经筛选获得了UDP-葡萄糖脱氢酶基因、烯醇酶基因。这两个基因均来源于盐生杜氏藻，主要功能是耐盐。现已完成盐藻UDP-葡萄糖脱氢酶基因、烯醇酶基因植物表达载体的构建，正在进行植物转化。申请国家专利两项，“一种盐生杜氏藻UDP-葡萄糖脱氢酶蛋白及其编码序列”和“一种盐生杜氏藻烯醇酶蛋白及其编码序列”。

(5) pparoA基因。北京大学从草甘膦污染土壤中分离、筛选获得的具有完整的EPSPS合成酶功能的pparoA基因，这是一种新型的草甘膦耐受型EPSPS合成酶基因。该基因来源于恶臭假单孢菌4G-1，具有1230bp的基因序列，草甘膦抗性表现突出，比见报道的EPSPS基因都高，结构新颖，在核酸水平与已知基因没有任何同源性，在氨基酸水平最高具有36%左右的同源性，受专利保护的任何与EPSPS抗草甘膦氨基酸保守序列在该基因中都没有出现，功能明确，可以对大肠杆菌EPSPS编码基因突变株进行功能互补，通过对pparoA基因进行植物偏爱密码子改造，现已获得转基因烟草植株。2002年5月申请国家发明专利“新的草甘膦耐受型5-烯醇丙酮酰莽草酸-3-磷酸合成酶及其编码基因”及国际PCT发明专利。

(6) 水孔蛋白基因PIP。北京大学从油菜中克隆出水孔蛋白基因PIP，该基因的功能是抗旱耐寒，2002年3月申请国家发明专利“油菜种子萌发特异性表达的水孔蛋白启动子及其应用”。

(7) DREB基因。清华大学从水稻、玉米、小麦种子中克隆得到8个DREB基因，用农杆菌转化到拟南芥和烟草，初步验证了小麦DREB基因在植物抗逆反应中的作用。“水稻DREB类转录因子及其编码基因与应用”、

“水稻耐逆转录因子及其编码基因与应用”、“玉米DREB类转录因子及其编码基因与应用”、“小麦TaDREB编码基因及培育耐逆植物的方法”，目前均处于DREB基因专利申请阶段。

（8）草甘膦降解酶基因Gld。中山大学在国际上首次从苜蓿根瘤菌中克隆到草甘膦降解酶基因（Gld），含有Gld表达载体的重组E.coli可在0.4mM草甘磷中生长良好，显示较强的降解草甘磷的能力和良好的应用前景。同时利用基因优化技术获得抗草甘磷的aroA突变体5个，aroA突变体M12已构建到植物表达基因载体，转基因烟草表现出对草甘磷良好抗性，构建了M12和Bt杀虫蛋白基因双价载体，转化烟草，直接用草甘膦抗性作选择标记获得了杀虫效果良好的转基因植株。“一种基因优化的方法和以此方法获得的抗草甘膦基因及其表达载体”和“草甘膦降解酶基因和含该基因的载体”，两项目前均处于专利申请状态。

4.品质相关基因

（1）高赖氨酸蛋白基因SBgLR1。中国农业大学以马铃薯为原材料克隆了马铃薯高赖氨酸蛋白基因SBgLR1。对该基因5’端调控区段启动子进行了克隆及功能分析，发现该启动子全长2320bp，具有花粉组织表达特异性功能。将SBgLR基因和A168基因与玉米种子特异表达19Z启动子构建植物表达载体转化玉米，经分子检测共得到37株转基因植株。目前已得到27个转基因株系（R1代）。申请专利两项：“高赖氨酸蛋白基因以及提高禾本科作物种子中赖氨酸和蛋白质含量的方法”和“改良禾本科作物品质的方法”。

（2）木本植物铁结合蛋白Apf1。西南农业大学从小金海棠中获得了木本植物铁结合蛋白基因Apf1。该基因主要功能是提高铁吸收，参与铁贮藏和代谢，与植物铁含量有重要关系。经抗性愈伤组织的诱导分化和转化子的初步筛选，获得了表现抗性的小麦植株。目前已申请专利“木本植物铁结合蛋白基因及其快速克隆方法”。

（3）植酸酶蛋白编玛基因mphyA。中国农业科学院饲料研究所克隆到植酸酶蛋白编码基因（mphyA），经分析验证该基因为一新基因。mphyA基因主要功能是提高植酸酶含量。通过农杆菌介导的方法获得烟草转化再生植株144株，经PCR和PCR－Southern检测，92株为阳性。已申请两项专利“一种广谱、耐高温的高比活植酸酶及其编码基因和表达”和“在转基因植物中表达耐热植酸酶”。

5.生长发育相关基因

（1）乙烯受体蛋白基因ETR1。中国农业科学院原子能应用研究所利用选育的矮秆超大穗小麦晚熟（15天以上）品种H0511克隆出与熟性相关的乙烯受体蛋白基因（ETR1），

经研究证实该基因具有结合乙烯的功能，其结合能力为见报道的拟南芥野生型ETR1的1/10，是一个能用于构建延迟花期或果实成熟的转基因花卉、果蔬等转基因植物的新基因，应用潜力巨大。2002年8月申请国家发明专利“延长花期或延缓成熟的乙烯受体蛋白及其编码序列”。

（2）水稻矮化基因rga5。中国科学院遗传与发育生物学研究所从水稻中成功克隆出与生长发育、育性相关和增加水稻分蘖数目的基因水稻矮化基因rga5。通过水稻矮缩病毒外壳蛋白等基因（3S）的转化，得到了能够稳定遗传的矮化转基因株系。已申请国家发明专利“中国矮源品种‘矮子占、低脚乌类、南特’rga5基因的克隆及转化利用”。

（3）水稻器官形成调控基因OsSET1。中国科学院遗传与发育生物学研究所从水稻中克隆的水稻器官形成调控基因OsSET1，是在构建的常规水稻幼穗cDNA文库中成功地分离克隆的第一个水稻SET结构域基因OsSET1的cDNA。“水稻器官形成调控基因OsSET1及其编码调控蛋白”已申请国家发明专利。

（4）水稻分蘖基因MOC1。中国科学院遗传与发育生物学研究所从水稻中克隆出水稻分蘖基因MOC1，通过扩大定位群体，获得新的分子标记，将MOC1基因确定在20kb的DNA区域内，将可能的MOC1基因转化水稻MOC1突变体，根据功能互补实验结果，确定了MOC1基因。验证并明确了MOC1基因的功能，获得转基因植株200多株、转基因株系10多个。“水稻分蘖控制基因MOC1及其应用”申请了国家发明专利。

（5）细胞周期相关基因OsCCR1。中国科学院遗传所从水稻中克隆出细胞周期相关基因OsCCR1，该基因主要功能与植物生长发育有关，申请专利“一种与植物细胞周期相关的蛋白质和其编码基因”。

二、转基因植物

1.棉花

（1）中国农业科学院生物技术研究所研制成功的转基因双价抗虫棉，其核心技术于2002年获得中国专利。在此基础上，又成功分离了抗鞘翅目害虫的胆固醇氧化酶基因，设计合成了抗蚜基因等多个抗虫基因，同时研制成功了融合抗虫基因，以上这些基因均获得或申请了中国发明专利。

（2）浙江大学成功育成了转GST基因的强恢复系——“浙大强恢”，筛选出具有我国知识产权的首创性成果——转基因三系杂交棉“浙杂166”、“棕杂1号”（彩色棉类型）和“浙标杂棉”等强优组合。已有两项成果通过专家鉴定，两项发明专利被国家知识产权局受理和公开，并通过农业部批准，转基因三系杂交棉进入了生产性试验。同时中国农业科学院生物技术研究所与河北省邯郸市农业

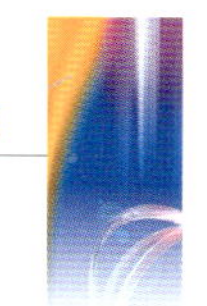

科学院棉花研究所合作，成功培育了GKz11和sGKz6两个抗虫三系杂交新品系，在产量、品质、抗病、抗虫方面均表现突出。

（3）山西省农业科学院棉花所和中国科学院微生物所在国内外首次用合成的编码完全活性BtCry1Ac蛋白的基因片段（Bt29K）与中国科学家自己克隆的慈菇蛋白抑制剂B基因（API-B）构建了双价抗虫基因植物表达载体，并通过农杆菌介导法转化了棉花，获得了农艺性状优良并高抗棉铃虫的转基因棉花纯合系。

到目前为止，共审定转基因抗虫棉新品种19个，通过省级新品种审定15个，国家级审定4个（SGK321，SGK9708，SGK中27，GKZ6）。其中单价品种：GK1，GK12，GK19，GK22，GK95-1，GK30，GK46，GK47，GK48；双价品种：SGK321，SGK9708，SGK中27，SGK36；杂种棉品种：GKZ1，GKZ2，GKZ6，GKZ8，GKZ10，GKZ13。

2.水稻

（1）在国家863计划资助下，中国科学院国家基因研究中心等单位共同完成了国际水稻基因组计划水稻（日本晴）第四号染色体精确测序图，结果发表在《Nature》杂志上，在这条染色体上，研究人员预测到了4 658个可能的蛋白质编码基因和70个tRNA基因，为人类最终揭开水稻遗传奥秘做出了重要贡献。

（2）中国科学院遗传与发育生物学研究所和福建省农业科学院共同合作，成功培育出转SCK基因等系列抗虫基因的水稻，目前已获得15个转SCK、21个转SCK + Bt基因的纯合无选择标记株系。

（3）华中农业大学与中国农业科学院和国际水稻所（IRRI）合作，将Bt基因导入到优良水稻恢复系明恢63中，利用所得到的抗虫株系配制出了多个杂交组合，其中有两个组合于2002年12月批准进入生产性试验阶段。同时华中农业大学通过人工改造合成新的Cry2A和Cry1C基因（DNA）序列，并进一步利用合成基因转化水稻，表现了良好的抗鳞翅目水稻害虫的效果。

（4）中国水稻研究所和中国农业大学等单位利用水稻L ox基因的反义和发夹结构转化水稻，改善了稻谷的耐储藏特性。

（5）福建农林大学在研究中发现了国内外尚未发现过的eui新基因——eui2（t），已向国际水稻遗传协会作了基因登记。同时提出了利用eui种质新的技术路线，2003年将把在我国大面积应用的杂交稻大部分都改造成e-杂交稻、或超级e-杂交稻，进入大面积生产应用的阶段。采用此技术，已将国内外生产上应用的主要不育系都转育成长穗颈不育系，目前，已获得eui1、eui2候选基因的克隆。

（6）在国家重点基础研究项目的支持下，中国农业大学克隆到控制野败型水稻细胞质雄性不育花粉败育基因LON1，并初步证实LON1转录产物mRNA前体的可变剪接直接导致花粉败育，这是植物细胞质雄性不育机理研究中取得的重大进展。

3.小麦

（1）中国农业科学院作物品种资源所用基因枪介导的方法，将pGBIGNA导入小麦品种京411，获得抗蚜虫的新品系6个，它们已获准在河北省高碑店进行环境释放。同时将pGU4AGBar导入优质丰产小麦品种，获得高优503转基因株系3个、郑州9405转基因株系5个和扬麦158转基因株系2个，已经批准进入安全性评价的中间试验。

（2）南京农业大学首先发现具有我国自主知识产权的小麦抗白粉病基因Pm21。同时获得了可用于遗传转化的抗病基因候选克隆22个，其中13个在GeneBank上登录，对18个克隆进行了染色体定位。利用分子标记辅助选择与“滚动回交”技术相结合的方法，育成了一批携有Pm21基因的新品系和新品种，其中南农9918于2002年通过江苏省品种审定，目前已在生产上大面积推广。

（3）中国农业科学院作物所育成的兼抗白粉病、黄矮病新品种晋麦73于2002年通过山西省品种审定。同时筛选出4个转基因系N12、N13、N14、N15高抗小麦黄花叶病，并已申请环境释放。江苏省农业科学院筛选出13个高抗小麦赤霉病的转基因株系，已申请在江苏省南京市进行中间试验。

4.大豆

（1）东北农业大学获得了农杆菌介导的Bt基因转化大豆的品系1个，几丁质酶基因转化大豆的株系4个，利用花粉管通道技术导入Bt和蝎毒基因，获得转Bt基因的株系3个，转蝎毒基因株系2个。

（2）国家转基因植物产业化吉林基地利用农杆菌介导将GNA基因转入大豆的子叶，获得转GNA基因的T0代226株，T1代28株，T2代17株，获得转Bt基因大豆3 000余株，转GNA基因大豆1 100株，转BADH基因大豆1 360株。获得转GNA基因大豆抗性稳定的品系17份，转Bt大豆抗性稳定株系24份。

（3）利用花粉管通道技术，导入鹰嘴豆、花生总DNA育成大豆新品种“吉科豆1号”、“吉科豆2号”、“吉农9号”，已经通过了品种审定。“吉科豆1号”已获得新品种保护权。

5.玉米

中国农业大学对cry1Ie1和cry1Ac基因按玉米的密码子偏好性进行改造，设计合成了两个新的基因，并完成了原核表达，改造的cry1Ie1基因已申报国家发明专利。用普通双元载体转化玉米，平均转化率达到22%，取得了突破性的进展，这一成果目前已申请国家发明专利。在此基础上，获得了新的玉米抗虫转基因株系。

6.油菜

浙江省农业科学院原子能所运用“反义PEP基因”技术，成功地大幅度提高了油菜的含油量，他们培育的“超油1号”和“超油2号”两个油菜新品系，含油量提高25%以上，提高幅度是国内外同类研究中最高的，其中“超油2号”的含油量高达52.82%，是目前世界上含油量最高的甘蓝型油菜。

以上两项科研成果被评为2002年中国十大科技进展新闻之一。

7.白菜

经育种学家研究获得了5份稳定遗传的大白菜细胞质雄性不育材料，用30份普通大白菜与2份稳定的大白菜不育系进行回交转育，已获得了转育3～4代的各种类型大白菜胞质不育系30多份。新型大白菜细胞质不育系克服了Pol-CMS育性受环境条件影响的缺陷和Ogu-CMS多代转育后植株长势退化、杂交优势差等缺点。该项技术已申请国家发明专利。同时，我国科学家得到一张352个遗传标记组成的大白菜连锁图谱，其中包括265个AFLP标记和87个RAPD标记，该图谱是目前国际上最为饱和的结球白菜分子遗传图谱。

8.植物生物反应器

北京大学构建出可控型蓝藻表达系统，以蓝藻为反应器，将拥有我国自主知识产权的含33个氨基酸残基的蜘蛛毒素基因(HWAP-I)克隆于TMVCP-融合多肽及可控型蓝藻表达载体中，实现高效表达并生产出药用虎纹镇痛肽，属国内外首例。

三、产业化

1.棉花

2002年我国抗虫棉推广面积达到194.3万公顷，国产抗虫棉占40%。“SGK321”双价抗虫棉2002年通过了全国农作物品种审定委员会的审定，被5部委评为国家重点新产品。转基因抗虫棉杂交种“南抗3号”和“南农98-4”等由于综合纤维品质和产量表现突出，在长江流域棉区推广11.3万公顷以上。

2.杨树

将Bt杀虫基因、蛋白酶抑制剂基因、双抗虫基因(Bt Cry1Ac基因和慈菇蛋白酶抑制剂基因)等分别转入欧美杨、美洲黑杨杂种、毛白杨及毛白杨杂种741杨等受体材料，获得了高抗虫性的多个转基因株系，抗虫转基因欧洲黑杨3个无性系和白杨杂种741杨3个无性系已获得环境释放许可，转基因抗虫杨12号已审定、抗虫741已获得品种保护，2001—2002年在北京和山东等地育苗56公顷，育苗株数达420万株，在北京、河北、陕西、内蒙古和新疆等省、直辖市、自治区营造转基因杨树示范林114公顷。

3.油菜

(1)中国农业科学院油料作物研究所培育出新品种——中双9号，具有“六高”、“两低”特点，是湖北省油菜区试历史上第一个产量超过对照10%以上的常规品种，目前该品种已在湖北、湖南、安徽、河南、陕西、江苏、浙江、上海等省、直辖市推广应用。

（2）华中农业大学利用波里马细胞质雄性不育（Pol cms）作不育源育成稳定的双低甘蓝型油菜杂交种华杂4号，在目前长江流域推广的三系杂交种中，其恢复率最稳定。“华杂4号”是目前国内通过审定的省份最多(3个省)，同时又是通过全国审定、目前推广面积最大的“双低”优质油菜杂交新种。在湖北、河南、安徽等省累计推广面积161万公顷，创经济效益5.81亿元。

4.玉米

新疆农业科学院粮食作物研究所育出的多穗青贮专用玉米新品种——新青1号于2002年12月11日通过全国牧草品种审定委员会审定命名。

5.水稻

由江苏省农业科学院粮食作物研究所研究的超级杂交稻“两优培九”于2002年通过湖南、湖北等6个省审定并成为第一个（批）通过国家品种审定的两系法杂交稻，同年获得我国植物新品种保护权。2002年“两优培九”在全国16个省、自治区种植约125万公顷，居同类型品种之首。科学技术部和农业部将其列为长江流域和黄淮地区一季中稻的重点中试组合和国家重点推广项目，正逐步成为长江中下游稻区杂交籼稻的替代组合。

6.小麦

中国科学院遗传与发育生物学研究所与河南省兰考农华种业有限公司合作，应用植物细胞工程育种技术培育出超高产小麦新品种豫麦66，该品种于2002年12月经第一届国家农作物品种审定委员会第一次会议审定通过。豫麦66集高产、优质、抗病于一身，2002年秋推广面积达15万公顷。

动物生物技术

动物生物技术是以动物为主要研究对象，以畜牧业应用为目的，以基因工程和细胞工程等现代生物技术为主体的综合性技术体系。动物生物技术是生物技术重要的组成部分，也是当今发展最快的高技术领域之一。动物科学和动物医学与生物技术的结合，也必将成为21世纪中国畜牧兽医事业创新的先导和现代动物生物技术的生长点，为培育新的高产、优质、抗逆的畜禽品种、丰富动物生产产品种类、有效保护动物遗传资源、促进动物快繁技术的产业化和为动物疫病防制等方面提供新的技术支撑和技术储备。当前，集中优势力量发展动物生物技术，对推进我国农业和农村经济结构战略性调整、提高畜牧经济整体素质和效益，实现畜牧业持续、稳定发展具

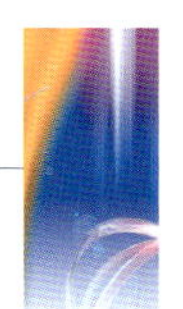

有十分重要的意义。

近年来，我国在动物基因组研究、转基因技术、动物克隆、基因工程疫苗等重要关键技术方面取得了一系列重大突破。以动物乳腺生物反应器、转基因鱼为代表的一批农业动物生物技术得到了转化和应用，在育种和生产中发挥了重要作用。①我国体细胞克隆技术得到了迅速发展，先后体细胞克隆成功了山羊（西北农林科技大学）、奶牛（中国科学院）和我国优良地方品种——红系冀南牛（中国农业大学）；②我国转基因鱼已进入控制性生产，中国科学家培育出的三倍体鱼湘云鲫（鲤）已推广至全国23个省、直辖市，中试期间共生产湘云鲫（鲤）鱼苗1.9亿尾和复花鱼种3 580万尾，获纯利457万元；③我国在基因工程疫苗方面也取得了可喜的成绩，上海生物工程研究中心、复旦大学、上海市农业科学院、扬州大学、哈尔滨兽医研究所、解放军军需大学、华中农业大学等单位分别开发了幼畜腹泻基因工程疫苗、口蹄疫基因工程疫苗、马立克氏病毒疫苗、鸡传染性喉支气管炎病毒痘病毒活载体疫苗、禽流感痘病毒活载体疫苗以及猪伪狂犬病基因缺失疫苗等。其中上海生物工程研究中心开发的幼畜腹泻基因工程疫苗K88、K99，完成了中试研究和大田试验。华中农业大学动物病毒研究室开发了“猪伪狂犬病基因缺失疫苗”和“猪伪狂犬病油乳剂灭活疫苗与快速诊断试剂盒”，其“油乳剂灭活疫苗”已获农业部颁发的一类新兽药证书；④分子遗传标记的应用为动物遗传多样性的保护提供了重要依据。中国科学家在中国猪的高产仔数基因、高温应激综合症基因、肉质基因、脂肪蓄积基因、牛的“双肌”基因、高产奶基因、流产基因、奶蛋白量基因、鸡矮小基因、快慢羽基因、白血病抗性基因、“乌骨”基因等都已发明了优良基因的诊断盒，多数基因还获得了自己的知识产权；⑤通过转基因技术制造动物乳腺生物反应器来生产贵重的药物和营养蛋白是近年来生物技术开发的热点之一。2002年我国“863”生物技术与现代农业领域重大专项“生物反应器”正式启动，在中国科学院遗传与发育生物学研究所的主持下，相继诞生了4只带有医用蛋白的转基因体细胞克隆奶山羊，并有3只成活。经DNA检测，证明已获得了预期的转β-干扰素基因和转抗凝血酶素Ⅲ基因克隆羊。上海医学遗传研究所针对转基因整合率低的困难，形成了以卵母细胞体外培养—体外受精—显微注射—胚胎移植前目的基因整合的预鉴定和非手术胚胎移植等一整套综合的转基因制备技术体系，可使转基因的总有效率提高了一倍以上，从而为批量化生产和培育转基因动物开辟了一条新的道路。国内不少单位已经利用动物乳腺生物反应器表达了10余种外源基因，并利用各种途径吸引投资，加快其产业化进程，转基因

动物的研究平台已经基本建立。

一、动物克隆技术

(1) 中国自主完成的首批成年体细胞克隆牛于2002年1月中旬到2月中旬陆续降生，12头怀孕的受体母牛共产下了14头克隆牛犊，存活5头，实现了我国成年体细胞克隆牛成活群体零的突破，标志着中国科研人员已完全掌握了体细胞克隆牛技术，使我国成为继日本（1998）、新西兰（1998）、美国(2000)等国家之后掌握体细胞克隆牛关键技术的少数国家之一。4月，中国农业大学成功地对国产优质黄牛——红系冀南牛进行了克隆，克隆牛起名“波娃”。

(2) 中国农业大学和中国农业科学院畜牧研究所采用常规冷冻方法保存克隆胚胎生产的体细胞克隆奶牛，于2002年10月26日在北京市顺义区石家营奶牛场通过剖腹产降生。这头克隆牛起名“顺华”，核供体来自北京市奶牛中心的7118号优良成年母牛的耳部细胞。

(3) 由中国农业大学利用高产的中国“荷斯坦”奶牛耳皮肤成纤维细胞作核供体，于2002年10月在山东省梁山县产生了3头克隆奶牛。其中1头来自经玻璃化冷冻的克隆胚胎。

(4) 我国转基因体细胞克隆牛的技术平台研究取得了突破性进展，转基因细胞株（群）的筛选效率达到了100%，转基因核移植重构胚的囊胚率接近36%，达到了国际前沿水平。

(5) 在全球从事体细胞核移植克隆研究的机构中，华人科学家取得的成就世人瞩目。旅美学者赖良学博士在世界上首次克隆出敲除α-1，3-半乳糖苷酶基因的猪，为开展猪、人异种器官移植奠定了基础；我国青年科学家周琪博士在法国成功克隆了大鼠，为以大鼠为模式研究人类疾病治疗带来了希望。

二、转基因鱼

(1) 武汉水生生物研究所完成了快速生长转基因鲤鱼中试的准备工作，建成了2.3公顷水面的中试基地，筛选出200余尾转“全鱼”基因的核心群，获得的快速生长的转基因四倍体鱼，为生态安全性转基因三倍体鱼的产生打下基础。上述转基因鱼通过小鼠饲喂试验进行了初步的安全性分析研究，初步证明该产品是安全的。

(2) 黑龙江水产研究所生产的一条快速生长超级鲤鱼已经性成熟，能与正常鲤鱼杂交产生后代，外源基因以50%机率遗传给后代。超级鲤鱼的后代获得了亲代快速生长的特性，繁殖出600尾鲤鲫杂交鱼，已达3龄，很快便可筛选出生态安全的基因工程鱼群。

(3) 在抗病转基因研究领域中，已经生产出了一批抗草鱼出血病毒的转基因鱼，攻毒试验表明抗性显著。

(4) 中国科学家培育出的三倍体鱼湘云

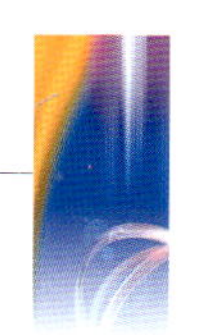

鲫（鲤）已推广至全国23个省、直辖市。养殖试验正日新月异，具有生长快、肉质好、体型美、抗逆性强、不繁育等特点。中试期间共生产湘云鲫（鲤）鱼苗1.9亿尾和复花鱼种3 580万尾，获纯利457万元。

三、动物生物反应器

1.上海市儿童医院上海医学遗传研究所开展了转基因动物的基础研究，2002年取得重大进展

（1）建立了识别目的基因易高表达的"友好位点"的技术平台，克隆了目的基因高表达小鼠整合位点的两翼旁侧序列，并以其为框架结构构建了几种新的乳腺特异表达载体，在转基因鼠乳汁中人血清白蛋白、人TPO、人FIX、BLG等的含量达到了很高的表达水平；完成了70多头转基因山羊的研制，目前已有30多头受体羊怀孕等待分娩。

（2）稳定地建立了奶牛卵母细胞活体采卵（OPU）-IVF-ET与整合胚移植相结合的转基因牛的技术路线，OPU平均达到5.5枚/头/次，优良卵（A、B级）达到62%，卵裂率达到52%的水平。

（3）建立了整合酶（integrase）介导的转基因新技术，进行转基因动物研制。

（4）完成了松江大型转基因动物基地的基建工作，并开始进行转基因羊和牛的研制。

2.乳腺生物反应器项目研究

中国科学院遗传与发育生物学研究所与青岛森淼实业有限公司共同开展乳腺生物反应器项目研究，于2002年9～10月产生4只带有医用蛋白的转基因体细胞克隆奶山羊，其中3只成活，经DNA检测，证明获得了预期的β-干扰素基因和抗凝血酶素Ⅲ基因。这是功能基因转基因羊在中国获得的首次成功，其中所采用的基因打靶技术在山羊身上的应用，在国际上尚属首例。

3.蚓激酶基因工程产品的获得

中国人民解放军军需大学军事兽医研究所首次成功使蚓激酶在哺乳动物表达系统中获得表达，通过其建立的专利技术——"一种高效快速的真核表达和生产系统"（专利申请号：03111294.3），可在几天内建立一大批可分泌目的活性蛋白的乳腺生物反应器，产物表达水平可达20毫克/升以上并具有明显的溶纤活性，本研究系首次获得蚓激酶基因工程产品，这一研究成果的取得为蚓激酶的规模化生产奠定了重要基础。

四、动物疫苗研究

（1）复旦大学和上海市农业科学院畜牧研究所等单位合作研究，通过基因重组，成功制备出抗猪O型口蹄疫基因工程疫苗。该疫苗只带有病毒的抗原基因，而与病毒感染有关的核酸和复制酶系统都不存在，生产过程中完全不需要大量培养强病毒，只要大量生产大肠杆菌，因此可望成为新一代高效、安全的抗口蹄疫病毒病疫苗。该疫苗已获得

中国专利授权证书，正在申报新兽药证书。

（2）中国人民解放军军需大学研制成功以pVAX1为载体的狂犬病病毒糖/核蛋白二价基因疫苗。该疫苗将对狂犬病的病原生态产生重要影响，已申请国家专利。同时，中国农业科学院哈尔滨兽医研究所利用同源重组培育了一株表达PRRSV GP5基因的重组伪狂犬病病毒，该研究申请国家发明专利，并已被受理。

（3）中国农业科学院哈尔滨兽医研究所对用鸡痘病毒作为研制禽病原基因工程的活病毒载体进行了一系列研究，发现禽流感病毒H5HA/ H7NA双基因重组鸡痘病毒能够对H5、H7亚型高致病力禽流感病毒（HPAIV）的致死性攻击提供100%保护，目前，该疫苗已经在河南省完成中间试验阶段的安全性评价，正在进行环境释放阶段的安全性评价，反映良好。禽流感病毒感染鸡及灭活禽流感疫苗免疫鸡与重组鸡痘疫苗免疫鸡的鉴别诊断方法已经建立，并组装了鉴别诊断试剂盒，目前正在申请新兽药证书。在研究中同时发现传染性喉气管炎病毒gB/新城疫病毒F双基因重组鸡痘病毒疫苗对传染性喉气管炎病毒强毒攻击可以提供100%死亡保护。该疫苗重组病毒安全、遗传学稳定，目前，正在黑龙江省进行中间试验阶段的安全性评价。鸡传染性喉气管炎和鸡痘基因工程活载体疫苗于2003年6月通过了国家农业转基因生物安全评价委员会的审查，获得了中华人民共和国农业转基因生物安全证书（生产应用）[农基安证字（2003）第001号]。

（4）广东省汕头市开发出了抗猪瘟和猪伪狂犬病基因工程双价疫苗，正在进行大规模生产前的各项动物实验、中试和新药证书申请等工作。

五、动物遗传育种

在国家重点基础研究项目的支持下，中国农业大学和中国科学院等单位对动物遗传育种的分子生物学基础进行了研究，在以下几方面取得重大进展：

（1）经研究发现狗起源于东亚，之后逐渐扩散到世界各地。该研究成果被选为封面论文，发表在《Science》杂志上。

（2）初步定位了重要生长性状和黑色素等重要外貌性状的基因座位。建立了鸡基因组BAC文库，构建了6个组织特异性cDNA文库。

（3）通过大规模筛选差异表达基因研究猪肌肉生长和肉质性状的主效基因，目前已经获得国际专利1项。克隆测序了35条差异带，发现其中20条序列为未知新序列。

（4）首次建立了单胚差别显示研究系统。

（5）首次建立了猕猴卵母细胞体外成熟的无血清培养系统。

（6）首次在模式动物斑马鱼中建立了核

移植技术，并通过异种卵细胞克隆了转基因鱼，首次在基因表达水平上探讨了鱼类克隆过程中的再程序化问题。

食品工业用生物制剂

高新生物技术，特别是发酵工程、酶工程的广泛、深入应用，更为食品行业产值、经济效益的全面提升起到巨大推动作用。它们在食品领域中的作用主要涉及食品加工、食品品质的改造和新产品开发、食品保鲜及保藏等方面。

一、酶制剂食品加工中的应用

酶制剂以其催化效率高、作用专一等特性已被广泛应用到食品加工生产中。应用于食品加工的酶制剂主要有淀粉酶、糖化酶、蛋白酶、葡萄糖异构酶、果胶酶、脂肪酶、纤维素酶、葡萄糖氧化酶等。这些酶类分别应用于淀粉、糖果、饮料、果汁、油类加工等方面。为了进一步适应工业化生产的需要，提高产品转化率，就要不断开发新酶种或改进酶的特性。耐高温α-淀粉酶是淀粉水解工艺中最重要的酶制剂之一。

江南大学生物工程学院从古菌*Pyrococcus furiosus*中克隆到嗜热α-淀粉酶基因，并将其在酿酒酵母中表达。重组酶的最适pH为5.0，最适温度为90℃，在121℃下热处理30分钟酶活仍保持50%以上。此研究为开发出更适于淀粉加工工艺的α-淀粉酶奠定了技术基础。

新疆农业科学院微生物应用研究所开发研究了来源于耐热芽孢杆菌的高温中性蛋白酶，该酶的最适反应温度65℃，最适pH7.0～7.2。该所对蛋白酶的发酵工艺进行了系统研究，在10吨发酵罐上蛋白酶的发酵酶活平均为14 165活性单位/毫升，最高达14 934活性单位/毫升，发酵周期仅为18小时。该项目已通过了国家验收。

中国科学院微生物研究所将瑞氏木霉内切葡聚糖酶基因在已整合有α-乙酰乳酸脱羧酶的工业啤酒酵母中成功分泌表达，可望建成既能大幅度降低啤酒液双乙酰，又能适度降低β-葡聚糖含量的双功能啤酒酵母工程菌。广西大学生物技术实验中心采用一种全新的基因工程方法制取α-乙酰乳酸脱羧酶，并获国家经济贸易委员会颁发的“国家级重点新产品证书”，实现了产业化生产。该技术生产的产品最高产酶量为每毫升发酵液达900活性单位以上，为丹麦诺和诺德公司表达水平的4～5倍，产品质量大大优于其产品，且技术路线具有较高的独创性。目前，已在全国近200家啤酒厂中广泛应用，成为替代进口的国产优秀产品，且已有部分产品销往海外。

二、改良食品品质、风味，开发新品种

随着人们生活水平的不断提高，人们消

费习惯的改变和食物结构的改善，人们健康意识越来越强，对于食品品质和营养的要求也越来越高。食品工业中的一个重要方面是如何提高食品或饮料的风味和品质，开发出更多的新型产品。

武汉大学生命科学院从大肠杆菌中成功克隆了丝氨酸生产中的关键酶——丝氨酸羟甲基转移酶，并在大肠杆菌中得到高表达，为大量获得高活力的丝氨酸羟甲基转移酶制备物提供了重要的解决途径。

中国农业科学院生物技术研究所开发了一种新型高效的乳糖酶及其廉价生产途径。他们从亮白曲霉中克隆到了乳糖酶新基因，并利用毕赤酵母作为生物反应器高效、分泌表达该新型乳糖酶。乳糖酶的单位表达量近6克/升发酵液，酶活为3 600活性单位/毫升发酵液，是目前报道的最高产量的6倍（利用基因工程米曲霉分泌表达乳糖酶，表达量为1克/升发酵液，酶活为500活性单位/毫升发酵液）。表达的乳糖酶可自行分泌到细胞外，发酵液中杂蛋白含量很少，乳糖酶占发酵液中总分泌蛋白的90%以上，由此简化了酶的分离纯化工艺。同时，该新型乳糖酶在热稳定性、金属离子稳定性、比活、K_m、pH范围方面均优于国外目前商品化生产的乳糖酶。该项目可解决目前乳糖酶生产过程中的单位产量低、酶后加工困难的问题，为乳糖酶的工业化廉价生产奠定了良好的技术基础。该项目已于2002年8月通过了农业部组织的成果鉴定，专家们一致认为，该成果在新乳糖酶基因克隆、毕赤酵母高效表达乳糖酶及其系统建立方面达到国际领先水平。

近几年，功能性食品的开发逐渐兴起。其中功能性低聚糖的生产发展迅速。功能性低聚糖主要包括低聚异麦芽糖、低聚果糖、低聚木糖、低聚半乳糖等。它们既是很好的甜味剂又是双歧杆菌增殖因子，具有良好的保健功能，正日益受到人们的青睐。在日本和欧洲已有70多种新型低聚糖的商品生产。我国功能性低聚糖的研究开始于20世纪90年代，目前国内上市的低聚糖有低聚异麦芽糖、低聚果糖、大豆低聚糖，还有少量的低聚木糖和水苏糖。中国农业大学开发的玉米芯酶法制备低聚木糖工业化生产的研制与开发项目，已通过了教育部组织的成果鉴定。山东省食品发酵工业研究设计院继“九五”攻关完成了“酶法生产低聚木糖”的项目后，“十五”期间又承担了“食品级木聚糖的工业化生产”项目，已将来源于芽孢杆菌的木聚糖酶的产酶水平提高到2 150活性单位/毫升，初步确定了酶的精制，提取生产食品级木聚糖制剂的生产工艺。菊粉酶可水解菊粉来生产低聚果糖或超高果糖浆。大连轻工业学院从克鲁维酵母中克隆到了菊粉酶基因，并在毕赤酵母中进行了表达。

活性肽也是近几年兴起的新型食品添加

剂。活性肽是指有特殊生理功能的肽类物质，它具有促进钙吸收、降血压、提高免疫力等功能，通常包括矿质元素结合肽、降血压肽、高F值寡肽、谷胱甘肽、酪蛋白糖巨肽等。添加活性肽的食品已在日本、美国、西欧上市，但我国的活性肽研究和开发尚处于起步阶段。活性肽的生产方法通常是从天然生物体中提取或化学合成产生。从天然生物体中提取成本较高；合成法成本高、副反应多。通过重组DNA技术或酶工程开发该产品则更具优势。华东理工大学在构建的多拷贝谷胱甘肽合成酶基因工程菌的基础上进一步进行固定化和催化合成谷胱甘肽的研究，优化了合成条件，谷胱甘肽的最终产量达到1.24克/升。

三、食品保鲜和保藏的应用

食品的保鲜和储藏也是食品生产的重要环节。以往采取添加化学保鲜剂、防腐剂的方法，但随着人们健康意识的不断增强，天然保鲜剂和防腐剂的开发和应用已成为研究热点。海藻糖就是其中一种良好的天然保鲜剂和稳定剂。海藻糖是非还原性二糖，它对生物体组织和生物大分子有非特异的保护作用，是一种优良的天然脱水稳定化物质，能使与之配合的物质的性质（如色、香、味、生理活性等）稳定地保存下来。海藻糖的生产经历了微生物提取法、发酵法、酶法和基因重组方法的阶段。基因重组的方法即将合成海藻糖的多个酶基因重组到同一微生物体内，使其完成海藻糖合成的多个步骤。日本最先实现了海藻糖的商业化生产，并研究开发了多种酶法生产海藻糖的技术。其中，以淀粉为底物通过葡糖基转移酶和新型淀粉酶或低聚麦芽糖基海藻糖生成酶（MTSase）和低聚麦芽糖基海藻糖水解酶（MTHase，又称新型α-淀粉酶）两种方法生产海藻糖的转化率最高，可达80%左右。我国目前海藻糖的生产尚处于空白，研究均处于实验室阶段。研究主要集中在海藻糖产生菌株的选育、发酵条件的研究等方面。中国科学院微生物研究所将来源于古细菌芝田硫化叶菌的MTSase和MTHase酶基因克隆，并在大肠杆菌中实现了表达。其中，MTHase酶的表达量最高，酶活力也最高，与重组酶MTSase一起作用底物直链淀粉，可检测到海藻糖的生成。

微生物防腐剂以它安全、天然、健康的特点备受人们的关注，各国纷纷投入人力物力进行研究，许多天然微生物防腐剂正在研究之中。目前，我国批准使用的天然微生物防腐剂只有乳酸菌素（Nisin）和纳他霉素（Natamycin）等少数几种。乳酸菌素是由乳酸菌产生的具有抑菌活性的细菌素，它们是多肽或蛋白质类物质，分子量较小。许多乳酸菌素对热稳定，可以与食品一起加热处理使用，由此可减少加热时间，节省食品加工过程的能耗，降低营养成分的破坏程度。它们的抑菌谱一般为革兰氏阳性菌，有些可以

抑制食品的致病菌和腐败菌。它们普遍呈现不可逆的杀菌作用方式，在食品中稳定，可以被人体降解，对健康无害且在低浓度下具有活性。乳酸菌素被广泛地应用在乳制品、罐藏果蔬食品、酿酒生产中，其产生菌——乳酸菌，由于是公认安全的生物而在食品生产中得到广泛的应用，并被逐渐改造成食品级表达系统来表达异源产物。食品级表达系统要求宿主菌、选择标记和诱导物均为食品级，这为异源表达产物的直接应用提供了基础。食品级基因工程菌可以直接口服，而且不需要进一步的蛋白纯化，可简化生产工艺，降低生产成本。因此，在食品级表达系统中表达有重要生理功能的蛋白，对于产物的深入开发和应用是极为重要的。中国科学院微生物研究所就将防御氧化损伤的重要酶类——超氧化物歧化酶（SOD）在食品级表达系统乳酸乳球菌中进行了表达。他们首先将人铜锌超氧化物歧化酶基因从人的肝脏中克隆出来，并构建了以*lacF*基因为食品级选择标记的乳酸乳球菌食品级表达系统，进而实现了人铜锌超氧化物歧化酶基因的食品级活性表达。

生物技术在食品行业的应用还包括食品卫生检测与预防、基因工程食品安全的检测等方面。例如，运用先进的生物技术手段能快速、准确地检测出病原微生物、有机农药残留含量等。南京农业大学研究开发了一系列可降解有机磷农药的菌制剂，广泛应用在无公害蔬菜、水果的生产中，取得了显著的经济效益和社会效益。中国农业科学院生物技术研究所承担了“十五”攻关课题“有机磷农药降解酶制剂的研制”，现已得到高效表达有机磷农药降解酶的重组毕赤酵母，并已通过小试，获得了稳定表达的基因工程重组菌。

饲料生物技术

饲料生物技术是以饲料和饲料添加剂为对象，以基因工程、蛋白质工程、发酵工程等高新技术为手段，开发新型的饲料资源和饲料添加剂，提高饲料的转化率，最终达到节约粮食、提高动物的生产性能以及减轻养殖业造成的环境污染。不论是开辟新的饲料资源，还是提高现有饲料资源的利用率；不论是研制新型饲料添加剂，还是解决饲料相关产业的环境污染问题；不论是着眼于提高动物产品的产量，还是提高或改进动物产品质量，为人类生产天然无污染的动物产品，各个方面都越来越多地应用了饲料生物技术。饲料生物技术目前主要集中在饲料添加剂上，国外生物活性饲料添加剂的研究进展迅速；在国内，利用生物技术研究饲料添加剂是近几年才开始，虽然研究并没有完全展开，但

在利用基因工程生产个别生物活性添加剂的研究上取得了较大突破。目前我国的饲料生物技术产品主要集中在饲料添加剂上，包括饲料用酶制剂、氨基酸、维生素、药物饲料添加剂、新型饲料蛋白资源产品等。

一、饲料用酶制剂

1984年芬兰首次将商品化酶制剂作为大麦基础饲料的添加剂，显著改善了其饲用价值。此后，饲用酶制剂用于家禽饲料开始呈几何数字增长，成为世界工业酶产业中增长速度最快、势头最强的一部分。国外开发的饲料用酶制剂有10种以上，如植酸酶、蛋白酶、淀粉酶、木聚糖酶、β-葡聚糖酶、纤维素酶等。欧洲现在95%以上的饲料都添加酶制剂，其中专一性用于以大麦为主要饲料粮的饲料中的β-葡聚糖酶，在欧洲等地90%以上的大麦饲料中得到了添加，但其他各种饲料用酶在饲料中的使用量总和不足8%，也正处在发展之中。

目前我国农业部批准使用的饲料用酶制剂有：蛋白酶（黑曲霉、枯草芽孢杆菌），淀粉酶（地衣芽孢杆菌、黑曲霉），支链淀粉酶（嗜酸乳杆菌），果胶酶（黑曲霉），脂肪酶，纤维素酶（里氏宙霉），麦芽糖酶（枯草芽孢杆菌），木聚糖酶（腐植霉），β-葡聚糖酶（枯草芽孢杆菌、黑曲霉），葡萄糖氧化酶（青酶），植酸酶（黑曲霉、米曲霉、酵母）等，基本上包括了能在饲料中应用的主要酶种。但在酶制剂生产的技术水平上与国外有较大的差距，一方面表现在生产成本上，国外80%以上的饲料用酶制剂是利用基因工程菌株高效生产，其单位产量较天然菌株高数十倍乃至数千倍，大大降低了生产成本，而国内大部分酶制剂是采用天然和诱变菌株发酵生产，产量低，成本高；另一方面表现在酶的有效性差，应用效果不稳定。这就需要针对国内饲料行业的需求加紧研制出产量高、酶学性质优良的新型酶制剂。

中国农业科学院饲料研究所继“九五”期间利用毕赤酵母生物反应器高效生产酸性植酸酶，并进行工业化生产后，又开发研制了高热稳定性的中性植酸酶和来源于大肠杆菌的高比活植酸酶。中性植酸酶主要应用于没有胃的水产养殖鱼类（如鲤鱼科鱼类），其最适pH6.5～8.5，具有良好的热稳定性，在90℃处理1小时还有60%以上的相对活力。利用毕赤酵母生物反应器实现了高表达，表达量为5克/升发酵液，酶活为50 000国际单位/毫升。为进一步降低植酸酶的生产成本，在基因工程菌表达量达到一定高度后就需要寻找比活更高的植酸酶。所谓高比活植酸酶是指其比活高于目前用于工业生产的、来源于*A.niger*或*A.ficuum*的植酸酶。研究表明，来源于大肠杆菌的植酸酶就是高比活植酸酶。研究人员按照毕赤酵母密码子的偏好，将来源于大肠杆菌的高比活植酸酶基因进行了

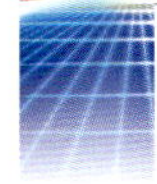

改造，并在毕赤酵母中高效表达。表达量为2.5克/升发酵液，酶活为7 000 000国际单位/毫升发酵液，生产成本在原来酸性植酸酶基础上进一步降低为1/8左右，远远优于国内外现有的植酸酶生产技术。上海市农业科学院生物技术研究中心也利用毕赤酵母高效表达了来源于烟熏曲霉的耐高温植酸酶。在5升发酵罐中，蛋白的表达量为5.6克/升，酶活为130 000活性单位/毫升发酵液，表达产物在90℃处理80分钟仍有40%的活性。

近几年，饲用木聚糖酶的研究也成为一个热点。木聚糖是植物半纤维素的重要部分，在农副产品如玉米芯、麦麸、米糠、秸秆、甘蔗渣中存在着大量的木聚糖。木聚糖酶以内切的方式攻击木聚糖主链，产生不同长度的低聚木糖。低聚木糖作为功能性低聚糖的一种，具有低甜度、低热量、稳定、安全等特性，且是双歧杆菌增殖因子，通常作为饲料添加剂中的益生元添加到饲料中。目前，我国饲用木聚糖酶的生产还处于初级阶段，主要停留在优良酶学性质的木聚糖酶的筛选和高效生产上。中国农业科学院饲料研究所承担了“十五”攻关课题“饲料用酶的高效表达”，从橄榄绿链霉菌中克隆到两个木聚糖酶基因：*xyn*B1和*xyn*A1。通过在GenBanK中与不同来源的木聚糖酶比较，最高同源性为86%，由此证明*xyn*B1为新基因。此外，将两基因分别在大肠杆菌中表达，均获得有生物活性的产物。通过酶学性质研究发现，*XYN*B的比活为2 700活性单位/毫克蛋白，是目前报道的比活最高的木聚糖酶。中国农业大学食品学院也首次从极端嗜热菌海栖热袍菌中克隆了木聚糖基因*xyn*B，并在大肠杆菌中进行了表达，获得了具有生物活性的蛋白。

二、饲料用氨基酸类

进入20世纪90年代以来，我国饲料用氨基酸工业无论技术水平还是生产规模均有较大的发展，目前的总生产能力已达到4万吨/年，年产量2.0万～2.5万吨。尽管如此，无论在技术上还是在生产能力上与国外均有差距，依然需大量进口，其中一些小品种如饲料用色氨酸、苏氨酸等还不能生产。

赖氨酸是饲料中用量最大的两种氨基酸之一。80年代我国根据饲料工业发展的需要，在广西、湖北、吉林和福建省、自治区新建了4座年产1 000吨的赖氨酸发酵生产厂，但由于技术不过关，长期未能实现正常生产。后来，福建大泉赖氨酸有限公司与泰国正大集团合作，利用国外技术生产赖氨酸，目前年生产能力为6 000吨，只有广西赖氨酸厂利用自有技术并经“八五”科技过关，实现产业化生产，1998年的生产能力已达到了1万吨/年。1996年合资成立的立川化味之素有限公司年生产能力为1万吨、云南华宁永华柠檬酸制品有限公司也建成了3 000吨/年的生产装置。目前我国的赖氨酸总生产能力

约为3.4万吨/年，但由于技术水平、企业抗价格波动能力较弱等原因，1999年以来的年产量仅有0.93万～1.0万吨，只占国际市场份额的5%以下，而我国饲料中赖氨酸的年消耗量为3.5万吨，年进口量在2万吨以上。长春大成集团于2000年5月建成了年产1.5万吨赖氨酸的生产基地，目前经过扩建，生产规模已达到5万吨，成为目前亚洲第一、世界第二的赖氨酸生产企业。新疆农业科学院微生物研究所试图通过基因工程手段提高赖氨酸的产量，他们将赖氨酸合成途径中的两个关键酶——二氨基庚二酸合酶基因(*dapA*)和醇酸烯酮式丙酮酸羧化酶基因（*ppc*）克隆到同一载体上，并转化到赖氨酸生产菌株中，从而提高菌体内的酶活，进一步提高赖氨酸发酵产率。

三、饲用生长激素类

20世纪80年代后期，一些国家开始构建鱼类生长激素工程菌，作为饲料添加剂来饲喂鱼苗，缩短鱼类养殖周期。我国从1991年也开始了这方面的研究工作。国家海洋局第三海洋研究所在国际上率先克隆了3种海洋鱼类的生长激素基因，并成功地构建了鲈鱼生长激素基因胞外及胞内高效表达的酵母基因工程菌。中国科学院水生生物研究所将草鱼的生长激素构建到组成型表达载体上，在毕赤酵母中高效分泌表达，表达量约为50毫克/升，经检测表达产物具有生物活性。中国水产科学研究院珠江水产研究所也将鲤鱼的生长激素在毕赤酵母中高效分泌表达，诱导表达量为300～400毫克/升发酵液。

四、其他生物饲料添加剂

1.药物饲料添加剂

药物饲料添加剂目前主要是抗生素类药物，但用于抗虫、驱虫的盐霉纳素、莫能菌素、赛杜霉素、越霉素等我国还不能生产，马杜霉素我国有多家企业生产，如浙江德清拜克生物有限公司、河南三宝集团等。用于抑菌的抗生素主要有杆菌太锌等多肽类、泰乐菌素等大环内酯类、黄霉素等磷酸化多糖类，大部分我国不能生产，但大环内酯类的我国基本都能生产，生产厂家如沈阳抗生素厂、河南平原制药厂、浙江新昌制药股份有限公司等。由于抗生素的残留问题，抗生素类添加剂的使用减少直至淘汰是必然的趋势。近几年一种新型抗生素类物质的研究逐渐受到重视，即抗菌肽。抗菌肽是生物体自身产生的拮抗物质，广泛分布于哺乳动物、昆虫、两栖类等生物体内。迄今为止，已有2 000多种抗菌肽被分离出来。与抗生素的抗菌机制不同，抗菌肽一般通过物理作用造成细胞膜穿孔而达到广谱抗菌作用，所以抗菌肽的使用一般不容易产生抗性菌和交叉抗性。由于抗菌肽的分子量较小，天然含量低，目前通过基因工程手段大量生产是使抗菌肽商业化应用的最佳途径。北京化工大学化学工程学院

克隆了来源于两栖类的抗菌肽magainin，并在毕赤酵母中分泌表达，表达量为26.97毫克/升。

2. 饲料用生物色素

主要有β-胡萝卜素、柠檬黄、虾青素等，目前我国在饲料业中的消费量在百吨级，但我国几乎不能生产，主要从国外进口。

3. 新型饲料蛋白

近10年来，生物技术的发展为工农业废弃物转化为饲料资源的开发利用带来了生机，其中血粉、羽毛粉、单细胞蛋白等资源都得到了不同程度的开发利用。目前国内已有多家血粉发酵饲料加工厂，如湖南省有11个，年产发酵血粉约8 000吨，四川省年产1 500吨，郑州市的“双丰”牌血粉年产约2 000吨，我国血粉资源丰富，但目前总体利用率仍较低。我国饲料酵母生产发展迅速，1991年的产量为5万余吨，1993年产量已超过10万吨，近年已达到40万吨/年，但生产企业规模偏小，规模较大的有河北饲料酵母集团等。

加入WTO后，饲料工业和畜牧业是我国相对优势的产业，产品的数量需求扩大，质量要求提高，因此对饲料添加剂的创新性要求更高，产品更新换代加快。这就要求运用生物技术，特别是运用基因工程手段大力开发饲料添加剂资源，降低添加剂成本，提高饲料生产和养殖业的经济效益。

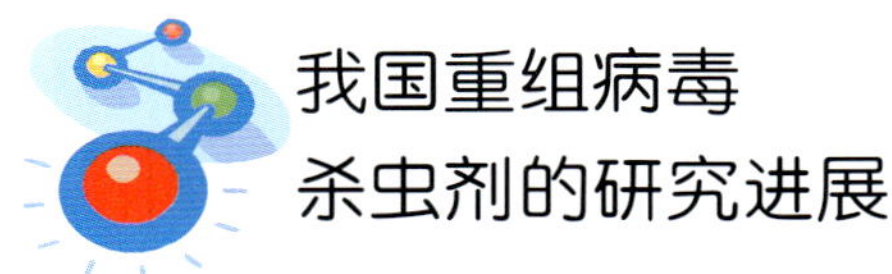

我国重组病毒杀虫剂的研究进展

杆状病毒是昆虫及某些甲壳类无脊椎动物的重要病原体，是一类对人类非常有益的病毒。它们对宿主具有高度的专一性，通常一种病毒只能感染一种或数种亲缘较近的宿主，对脊椎动物和植物则十分安全。在北美洲，应用这类杆状病毒防治害虫最早开始于20世纪30年代初期的欧洲锯蜂（*Diprion hercyniae*）核型多角体病毒（NPV）（Bird和Burk，1961）。从70年代初，杆状病毒就被推荐为一种安全的生物杀虫剂而在害虫防治中加以应用（FAO/WHO，1973）。杆状病毒应用最成功的例子应该是在巴西，黎豆夜蛾NPV在近100万公顷大豆地上的应用（Moscardi，1999）。另外，棉铃虫NPV在中国及北美各地也有近100万公顷的应用。

但是，作为害虫生物防治用的杆状病毒制剂，由于杀虫速度相对较慢，寄主范围窄，田间稳定性差，生产成本高，货架期短等缺陷，极大地限制了其商业化生产和推广应用。为提高毒力，加快杀虫速度，可以通过基因工程技术对杆状病毒进行重组，以创造新一代高效、安全的病毒杀虫剂。

一、病毒遗传改良的国内外发展现状

利用基因工程技术对野生型杆状病毒进

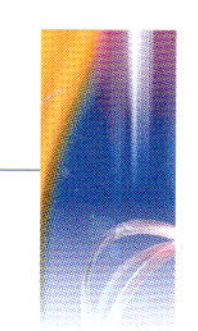

行杀虫性能的遗传改良，是20世纪80年代末兴起的生物技术，由于病毒改良后的明显效果，世界各大生物农药公司和一些著名的杆状病毒研究机构均投入了大量的力量加以研究，成为竞争激烈的国际前沿研究课题，已作过多种基因重组构建遗传工程毒株的尝试，形成了以插入激素或酶类、插入神经毒素类、缺失蜕皮激素UDP-葡萄糖基转移酶基因(egt)基因等为代表的技术路线(Inceoglu等，2001)。据不完全统计，世界上用于重组改良的外源基因已有20多种，构建重组病毒60余种，其中6种生理影响因子和12种昆虫神经毒素基因显现出明显的改良效果，约有10种重组病毒已经或正在进行田间试验。研究力量主要集中在美国、英国、中国、荷兰、以色列等国。American Cyanamid Company，Dupont Agricultural Company，CIBA-GEIGY，Agricultural Biotechnology Research Unit.等公司都对重组病毒杀虫剂研究进行了长期投入。

目前国际上杆状病毒遗传改良的最新研究进展主要有：①利用不同启动子结合启动子增强子及信号系列控制毒素表达的研究(Van BeeK等，2003)；②兴奋型和弛缓型毒素协同作用的研究（Regev等，2002）；③将毒蛋白包装入病毒多角体等新型重组策略的研究（Je等，2003；邓菲，2003）；④利用插入DNA修复酶的方法提高病毒抵抗紫外线的能力（Petrik等，2003）；⑤新的有效杀虫基因的筛选。例如，麻蝇的组织蛋白酶L等表现出比蝎毒基因更好的改良效果(Harrison和Bonning，2001)，其生物安全及公众接受程度均优于神经毒素类基因；⑥重组病毒在实验室或温室内与野生型病毒的竞争能力的研究（Milks等，2001；Lee等，2001）。

我国从80年代末开始从事杆状病毒的遗传改良研究工作，“九五”期间由中国科学院武汉病毒研究所、武汉大学病毒研究所和中山大学共同承担了国家“九五”攻关项目“基因工程病毒杀虫剂”，并取得重要进展。中国科学院武汉病毒研究所成功构建多株杀虫性能明显改良的棉铃虫病毒工程株，有3株重组棉铃虫病毒先后进入田间中间试验和环境释放，经3年的田间试验结果表明改良的效果明显，具有良好的应用前景。武汉大学病毒研究所构建转苏云金杆菌杀虫晶体蛋白的重组杆状病毒，经农业部基因工程安全审查委员会批准，先后进行了中间试验和田间释放试验。在我国经农业部基因工程安全审查委员会批准进入田间试验的还有中山大学昆虫研究所筛选的缺失egt基因及插入蝎毒基因的粉纹夜蛾核多角体病毒，其杀虫速度比野生型病毒均有提高，已获批准进行环境释放。

二、重组病毒研究的进展

继国家“九五”科技攻关后，中国科学

院武汉病毒研究所、中山大学、武汉大学和山东大学承担了国家“十五”863项目“重组病毒杀虫剂的研制”，并取得了如下进展。

1.重组棉铃虫病毒产业化的前期研究

（1）完成了含蝎子毒素AaIT的重组棉铃虫病毒HaWHL4a的生产工艺研究，筛选了生产重组棉铃虫病毒的最佳感染剂量和最佳感染虫龄，缓解了重组病毒因杀虫速度快而难于利用体内生产技术生产的难题。3年共生产重组病毒约200千克，应用面积累计达40公顷次，结果显示该重组病毒较野生型病毒能够更好地减少应棉铃虫对棉花造成的损失，显著提高棉花产量，具有明显的应用价值。

（2）测定了重组棉铃虫病毒HaWHL4a对雌、雄性SD大鼠急性经口、经皮毒性均为微毒类，对兔眼无刺激性，对豚鼠的皮肤为弱致敏物，对小鼠无急性致病性。该病毒对蜜蜂、鹌鹑（雌、雄）、斑马鱼及桑蚕的毒性均属“低毒级”。

（3）对重组棉铃虫病毒进行了环境滞留和扩散的研究，结果表明重组病毒与野生型病毒在土壤中的滞留及在棉田周围环境中扩散能力无显著性差异。

（4）对重组病毒对棉田天敌的种类和数量进行了研究，结果表明多次应用重组病毒后对天敌（主要为瓢虫、草蛉、蜘蛛、螳螂等）的数量均无明显的影响。另外，实验证明含AaIT的重组病毒或原核表达的AaIT对瓢虫的室内存活寿命和单雌产卵量也没有明显影响。

（5）申请了重组棉铃虫病毒HaWHL4a商业化生产的临时登记。这是我国提出的第一例重组病毒申请。

表达蝎子毒素的棉铃虫病毒是目前我国研究最为深入的重组病毒，有望在我国率先产业化。

2.多种昆虫病毒和昆虫来源的基因的功能研究

（1）棉铃虫的组织蛋白酶B基因：表达麻蝇的组织蛋白酶L的重组病毒在目前已构建的重组病毒中是最有应用潜能的。山东大学克隆了棉铃虫组织蛋白酶B基因，获得了有活性的重组棉铃虫组织蛋白酶B，并申请了发明专利。

（2）棉铃虫病毒的几丁质酶基因：杆状病毒的几丁质酶基因由于可能作用于中肠围食膜而成为潜在的抗虫基因，将该基因在原核系统进行了高效表达并制备了抗体。目前已申请了HaSNPV的几丁质酶基因和含几丁质酶的重组病毒的发明专利，为构建新型重组病毒杀虫剂奠定了基础。

（3）昆虫痘病毒的纺锤体蛋白fusolin基因：该基因的生物学功能尚未揭示，国外学者推测该基因是一种金属蛋白酶，可能作用于昆虫中肠，有报道表明该基因可作为杆状病毒的增效剂。中国科学家将枞杉卷叶蛾痘病毒的fusolin基因与棉铃虫病毒的多角体蛋白基因融合，构建出新型重组棉铃虫病毒HaPXY4。感染重组病毒的幼虫显示出麻痹症状，重组病毒的杀虫性能提高，揭示fusolin确为一种新的杀虫相关蛋白。

（4）棉铃虫的肌动蛋白基因actin与棉铃虫病毒vp39的相互作用：利用棉铃虫的cDNA 文库和酵母双杂交系统，发现了与HaSNPV 的衣壳蛋白 VP39 相互作用的基因——棉铃虫肌动蛋白基因 actin，阐明了HaSNPV 由 VP39 与宿主 Actin 相互作用形成cable 的机制以及病毒粒子通过 cable 对子代病毒粒子装配、形成无感染性粒子的影响等。

（5）棉铃虫病毒的 p74 基因：国外研究表明，p74基因是杆状病毒的毒力相关基因。我们通过构建含 HaSNPV p74 基因的重组苜蓿银纹夜蛾vAc-Hap74和含双拷贝p74 基因的重组苜蓿银纹夜蛾 vAcp74 + +，发现p74基因可能导致宿主范围的扩大。

3. 新型重组病毒的构建

（1）含昆虫痘病毒fusolin 的重组棉铃虫病毒 HaPXY4：成功将昆虫痘病毒的 Fusolin蛋白包装入棉铃虫病毒的多角体，得到的重组病毒在感染 3 龄初棉铃虫幼虫时，比野生型病毒的半数停食时间（FT50）平均缩短19%，且害虫进食量明显减少，表明 fusolin可在一定程度上提高重组病毒的杀虫性能。

（2）含 HaSNPV p74 基因的重组苜蓿银纹夜蛾病毒 vAc-Hap74：利用 Bac-Bac 技术将 HaSNPV 的 p74 基因和含自身启动子的多角体基因转座到DH10Bac 中，得到多角体阳性且含HaNPV p74基因的重组AcNPV，其宿主扩大到棉铃虫。该重组病毒的成功构建为构建杀虫范围更广的重组病毒提供了新的思路和经验。

（3）含双拷贝p74 基因的重组苜蓿银纹夜蛾病毒 vAcp74 + +：利用 Bac-Bac 技术，构建了多角体阳性和含双拷贝p74基因的重组病毒 vAcp74 + +，生测结果表明该病毒的毒力与野生型AcNPV无显著差异，说明AcNPV p74基因不是一个直接毒力基因。

目前国外关于基因工程病毒杀虫剂的研究仅限于实验室和少量田间试验阶段，距离大规模田间应用和商品化生产还有相当的距离。我国不仅在重组病毒的田间效果评价、生物安全性的评估及生产技术方面具有自己的特色，而且对多种昆虫病毒和昆虫来源的基因进行了功能研究，通过多和方式构建新型重组病毒，有望在克服病毒杀虫剂的缺点方面取得突破，这些研究将提高病毒杀虫剂在农药市场的竞争力，使病毒在害虫综合治理工程中发挥更大的作用。

三、科学价值、应用前景和发展方向

中国是一个农业大国，蔬菜和棉花是直接关系国计民生的重要经济作物。长期以来，

严重危害十字花科蔬菜的甜菜夜蛾、斜纹夜蛾和小菜蛾以及危害棉花的棉铃虫一直依靠化学农药进行防治，造成害虫的抗性增强，故现在已难以防治其造成的危害。同时由于化学农药的滥用，导致环境污染、人畜中毒、人类赖以生存的生态环境遭到破坏，故世界各国均将发展环境兼容性强的微生物农药作为害虫生物防治的一个重要途径。1992年世界环境与发展大会第21条决议，要求到2000年在全球范围内建立控制化学农药销售机制，生物农药生产量达到农药生产量的60%。我国也将生物农药列入21世纪优先发展领域，把环境保护定为基本国策。国内外专家预测，到21世纪初生物农药将占农药市场的20%～30%。但至目前为止，我国生物农药的产量仅占整个农药产量的3%，病毒杀虫剂所占的份额就更低，其发展空间非常巨大，具有极大的市场潜力。经过20余年的发展，国内外目前已有20余种野生型病毒杀虫剂面市，国内已有生产野生型病毒杀虫剂的工厂10余家。但由于野生型病毒杀虫谱窄，杀虫速度慢，从而直接影响了生产和销售。重组病毒杀虫剂克服了野生型病毒杀虫剂杀虫慢、害虫对作物损耗大等缺点，在有效防治害虫同时不伤害天敌，对恢复棉田生态平衡，杜绝农药中毒事故发生，维护人民身体健康，是一种有力手段，具有广阔的推广应用前景。

重组杀虫细菌

一、研究方向及国内外发展现状

农业生防微生物包括具有杀虫或防病作用的细菌、病毒、真菌与产抗生素的放线菌等主要类群。近年来，随着人类和多种生物基因组的破译，生命科学的研究已经全面进入后基因组时代。功能基因组学和生物信息学等技术的发展，为农业生防微生物的研究注入了新的活力，其杀虫防病作用机理与遗传改良的研究现已开始深入到基因组水平，微生物农药的基础研究和应用研究都孕育着一系列新的突破。

1. 杀虫功能基因的发掘

新型杀虫功能基因的发掘一直是杀虫细菌（主要是Bt菌）研究领域的重点。随着现代生物技术的飞速发展，特别是功能基因组学研究技术的应用，越来越多的新基因被分离克隆出来。苏云金芽孢杆菌（*Bacillus thuringiensis*，简称Bt）杀虫活性基因的研究是此类研究的典型代表。目前国内外从Bt中分离出对鳞翅目、双翅目、鞘翅目等多种害虫具有杀虫活性的基因已达290余种，这些基因被分为44个主要类群。我国从1997年才开始此方面的研究，但进展迅速，现已建立了Bt杀虫基因的PCR鉴定体系，分离和克隆了41种

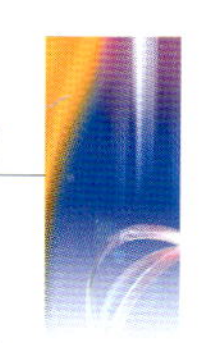

杀虫晶体蛋白基因，占国际同期发现和命名Bt基因总数的1/4。近年，国内外还从Bt和蜡样芽孢杆菌（*Bacillus cereus*，简称Bc）菌株中发现一种新的营养期杀虫蛋白（Vegetative Insecticidal Protein，VIP），对某些鳞翅目和鞘翅目重要害虫具有更高的杀虫活性。

2.杀虫基因的结构与功能研究

深入了解杀虫功能蛋白的结构与功能的关系是新型高效广谱微生物农药研究开发的基础。国外自1991年解析了第一个Bt杀虫晶体蛋白Cry3Aa的空间结构之后，现共有4种杀虫晶体蛋白结构被解析。Cry类蛋白活性区由3个结构域组成：Domain Ⅰ位于活性Cry蛋白的N-末端，由7个反向平行的α-螺旋围绕螺旋5构成，这些长的疏水和亲水脂螺旋可能参与中肠上皮溶细胞孔洞的形成；Domain Ⅱ由3个反向平行的β-折叠构成典型的“Greek Key”拓扑结构，其顶部暴露在表面的环结构，由于与免疫球蛋白抗原结合位点相似，可能参与起始与受体结合；Domain Ⅲ由两个弯曲的反向平行的β-折叠构成“β-三明治”结构，可能参与受体结合、膜穿透和离子信道功能。国内外近年还进行了Bt大质粒结构基因的测序工作。对Bt杀蚊以色列亚种的大质粒pBtoxis全序列分析结果表明杀蚊相关基因均定位于该质粒，同时从中发现一种新的杀蚊基因*Cyt*2C以及与芽孢形成相关的一些重要基因。

3.杀虫细菌的基因组学和杀虫分子机理研究

在杀虫细菌方面，与苏云金芽孢杆菌亲缘关系十分相近的蜡样芽孢杆菌的基因组结构已被解析，这为开展两种细菌比较基因组学和功能基因组学的研究创造了条件。Bt杀虫基因的分子机理已经初步阐明，主要包括以下几个方面：晶体在昆虫中肠的溶解；中肠蛋白酶对原毒素的消化；Cry蛋白与中肠受体的结合；Cry蛋白进入表皮膜形成离子信道或孔洞。

Cry晶体由原毒素组成，大多数鳞翅目昆虫食入后，中肠的碱性环境使原毒素溶解。在某种程度这种溶解性的不同，可以说明Cry蛋白间的毒性差异，1991 Aronson等研究Bacillus thuringiensis subsp. aizawai HD133菌株中CryIA（b），CryIC，and CryID蛋白在不同菌株中形成的晶体溶解性的不同，对昆虫的毒性差异很大。

Cry晶体溶解后，原毒素由昆虫中肠蛋白酶处理成活性毒素，多数鳞翅目昆虫中肠的蛋白酶为胰蛋白酶类或胰凝乳蛋白酶类。Cry1A类原毒素首先被降解成65kDa的毒蛋白，然后进一步降解成55～65kDa的毒蛋白核心。

活性毒素有两种功能：受体结合和形成离子信道。活性毒素与中肠的BBMV（brush border membrane vesicles，BBMV）中的受体结合，结合分两步：可逆结合（reversible）、不可逆结合（irreversible）。不可逆过程使毒素与受体结合紧密进入上皮膜。

4. 新一代微生物农药的分子设计与开发

在生防微生物功能基因及相关分子机理研究的基础上，对杀虫防病活性物质进行分子设计是新一代微生物农药开发的关键所在，因而成为各国科学家关注的焦点、研究的热点和难点。但是，由于过去对微生物杀虫防病作用的分子基础缺乏全面、深入的了解，以往微生物农药的遗传改良只是依据单一因子的、随机的试验，尚未开展系统的研究，更没有形成比较完整的理论和技术体系。近年来，通过定点诱变、结构域互换、分子体外进化（DNA Shuffling）等技术对Bt杀虫晶体蛋白进行重组，获得了毒力明显提高或杀虫谱拓宽的新型杀虫蛋白。如Rajamohan等对Cry1Ab蛋白Loop2和α 8中的氨基酸位点进行了定点诱变，使其对舞毒蛾（L. Dispar）的活性提高36倍之多。通过不同类型cry基因体外重组，国内也成功地构建了杀虫范围拓宽、毒力增强的Bt工程菌。在分子设计的基础上，综合运用生物技术手段，国外已开发出了高效、广谱、作用持久的新一代基因工程微生物农药，其中，微生物杀虫剂如MVP、M－Trak、Raven等。

江苏省农业科学院植物保护研究所对生物源农药蛇床子素进行研究，同时该所成功研制了高效生物活体杀菌剂——纹曲宁，该产品已获得农药“三证”，同时申报了国家发明专利，这是一个拥有自主知识产权的创新成果。

河北省农林科学院植物保护研究所首次提出“微菌核际（Microsclerotiniasphere）”的概念，筛选到3株具有应用前景的防治棉花黄萎病的拮抗菌，研究出的生防菌剂NCD－2已在河北、山东、河南和新疆等地进行了示范，其防效显著且增产明显。同时该所首次从土壤中分离筛选出Bt新菌株HBF－1，并从中分离克隆了具有自主知识产权的cry8Ca基因，测序结果表明与已知的cry8Ca基因型部分活性区的氨基酸序列有所不同，为一新基因。同时研制出“HBF－1菌株”悬浮剂，于2002年12月通过了国内同行专家的鉴定。

二、本研究的创新点与科学论述

1. 以叶甲类鞘翅目害虫和甜菜夜蛾等鳞翅目害虫为主要防治对象，进行广谱苏云金芽孢杆菌（Bt）工程菌剂的研究与开发

（1）高效表达载体的构建：分别构建含有*cry3Aa7*、*cry1Ba3*、*cry1Ca7*基因的3种表达载体。

（2）杀虫蛋白基因的改造与高毒力工程菌的构建：通过杀虫蛋白基因组合，不同结构域（Domain）中氨基酸定点诱变、融合、互换等方法进一步提高杀虫毒力，扩大杀虫谱，构建兼杀鞘翅目、鳞翅目害虫的双价基因工程菌。

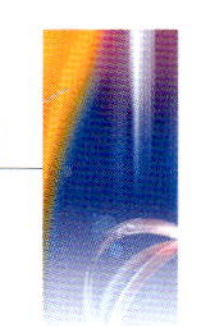

（3）生物活性测定与田间防治试验示范：

a. 室内杀虫毒力测定，田间小区与大面积防治试验示范；

b. 生物安全性中间试验；

c. 环境释放与生产性试验。

2. 选择高毒力菌株作为受体菌；筛选具有提高ICP产量等特定功能的Bt分子伴侣基因构建Bt 表达载体；筛选具有如P21zb类激发ICP“沉默”基因的分子伴侣基因构建Bt 表达载体； 将构建好的Bt 表达载体导入Bt受体菌，工程菌的鉴定

3. 营养期杀虫蛋白（Vip）的研究

Bt Vip杀虫蛋白与常用的杀虫晶体蛋白的杀虫机制和杀虫范围均不同，将此应用于重组杀虫菌可拓宽杀虫谱并延缓可能产生昆虫抗性。营养期杀虫蛋白（Vip）在营养生长期表达，在常规的芽胞制剂中残存很少。利用杀虫晶体蛋白形成晶体的结构域，使营养期杀虫蛋白在芽胞期表达，并形成晶体。现在已经获得了融合子，正在检测其杀虫活性和晶体形成能力。通过上述研究，已经将上述融合蛋白基因转移到现有的高毒力商品生产菌株中。

三、研究的科学价值、应用前景和发展方向

1. 科学价值

害虫是农业生产上的大敌，每年都对我国农业生产造成重大危害，是发展我国农业生产的一项主要限制因子。为了防治害虫，我国每年杀虫剂的使用量约为18万吨（有效成分），其中99%以上是化学杀虫剂。化学杀虫剂在农林害虫的控制、提高作物产量和保证农业丰收等方面发挥了重要作用，但长期使用不可避免地导致环境污染、生态平衡破坏和害虫抗药性产生等严重后果，因此以生物防治为主的害虫综合防治已得到全球的重视和支持，其中苏云金芽孢杆菌在害虫生物防治中发挥了极其重要的作用。

2000年我国苏云金芽孢杆菌杀虫剂的生产量约为2万吨悬浮剂（折合成有效成分约为100吨），所占份额不到杀虫剂总额的0.5%，其应用面积不到总防治面积的1%。这主要是我国生产的Bt制剂毒力不高，品种单一，只能用于防治敏感性鳞翅目害虫，远远不能满足我国农业生产需要。因此，研制开发科技含量高的广谱高效Bt工程菌是未来我国生物农药的重要发展方向之一。

2. 应用前景

本研究通过生物技术获得杀虫谱更宽、毒力更高的工程菌，如果用于商品化生产，仅按年产悬浮剂10 000吨计算，即可创产值2 250万元，税金135万元，利润865万元，其经济效益十分显著。“十五”期间，随着我国化学农药结构的深层次调整，高毒有机磷农

药占有率将从原来的30%下调至5%，将留出更大的市场空间。因此，针对我国农业生产的重大需求，有针对性地研制开发广谱高效Bt工程菌新品种蕴藏着巨大的市场潜力，具有广阔的应用前景。随着中国加入WTO，这种高技术含量的产品将具有更强的国际竞争力，由此将带动我国生物农药产业进入良性发展阶段。

3.发展方向

我国Bt工程菌的防治对象相对还比较单一、毒力不高。针对Bt工程菌的构建应加强开展以下几方面研究：

（1）重视基础研究，明确杀虫蛋白对重要害虫杀虫特异性结构域，确定毒力提高的关键氨基酸位点或区段。加强杀虫蛋白与昆虫互作机理的研究。

（2）进一步分离具有新活性，或毒力更高的新杀虫基因。

（3）从基因组水平，深入开展Bt菌株杀虫的分子基础研究，明确优良受体菌株的特点。

（4）创立和发展重组杀虫细菌的分子设计方法和理论。

工业生物技术

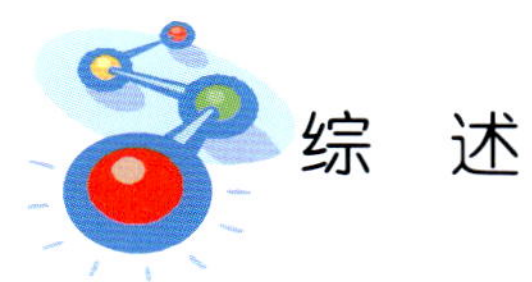

综　述

工业生物技术指的是在工业规模的生产过程中使用或部分使用生物技术来实现产品的制造过程。工业生物技术的核心领域是生物催化与生物转化，目标是以微生物或酶为催化剂，逐步以生物可再生资源取代化石能源为原料，大规模生产人类所需的化学品、医药、能源、材料等，是解决人类目前面临的资源、能源及环境危机的有效手段，也是我国21世纪建设全面小康社会的有力保证。生物催化技术首先从和它联系最紧密的医药、农业开始，逐渐涉及到化工、材料等行业，并通过它们，影响生产、生活的各个方面。以生物催化和生物转化为核心的工业生物技术在支撑新世纪社会进步与经济发展的技术体系中的地位已经被提到空前的战略高度，被广泛认为是继医药生物技术、农业生物技术之后的第三次浪潮。工业生物催化和生物转化的研究，是中国参与生物技术国际竞争的一个难得的机遇和切入点，也是我国生物技术应用研究的一个战略重点，其最终目标是通过生物学与化学和过程科学的交叉，建立以生物催化和生物转化为基础的新物质加工体系。

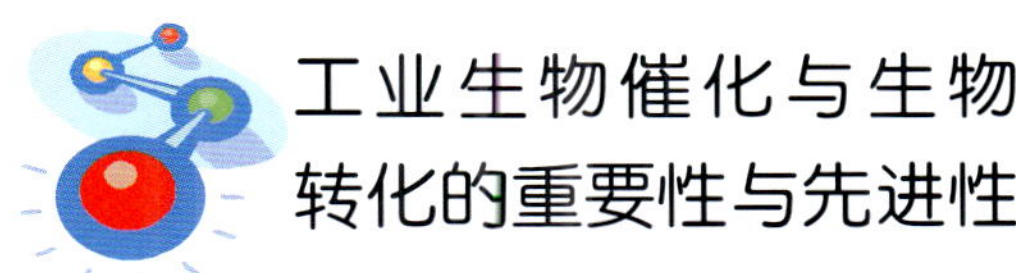

工业生物催化与生物转化的重要性与先进性

自然界的生物催化与生物转化的能力在漫长的地球发展进程中，把一个充满无机气体和荒漠的星球，改造成一个复杂、美丽而温和的有机物系统（生态系统）；也是它和

谐而巨大的能力维系着今天地球上所发生的最大的物质与能量循环（如C、N、O和太阳能）。而且，生物催化与生物转化一直是人类文明与社会赖以存在与发展的基础，特别是近代工业革命（第一次现代化）所依赖的化石资源与能源，都来自太阳能推动下的生物转化。

目前以化学加工为基础的工业面临着两个巨大挑战：

（1）以物质转化为基础的化学加工业是国民经济的基础支柱，它覆盖了化学工业、石油、食品、医药、材料和冶金等诸多领域（中国的总产值超过2万亿元/年），其所需能源和原料大部分来源于化石资源等不可再生资源，而这些化石资源正逐步走向衰竭。现代化工中差不多全部人工高分子聚合物的出发原料都来自石油或煤炭。全球庞大的化学工业对一次性矿业资源的过分依赖，使人类社会所面临的资源短缺形势更加雪上加霜。

（2）传统的化学加工过程以人造的化学品和化学催化剂为媒介，污染与低效问题突出。目前地球所面临的环境危机（包括温室效应）均直接或间接与传统化学加工方式有关，人类的生存环境正在迅速恶化，环境污染已经成为制约人类社会发展的重要因素。大气环境方面，全国废气中二氧化硫排放总量1 857万吨、烟尘排放总量1 159万吨、工业粉尘排放量1 175万吨，污染程度居高不下；陆地环境方面，全国工业固体废物产生量为7.8亿吨，工业固体废物累计贮存量64亿吨。工业固体废物的堆存占用大量土地，并对空气、地表水和地下水产生二次污染，有些地区已经形成垃圾围城、蓝天绿水不再的可怕局面，我国环境污染的程度已经达到十分严重地步。削减工业固体废物产生量是我国污染物排放总量控制的重要内容之一，但更重要的是在源头上开发可持续发展的更先进的工业加工方式，减少污染物的排放。

与化学加工过程相比，生物催化和转化具有常温下的高反应速率、转化条件温和、优异的化学选择性、区域选择性和立体选择性、温和的反应条件等优点，是利用和效法自然界生物的能量和物质代谢，具有能耗低、物耗少、对环境友好等优点。例如用微生物法生产聚丙烯酰胺，不仅成本低，而且产品纯度高，产量已突破10万吨/吨。此外，生物催化和生物转化的优异化学选择性可用于生产不能或难以通过“常规”化学合成而获得的特种化学品，从而克服化学合成中的难点，弥补化学合成的不足。比如，由于其固有的立体专一性，生物催化与转化尤其适合于不对称合成。

基于生物催化剂的特点，生物催化和转化可大大降低化学加工业的原材料消耗、水资源消耗以及能量消耗，减少污染物排放，建立起高效、清洁的新型制造工业。生物催

化与生物转化的一个重要原料是生物质资源，这为农业与工业提供了有机链接。生物催化和生物转化正在促进化工、能源、材料等制造业产品的结构调整，特别是对基础制造业中化学加工业的生物制造以及对低品位矿物资源的生物利用，这是人类实现可持续发展的重要步骤。

生物催化和转化过程已经开始进入包括农业化学、有机物、药物和高分子材料在内的很多领域。例如，美国该行业的产值（含生物化学品、药物中间体和酶制剂）已达200亿美元，超过了生物医药行业。美国国家研究委员会预测，到2020年，将有50%的有机化学品和材料产自生物质原料，而生物制造将起核心作用。壳牌公司认为，世界植物生物质的应用规模在2060年将超过石油。《Nature》杂志在2001年组织了一系列有关生物催化和生物转化的综述，列举了三家有重要影响的跨国公司（BASF，DSM，Lonza）的14个实际生产案例，主要包括以酶法生产甜味剂阿斯巴甜（目前产量已超过2万吨）、L-苯丙氨酸、抗菌素中间体6-APA和D-对羟苯甘氨酸。1，3-丙二醇的生物合成是当前的另一个热点。作为生物材料的代表产品聚乳酸，目前已经有5个公司大规模生产。生物能源是生物催化和转化的另一主要方向，2000年全球以生物制造法生产的液体燃料就已接近1 000万吨。

以酶来取代人工的化学催化剂，并逐步以生物可再生资源为原料，从而对人类的化学加工过程进行根本的变革，一个全球性的产业革命正在朝着以碳水化合物为基础的经济发展，这是可持续发展的一个重要趋势。科学家们预测：当今高分子化工的碳氢化合物时代将逐步让位于碳水化合物时代。目前正在开发的多聚乳酸、多聚赖氨酸、多聚羟基丁酸、燃料乙醇以及各种功能寡糖等可视为这个碳水化合物时代来临的前奏。以生物催化和转化为核心的生物制造将是人类社会的一个重大技术革命，其深度的、广度的和长远的影响可以与工业革命相匹敌。

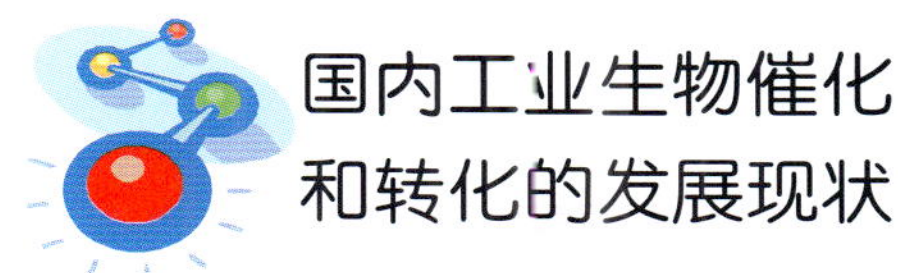

国内工业生物催化和转化的发展现状

一、生物催化和转化的研究受到国家和学术界的高度重视

2002年8月，由中国生物学会及其所属的工业与环境生物技术专业委员会主办，国家科学技术委员会生物工程开发中心、中国科学院生命科学与生物技术局协办的“工业生物技术前沿讲习班”在大连召开。讲习班邀请了部分院士及教授做各相关领域的前沿讲座，主要内容涵盖21世纪生物技术发展、代谢工程、工业生物催化的应用和发展、生物催化剂的改造、微生物基因组学、极端微

生物、未培养微生物基因资源的研究和利用、生物材料、生物能源和糖生物学等，同时也进行了工业与环境生物技术专业委员会的第一次学术交流会。讲习班对21世纪工业生物技术及其产业发展前景以及影响21世纪新产品形成的技术平台进行分析和介绍；对如何促进科技成果产业会的进程进行深入探讨；还就我国“十五”后期及“第十一个五年计划”期间工业和环境生物技术新产品的研究开发、长远发展、产品的必要性和先进型、市场及应用前景分析等听取各位专家的建议。

在科学技术部组织实施的国家重点基础研究发展计划（亦称973计划）的2003年重要支持方向中，生物催化与生物转化将被列为综合交叉与重要科学前沿领域的重要支持方向。生物催化和转化的研究和产业化已经成为党中央、国务院实施的“科教兴国”和“可持续发展战略”中重要的组成部分，是实现2010年以至21世纪中叶我国经济、科技和社会发展的宏伟目标，提高科技持续创新能力，迎接新世纪挑战的重要举措之一。

二、轻工业是生物催化和转化应用最早和最多的领域

过去的20年，中国轻工业生物技术实现了现代化的生产技术改造。在国家历次科技攻关计划支持引导下，在科研人员和企业的努力工作下，这个领域应用先进的菌种选育技术、发酵工程优化控制技术、先进的提取纯化技术和现代化的发酵和提炼装备，使我国一些主要发酵产品的生产从产量方面达到了世界的前列，如谷氨酸、柠檬酸、啤酒等，在技术水平方面达到了世界20世纪90年代初的水平。我国发酵法生产有机酸的产业已形成以柠檬酸为支柱，具有一定规模的产业体系。目前我国柠檬酸产量居世界第二，出口量居世界第一，保持在20万吨以上。乳酸作为一种重要的有机酸，应用十分广泛，消费主要集中在美国、西欧和日本。随着聚乳酸（PLA）的迅速发展，未来乳酸年产量将会有更大的提高。酶制剂的生产实现了现代化技术改造，在糖化和洗涤剂用酶的生产方面具有相当的水平。在“九五”期间，酶制剂的研制又得到了很大的发展，其中新型甘露聚糖酶的研制和纤维废物液体深层发酵生产纤维素酶分别获得了国家技术发明二等奖和四等奖。我国酶制剂生产企业已经逐步向规模化和现代化发展，2000年有10家企业通过ISO9002质量管理认证或ISO9000质量检验认证。

三、以生物催化和转化为核心的精细化学品的生产有很大发展

丙烯酰胺、1，3-丙二醇、长链二元酸和药物中间体的合成都已经或正在工业化。我国的生物法生产丙烯酰胺在“九五”期间开发的高密度细胞催化法取得了巨大的成功，目前年生产规模已超过10万吨。另外，通过

极端条件驯化的方法，大幅度提高了菌体对催化产物丙烯酰胺的耐受性，实现了丙烯酰胺的高浓度生产，达到了世界领先水平，可以实现丙烯腈水合和丙烯酰胺结晶过程的耦合，这对降低丙烯酰胺溶液的浓缩能耗、提高产量和改善产品质量有非常重要的意义。

1，3-丙二醇是一种重要的化工原料，由1，3-丙二醇合成的聚酯，如聚对苯二甲酸二醇酯（PTT）等具有良好的性能和广阔的工业化前景。国内关于1，3-丙二醇的研究起步较晚，但经过几年的研究，在菌种诱变、代谢网络、工艺流程等方面都有显著的成绩。

长链二元酸（dicarboxylic acid 简称DCA）是一类重要的精细化工原料，用传统的化学法只能合成C_{12}以下的二元酸。自20世纪80年代初日本矿业公司成功地开发出用发酵法以石蜡烃为原料生产DCA后，化学法生产DCA_{13}技术已完全被生物法所取代。目前由生物法生产的DCA主要是直链α，ω-二羧酸，用于工业生产的菌种主要为*Candida tropicalis*的各种突变株。中国石油化工集团公司抚顺石油化工研究院通过诱变方法获得一株高产DCA的*Candida tropicalis*突变株（CCGMC356），在20吨发酵罐生产DCA_{13}培养120小时产酸量达到153克/升，放罐液残余烷烃小于1%，烷烃分子转化率53%左右，而且产物中未检测到DCA的降解物，达到了国际领先水平。

四、工业生物技术正向着能源、材料、化工加工过程的方面发展

我国在生物材料和生物能源方面已经和正在进行着大量的产业化工作，为解决我国能源短缺和粮食阶段性供过于求的问题，我国正在开展燃料酒精的计划，目前已经取得了一定的进步。各种生物加工（制造）过程的核心是生物催化，随着原料路线的改变，随着新产品加工的要求，随着对环境保护要求的提高，需要各种各样的新型工业生物催化剂，因此寻找新的催化剂，对催化剂进行改造，对催化加工过程和装置的研究、制造是很迫切的任务，也是进一步发展工业生物技术的基础。

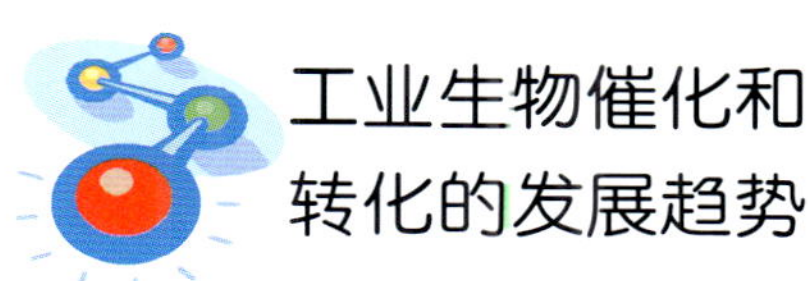

工业生物催化和转化的发展趋势

一、工业生物催化剂改性和提高的研究

随着丙烯酰胺、长链二元酸等大宗产品逐渐走入市场，许多关于生物催化技术的探索研究也广泛地开展起来，并在一些领域取得了可喜成果。但是，目前工业酶催化的生产过程还是比较有限的，主要原因：一是酶的品种少；二是酶的活性、耐温性、耐酸碱变化等都是比较差的。利用生物技术对现有的酶进行改性研究，提高酶的活性和耐久性，拓宽了工业生物催化剂应用的领域，使得它更有工业应用的前景。近年来，这方面工作

的研究主要集中在极端菌的探索，非水相酶的研究以及分子水平的定向进化、合理化设计等等。

1.极端菌研究

近年来，人们发现一些菌在高温、高盐浓度等条件下仍然可以生存。对这些极端菌进行研究，有望逐步解决工业生物催化剂对温和环境依赖性等缺陷，从而提高酶在高温、高压等条件下的催化活性，增加酶对底物和反应物抑制作用的抵抗程度，从而拓宽生物催化剂使用的范围。极端菌包括：喜高温菌、喜低温菌、喜盐菌、耐pH菌等。

现在已经筛选出30多属70多种的喜高温菌。通过对喜高温菌的结构分析得知，菌体在很多方面表现出共价特性：具有高度非极性的核、表面积/体积比小、甘氨酸含量低、DNA高度螺旋、链接单元——组织蛋白连接蛋白含量高等。喜盐菌多是从死海等咸水湖中分离出来，菌种包括古细菌、细菌和真核生物等。一些盐杆菌的细胞浆液中积累K^{+}，菌体中酸性氨基酸含量远远高于碱性氨基酸含量。高阳离子浓度使得负离子远离蛋白质表面，有利于菌体的稳定。这些结构上的特异性，使得这些菌种能够在极端的环境下生存。

近期的研究集中在与工业生物催化相联系的极端酶的认定上，它们包括了酯酶/脂肪酶、糖苷酶、缩醛酶、腈水解酶/酰胺酶、膦酸酯酶以及消旋酶。总的来说，喜高温菌主要应用于食品工业和洗涤剂工业，喜低温菌有助于提高热敏性产品的产量，喜盐菌由于在高盐浓度下稳定而被用于含水低体系的催化剂。

2.非水相酶催化

研究表明，许多酶在非水相中不仅不失活，而且在某些情况下其活力与水相中相当，奠定了非水相酶学的基础。一些酶在不同的溶剂中，催化活力、选择性有较大的变化。这是因为在非水介质中，酶的空间结构会发生一定的变化，而且酶与底物之间成键自由能也会发生变化，这就使一些本来在水中不能和不容易进行的反应可以在有机相中较容易发生。

在酶催化合成的体系中，选择不同的反应介质，可以影响生成的聚合反应中聚合物的分子量、聚合度分布、产量和构造。非水相酶促反应对一些传统化学催化困难的过程具有重要的意义，另外，通过改变溶剂和相条件，可以得到不同空间结构和光学特性的聚合物。

利用辣根过氧化酶（HRP）在非水相中合成芳烃聚合物的过程是研究中比较广泛的一个过程。研究表明，在不同的介质中反应，这一过程将得到不同的结构和性质的聚合分子。在单一和两相溶剂体系中，以HRP为催化剂，得到的芳烃聚合物不具有特定的几何

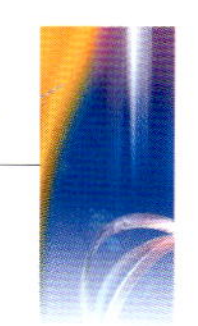

形状、顺序和方向。但是，上述过程在反胶团体系中进行时，则可以得到微球颗粒，这种微球状的聚合物颗粒，其粒径分布单一，大小依赖于水和表面活性剂的比例，一般为微米级或者更低。这种微球可以用于酶、药物等的包封，也可作为半导体材料使用。如果催化过程在水和空气的界面上进行，例如在Langmuir 槽中进行，则可以获得二维的单层网状膜结构，这种网状结构的膜材料可以直接使用，而无需溶剂化。

尽管非水相体系有诸多优点，但是酶在有机相中由于分子间键能的变化，容易发生结构重排而降解失活。为了提高酶活和使用寿命，可以采用化学修饰、表面改性、固定化等多种方法，业已取得显著的成果。

3.催化剂改造的方法学

酶的改进方法中两个方法值得我们注意，即合理设计与定向进化。在合理设计中，基于对蛋白结构、功能和机制的详细了解，可以预先思考出氨基酸序列精确的改变，然后通过定点突变的方法引入这些改变，其优点是能够优化所需的性质以及极大地提高对于酶的结合与催化机制的认识。在已经成功的、合理设计的例子中，通过单个氨基酸的替换或者是二级结构设计，产生了具有所需性质的酶。然而，由于对提高所需酶性质的内在机制的不够完全了解等原因，更多的实验都是失败的。而定向进化不需要关于酶结构与功能关系的知识，这种技术采用一种随机的过程产生一个巨大的变异基因库，然后通过基因选择或者高产量的筛选方法，确定出具有性质改善的变异型。它在某种程度上仿真了自然进化的过程。

总之，合理设计是自上而下的方法，而定向进化是自下而上的方法，二者的比较如表8。通过该表可以看到目前我们对于蛋白质结构知识尚不足，尤其在对二级结构了解较少的情况下，合理设计有相当的困难，相比之下，定向进化虽然在选择方案的制定方面略显麻烦，但还是有许多优点的。

表8　合理设计与定向进化的比较

	合理设计	定向进化
蛋白质结构的知识	需要	不需要
对于机理的了解	需要	不需要
点突变倾斜	没有	偏向转变
二级结构设计	可实行	不可实行
功能区设计	可实行	不可实行
灵敏的酶的检定	需要	不需要
选择方案	不需要	需要

二、生物催化和转化的代谢工程研究

代谢工程是在对细胞（包括微生物、植物、动物乃至人体细胞）内代谢途径网络系统分析的基础上，进行定向的、有目的地改变，以更好地理解和利用细胞代谢进行化学转化、能量转导和超分子组装。代谢工程可在细胞与分子水平上认识和改造细胞，其不仅在解释细胞生理特性上具有重要的科学意义，而且具有重要的应用价值。

生物催化的氧化还原过程是生物催化中最重要的反应类型之一，占生物催化反应总数的25%，催化具有很多有潜在价值的反应。目前生物催化氧化还原反应中一些基础机理尚不十分清楚，如辅因子循环再生、能量（NADH）再生和主辅代谢途径之间的关系等问题。生物催化氧化还原过程的研究对实际应用有十分重要的意义。

1.功能基因组学与代谢工程

代谢工程是为了改进细胞菌体的性能而定向进行遗传改变，这种活动的核心是与功能基因组密切相关的。代谢工程工作者承担着识别基因组变化的任务，这种变化响应于所希望的细胞菌体生理的变化。通过对不同细胞菌体进行遗传改变并观察识别所产生的生理响应，代谢工程工作者取得经验并能找出基因组—生理学（或基因型—表型）之间的关系，在此基础上进一步进行代谢工程工作。根据功能基因组（转录物组、蛋白质组及代谢物组）信息，可以进行代谢网络重建、优化及设计，进而通过代谢工程改进细胞菌体性能。现在，代谢工程已被公认为细胞、菌种改进的综合平台技术。

2.系统生物学

综合应用数学、工程学、物理学和计算机科学以理解复杂的生物调控系统。代谢工程与系统生物学、定量生物技术等学科将会互相促进并相互得到快速发展。

（1）从系统水平了解生物学越来越得到人们的关注，原因是：

- 分子生物学的发展，尤其是基因组序列测定和高通量测量方法的出现，使我们可以收集到全面的系统性能数据，并获得分子的信息。
- 为了从系统水平理解生物学，我们必须了解细胞的结构和生物功能的机制，而不是仅仅了解细胞或者生物体各部分的特点。
- 确认生物体内的所有基因和蛋白质就好比将飞机的零件都列出来，这样的列表提供的是所有组件的目录，不能够反映出组装对象的复杂性，我们需要了解如何将这些零件组装成飞机。

（2）系统生物学研究的主要内容包括系统结构、系统动力学、控制方法和设计方法。

- 系统结构是包括基因相互作用的网络和生化途径以及它们如何调节细胞的物理特性。
- 系统动力学是通过代谢分析、敏感性分析、动力学分析方法，了解系统在各种条件下的长期运行情况。
- 控制方法是指系统控制细胞状态的装置可以进行调整，将误操作降至最少。
- 设计方法是指建立并修正生物系统，使系统具有预期特性的策略。设计方法可以根据一定的设计原则和模拟结果来修订，而不是使用盲目的试差法。

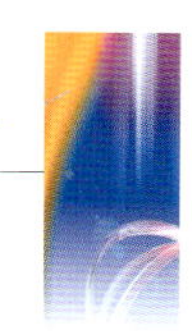

上述四个领域中任何一个的发展都需要在计算学、基因组学、测量技术和现有技术的集成这四个方面有突破性进展。

三、生物催化多样性理论及其实现方法

探索微生物（酶）催化功能的多样性，需要研究催化功能基因多样性、微生物（酶）的多样性原理、发掘的工具和理论。包括极端微生物、未培养微生物、共生微生物及已培养微生物的生物多样性、反应多样性、催化功能多样性的研究。研究面向生物催化的基因组学信息发掘方法，建立生物催化数据库，以开拓生物催化剂新来源，拓展对生物多样性认识水平。这些内容构成实现生物催化多样性的关键基础。

四、重要生物催化体系的催化机理和催化剂的适应性

面向典型的、且在我国已有一定研究基础的生物催化反应体系（水解、氧化还原和不对称合成反应体系），研究这些体系酶对底物分子的识别机理、催化活性与反应特性；研究氧化还原反应关键的辅酶再生、能量耦合机理；研究不对称合成体系的非水相催化的选择性和活性特点与影响因素。这是实现上述体系的生物催化的高效性和适应性的关键基础。

研究生物催化剂适应人工转化条件的规律；研究在人工环境下生物催化剂分子结构的变化、失活的机理，探讨提高生物稳定性（活性、耐盐、耐有机溶剂、温度适应性等）的一般性方法。研究与生物催化剂相适应的人工微环境因素、介质工程及生物转化过程强化的方法；探索催化剂生物特性与人工转化条件相互适应的规律。这些是实现生物催化的适应性和高效性的知识基础。

生物技术的三个主要应用领域（生物医药、农业转基因作物、生物催化和转化）中，以生物催化和转化为核心的工业生物技术与其他两个领域相比，具有相对安全性、研发投入较少、周期较短的优势，且我们有一定的基础，是参与生物技术国际竞争的一个良好的机遇和难得的切入点，应成为我国生物技术应用研究的一个战略重点。在我国全面建设小康社会之时，对物质的需求更加迫切，使得能源、环境的矛盾十分突出，因此，重视生物催化和转化的研究也符合国家当前的发展目标。生物催化和生物转化对中国农村发展更具有特殊意义。生物催化与生物转化是以生物质资源的利用为主，而我国生物质资源主要在农村，因此生物催化与生物转化有利于实现“阳光经济”，农工一体化，有助于解决三农问题。

目前生物催化与生物转化是世界科学技术发展的前沿，在支持新世纪社会进步与经济发展的技术体系中的地位已经被欧美日等国提到空前的战略高度，政府、研究机构和赢利公司都在大力投入。无论是时机还是技

术基础，中国和发达国家在该领域的研究没有太大差距，只要坚持“有所为，有所不为”的方针，选择有限目标，大力协作，集成优势，突出创新，完全有可能取得世界一流、有自主知识产权的一系列科研成果。

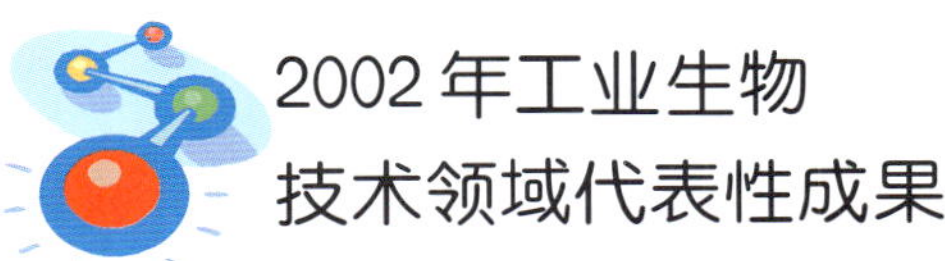

2002年工业生物技术领域代表性成果

一、生物材料：生物可降解材料，2002年国家科技发明二等奖，陈国强、曹竹安

1.国内外研究现状和发展趋势

生物材料可以定义为用生物方法制造的材料，生物兼容性的材料和可生物降解的环境友好材料，包括用可再生资源制造的材料。目前有关生物材料的热点研究大多集中在高分子材料。一般认为，环境友好的材料就是绿色材料；生物合成过程都是绿色合成。

自然界里的生物系统一直在合成着各种各样的高分子材料，如多糖（纤维）、蛋白质、DNA、RNA，甚至聚酯（聚羟基脂肪酸酯PHA）。这些生物高分子材料在生命过程中扮演着各种重要的作用。而合成这些材料的过程都是在常温、常压和水相环境下进行的，是一个绿色的合成过程。这个过程产生了大量的高分子材料，经过人类的各种科研开发活动，已经成为各种可再生，具有各种功能的生物高分子材料，具有生物可降解性。

20世纪的高速经济增长导致了两个主要问题：一是化石燃料资源的消耗，二是固体垃圾的处理。这些固体垃圾是传统的、以石油为单体原料的合成聚合物“大生产，大消耗，大处理”造成的结果。由于目前人类所利用的高分子材料绝大部分来源于石油基础工业，在高温、高压和有机相环境下进行化学合成，得到的材料绝大部分不能进行生物降解。因此这些材料在制造和应用过程中都对环境产生了污染。同时，以石油为基础的工业不能维持可持续发展。

因此，开发用可持续发展的方法得到环保型的绿色高分子材料得到了世界各国政府的大力支持，特别是工业发达国家的政府在高分子材料的绿色合成和绿色高分子材料的合成领域投入了大量的资金，越来越多新型的高分子材料在被用生物的方法合成出来（绿色合成）。同时，用化学与生物结合的方法也合成出越来越多的绿色高分子材料。因此，国际高分子权威期刊《Macromolecules》为了适应这种快速的发展，从《Macromolecules》中衍生了《Biomacromolecules》和《Macromolecular Biosciences》，分别发表有关生物高分子材料和高分子材料的生物（绿色）合成方面的文章。

跨国公司如美国宝洁（P&G）、罗门哈斯（Rohm and Haas）、杜邦（Du Pont）、Cargill Down，德国BASF，英国ICI，日本Kaneka

和韩国LG都投入大量的资金，研究如聚羟基脂肪酸酯PHA、聚乳酸和大豆蛋白的产业化工作。

中国2000年的塑料消费量为1 000万吨。2005年，塑料消费量将增长到2 500万吨，而到2010年，塑料消费量将达到8 000万吨。预计在2005年，包装工业将消耗550万吨塑料。如果不使用环境友好的包装材料，这种消费倾向将造成极其严重的环境污染。另外，中国的汽车越来越多，需要更多的石油来提供能量，石油的供应已变得日益不稳定，石油供应将给中国造成很大的压力。因此，使用可再生材料作为环境友好材料成为中国可持续发展战略的重要选择之一。

中国已经有一些公司在生产包装用的“绿色高分子材料”淀粉—聚乙烯共混材料，比如，天津丹海、南京苏石和深圳茂达等。虽然此类材料在性能和技术含量方面还有许多不足，但起码是半绿色的材料。然而，与非绿色包装材料相比，中国绿色高分子材料的技术水平、生产量和应用量是微不足道的，主要的困难包括以下几个方面：

(1) 中央政府没有清楚的管理规定来鼓励绿色高分子材料的应用和高分子材料的绿色合成。

(2) 虽然有一些大城市实行了鼓励绿色高分子材料应用的政策，但是并没有得到认真执行。

(3) 目前绿色高分子材料生产成本高于现存的塑料。

(4) 淀粉—聚乙烯共混材料不具有所宣称的生物可降解能力和好的机械性能。

(5) 在高分子材料的生物合成领域政府投资不大，基础研究力量较弱。

(6) 没有大的公司致力于生物高分子材料以及高分子材料生物合成技术的开发和应用。

2001年各国首脑在南非约翰内斯堡召开会议之后，可持续发展这个主题已经成为各国政府关注的焦点。中国是最大的资源消费国之一，因此，可持续发展已经成为国家发展最优先考虑的问题之一。为了解决环境问题，我们应该努力发展完全可降解的、非石油来源的材料以及高分子材料的绿色合成技术；应该提倡使用可再生资源生产的生物绿色新材料，并且逐渐替代淀粉—聚乙烯共混材料。利用生物合成生物材料有望被用来实现这个发展目标。但是，这些材料的应用还要依赖于政府、各种组织和那些大量使用这些材料的大公司。应该鼓励生产生物新材料的公司投资发展可持续性、环境友好的绿色材料，开发高分子的生物合成技术，鼓励需要使用材料的公司使用上述生物材料。

如何解决高分子材料的生物合成和生物材料的应用，成为我国可持续发展的一个重要组成部分。

2.必须重点研究的生物材料——脂肪族聚酯

脂肪族聚酯是最重要的生物可降解和生物兼容性材料，在过去的15年中吸引了越来越多的关注。由于这种新产品具有更好的性能特点，它们在农业、涂料、药物（药物可控释放，医用植入材料，缝合剂等）、黏合剂和包装工业中的应用越来越重要。最近关于脂肪族聚酯的研究主要集中于合成、特性描述以及使聚合物具有更好的性质。自然产生的聚酯，比如植物角质或者虫胶以及微生物合成的聚羟基脂肪酸酯PHA，也用于不同的领域，如热塑性塑料、黏合剂、密封剂、绝缘材料和包被材料（用于药物产品，食物成分等）。这主要归因于这些材料具有天然无毒、绝缘性、抗油性和热塑性等性质。

3.聚乳酸PLA

PLA由于可以从农业可再生的资源，如谷物中得到而被誉为“绿色塑料”。PLA是一种生物可降解的脂肪族聚酯，具有良好的热塑加工性，也有良好的机械性能和降解参数。PLA可以在传统加工PET的熔融挤出机上加工，而且用PLA制得的产品不仅具有和PET类似的性能，还增添了完全的降解和堆肥能力等优点。

在最新进展中，用谷物中获得的葡萄糖发酵，大大降低了生产PLA的必需前体乳酸的成本。此外，世界上的一些公司也发展了能以商业规模经济地生产PLA聚合物的技术。最突出的有，Cargill Dow LLC，美国Cargill公司和Dow化学公司以50：50的比例合资的公司，目前运作着坐落于美国Savage，Minneapolis的世界最大产量（每年8 000吨）的PLA工厂（产品商标为Nature Works™）。在1999年末，他们开始在Blair，Nebraska建设一个更大的工厂，具有每年140 000吨的PLA产量，这个工厂已在2001年末投产。

Unitika Ltd.(Osaka，Japan）运用他们通过与Cargill Dow LLC合作获得的自有的聚合物生产技术，发展了世界第一批广阔的PLA产品系列，如薄膜、薄片、纤维和纺织品（比如丝黏织物）。这些产品已经以TERRAMACTM的商标投入市场（“terra”是拉丁语“地球”的意思，而mac是盖尔语的“儿子”，这个名字表示“取之自然，还于自然”）。

我国的“十五”攻关项目也把PLA产业化列入研究的重点。

PLA用传统的挤出机可以生产各种类型的薄膜、纤维或者丝状织物。PLA系列产品TERRAMACTM的未来应用，包括农业/园艺业产品（树根覆盖，植被覆盖和根部覆盖等），土质表面保护（沙袋，侵蚀保护，斜坡固定，排水装置等），服饰和穿戴用品（衬衫，制服，休闲服，毛巾，席子等），个人

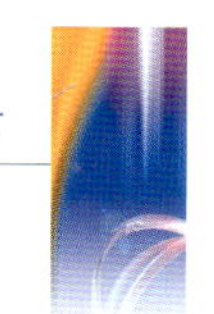

卫生产品（抹布，一次性尿布，吸水护垫），包装材料（包装纸，缩水标签，食品盘，半透明热成型制品，橡皮膏带，烟草袋）以及工业应用（滤器，垃圾袋，带子，绳索，地毯）等。另外，PLA作为医用植入材料早已获得了各国卫生部门的批准，已经广泛应用于临床。

4.聚羟基脂肪酸酯PHA

近20多年迅速发展起来的生物高分子材料——聚羟基脂肪酸酯(PHA)，是很多微生物利用可再生资源，如淀粉、葡萄糖、植物油等合成的一种细胞内聚酯，是一种天然的、结构多变的绿色高分子材料，因为PHA兼具有良好的生物兼容性能、生物可降解性和塑料的热加工性能，因此同时可作为生物医用材料和生物可降解包装材料，已经成为近年来生物高分子材料领域最为活跃的研究热点。同时，PHA还具有非线性光学活性、压电性、气体相隔性等许多高附加值性能。

正因为PHA汇集了这些优良的性能，使其可以在包装材料、黏合材料、喷涂材料和衣料、器具类材料、电子产品、耐用消费品、农业产品、自动化产品、化学介质和溶剂等领域具有潜在的广泛应用。

与聚乳酸PLA等绿色高分子材料相比，PHA结构多元化、组成结构多样性带来的性能多样化使其在应用中具有明显的优势。根据组成PHA分成两大类：一类是短链PHA（单体为C3～C5），一类是中长链PHA（单体为C6～C14），这些年已有报道菌株可合成短链与中长链共聚羟基脂肪酸酯。PHA在生物体中的发现已经有70多年的历史，但扩展到应用上则还是20世纪90年代的事，而以基因重组菌生产PHA的研究则是1998年后才开始的。PHA的生产经历了第一代PHA——聚羟基丁酸酯（PHB），第二代PHA——羟基丁酸戊酸共聚酯（PHBV）和第三代PHA——羟基丁酸己酸共聚酯（PHBHHx），第四代PHA——羟基丁酸羟基辛酸（癸酸）共聚酯［PHBO（PHBD）］尚处于开发阶段，其中作为第三代PHA的PHBHHx，是由清华大学及其合作企业实现了首次大规模生产。利用本项目开发的技术，清华大学已经开发成功了一系列的塑料制品（图22）。到目前为止，生产PHB和PHBV有多种生产菌种（主要的生产菌有11种）和合成底物，其发酵生产较为成熟，但由于PHB和PHBV在机械性能及加工性能上有一定的缺陷，同时生产成本仍然偏高，因而生产规模与化工塑料相比有较大差距。而PHBHHx的工业生产尚处于起步阶段，菌种和合成底物种类较少，应还有较大的发展空间。此外，对中长链PHA的生产研究者也做了一定的研究，中长链PHA因为官能团多样化有望在多性能PHA绿色高分子材料、人工PHA改性等领域得到较好的发展。

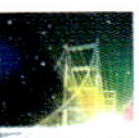
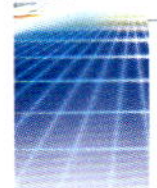

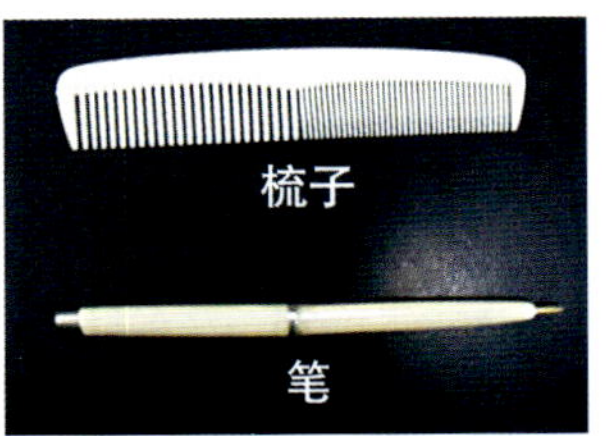

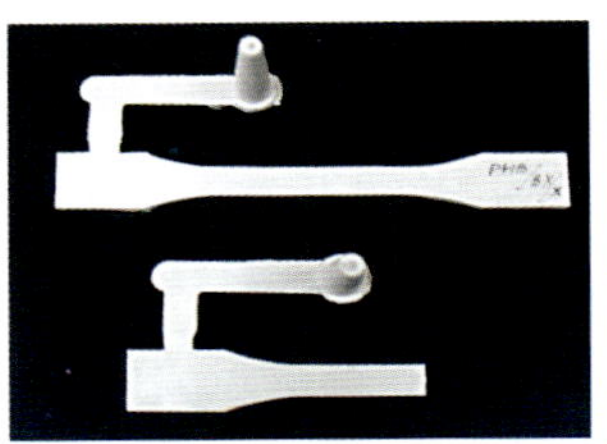
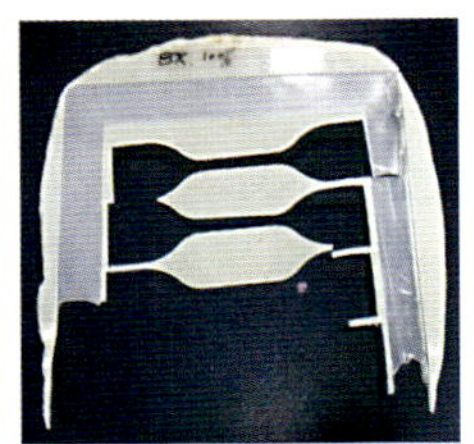

图22 用生物塑料PHBHHx制成的塑料制品

PHA生产的另一条可行的途径是利用转基因植物种植来实现。PHA在植物中的合成，可以利用光能，消耗二氧化碳，成为一种可持续、可再生的材料生产方式。现已在拟南芥、烟草、马铃薯、棉花、油菜、玉米、苜蓿等植物中实现了包括PHB、PHBV以及中长链PHA等不同PHA的合成。

近两年，作为人工心血管等植入物的组织工程材料，PHA已经成为热门研究项目。而美国的Tepha公司和宝洁（P&G）公司等正努力开发基于各种PHA的组织工程应用。3-羟基己酸和3-羟基辛酸的共聚物PHHxHO或Poly（3-hydroxy hexanoate-co-3-hydroxyoctanoate），聚-4-羟基己酸P4HB或poly-4-hydroxy-butyrate，3-羟基丁酸和4-羟基己酸的共聚物P（3HB-co-4HB）或poly（3-hydroxybutyrate-co-4-hydroxybutyrate）等传统PHA也在组织工程研究中得到了新的应用。因材料供应的原因，目前研究较多的还是PHB或PHBV的组织工程相关特性，如生物兼容性、生物降解性、生物吸收性都有了较多的研究。但随着PHBHHx的工业化生产，已有报道发现PHBHHx的生物兼容性好于PHB和PLA等生物高分子材料，加上PHBHHx的优良材料性能，其组织工程研究前景看好。这方面我国研究者已做了很好的开创性工作。

最近，对PHA在医药学上的应用关注较多的是在组织工程领域中的应用。科学家在不断寻求各种可吸收聚合物用于组织工程支架。事实上，在过去的两年内，由于PHA具有其他合成可吸收聚合物所没有的特性，它已经成为一种较为理想的生物材料，用以发展组织工程化心血管产品。

现有的技术可根据不同的应用要求加工不同性质的PHA。目前，在医学和制药方面，随着对可吸收生物材料的显著需求，这类聚合物显现出很好的前景。事实上，最近报道了PHA聚合物的广泛应用，它可作为手术用缝合线、半月板修复、螺钉、骨板和骨板系统、再生半月板、韧带和肌腱、脊髓融合和骨钉、骨移植替代物、手术网和修复块、钩悬带、防细菌的贴物、皮肤取代物、硬脊膜的取代物、膨胀和填充剂、输尿管和尿道扩展物、静脉管、眼细胞移植体以及止血剂。

中国研究人员最近在体外细胞培养中发现了新型PHA材料——PHBHHx，这种材料

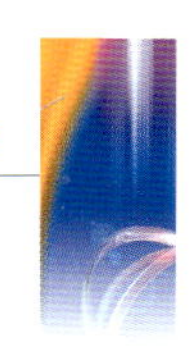

对于成纤维细胞、成骨细胞、软骨细胞和神经细胞等都具有良好的生物亲和性，而且各种性能好于已经广泛应用的PLA。同时，PHBHHx可以通过不同的表面修饰手段来进行细胞亲和性的调节，为细胞生长提供一个良好的附着环境。最近，北京天助公司成功地用PHBHHx制成人工食管，移植在被切除部分食管的狗中。53天后，食管组织完全长成，而PHBHHx的分子量降低了一半以上(图23)。实验证明PHBHHx是一种生物兼容和生物可降解的组织工程材料，有广泛的发展前景。

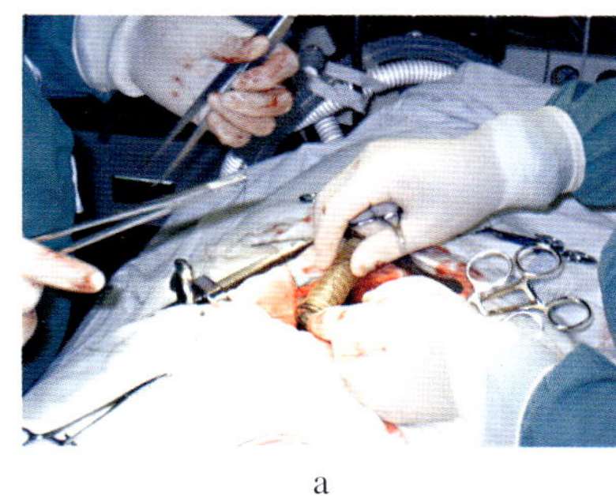

a

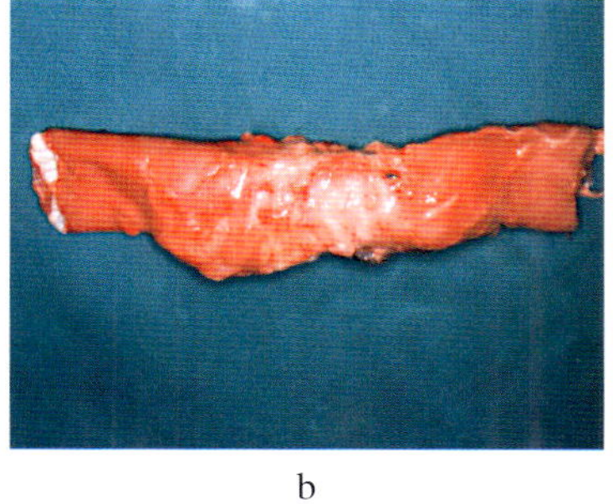

b

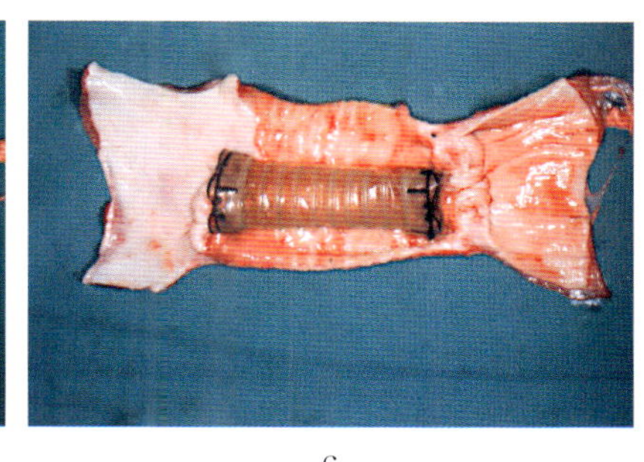

c

图23 用PHBHHx制成的人工食管

a.把PHBHHx人工食管植入狗的被切除的食管部分 b.53天后，食管完全长好，盖住了人工PHBHHx食管 c.取出人工食管后的狗食管

PHA最早的体内植入实验（PHB）在20世纪60年代，但当时只是对生物兼容性的探索性研究，所以没有引起很大的关注。在90年代，随着PHA种类的多样化发展和PHA生物兼容性的发展，很多研究者对不同PHA进行了动物植入实验，发现虽然植入可能引起炎症反应，但不同PHA引发的炎症程度是不同的，这与PHA分解时产生的羟基酸量有关，可以通过采用不同的PHA以降低羟基酸的产生从而减弱炎症反应。研究表明，PHA在体内的生物吸收性是不同的，主要取决于化学组成，通过调整可以达到生物体可接受程度。当然，其体内定位、表面体积、物理形状、结晶度等的影响也是很重要的，同时，体内的情况会和体外有很大的不同。

目前PHA在医用高分子材料中的主要应用集中于心血管类产品。最成功的是将PHB用于包裹在心脏手术后的心包膜外，防止心脏和胸骨直接粘连，此外还用在动脉扩张手术等其他心血管手术上。PHA在外科手术中也有用武之地，在牙和上颌手术中，通过PHBV的使用，有利引导上皮组织的生长，利于伤口愈合，其作用好于PLA和PCL。而在骨手术后，PHBV结构的使用可以适当控制骨骼再生，使其达到良好生长的目的。在1988年，有学者利用PHB的压电性能将PHB应用于神经修复材料。

PHA因其良好的生物降解性和生物兼容

性在药物缓释体系中有应用前景，其应用包括皮下注射、口服片剂、静脉微粒给药等多种开发形式。最早的PHA作为药物释放包裹微球的研究是1983年对于PHB的研究，随着PHBV的发展，PHA的药物包裹研究又有了更多的可调节性，因而为研究带来了很大的进展。研究表明，可通过调节PHA的单体组成、分子量、药物包裹量、包裹颗粒大小实现药物的可控速率释放。

在PHA近十几年的研究热潮中，虽然在生产和应用方面的主要技术专利仍掌握在美、欧、日等发达国家中，但我国在这方面的研究也取得了长足的进展，在生产方面掌握了一些具有自主知识产权的菌种和后期工艺，已有多项相关专利处于申请公开期，这些为作为我国具有自主知识产权的新材料——PHA今后的产业化打下了良好的基础。

微生物合成PHA方面的研究得到了国家的重视，国家自然科学基金委员会、863攻关等都对生物合成新型PHA材料进行了支持。因此，在PHA的研究领域，我国也做了一些有影响的工作，已经可以工业化生产一系列的PHA材料，包括PHB、PHBV和PHBHHx。在PHA作为生物医用材料方面，我国微生物、分子生物学、发酵工程、化学工程和高分子、材料科学领域的科学工作者通过3个五年计划的奋斗，已经合成出6个以上新型PHA，同时还发现了与合成PHA有关的16个PHA合成酶基因。相对于技术和应用已经得到充分开发的聚乳酸PLA，PHA发展的历史虽然很短，但发展的潜力却更大，其应用的空间也更加广阔。

5. 今后的重点发展方向

生物高分子材料已经得到了很大的发展，但与材料学科的结合还远远的不够，尚需与生物学和材料学的研究者共同地进行深入研究和开发。如果说20世纪推动材料学发展的是化学和物理学，那么生物学将是材料科学在21世纪发展中的一股重要力量，生物高分子材料应用必将成为最具有产业前景的材料科学应用领域之一。建议在下列领域重点发展。

（1）利用可再生资源开发合成新型生物高分子材料。

（2）开发环境友好的高分子材料的生物合成技术。

（3）开发大量使用高分子材料的生物合成技术，减少对环境的污染。

（4）开发更多具有高附加值的脂肪族聚酯，特别是聚羟基脂肪酸酯PHA。

二、发酵工业废菌丝体的综合利用，2002年国家科技发明二等奖，谭天伟

1. 前言

我国发酵工业的发展很快，工业年产值已达2 000亿元，许多发酵产品在国际上已有一定地位。2001年味精产量为65万吨（世界

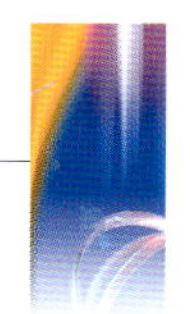

第一），柠檬酸37万吨（世界第一），酒精270万吨（世界第三），啤酒2 230万吨（世界第一），白酒500万吨，维生素C 5.5万吨（世界第一），青霉素2万吨（世界第一），乳酸2.5万吨，赖氨酸2.0万吨，工业酶制剂27.2万吨。每年发酵工业消耗的粮食已达4 000万吨，同时产生的发酵菌丝体已达500万～700万吨左右。

除啤酒和白酒行业产生的菌丝体主要作为饲料或制取酵母粉外，其他菌丝体在应用上都有一定问题。如青霉素发酵菌丝体中含有青霉素，作为饲料可增加畜禽的抗药性，欧盟和美国都已明确规定青霉素菌丝体不能作为饲料添加剂；柠檬酸发酵菌丝体作为饲料，畜禽食用后容易产生脱毛等，目前欧盟和美国也禁止作为饲料添加剂。正是这个原因，导致发酵工业产生大量的废菌丝体污染物，目前国外主要发达国家纷纷将这些发酵工业转移到发展中国家。

我国目前将部分菌丝体作为饲料添加剂（酵母、青霉素菌丝体、谷氨酸菌丝体等）补充氮源，其他菌丝体（柠檬酸菌丝体）主要是废弃，这不但造成资源的巨大浪费，而且也造成了环境污染。

2.发酵菌丝体的成分及用途

发酵废菌丝体含有大量的有价值成分，如壳聚糖、核酸、蛋白质酶及其他有价值成分，如麦角固醇等。

（1）多糖。菌丝体的细胞壁，特别是真菌的细胞壁含有大量的多糖，如壳聚糖、聚葡萄糖苷、聚甘露糖等。对真菌来说，细胞壁成分主要为壳聚糖、聚葡萄糖和纤维素；而酵母和细菌的细胞壁组成则是海藻糖、聚甘露糖等。

壳聚糖是一种在食品、医药、化妆品及水处理中具有广泛应用的多糖，如在工业废水处理中，壳聚糖是一种新型高效无毒水处理剂。它用在含重金属离子废水处理上的主要特点：①吸附容量高，选择性好，只对重金属离子有吸附作月，对钙、镁和钠等离子无吸附作用。吸附容量一般在40～100毫克/克壳聚糖，比常见的离子交换树脂容量大的多；②绝对无毒，可以作保健品，对人体无任何副作用，而且可以生物降解，不会对环境造成污染；③可用于回收重金属离子，壳聚糖可重复使用。壳聚糖在化工材料如纤维材料、食品工业中也有重要用途。

壳聚糖目前全部是以虾壳和蟹壳为原料生产，由于原料分散，很难形成规模，生产成本高，而且原料种类和产地的不同都会影响壳聚糖质量，给用户带来不便。利用发酵法生产壳聚糖可以解决上述问题，特别是可降低成本，稳定质量。20世纪90年代，日本、美国先后开始研究用发酵法生产壳聚糖，如日本旭硝子公司1992年申请了用梨头霉发酵生产壳聚糖的专利，壳聚糖的产量达5.6克/升，

但因成本太高而无法工业化。美国和瑞典也在1995年发表了壳聚糖发酵工艺的文章。

主要菌丝体中壳聚糖的含量如表9。

表9　主要菌丝体的壳聚糖含量

菌种类别	甲壳素含量（%）
Mucor rouxii	9.4
Aspergillus phoenicis	20～23
Aspergillus niger	20～40
Neurospora crassa	8.0～11.9
Penicillium chrysogenum	19～40
Trichoderma viridis	12～22
Saccharomycapsis gutulata	2.3
Blastomyces dermatitidis	10～13
Tremella mesenterica	3.7
Paracoccidioides brasiliensis	10～13

由表9可以看出，发酵工业的菌丝体大多含有壳聚糖，青霉菌和黑曲霉菌中的含量比较高，值得分离纯化。

国内在菌丝体壳聚糖的提取和衍生物的制备上进行了大量工作，如北京化工大学承担国家“九五”重点攻关项目“发酵法生产壳聚糖”，采用青霉素、柠檬酸发酵的废菌丝体为原料生产壳聚糖，不但大大地降低了壳聚糖的生产成本（采用菌丝体提取的壳聚糖成本仅为以虾壳或蟹壳为原料生产成本的1/3），并为壳聚糖在废水处理中的应用奠定了基础。

（2）麦角固醇。菌丝体中的油脂含量约为菌丝体干重的1%～3%，对于酵母，油脂中不皂化成分主要部分是麦角固醇。我们经过研究发现，其他菌丝体如青霉素菌丝体和柠檬酸菌丝体中脂肪不皂化部分也主要是麦角固醇。

麦角固醇是一种重要的医药化工原料，可用于“可的松”和“激素黄体酮”等药物和农药云薹素内酯的生产。同时麦角固醇又是生产维生素D_2的主要原料。

维生素D_2可提高人体和动物的钙磷吸收，促进骨骼的形成。若摄入量不足，会引起严重的缺乏病，如儿童的佝偻病、老年人的骨质疏松病等。我国人口众多，儿童佝偻病发病率很高，尤其在北方，高达50%。我国老年骨质疏松病患者达6 000多万，以人口比例计算，高于发达国家2倍以上。许多发达国家，如美国和日本，自20世纪70年代就推出了许多维生素D强化食品，如VD奶、VD软饮料等。美国RDA（Recommended Daily Allowance）推荐正常健康人每天应至少摄入10毫克的维生素D_2，可大大减少老年骨质疏松的危险。

实际上许多发酵菌丝体中都含有麦角固醇，如青霉素菌丝体中麦角固醇的含量最高可达1%，柠檬酸菌丝体麦角固醇含量也可达0.5%。因此，完全可以由菌丝体提取麦角固醇。

（3）蛋白质和其他成分。微生物菌丝体中含有大量的蛋白质，约为菌丝体干重的30%～40%。微生物蛋白质包含多种酶，如脱氢酶、激酶等。

菌丝体还含有其他成分，如维生素类（B、

D等）和许多代谢产物。代谢产物随着菌种不同而不同，如青霉素菌丝体中含某些抗生素。

2.发酵菌丝体的综合利用

（1）麦角固醇的提取。麦角固醇是生产维生素D_2的主要原料，目前国内外全部依靠酵母发酵生产。但酵母发酵生产成本较高，约为2 700元/千克。麦角固醇成本高是我国维生素D_2不能产业化的关键问题之一。

北京化工大学在国内外首先发现青霉素和柠檬酸废菌丝体中不皂化的主要成分为麦角固醇，开辟了从发酵废菌丝体中同时提取麦角固醇、壳聚糖的新原料路线。目前菌丝体提取的麦角固醇占我国麦角固醇市场的40%，而且出口日本和美国等国家（表10）。

表10　麦角固醇不同生产工艺的比较

比较指标	本工艺	国内酵母麦角固醇	日本（工业级）
熔　点	156～160℃	150～162℃	153～163℃
比旋光度	125.6	123～126	125
纯　度	90%	75%～80%	85%
成　本（元/千克）	1 400	2 700	3 500（售价）

（2）菌丝体壳聚糖的提取。目前菌丝体壳聚糖的提取工艺包括细胞破碎，然后除去胞内蛋白质，将菌丝体中的甲壳质通过碱法或生物法脱乙酰化，再用酸将壳聚糖萃取出来。

北京化工大学采用稀碱（5%）结合酶法处理从青霉素菌丝体中提取壳聚糖，壳聚糖得率为5.7%（菌体干重），脱乙酰度达85%，分子量达20万。提取的壳聚糖和以虾蟹壳为原料提取的比较如表11。菌丝体壳聚糖获得了国家新产品证书。

表11　菌丝体壳聚糖和虾蟹壳壳聚糖的比较

比较参数	虾壳壳聚糖	发酵法生产的壳聚糖
脱乙酰度	80%～90%	>80%
黏均分子量	8.4×10^5	2.1×10^5
颜色与外观	白色片状	灰白色或淡黄色
灰　分	<3%	<5%

菌丝体直接作为水处理剂已有多年研究历史，主要作为重金属离子吸附剂，如Pethkar等人用*Cladosporium cladosporioides*菌丝吸附回收黄金。Alicia Blanco采用树脂固定化*Phormidium laminosum*吸附重金属离子。

菌丝体还可以吸附染料及含酚化合物。如Young采用菌丝体壳聚糖吸附活性染料，脱除率可达80%～90%。

目前菌丝体直接作为重金属离子或染料废水处理的优点是价格比较便宜，但问题是吸附容量较低，使用寿命短，一般为2～5次。北京化工大学研究了表面分子印迹吸附剂，即将壳聚糖在菌丝体表面包覆，在包覆过程中采用分子印迹技术，对重金属离子吸附容量可提高1倍以上，使用寿命达30批次以上。

（3）菌丝体的综合利用。目前，对菌丝体综合利用研究的不多，如核酸和蛋白质的回收。目前菌丝体综合利用的主要方法是北京化工大学提出的综合利用工艺，如图24所示。

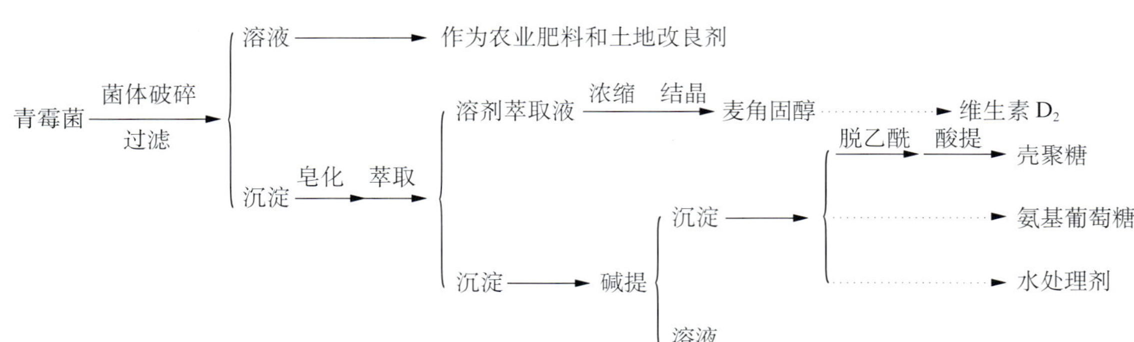

图 24　青霉素菌丝体的综合利用工艺

在这个工艺中，壳聚糖、蛋白质和麦角固醇都得到了回收。该工艺已实现了工业化，在山东省建立了两套工业化装置。

本项目获得两项国家发明专利（已授权），申请国家发明专利两项。

三、精细化学品：微生物拆分制造D–泛酸，2002年化工部科技进步二等奖，孙志浩

生物技术与化学工业结合，将逐步取代传统的化工工艺，建立新兴的生物催化产业。现代的生物催化技术应用于生产医药中间体、精细化学品或大宗化学品已有很多成就。本课题为“十五”国家重点科技攻关项目中的一个专题《新型食品及饲料添加剂开发应用——微生物酶法生产D–泛酸》（2001BA708B05–01），课题承担单位：浙江鑫富生化股份有限公司、江南大学，课题负责人：过鑫富、孙志浩，项目组织单位：中国生物工程开发中心。

泛酸、泛醇是一种重要的药物、食品添加剂和饲料添加剂，用途广、市场大。特别是D–泛酸钙的需求量很大。目前，世界D–泛酸钙需求量1万～1.2万吨/年，其中70%以上用于食品和饲料添加剂。世界上主要的泛酸生产厂家有Roche、BASF和日本第一制药公司。“九五”期间我国相继建成一些D–泛酸钙生产厂家，但是，我国20世纪90年代后期建设的D–泛酸钙生产装置仍采用国外60年代传统的化学拆分或钙盐诱导结晶方法。化学拆分法的缺点是拆分剂太贵，分离困难，步骤多，成本高，还有毒性和环境污染问题。钙盐诱导结晶法步骤多，收率低，光学纯度差，控制要求严，投资大，扩大生产规模比较困难。另外，诱导结晶法不能用于D–泛醇等泛酸衍生物生产。

为了赶超国际先进水平，进一步满足医药、食品、饲料中泛酸添加剂的大量需求，并参与国际市场竞争，浙江鑫富生化股份有限公司与江南大学生物工程学院合作，立足于国情与现有工厂泛酸钙生产的实际情况，充分利用本课题组在生物催化与微生物酶领域的特长与优势条件，开展了生物拆分方法制备D–泛解酸内酯及用于生产D–泛酸钙与

D-泛醇的研究。

本课题具有自己知识产权，已获得中国发明专利（ZL01104070.X）。采用化学合成与酶催化结合的“化学—酶法”，用现有工艺异丁醛合成的DL-泛解酸内酯为底物，用微生物酶为生物催化剂，新的酶法拆分菌种和工艺，反应时间短，得到D-泛解酸内酯的光学纯度高，反应容易控制，底物浓度高，符合实用性要求。与传统方法相比，不用化学拆分剂，不用多次结晶，减少了操作步骤，减少了化工原料和溶剂消耗，减少了废物排放及操作污染，改善了操作环境，提高了产品品质，降低了生产成本，提高了D-泛酸钙生产的整体技术水平，达到了用高新生物技术改造传统化学工业的目的。

本课题研究的成功之处是选育了一株能高产立体专一性D-泛解酸内酯水解酶、不利用不降解泛解酸内酯或泛解酸的微生物菌株串珠镰孢霉*Fusarium. Moniliforme*，产酶发酵时间短（2天），酶转化时间短（3～5小时），酶固定化后，反复分批酶转化可达180次以上。所得到的酶水解产物光学纯度达到99% e.e.以上，因此具有较好的技术经济竞争力。

本项目已完成了产业化研究，生产规模达到D-泛酸钙2 000吨/年和D-泛醇300吨/年，并取得了较好的经济效益、环境效益与社会效益。

（1）已建成年产2 000吨D-泛酸钙装置，节约建设投资约1 200万元。2002年实际生产D-泛酸钙1 726吨，实现产值1.5亿元，出口创汇987万美元，实现利税3 384.39万元，创净利润2 604.96万元。浙江鑫富公司的泛酸钙生产已进入世界前3位，对世界泛酸钙市场有重要影响。

（2）在国内外首家采用生物拆分制备的D-泛解酸内酯生产D-泛醇。已建成年产300吨D-泛醇中试装置。2002年3～9月试生产20吨，产品已进入国内外市场，预计达产后新增年销售收入5 000万元，新增年利税2 000万元。

（3）应用生物法新工艺，用微生物酶作为生物催化剂，进行酶法拆分，不用化学拆分剂，不用多次结晶，减少了许多操作步骤，减少了化工原料和溶剂的消耗，用于D-泛醇生产，吨利润可达到40%；用于D-泛酸钙生产，与传统诱导结晶法相比较，就目前水平，新工艺（酶法）D-泛酸钙成本已经比老工艺（钙盐诱导结晶法）成本降低8.2%，随着技术水平提高，成本还有一定的下降空间。

（4）应用生物法新工艺，减少了环境污染，改善了操作环境，产品产量增加而对环境的污染几乎不增加，有显著的环境效益。

（5）应用生物法新工艺，提高了D-泛酸钙产量和质量，降低了生产成本，不仅满足了我国医药、食品和饲料工业的需求，还大量出口进入国际市场。由于提高了D-泛酸钙生产的整体技术水平与市场竞争力，也完全改变了我国在本产品领域的国际地位。世界最大的两家D-泛酸钙生产公司BASF和Roche，因其化

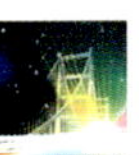

学拆分法已无法与生物法竞争，已经为中国产品让出了一定的市场空间；日本第一制药公司的产品竞争力也明显减弱。我国在本产品领域的国际地位明显提高。从学科交叉角度讲，本项目也是化学与生物结合的成功范例，是生物化工行业的又一个新成果。

本课题已通过教育部组织的专家鉴定（鉴字［教BP2003］第001号），查新与专家鉴定认为本项研究处于国内首创、国际领先水平。本成果2002年获中国石油和化学工业技术发明二等奖。

与国外仅有的日本第一制药公司（FUJI公司）最新报道数据进行比较*，无论是菌种、方法或是效果上，都有实质性的不同与显著的进步（仅底物浓度偏低）。列表12比较如下。

表12

	日本FUJI公司（2002年）*	本课题（2002年）
微生物菌种	尖镰孢霉 *Fusarium. oxysporum*	串珠镰孢霉 *Fusarium. Moniliforme*
产酶发酵时间	5～7天	2～3天
酶转化率	25%～30%	25%～45%
底物浓度	70%	20%～30%
酶转化时间	21～72小时	3～5小时
固定化方法、批次	海藻酸钙包埋，180次以上	戊二醛交联，180次以上
对产物提取收率	—	70%以上
产品光学纯度	$[\alpha]_D^{20}=-45.6°$；91%～98%*e.e* 需要重结晶	$[\alpha]_D^{20}=-49°\sim-51°$；99%*e.e* 不需重结晶

*注：日本FUJI公司数据来源：

1. Sakayu Shimizu；Tadanori Morikawa；Kazumasa Nitta；Keiji Sakamoto；Koich Wada. Journal of the Chemical Society of Japan，Chemistry and Industrial Chemistry.2002，1，p.1－8
2. Sakamoto；Keiji；Yamada；Hideaki；Shimizu；Sakayu.（Fuji Yakuhin Kogyo Kabushiki Kaisha，JP）.United States Patent. 5，275，949 January 4，1994

本课题的研究成果证明，生物技术与化学工业结合，将逐步取代传统的化工工艺，并逐步建立新兴的生物催化产业。生物催化技术环境友好，符合“绿色化工”要求，同时也有明显的经济效益和社会效益，已引起了人们广泛的兴趣和很高的期望。现代的生物催化技术应用于生产医药中间体、精细化学品或大宗化学品具有相当大的工业潜力，发展非常迅猛，应用前景很好。

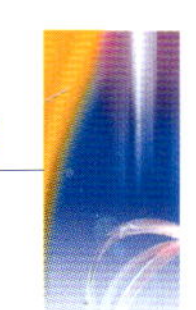

环境生物技术

生物技术在环境治理和环境保护中的广泛应用，衍生出一门新学科和新技术，即环境生物技术，也称环境生物工程。环境生物技术是一门由现代生物技术与环境工程技术相结合而形成的前沿交叉学科。凡是与生物技术结合，对环境点源污染进行监控、治理或修复的技术以及环境友好生物可再生材料和能源开发利用技术，均属环境生物技术的范畴。现阶段的环境生物技术的核心是微生物生物技术，主要是采用现代分子生物学和分子生态学的原理和方法，充分利用环境微生物的生物净化、生物转化和生物催化等三大特性，从污染治理、清洁生产到可再生资源利用，多层面和全方位地解决工业和生活废水污染、石油和煤炭脱硫、农药残留、能源和材料短缺等问题。

与化学、物理等其他技术比较，环境生物技术具有效率高、成本低、反应条件温和以及无第二次污染等显著优点。环境生物技术是最安全和最彻底消除污染的方法，同时还可以增强自然环境的自我净化能力。环境生物技术是有机废物资源化的首选技术，能“化废为宝”，将有机（污染）物转化为沼气、酒精、有机材料或原料、单细胞蛋白等。环境生物技术能促进生产工艺的生态化或无废化，真正实现清洁生产的目标。环境生物技术能大大降低环境友好生物材料和生物能源的生产成本，使其部分或完全取代化学材料和化石能源。环境生物技术及其相关产业已成为我国经济发展中一个最具有发展潜力的新的经济增长点。当今世界各国，特别是包括中国在内的发展中国家为解决工业文明与生态环境严重失调的矛盾，无不大力加强和发展环境生物技术，以保持经济、社会与环

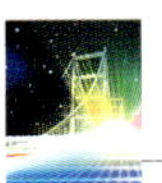

境的协调可持续发展。

微生物是自然界中群体数目最庞大、种属类群最繁多、基因资源最丰富和应用范围最广泛的一类生物。在极端环境，包括极端污染环境中，能发现的惟一生命形式是微生物，但长期以来对环境微生物的研究仅局限在占总量约1%的可培养微生物上，而对其余难培养微生物，包括具有特殊研究和应用意义的特殊环境，如极端胁迫环境和极端污染环境微生物仍知之甚少，这是目前地球上生物基因资源中一块尚未开垦的处女地。近年来，随着免培养技术、PCR技术、基因组技术和DNA芯片技术的进步，可以不经过培养直接从土壤中分离群落水平的DNA样品，并建立一系列典型极端环境微生物的生态基因组库，通过高通量筛选平台（国外同类研究中的筛选效率已经达到108～9克隆/天）进行系统性和大规模的新基因开发。因此，从传统培养和生态学方法转向采用免培养结合分子生态学方法，从单一的和纯化的菌株转向在群落水平或生态基因组层面进行系统性和大规模的新基因开发，是当前环境微生物资源利用的一大发展趋势。

微生物的许多重要性状常由一系列基因或基因簇控制，如由20多个基因连锁组成的固氮（nif）基因簇、与纤维素分解有关的基因簇或巨大多烯抗真菌抗生素合成基因簇等，其结构、功能和调控机制十分复杂。因此，对这类重要基因簇的研究必须建立在系统地将其整个DNA大片段克隆、定位和核苷酸序列分析的基础之上，采用现代分子生物学和分子生态学的理论和方法，借助模式微生物基因组和功能基因组平台系统研究和揭示基因簇中调节基因与结构基因间、不同代谢途径间及细菌与宿主或环境间的相互关系和相互作用的分子机制。从单基因或几个基因的功能研究转向借助模式微生物基因组和功能基因组平台开展微生物代谢网络和基因调控网络的系统研究，是当前另一大发展趋势。

特殊微生物技术的发展推动了极端酶在新药开发、石油开采、轻化工制品及环境整治等方面应用，利用微生物发酵将淀粉和纤维素等原料转化为燃料酒精成为解决能源及环境压力的最有效的技术途径，诸如此类的成果使传统工业、农业、能源和材料领域的生产工艺产生了重大变革。可以预料，21世纪微生物产业将成为我国国民经济中最重要的支柱产业之一，并与动物产业和植物产业形成三足鼎立之势。多学科交叉和技术集成应用推动微生物产业群的形成和壮大，是当前微生物产业发展的又一个新趋势。

2002年的重要进展如下：

（1）以我国极其丰富的特殊环境未培养微生物资源利用为技术创新的切入点，初步建立了云南腾冲热泉、青海藏牦牛瘤胃和传统堆肥未培养微生物的生态基因组文库，已获得一批具有特殊性质和应用前景的淀粉酶、纤维素酶、蛋白酶和脂酶酶编码基因，并正尝试建立高效表达系统。

（2）以最具典型意义的含酚工业废水生物治理为技术集成应用的重点，针对几种对我国生态环境和国民健康危害极大的有毒污染物，从污染环境中分离到一批具有高效降解芳烃类化合物的优势菌株，克隆了典型污染物苯酚和苯胺降解的关键基因，构建了多株高效工程菌。生物制革、生物制浆和生物漂白等清洁生产新工艺已进入中试阶段。

（3）以极耐高温木聚糖酶和海藻糖磷酸化酶的工业应用为产业突破点，开发出“利用玉米芯酶法生产低聚木糖”新工艺，已在山东省建成一个年产 1 000 吨低聚木糖的生产基地。开发出“直接从淀粉生产海藻糖”的新技术，在广西壮族自治区建成一个年产 200 吨海藻糖的生产基地。

极端微生物与极端酶

一、领域概述

极端微生物是依赖于一种或多种极端物化因子而生存繁衍的一类极端生命形式，包括嗜热菌、嗜冷菌、嗜碱菌、嗜酸菌、嗜盐菌、嗜压菌等。它们构成了地球生命形式的独特风景线，其存在的原理与意义为更好地认知生命现象、发展生物技术提供了宝贵的知识源泉。

从宇宙或地球历史看，现在地球的环境是宇宙中难得的人类家园，对人类而言的所谓极端环境才是自然界中的普遍环境，极端微生物与人类所居住的环境是完全不同的世界。极端微生物的研究将有助于揭示生命起源、生命极限、生命本质甚至其他生命形式等生命科学上最大的悬念。

生命的新陈代谢是在一定的环境条件下进行的，极端恶劣的环境对构成一般生命的物质基础——有机大分子具有损伤和限制作用，而极端微生物的生存却依赖于一种或多种极端因子，其特殊的生理机制与分子基础，不仅对蛋白质、核酸等生物大分子的结构与功能、生命行为原理等赋予新的概念，而且将对一些经典的生物学理论提出挑战。极端微生物的研究无疑有助于对生命本质的认识，有助于产生生命科学研究的新生长点。

生物技术的发展导致了社会经济的极大进步，也是人类社会可持续发展的重要保障。生物技术的发明由两种途径实现，一是细胞功能的基因操作；二是新遗传资源的开发。基因工程、蛋白质工程等生物技术手段，将在修饰生物性状方面发挥重要作用，而利用自然的基因资源是最现实、经济、安全的途径。极端微生物适应了不同的苛刻条件，是自然界提供给我们的、最后尚未充分开发的

生物遗传资源宝库。极端微生物遗传信息的开发不仅可产生新产物，并可以突破当前生物技术领域中的一些局限，建立新的生物技术手段，将使生物技术在环境、能源、农业、健康、轻化工等领域的应用发生变革。

极端微生物所产生的极端酶（extre-mozymes），可在苛刻条件下行使功能，将极大地拓展酶的应用空间，并是建立高效率、低成本生物技术加工过程的新基础，PCR技术中的高温Tag DNA聚合酶具有典型的代表意义，正是来自美国黄石公园嗜热菌Thermus的DNA聚合酶的应用导致了PCR技术的革命，为现代生物技术的发展做出了关键性的作用。目前已发现了许多来自深海火山口的嗜热微生物，其酶反应的最佳温度超过100℃，为许多生物技术过程提供了新的机遇。来自嗜盐碱菌的极端酶，可耐受近饱和的高盐浓度、pH超过10～12的碱性，而嗜酸菌的极端酶可耐受的pH低于1～2。来自南极、深海、冰川等低温区域的嗜冷菌，所产生的极端酶又可以在接近0℃的低温下发挥功能。美国科学家W.W. Adams预言，极端酶的应用将改变整个生物催化剂的面貌。

工业生物催化被公认为是生物技术在制药、农业的第一、二次浪潮之后的“第三次浪潮”，国际上最近收集到的经济数据也支持这种观点。工业生物催化技术的核心是生物催化剂：工业用酶。由于生物催化剂对底物作用具有高效性和选择性，普遍认为它的工业应用非常有前途。由于生物催化剂一般作用于相对较纯的底物，从而最大限度地减少了浪费。生物催化剂通常具有区域特异性、化学特异性和立体特异性的特点，这些特点对传统的化学催化剂提出了挑战。同时，生物催化剂还可以在较为温和及相对无毒的条件下完成，但并不是所有的生物催化剂都可以用在工业上。

将生物催化剂应用于工业还存在一些问题。虽然酶通常产率较高，酶活性位点单位时间的产率也较高，但大部分的酶是仅有一个活性位点的生物大分子，从而单位质量的产率较低。此外，典型的酶稳定性差。生物系统在进化过程中已经取代了那些不利酶作用的因素，但大部分的工业环境并不是按照酶作用的要求设计的，从而要求在合理成本的基础上设计出符合生物催化剂的工业标准，这需要在技术上非常熟练。因此，极端微生物及极端酶的发现与应用，极大地拓宽了生物催化剂的适应范围，是发展工业生物催化技术、取得工业生物技术优势的重要途径。

二、国外发展状况

由于极端微生物的科学及应用价值，极端微生物的研究应用已经形成国际热点。

美国近年来非常注重极端微生物的研究，在基础研究方面开展了系统的工作，在

极端微生物的生物技术利用方面已经开始实用化，高温DNA聚合酶、碱性酶及极端采油菌已在产业上产生了重要影响。非致病微生物基因组应用、极端微生物已成为研究重点，将为推动工业生物技术领域的发展、协调环境与可持续发展等方面作出重要贡献。

欧洲是开展极端微生物研究较早的地区，英国、德国、西班牙等国工作突出。他们主要研究极端微生物生命机理的分子基础及新酶、新产物的开发。欧盟于1997年启动一个耗资1 200万美元的计划——“极端细胞工厂（Extremophiles as Cell Factory）”，探索极端微生物在不同工业中的可能用途，此后极端微生物的研究成为欧盟的重要科技发展内容，其目的是“利用生物技术改造现在的化学工业过程”，有人认为，极端微生物工业的时代已经到来。

日本已开发了大量的嗜碱菌及其碱性酶，获得了20多种碱性酶的专利，碱性纤维素酶、环糊精酶、蛋白酶等都在工业中得到了实际应用。1991年开始实施了著名的深海之星（Deep-star）计划，耗资50亿日元进行为期5年深海极端微生物的研究，现在每年仍维持300万美元的资助，从深海中获得了1 000多株嗜压、嗜冷、嗜热、嗜碱及耐有机溶剂的多类型的极端微生物，最引人注目的则是耐有机溶剂菌，可耐受的溶剂浓度可达50%。这些极端微生物在新酶、新药开发及环境整治等方面的应用潜力极大。而最近启动的海床钻探计划，同样关注的是新极端微生物的发现。

极端微生物在商业上应用的巨大潜力已吸引了许多生物技术公司的关注。1997年Genecor公司推出了碱性纤维素酶103作为洗涤剂的添加剂，预计该酶的年市场销售额可达到6亿美元；美国Diversa公司自1994年底成立以来，已获得400多种新型极端克隆酶。尽管对极端酶的认识不同，但全球排名前几位的酶制剂公司Novo Nordisk、Genecor、Amano等都在进行极端酶的研发竞争。

从极端酶开发的技术手段上看，利用分子生物学手段进行酶基因克隆、改造成为主要发展趋势，出发点包括极端微生物菌株、极端环境基因以及基因组数据，所开发的目标酶为高温、低温、极端pH的水解酶、氧化还原酶等。以极端酶发现为例的重要技术：

1.自然分化

随着重组酶生产技术的进步，从更广泛的来源获得造价低廉的酶已经成为现实。过去几年中，从极端微生物中得到了很多的酶，这种获得能力的提高使从极端环境中寻找微生物的技术也得到了发展，但它更大的帮助是促进了将来自极端微生物的基因转移到传统宿主的能力，从而使我们可以在中性及成本较低的条件下生产极端环境的酶。后面这项技术可以完全不需要传统的微生物分离培养，直接将未培养来源的DNA克隆到宿主细胞中，然后通过高通量筛选找到具有目标酶活性的重组子。不过这项技术更多的是研究难以培养的微生物产生的酶，重组技术可以使对这种酶的研究更加容易。

2.基因测序

由于测序能力的提高及序列分析能力的加强，许多新的基因被发现，通过与已知的酶基因序列比较可以推测这些基因编码的酶的活性。由于这些酶性质的具体细节还不能通过序列分析得知，所以仍然需要将这些新发现的酶基因表达出来，然后决定它们是否对要求的反应真正有帮助。但是有些性质是可以推断出来的，来自一种生物的所有的酶都可以在它的正常生长温度下进行反应，因此我们可以从嗜热菌的基因序列中寻找在沸点具有酶活的酶，同样可以从嗜冷菌的基因中寻找在冰点具有酶活的酶。

现在已经有20种微生物完成了全基因测序，还有80多种微生物正在进行测序工作。在两种完成全基因测序的真核生物中(一种是酵母菌，一种是多细胞生物蠕虫)，测序工作已经发现了接近25 000个新基因，而且大部分基因都是酶基因，其中1/3的基因可以归入推断的功能家族中，这个功能家族是个丰富并且在不断增加中的工业酶候选库。已发表的全基因组测序的嗜热菌分别是：*Aquifex aeolicus*，*Archeoglobus fulgidus*，*Methanobacterium thermoautotrophicu*。

在基因组中找到基因的关键是使用高效的序列比对法。新的序列可以通过与数据库比较推测它们的生物功能。通过使用IDENTIFY发现，在酵母基因中833个开放阅读框(ORFs）功能未知，超过100个ORFs可以根据比较的结果推测生物功能。IDENTIFY还被用于推测来自几个基因组的ORFs的功能，结果有15%～30%的成功率。通过序列对齐的方法在基因组中寻找未发现的新酶，对于寻找工业用酶是非常有价值的。

3.定向进化

定向进化是工业酶开发的所有新方法中最有效的。定向进化是一种快速低廉的筛选方法，通过这种方法得到的酶在特定条件下比天然存在的酶活性更高。定向进化模拟自然进化中适者生存的原则寻找新酶。“定向”是指通过一系列逐步改进的方法找到更适合我们需要的酶。定向进化从待改进的酶的基因克隆着手，通过体外突变基因增加多样性，得到一组突变基因，将突变基因转入宿主细胞并表达，检测是否有需要的酶活。筛选出最佳的突变基因，将此基因作为下一轮突变、筛选的起始基因。

三、我国研究的主要进展

中国特殊的地理环境，赋予了得天独厚的极端微生物资源。在863计划、国家攻关计划、国家自然科学基金的支持下，我国在

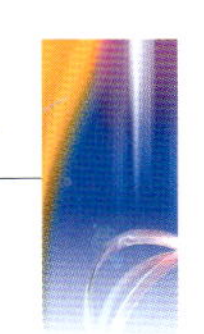

极端微生物开发方面有了较大的进展，在新极端微生物类群的培养技术、极端环境非培养技术评估、蛋白质组学分析、功能基因与极端酶的发现、极端酶基因表达、极端酶认识与优化、极端酶的应用等方面，取得了诸多成绩。

1.极端微生物多样性与生物催化剂多样性研究，丰富了极端微生物资源库

以现代生物技术手段评估了我国热泉、盐碱湖、冰川等特殊极端环境微生物区系，分离培养了300多株新的极端微生物，包括细菌、古菌，获得了多个国外报道的未培养微生物的培养物。从太平洋深海4 000～5 500米深的样品，分离到180多株嗜冷菌、耐冷菌，完成了110多株菌的16S rRNA基因测序，建立了极端环境生物多样性基因文库；发现了1个新属，6个新种；完成了两个盐碱湖、部分深海区域的古菌与细菌的分子生态学评估，发现了古菌、细菌新类型。从分离到的高温微生物、低温微生物、嗜碱微生物中，筛选到了可耐受高温、低温、盐碱的多种极端酶产生菌近100株。初步研究了极端酶的特性。碱性酶的最适反应pH分别为9～11，多为10～10.5，包括淀粉酶、半乳甘露聚糖酶、海藻糖酶、木聚糖酶、透明质酸酶、果胶酶、黄原胶酶等；高温酶的最适反应温度为75～100℃，酶种有淀粉酶、木聚糖酶、几丁质酶、葡萄糖苷酶、环糊精酶、甘露聚糖酶等；低温酶最适反应温度低于40℃，包括脂肪酶、蛋白酶、淀粉酶、甘露聚糖酶等。

2.极端酶基因克隆、分离技术发展有三个角度：纯培养物、环境元基因组、全基因组数据

（1）纯培养物：通常获得酶的方法是首先分离出菌种，然后根据需要对纯培养物进行酶活性筛选，培养产酶菌株并分离纯化得到纯酶。大型的菌种库，尤其是通过PyMS等方法复制的菌种库可以用来筛选各种酶和新陈代谢的产物。2002年度从嗜冷菌、嗜碱菌及嗜热菌出发，克隆极端酶基因，获得了若干个极端酶基因。如从嗜碱菌中，克隆到了新淀粉酶基因，从嗜热菌中，克隆到了新木聚糖酶基因，从嗜冷菌中，克隆到了新蛋白酶基因等等，还从草甘膦重污染区域获得的细菌中，克隆了新草甘膦降解酶基因。

（2）环境元基因组：通过微生物分离方法可以非常有效的获得具有各种活性的酶，但是这一方法成功的前提是能否分离得到足够多的菌种，或者说能够得到最大的多样性以提高获得产酶菌株的可能。但是分子生态学研究证明，通过常规的方法得到的培养物数量不到环境样品中总生物量的1%，也就是说，样品中绝大部分的资源在纯化培养的过程中丢失了，这对于环境资源是极大的浪费，也不利于新酶的寻找。虽然极端环境微

生物的出现开辟了生物学研究的一个新领域，但由于它们生长条件的特殊性，所能得到的培养物数量更加稀少。为了解决有限的培养株数目和环境中丰富的微生物数量之间的矛盾，从环境样品中直接分离微生物的DNA，以无偏向的获得环境中尽可能多的基因资源，即以环境元基因组（metagenome）的策略进行极端酶基因资源的开发。目前，已建立的基因文库有：①深海样品DNA文库，库容共57Mb；②盐碱湖样品DNA文库，库容共43Mb；③热泉样品DNA文库3个，总库容为126Mb。从文库中得到8个水解酶、裂解酶、氧化还原酶相关的基因序列。同时，有关单位已基本建立了极端酶的高通量筛选技术体系。

（3）基因组数据：已有多种极端微生物完成了全基因测序，我国完成全基因组测序的极端微生物有腾冲嗜热厌氧杆菌，通过与已知的酶基因序列比较，可以推测这些基因编码的酶的活性。通过基因组数据分析，我国申报专利的高温酶基因如表13。

表13

色氨酸酶	α-葡萄糖苷酶	硒基磷酯酯合酶
DNA聚合酶	β-葡萄糖苷酶	磷酸甘油酸变位酶1
纤维素酶	γ-淀粉酶	6-磷酸葡萄糖酸脱氢酶
反向旋转酶	尿酸盐水和酶	外切多磷酸酶
DNA错配修复基因	乙酰辅酶A羧化酶	嘌呤核苷磷酸化酶
脂肪酶	丙三醇激酶	半胱氨酸合酶
谷氨酸亚胺甲基转移酶	转酮酶	S-腺苷甲硫氨酸合成酶
异柠檬酸脱氢酶	鸟苷酸激酶	组氨醇脱氢酶
甲基乙二醛合酶	CTP合成酶	磷酸庚糖异构酶
转醛酶	生物素合成酶	葡聚糖磷酸化酶
烯醇化酶	磷酸果糖激酶	二氢乳清酸合酶
酪氨酰tRNA合成酶	苏氨酸合成酶	胸苷磷酸化酶
半胱氨酸合酶	二氢乳清酸脱氢酶	6-磷酸葡萄糖异构酶
S-腺苷甲硫氨酸合成酶	一种异柠檬酸脱氢酶	胞苷酸激酶
组氨醇脱氢酶	三磷酸鸟苷环式水解酶I	磷酸核糖邻氨基苯甲酸异构酶
磷酸庚糖异构酶	尿苷激酶	核苷二磷酸激酶
葡聚糖磷酸化酶	磷酸甘露糖异构酶	组氨酰tRNA合成酶
二氢乳清酸合酶	磷酸丙糖同分异构酶	硒基磷酯酯合酶
胸苷磷酸化酶	亚精胺合酶	磷酸甘油酸变位酶1
6-磷酸葡萄糖异构酶	精胺琥珀酸裂解酶	6-磷酸葡萄糖酸脱氢酶
胞苷酸激酶	分支酸合酶	外切多磷酸酶
磷酸核糖邻氨基苯甲酸异构酶	肽酶E	嘌呤核苷磷酸化酶
核苷二磷酸激酶	胞嘧啶脱氨酶	组氨酰tRNA合成酶

3.极端酶基因表达

在大肠杆菌原核表达系统中，表达了嗜碱菌*Alkalomonas* sp.的碱性淀粉酶、低温菌*Pseudoalteromonas*的低温蛋白酶、高温菌*Dictyoglomus thermophilum*的高温木聚糖酶、高温菌*Pyrococcus* sp.的高温淀粉酶、嗜碱菌

Bacillus sp.的碱性甘露聚糖酶等。而利用酿酒酵母、毕氏酵母等真核表达系统，进行了一些高温酶的表达。

4.蛋白质组学与功能基因

极端微生物的蛋白质组学研究，是极端功能基因发现的重要手段。嗜碱菌*Alkalomonas* sp.蛋白质组分析，初步显示了与pH适应相关的功能蛋白。而腾冲嗜热菌的蛋白质组学分析已初步完成，发现了与糖代谢、温度适应相关的蛋白质，克隆了热休克蛋白基因与其他功能基因。如：精氨酸抑制因子、FtsA蛋白、HSP70分子伴侣、核糖体蛋白L15、精氨酸抑制因子等。

5.极端酶改造

极端酶可耐受苛刻的物化条件，具有一定的应用优势。但是，为了达到更理想的应用效果，仍然需要对极端酶进行改造。同时，极端酶稳定性的分子信息，对于理解蛋白质结构与功能，促进酶蛋白的理性设计也具有重要价值。我国在这方面的工作有：对来自嗜热菌的海藻糖合成酶基因进行DNA shuffling，试图获得海藻糖高转化率的新酶。应用易错PCR技术对碱性甘露聚糖酶基因进行随机突变，获得两个位点突变的突变酶，其最适反应pH发生了明显改变。对高温脂肪酶基因突变，其反应温度范围也有了明显改变，具有保留高温稳定，而相对低温酶活仍有较高的潜力。

6.极端酶应用

海藻糖合成酶（TRES）是20世纪90年代初期，由意大利科学家发现而在90年代中期由日本科学家开发成功的新型酶类，它可以在不外加任何能量（ATP等）的情况下直接从寡糖或麦芽糖合成海藻糖。海藻糖是一种天然的二糖，过去只能从酵母细胞中提取，每千克成本高达500多美元。现在用酶法转化，每千克成本只有几十元人民币，可以广泛地应用于食品、医药、化妆品等领域。

我国已成功地从广西象州温泉分离到产海藻糖合成酶的极端菌，该酶与国外发表的同类酶的同源性只有56%，而转化率可达82%以上，在75℃条件下5小时活力不减。利用该酶相关技术，成功地建成了年产200吨海藻糖的小规模生产线，产品已出口韩国、挪威等国。

高温酶用于淀粉糖的生产已有成功的经验。我国开发了新高温酶应用于新糖生产的工艺，来自嗜热菌的海藻糖合成酶用于海藻糖的生产，提高了产品转化率，降低了生产成本。嗜热菌的高温酸性淀粉酶应用于淀粉糖化，简化了工艺，节省了成本。来自嗜热菌的高温甘露聚糖酶，已成功应用于植物半纤维素的寡糖转化，提高了转化效率，优化了生产工艺，所产生的半乳甘露寡糖已经成功地开发出生理功能优越、可替代饲用抗生素的新饲料添加剂，取得了新产品证书。

油井压裂是石油采收的重要手段，而传统的化学破胶，不仅效果有限，污染地层，而且对40℃以下的低温油井难以发挥作用。低温、碱性甘露聚糖酶适应于压裂液破胶工艺，在模拟试验基础上，已准备在我国长庆油田进行现场应用试验。

发酵甘油微生物的基因工程

一、甘油的市场需求和变化

甘油学名丙三醇［$C_3H_5(OH)_3$］，因其具有吸湿性、保温性、高黏度、水溶性、无毒、有甜味、微生物易分解、有3个羟基可制成一些衍生物等特性，是一种重要的轻化工原料，被广泛地应用于涂料、炸药、塑料、牙膏、化妆品、食品、烟草、化工、医药等11个行业的1 700多种产品中。长期以来我国甘油供需矛盾十分尖锐，目前甘油年需求缺口在10万吨左右，而年生产能力只有3万吨左右，特别是食品和医药用天然甘油更加供不应求，长期依靠进口来弥补。

由图25可见，我国人均甘油消耗量和消

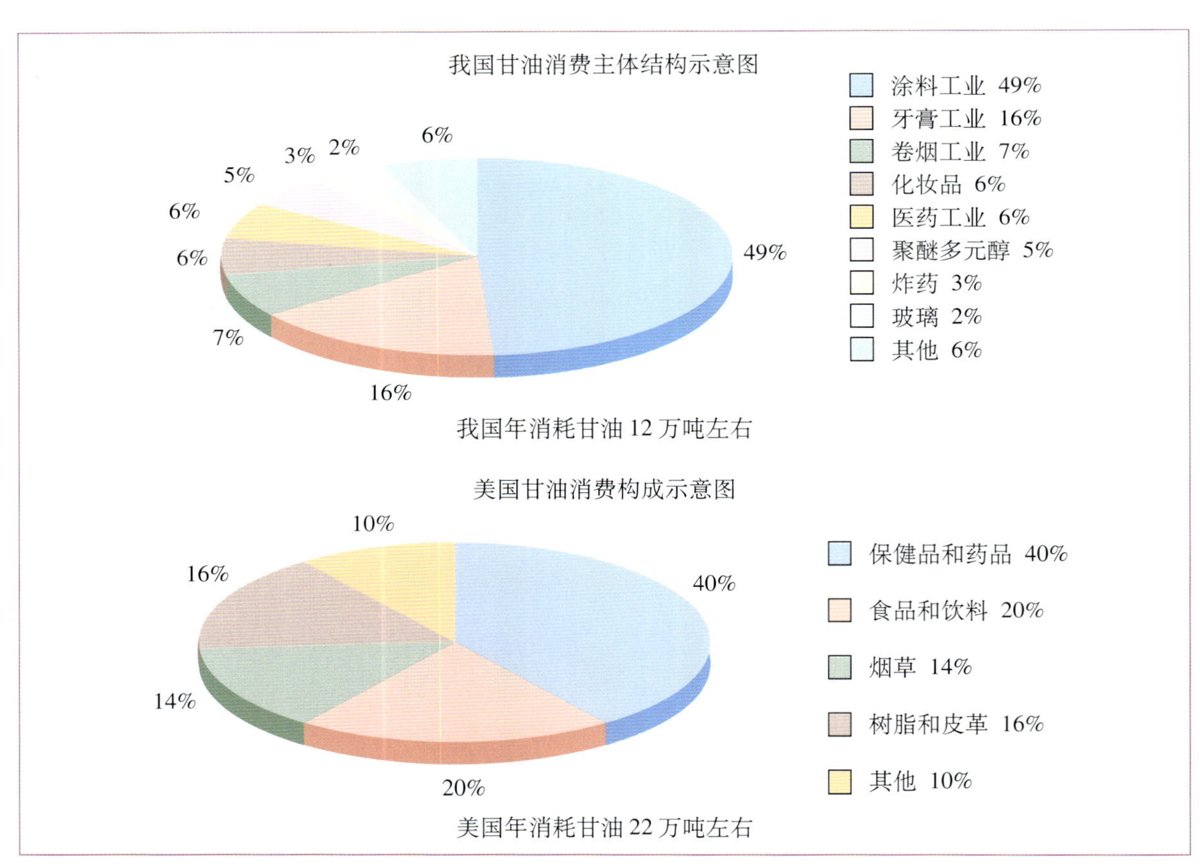

图25　中国与美国甘油消费结构比较示意图

费构成与发达国家相差甚远。我国涂料工业消耗甘油的量占49%，而欧美等发达国家不到10%；相反，美国的药品和食品甘油用量占54%，我国还不到10%。因此，随着我国产业结构的调整，特别是医药和食品行业的飞速发展，对于甘油的需求，特别是高端甘油的需求将会持续增加。

二、发酵法生产甘油的历史回顾

甘油的生产方式大体上可以分为两大类：一类是化学法（包括皂化法和化学合成法），其中化学合成法由于受国际市场丙烯价格的影响，甘油的价格与丙烯价格呈倒挂之势，除壳牌氯化法在世界各国继续应用和大赛氯过乙酸法在日本建有工业装置外，其他生产工艺均因综合利用减少等原因基本处于停顿状态。皂化法是目前中国应用较普遍的方法，该方法生产的甘油占我国甘油产量的90%，然而近年来由于人们生活水平的提高，洗衣粉的用量不断增加，肥皂产量大幅度下降，因而甘油产量也随之大幅度减产，根本无法满足市场的需求。

生产甘油方法中的另一大类是发酵法甘油，这是一种利用淀粉发酵生产粗甘油，再通过纯化获得纯天然精品甘油。发酵甘油生产始于第一次世界大战，由于战争的需求，德国研究出酵母发酵醪中添加亚硫酸钠厌氧发酵生产甘油。此后世界各国相继开展发酵生产甘油的研究，到1960年美国建成年产150万磅甘油发酵厂。

我国对发酵法生产甘油的研究始于50年代中期，至今已有40年历史，并取得了可喜的成绩。原料由糖蜜原料转变成了淀粉质原料；生产工艺也由传统的亚硫酸盐法发展到了耐高渗压发酵法；生产菌种由传统育种步入了利用基因工程手段改造野生型菌种。这些技术上的进步使我国甘油发酵研究进入一个崭新的阶段。1986年国家科学技术委员会将淀粉质原料发酵法生产甘油的研究列为国家“七五”科技攻关项目，由四川省食品发酵工业研究设计院和无锡轻工业大学分别承担。经过5年的研究，取得了明显的进步，于1990年分别通过了轻工业部的技术鉴定。四川省食品发酵工业研究设计院的研究结果表明，采用耐高渗压酵母，在淀粉水解糖液浓度为25%的培养液中，发酵100小时，产甘油10 %，全糖转化率达43%，提制总收率达75%，完成或超额完成了合同指标，达到80年代末期国际先进水平。其后，国家科学技术部在“八五”、“九五”和“十五”期间继续大力推动发酵甘油的研究与产业化发展。尤其在2002年，国家863计划正式立项“高产甘油基因工程新菌株的构建及其在产业化中的应用”，这标志着我国甘油发酵工艺在育种方面的一次重大发展，是将传统选育与现代高新生物技术的有机结合，从对生命体的遗传工程改造着眼，推动发酵法生产甘油继

续向前迈进。在近20年里，各级地方科学技术委员会也大力支持发酵甘油事业的发展，如1992年，四川省科学技术委员会将“发酵甘油提制新工艺”列为省重点攻关项目。

三、我国发酵法生产甘油的现状

目前，国内约有26家发酵甘油厂家，主要分布在东北、华东、华南等地。生产规模从年产500吨到10 000吨甘油不等，多数生产厂家规模在1 500吨左右。由于大部分建厂在20世纪90年代中期，采用的生产技术都是以“七五”和“八五”攻关的成果为主，受到近年来甘油国际市场价格从24 000元/吨（人民币）跌至12 000元/吨的影响，绝大多数生产厂家的技术指标已经落后，生产成本过高，难以适应市场竞争的需要，目前大部分发酵甘油厂家处于停产或半停产状态。以下是国内几个产量较大的甘油生产厂家介绍：

山西省介休市维群煤运（集团）有限公司，年产98%以上发酵甘油7 000吨，95%以上发酵甘油3 000吨，采用100吨气升式发酵罐进行两步发酵技术，通过一次好氧发酵产甘油，二次厌氧发酵降残糖。目前运营情况基本正常。

河南省濮阳市发酵甘油厂，年产发酵甘油1 500吨，采用技术为“七五”攻关技术改进，目前处于半停产状态。

黑龙江省友谊甘油厂，年产1 500吨发酵甘油，采用技术为“七五”攻关技术改进，目前处于半停产状态。

四川省川大光耀生物工程有限公司，年产100吨优等级甘油，采用基因工程改造菌种，目前正在筹建年产5 000吨规模的生产基地，公司运作正常。

四、发酵法生产甘油的最新研究进展

1.国外研究最新进展

国外近年来研究最多的是耐高渗压酵母发酵法生产甘油。例如，耐高渗酵母 *Candida*, *Debaryomyces*, *Hansenula*, *Pichia*, *Saccharomyces*, *chizosaccharomyces*, *Torulaspora*, *Zygosaccharomyces*。Vijai kishore等报道了采用耐高渗压粉状毕赤氏酵母甘油转化率为45%。Rapin.J.D等报道以乳清渗透物为原料、用酵母发酵生产甘油，在37℃，pH7的条件下，发酵38克/升乳糖40小时左右，甘油产率为9.5%（以乳糖重量计）。有报道，日本某公司准备用一株新种酵母发酵生产甘油，据称它能在20%～30%的高浓度葡萄糖中，36～38℃条件下，把葡萄糖转化为甘油，收率可达80%以上。不过以上国外研究报道均属小型实验性质，基本上未达到工业生产的水平。

另一方面，20世纪90年代开始，发达国家生物工程技术迅猛发展，遗传工程技术在改造发酵甘油菌株产甘油能力的应用中屡见报道。主要可分为两个方面的工作，①利用

基因的超表达技术，提高产甘油关键酶的表达水平；②通过基因敲除技术，抑制微生物本身的产乙醇代谢途径。研究发现，导入甘油合成关键酶GPDH，甘油产量可以增加20倍的得率。超表达GPD基因在乙醇含量比较高的情况下可以在200克/升葡萄糖中获得20克/升产量。同时研究表明，缺失TPI1基因可以使酿酒酵母在400克/升的葡萄糖中甘油产量达到200克/升。在C. glycerinogenes中敲除阿拉伯糖醇合成相关基因，甘油产量可以达到85克/升，最高可以达到100克/升。虽然发达国家在发酵甘油的研究领域取得了很好的成绩，但始终停留在实验室阶段，未能将技术转化为生产力其原因是多方面的，既有技术本身的不成熟性，也有发达国家农业政策的影响因素。

2.国内研究最新进展

直至20世纪末，我国发酵甘油的研究主要针对两方面的内容：①传统育种选育高产甘油生产菌株；②发酵液中甘油的后分离。在这两个方面我国都曾经取得了突出的贡献。但是，步入21世纪后，这些技术逐步落伍。发酵甘油行业针对提高菌株转化率和后分离成品收得率这两大技术瓶颈，作了大量的研究工作，但始终难以获得更进一步的突破。借鉴一些发达国家的研究成果，我国科学家也将目光集中到了利用基因工程手段的微生物遗传改造工程上，并于2002年，国家科学技术部正式批准研究经费220万元，立项“高产甘油基因工程新菌株的构建及其在产业化中的应用”，目的是用4年的时间，解决发酵甘油行业的技术瓶颈，并全面推广产业化。

由四川省川大光耀生物工程有限公司主持，四川大学、四川省食品发酵工程研究设计院协作的“高产甘油基因工程新菌株的构建及其在产业化中的应用”863项目，在复旦大学、中国农业科学院、北京大学等国内权威大学的知名专家、教授的技术指导下，目前已经取得了突破性的进展，部分研究成果已通过了省级成果鉴定。该研究中，首先利用最新的基因芯片技术对盐藻（世界上最耐盐的光和真核单细胞生物，可积累细胞体积30%的甘油）进行了高渗透压胁迫的表达谱分析，进一步克隆了盐藻的全长GPDH基因。

其次，利用组成型表达载体将这一外源性产甘油关键基因导入了耐高渗粉状毕赤酵母基因组中，通过大量的菌种筛选工作，最终获得了可用于工业化生产的工程菌株。通过5吨规模的工业型发酵试验，已经证明该菌株克服了传统菌株甘油产率及全糖转化率低的缺点，试验结果甘油平均含量可达16%，平均全糖转化率55%，较传统工艺技术指标分别提高了60%和37%。另一方面，该菌株产甘油为好氧发酵，在发酵工艺上引入射流技术，改善发酵液中的溶氧条件，将发酵周期从传统的120小时缩短到目前100小时，大

大降低了生产能耗。

同时，该项目针对后提制的产业瓶颈，在发酵液的净化工艺上针对发酵液成分复杂、发酵浓缩胶黏度大、传热系数小的问题，加强发酵液的净化处理，研究出高效絮凝色谱净化工艺。该工艺可充分除去发酵液中的杂质，并克服了色谱净化甘油发酵液提制工艺能耗高的不足，甘油总回收率达到80%以上。

综合比较，我国的发酵甘油研究水平处于国际先进行列，首次将极端生物盐藻中的产甘油关键基因GPDH用于产甘油酵母的遗传改造，提高甘油产生菌的产能是一大技术创新，并在中试水平取得了良好的试验结果，具有重大学术和实践意义。另一方面，在针对传统发酵行业的研究中，使用了基因芯片技术、射流技术以及自行研究的高效絮凝色谱净化技术，这些新技术在传统发酵中的应用同样是一种进步，标志了这一领域的研究思路和研究水平的进步，也预示着未来该领域可能的发展方向。实践证明这些技术的使用对传统甘油发酵行业的影响是积极的。

五、基因工程发酵甘油菌株应用前景和发展方向

由于能源危机这一世界性问题对甘油市场的影响是必然的，石油化工的逐步萎缩必然导致甘油产量的逐步减少。另一方面，大量从天然植物中获取甘油，又是对地球生态系统的一种破坏，我们不难发现这一类甘油生产的主要国家都是发展中国家，目前国际环境保护问题的日益尖锐，使这些发展中国家已经逐步认识到对植物资源的掠夺性开发所带来的种种问题。这两方面的因素最终必然导致甘油产量减少和日益增长的甘油需求量的矛盾，因此，各国都在努力寻找新的途径来解决这一问题。利用可再生淀粉质资源，通过微生物发酵进行生物转化获得甘油是惟一可以最终解决甘油市场需求的途径。较皂化和合成法甘油生产而言，发酵法生产甘油对环境的破坏也是最小的，无疑这是符合我国可持续发展战略需要的绿色环保产业。另一方面，粮食深加工长期以来就是我国农村经济结构调整顺利实现的一个重要组成部分，发酵法生产甘油的产业化推广，也是带动粮食深加工的一个积极方向。

目前，我国发酵甘油研究水平已经在技术上有了重大的突破，将现代基因工程技术与传统发酵甘油紧密结合，大大提高了生产菌株的产能，使单位生产成本较原有工艺下降了2 000多元，已经能够在价格上和同类皂化甘油产品抗衡。另一方面，生物方法发酵生产甘油不含重金属，其产品主要针对高端甘油市场——医用和食用甘油，而这两个市场恰恰正是今后甘油市场发展的主要方向。顺利实现甘油基因工程菌株的产业化应用，将产生巨大的经济效益。同时，我们还应当看到将这些先进的技术用于改造那些正处于

停产或半停产状态的生产厂，可以重新盘活这些企业，解决大量的就业问题，产生巨大的社会效益。

综上所述，抓住时机继续大力支持发展我国的发酵甘油产业，加快新技术的产业化进程，既符合市场的需求，也符合历史发展的长远战略方向。同时，甘油产业的发展必将加快相关产业链的横向与纵向发展，这些产业包括农业、医药、卫生、食品、轻化工等诸多行业。因此，也要求我们的科研工作必须不断进步，始终走在时代的前列。发酵甘油的基因工程改造还只是一个开始，我们将继续找寻更好的基因，更好的途径。发酵甘油的未来将是无限光明和美好的。

海洋生物技术

海洋生物技术是继医药生物技术、农业生物技术之后，20世纪80年代开始发展起来的新兴生物技术。海洋生物技术是发展“蓝色农业”的基础之一，将为人类更有效地开发海洋生物资源，从海洋中获得更多的食品、药物和其他生物制品等提供最重要的技术支撑，并产生巨大的社会和经济效益。海洋生物技术主要包括海水养殖良种繁育技术、海水养殖动物病害控制技术、海水设施养殖与工程化技术、海洋药物、海洋生物制品、海洋生物重要功能基因以及滩涂耐海水植物的研究与开发等内容。2002年，中国从事海洋生物技术研发的科学工作者在国家863计划、国家攻关计划以及国家自然科学基金等科技计划的支持下，取得了一系列重要进展和成果。

海水养殖良种繁育技术

尽管我国海水养殖业取得了举世瞩目的成绩，但仍存在技术含量不高、病害发生频繁和产业效益较低等严重制约产业发展的问题。良种缺乏、病害严重和养殖环境恶化成了制约我国海水养殖可持续发展的主要瓶颈。解决这些问题的关键是在预防病害和保护环境的同时，加速实现海水养殖的良种化，尤其是海水养殖动物（鱼虾贝类，其产量约占总产量的90%）优质高效抗逆的良种培育。海水养殖良种繁育技术取得的进展主要体现在海水养殖名特优良新种类的种苗繁育和海水养殖生物的遗传改良方面。

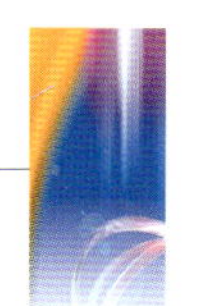

一、种苗繁育

科研工作者针对深受消费者欢迎、市场需求大、价格较高的石斑、军曹、鲽、鳎、蛤、蟹和斑节对虾等进行了亲鱼（贝、虾和蟹）和种苗的培育技术进行了系统研究，取得了许多突破性进展。在斜带石斑鱼苗种培育方面，通过强化培育，已使80%以上的亲鱼达到同步性成熟并实现自然产卵；应用外源雄性激素处理不同发育阶段的鱼，成功诱导2龄左右的斜带石斑鱼早期发生性转变；2002年共培育2.5厘米以上斜带石斑鱼苗170多万尾。在菲律宾蛤仔大规模人工育苗方面，科研人员建立了高密度幼虫培育技术和生产工艺，将菲律宾蛤仔幼虫培育密度由常规的10个/毫升增加到100～150个/毫升以上；他们还初步建立了室内高密度无基质稚贝变态保苗系统，使稚贝（壳长200～1 000微米）成活率达到50%以上。我国采用室内及室外池塘相结合的贝类苗种中间培育技术，年生产壳长1～8毫米以上的菲律宾蛤仔苗种15亿粒以上。在基础薄弱、难度颇大的星鲽育苗方面，我国在星鲽亲鱼的驯化与培育、性腺分化和发育规律及调控、星鲽和石鲽仔鱼生长发育规律及工厂化苗种生产技术上取得进展，人工育出了第一批星鲽鱼苗。

二、遗传改良

利用杂交育种、定向选育、分子标记辅助育种等技术，对养殖生物，如大黄鱼、鲍鱼、扇贝、珠母贝、中国对虾和坛紫菜等，进行遗传改良，选育出养殖新品种（系）。中国对虾的遗传育种已培育出第六代“抗病”选育家系F_1代24个，F_2代6个和第七代“生长快”选育家系25个；并已完成生长速度、抗逆等主要经济性状的遗传力的测定；完成家系人工感染实验，抗病群体存活率比对照提高30%以上，平均存活率60%以上。选育6年的扇贝远缘杂交种“蓬莱红”，个大壳厚、大小匀称、壳色鲜红、活力强、死亡率低，目前已培育其杂交种出库稚贝7.2亿粒；并对“蓬莱红”自繁二代一龄贝进行了选育，繁育自繁三代种苗500万余粒，使“蓬莱红”的性状更加明显和稳定。在皱纹盘鲍的遗传改良方面，以定向杂交的方式生产选择性杂交苗种887.9万只，该苗种比大连野生群体交配培育的非杂交苗种存活率高7.56倍，生长速率增快20%～25%。

海水养殖动物病害控制技术

随着海水养殖业的迅速发展，养殖的规模和集约化程度不断提高，病害发生日趋严重，大面积流行病频频暴发。据不完全统计，全国每年海水养殖病害发病面积高达70%，损失20%以上，直接经济损失达数百亿元之巨，并且还有上升的趋势。

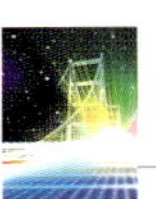

海水养殖动物病害控制技术取得的进展主要体现在如下几方面：①病害的早期快速诊断技术和灵敏准确的病原检测技术；②开发高效无毒的疫苗、免疫促进剂和新型鱼药；③研究养殖宏观容量与病害的关系，开发各种病害控制的生态环境调控技术，培育抗病健康苗种。

一、病原的早期诊断

建立了对虾复合PCR检测技术。根据对虾3种病毒（WSSV、HPV和TSV）的基因组序列设计特异性引物，在同一套反应体系内同时完成3种病毒的检测，灵敏度提高到了0.1pg的水平；用复合PCR检测技术对从海南省、广东省顺德市、浙江省宁波市和辽宁省大连市采集的样品进行检测，验证了该技术的灵敏性和可靠性。牙鲆淋巴囊肿病毒的早期诊断试剂方面，研制出核酸探针—点杂交早期诊断试剂盒，灵敏度达到了50pg，每个试剂盒可检测10～20个样品，可按需要实现产业化。

二、疫苗的研制

在减毒疫苗方面，根据已建立的鳗弧菌pEIB1质粒毒力基因组有关生物学信息，构建获得3株减毒疫苗株，已完成其中1株对牙鲆和美国红鱼的各项感染和免疫学评价，效果良好；根据开发的鳗弧菌减毒疫苗培养基，实现了5升反应器16小时内细胞干重22.4克/升的培养效率，完成了30升中试规模专用反应器的自制。在核酸疫苗方面，淋巴囊肿病毒衣壳蛋白基因序列在原核载体中的克隆表达成功；利用不同的限制性内切酶，将重组质粒中的0.6Kb核酸片段，先后转到质粒pcDNA3.1和pEGFP-N2中，构建了淋巴囊肿病毒核酸疫苗的真核载体，并获得了在真核细胞中的表达。在亚单位疫苗方面，提取了5种病原菌的4种亚单位成分，对其毒性和免疫学特性等进行了分析；开展了3种病原的3种亚单位基因（外膜蛋白、外毒素、耐热直接溶血素）的克隆、表达及表达产物免疫特性分析，并进行了工厂化疫苗生产工艺及其相关配套技术的研究，进展良好。

三、免疫增强剂的研制

确定出5种对虾病毒感染与机体免疫密切相关的免疫指标作为多糖类免疫增强剂筛选的敏感指标；已研制出对虾和鲍鱼用复合免疫增强剂，在临床实验中免疫增强剂可使对虾主要免疫指标提高1倍以上；高位虾池养殖对虾的存活率提高15%～20%。在育苗方面，提高对虾蚤状幼体和糠虾幼体成活率20%以上，提高杂色鲍育苗期成活率25%以上。已生产各类免疫增强剂60吨，销售50多吨；在对虾养殖中推广使用1 600多公顷，在鲍鱼育苗中推广应用2 000万只以上。

四、疾病综合控制与示范

建立了一整套大菱鲆疾病的诊断和防治

方法；中试示范养殖面积达2 200米^2，养殖单产20.3～21.5千克/米^2，成活率达91.0%～93.2%，示范面积、商品鱼养殖产量和成活率均达到课题考核指标。研制的“鲆乐系列”大菱鲆疾病防治药物已进入中试阶段，试用100余次，应用面积达20万米^2，效果良好。研究确定了大菱鲆的最佳养殖容量为每米^{3}养殖40尾平均体重为200克的大菱鲆，可在4个月内达到商品鱼规格，并可获得最大的养殖效益。举办了一次大菱鲆病害防治研讨会，参加人员近百人。

海水设施养殖与工程化技术

我国是世界第一渔业大国，水产品总产量为4 000万吨以上，其中养殖产量占一半以上。然而，我国还不是渔业强国，渔业的机械化、现代化程度与发达国家相比还有不少差距，我们的生产和经营还基本处于粗放式，高产量是靠“人民战争”和牺牲环境为代价获得的。海水设施养殖与工程化技术取得的进展主要体现在：研制一批技术含量高的海水养殖专用设备，用高技术产品结合现代技术集成改造现有养殖设施，建成一批从育苗到工厂化养殖、网箱养殖的鱼、虾、贝高技术养殖示范点，以示范带动海水养殖产业的升级。

一、工厂化育苗设施工程优化

针对循环水系统各个单元部分——育苗池、藻液分离器、机械过滤器、泡沫去除器、生物净化装置以及消毒、调温、增氧和控制系统，分别进行了研究或研制。对上述各方面成果进行了技术和设备集成与优化，初步建成了占地2 000余米^{2}的全封闭循环水扇贝育苗工程系统。进行了系统的循环水育苗实验和中试生产，获得了一些宝贵的经验和一些令人鼓舞的成果。如在静水培育的生产车间出现面盘解体、幼苗下沉、全军覆没情况下，该循环系统的幼苗仍生长正常，证明了该循环水育苗系统培育苗种远远优于传统的育苗方法，特别在育苗的稳定性方面较为明显。

二、工厂化养殖设施工程优化

针对养殖设施系统各个单元部分——全自动高效过滤器、高效溶氧罐、微孔净水板、中频低压臭氧发生器、自动控制不锈钢微滤机、分子筛富氧机和蛋白质分离器，分别进行了研究、研制和优化。在完成了380米^{2}水处理车间建设的基础上，进行了上述设备的集成优化和安装调试以及与养鱼系统的对接。在基地进行了高效复合型净水菌剂的扩增培养和高密度鱼类养殖试验用鱼的备养，将进行高密度鱼类养殖的试运行。研制的微滤机、富氧机、过滤器、溶氧罐、净水板和中频低压臭氧发生器等单元设备已向国内外销售。

三、近海网箱养殖设施工程优化

在工程优化方面，生产防污涂料300千克，并已用于养殖网箱；完成了鲈鱼、黑鲳、军曹鱼几种重要营养素需求量的研究和蛋白源开发以及军曹鱼和黑鲳饲料配方研究；完成了网箱环境监测装置系统硬件的设计、试验、改进、加工、制作，系统软件的设计、调试、开发以及整个系统的陆上室内联机和调试工作。在近海网箱单体结构选型及整体结构优化设计的基础上，对已完成的3种结构设计，即弹簧软连接方式、活动角连接方式及一次性注塑弯头连接方式分别制作了试验网箱，并已下水示范9个网箱。

四、深海抗风浪网箱的研制

研制开发的深海抗风浪网箱设备，经受住了几次强台风的考验，性能达到项目预期目标，成本比国外同类网箱和研发初期的网箱降低40%～50%，单位水体网箱制造成本已接近传统网箱。根据不同深海区特点，合理设计结构，提高了网箱抗风浪流性能，为高效养殖提供了设备技术基础，具有明显的创新性；对浮绳网箱和HDPE网箱的专用材料、网箱防污涂料、结构形式、框架配件、加工设备、网箱网具及固定方式等进行了系统研究。项目以产业化为目标，坚持产、学、研结合，注重宣传、推广、培训，已累计研制开发深海抗风浪网箱620多只，占全国同类网箱的80%以上。

海洋药物的研究与开发

中国海域辽阔，海洋生物资源丰富。据初步统计，中国海洋生物经分类鉴定的有2万多种。其中，仅近海发现的具有药用价值的海洋生物就有700多种。目前，我国海洋药物的研究与开发主要包括：海洋生物活性先导化合物的发现与优化、候选新药的临床前研究和临床研究等三方面内容。研究工作在2001年的基础上又取得了一些重要成果，正在进行临床或临床前研究的一批海洋候选药物有不同程度的进展。

一、活性先导化合物的发现和优化

该方面的研究集中了中山大学、中国海洋大学、北京大学、厦门大学、南京大学、中国科学院上海药物研究所、中国科学院海洋研究所以及中国科学院南海研究所等国内一批新药研究的学者联合攻关，为海洋药物创新打下了坚实基础。研究工作按照海洋生物样品采集、生物活性筛选及生物活性海洋生物和活性部位的确定、单体化合物的分离和化学结构确定、化合物的生物活性筛选、海洋天然产物样品库及样品信息库的建立等方向协同进行。在2002年，共采集海洋植物52种、动物62种、微生物6 000多种。分离和鉴定了238种海洋天然化合物，化学结构类

型包括萜类、甾体类、生物碱、杂环类化合物、环肽类化合物、含溴类特殊化合物、多酚类化合物等，其中17个为全新结构化合物。对170多种化合物进行了生物活性测定，发现近60种化合物有明确的生物活性。

二、候选新药的临床前研究

（1）Ⅰ类抗早老性痴呆新药HSH－971：在确定了HSH－971制备工艺路线、化学结构的基础上，本年度进一步完善了原料药的质量标准，进行了原料药的初步稳定性实验，开始了制剂学研究；进行了HSH－971体内外的部分主要药效学试验研究，完成了急性毒性试验、一般药理学研究，并开始了长期毒性试验、特殊毒性试验和药代动力学试验研究，取得了预期的研究结果。药代动力学研究表明HSH－971在脑脊液中含量较高，解答了该种化合物能否通过血脑屏障的疑问，为全面完成临床前研究奠定了基础。

（2）Ⅰ类抗心律失常新药A1998：完成了A1998对Beagle狗长期毒理学研究以及致畸变毒性试验，进一步完善A1998抗心律失常药理、药效学实验；生产出供临床前研究所需的、纯度为99%的A1998共15千克；A1998的合成方法及医药用途已获得国家专利局授权，并已申请国际发明专利优先权PCT及美国专利。

（3）Ⅰ类抗肝炎新药鲨肝刺激物质sHSS：在药学方面改进了分离纯化工艺，建立了中试工艺粗制与纯化两个实验室，为药理、毒理学试验提供了足够样品；优化了制剂配方，制订了暂行质量标准；sHSS已完成了全部药效学研究、一般药理学试验和急性毒性试验，现正准备进行长期毒性和药代动力学试验，有望在1～2年内完成全部临床前研究。

（4）Ⅰ类镇痛新药芋螺毒素SO3：完善了SO3的制备方案，建立了SO3的质量标准和检定规程；开展了样品稳定性及制剂研究；还提前进行了SO3的主要药效学研究、部分毒理学研究以及芋螺毒素镇痛的分子机理研究，并取得了初步结果。

三、候选新药的临床研究

（1）Ⅰ类抗艾滋病新药泼力沙滋：已完成Ⅰ期临床的安全性试验，进入了Ⅱ期临床研究；同时在泰国进行的临床试验表明，泼力沙滋能明显降低患者的病毒负载量，显示了其良好的临床使用前景；另外，泼力沙滋已完成了产业化研究，建立了一套年产10吨的工业化流水线。

（2）Ⅰ类抗脑缺血新药D－聚甘酯：已完成Ⅰ期临床，包括D－聚甘酯的安全性和耐受性试验，突破了这一多糖药物的药代动力学难题；提前完成了产业化的研究，形成了年产100吨原料药的能力；D－聚甘酯已进入了Ⅱ期临床试验阶段。

D－聚甘酯和泼力沙滋两个项目都已成功地实现了成果转化，转化经费达4 800万元人民币。

（3）I类抗肿瘤新药K-001：已完成了K-001与其他抗肿瘤药物联合使用试验；I期临床试验进展顺利，目前未观察到不良反应，预计在近期可完成，并形成正式报告送国家食品药品监督管理局；II期临床试验的人员、材料、技术等准备工作已经开始，为完成II期临床试验奠定了基础。

海洋生物制品的研究与开发

海洋生物资源的优化利用和高值化加工是未来15年我国海洋高技术发展的重要研究内容之一。目前我国整个海洋生物资源的加工技术落后、产品结构单一、产品的附加值低，使得产品在国际市场上的竞争力较差。因此，我国急需开展海洋生物资源高值化加工的高新技术研究，开发以海洋生物资源为原料的高新技术产品，提高产品的附加值，增强我国产品在国际市场的竞争力，更好地参与国际竞争。海洋生物制品的研究与开发取得的进展主要体现在海洋水产品的高值化加工、海洋生物酶和海洋生物材料等方面。

一、海洋水产品的高值化加工

（1）海洋寡糖抗植物病毒生物新农药的研制：完成了壳寡糖对棉花诱导的β-1，3-葡聚糖酶、几丁酶基因表达，使得其活性增高，提高了棉花抗黄萎病及苗期病害的能力；总结了标准化田间药效学实验报告，明确了产品的药效及作用谱；确定了中试生产的工艺路线。从海洋加工废弃物中制备盐碱土壤修复材料试验样品25吨，田间实验作物可增产20%以上，成活率提高25%以上，土壤年降盐量提高30%以上。

（2）海带综合利用方面：提出了海带膳食纤维生产的工艺，并进行了中试生产，完成了“海藻膳食纤维”产品企业标准的编写工作；通过诱导得到了一株褐藻胶裂合酶的高产菌株，产酶量提高了2倍；验证了褐藻胶低聚糖对作物有较强的抗逆促生长效果。

（3）海洋生物蛋白资源高值化加工方面：建成了年单班生产能力500吨的蛋白酶液—固两相发酵生产线；完成了中性蛋白酶和碱性蛋白酶的实验室发酵工艺研究以及可进行高值化加工的海洋生物蛋白资源的筛选，并建立了酶法筛选降血压肽的筛选方法。

二、海洋生物材料的研发

（1）眼角膜细胞载体支架材料方面：筛选出4种符合应用试验要求的细胞贴附生长用膜支架；研制出膜支架成型加工装置，并制定了质量标准；建立了角膜内皮细胞培养方法；对36只新西兰兔分批进行角膜下膜片植入实验，不产生免疫原性，膜片在3个月基本被分解吸收；制定了该膜片的质量标准并送交国家食品药品监督管理局审批。

（2）骨组织支架材料方面：初步证明该

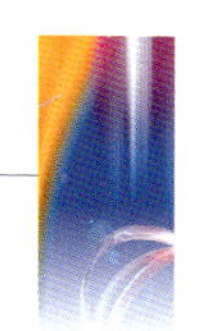

材料具有良好的组织兼容性，力学性能完全达到骨组织支架材料的要求；质量标准制定及生物学评价试验正在进行中。继续在大型哺乳动物身上进行了间隙为50毫米的周围神经修复实验，同时在动物体内进行壳聚糖改性材料的降解等生物学评价试验，并开始准备申报临床批文。

三、海洋生物酶的研发

“海洋低温酶性质改造、生产菌代谢调控与高效表达”和“发酵液高通量分离技术与后续工程化”等研究，为实现海洋新型酶的产业化开发奠定了基础。重点实施了海洋新型酶在洗涤剂、纺织、水产品、医疗等行业的推广应用，已累计生产、推广应用中试产品692吨。以海洋蛋白酶为技术核心，完成了申报国家新型饲料添加剂所需的全部试验，目前正组织申报材料。

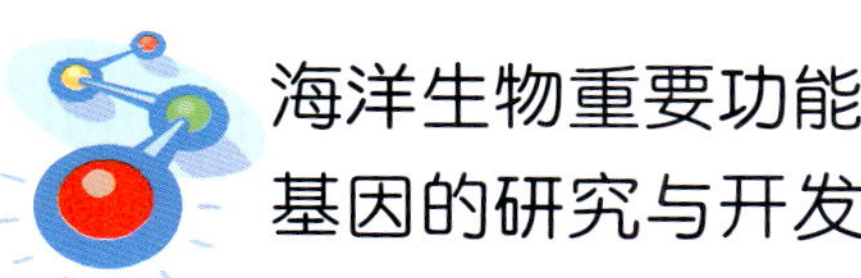

海洋生物重要功能基因的研究与开发

海洋生物重要功能基因的研究与开发，主要是利用克隆技术，建立快速高效的功能基因筛选模型，快速准确地从药用海洋生物、极境海洋生物、重要养殖生物中筛选克隆得到活性物质和易感/抗性相关功能基因，这些基因或者可以直接利用基因工程技术进行大规模生产，以获得珍贵的药用蛋白、工业用酶、疫苗等；或者可以经过改构获得活性更高、毒副反应更低的新药用蛋白；而通过对极端环境下海洋生物功能分子及相关基因的研究，将获得一系列具有革命性意义的新型工业用酶。在这方面取得的进展主要体现在海洋生物药用功能基因、海水养殖动物特殊功能基因以及海水养殖重要病毒病原基因的研究与开发方面。

一、海洋生物药用功能基因

构建了15个高质量药用海洋生物组织的cDNA文库，对来源于10种药用海洋生物共13个cDNA文库进行了大规模测序，测定16 100个克隆，获得7 795个基因序列，利用生物信息学技术初步筛选出79个有研究前景的海洋生物功能基因；完成了4种海葵强心肽基因的重组表达及纯化研究，临床前药理学试验表明重组表达的海葵强心肽具有较强的强心作用；完成了对赤魟的肿瘤抑制因子（IPL）基因和金钱鱼细胞凋亡因子（SaAR）基因功能的初步研究，证明前者具有一定的抗肿瘤活性，后者对大鼠血管平滑肌细胞（VSMCs）有一定的诱导凋亡作用；成功构建了两株产褐藻胶裂合酶和1株产琼胶酶海洋细菌的基因组文库，筛选到2个产琼胶酶的克隆和1个产褐藻胶裂合酶的克隆；初步建成海洋生物功能基因数据库，收录有原始核苷酸序列16 702条，涉及13种海洋生物。

二、海水养殖动物特殊功能基因

在石斑鱼生殖调控和胚胎发育功能基因方面，通过文库筛选、RACE-PCR和较大规模测序，从2 352个差减克隆中筛选到253个差异表达片段，从471个cDNA文库克隆中筛选到147个基因，经RACE-PCR克隆到5个基因，迄今共获得100多个基因的全长cDNA；采用RT-PCR技术研究了sox3、dmrt1等52个基因的时空表达特征，初步确定了25个重点研究基因；构建了10个基因的原核表达载体，已在大肠杆菌中获得表达，并通过免疫家兔，制备了多克隆抗体。在对虾抗病功能基因方面，通过mRNA差异显示（DD-PCR）或抑制性差减杂交两条途径，已从不同对虾中克隆到了若干抗病相关基因片段乃至某些基因的全序列，其中包括一个全新的抗病相关基因，并对其作了初步的抗病毒作用研究；对斑节对虾抗病毒相关蛋白的功能进行了进一步的研究，研究内容包括细胞表达定位、病毒体外结合实验等；采集到了一批自然发病后残留的抗病日本对虾，并通过抑制性差减杂交（SSH）技术从血细胞中克隆其抗病相关基因。

三、重要病毒病原功能基因

（1）在海水鱼类虹彩病毒研究方面，通过基因序列比较和基因组织排列，确定不同来源的细胞肿大虹彩病毒是同一种病毒。国际病毒分类委员会虹彩病毒分类组认为，在虹彩病毒的新属——细胞肿大虹彩病毒新属的建立方面中国具有优先权，中国科学家是国际病毒分类委员会病毒分类第八个报告中虹彩病毒分类的作者；建立了细胞肿大虹彩病毒感染模型；建立石斑鱼脾细胞体外培养细胞系，对海水鱼类虹彩病毒和神经坏死病毒敏感；完成1株虹彩病毒基因组全序列测定和分析。

（2）在对虾白斑杆状病毒的研究方面，完成了对虾白斑杆状病毒（WSBV）基因组DNA芯片的制备，并通过杂交初步确定了10多个WSBV早期基因，克隆表达了其中1个WSV238基因；完成了3个病毒基因的生物学功能鉴定，其他近10个病毒基因正在进行克隆、表达及功能鉴定。

滩涂耐盐植物的研究与开发

沿海滩涂在我国的六大后备土地资源开发利用中，是经济最合理、投资最可行的，它不仅可以提供大量的食物来源，而且将大大改善人们的膳食结构。滩涂耐盐植物的研究与开发强调滩涂植物资源开发新技术，近海及海岸带海水生态种养协调以及滩涂资源的可持续性发展与利用研究；要求在滩涂海水种植业的综合研究、开发技术及产业化建设方面有由点带面的突破性进展，建立现代海

洋生态农业体系。在这方面取得的进展主要体现在滩涂经济植物新品种培育以及滩涂高效种养殖系统优化等方面。

一、耐海水蔬菜新品种选育

共分离了两个全长DNA序列，完成了两个基因的克隆；获得了29个单基因转化、36个双基因转化的耐盐番茄株系；建立了蒲公英、车前的高效体外培养再生系统；筛选获得了6种耐1/2海水蔬菜，1种耐全海水蔬菜。到目前为止，中试基地种植面积已经达到了33.3公顷规模，并制定了周年生产和病虫害防治的轮作计划；已注册“晶隆牌海水蔬菜”商标；江苏大丰基地生产的耐海水蔬菜已经申报了A级“绿色”无公害蔬菜认证。耐海水蔬菜产品的宣传广告及产品包装已经设计完成并开始生产包装；同时，产品已在南京和上海销售。

二、耐盐饲用甜菜新品种选育

从采用细胞工程技术培育的耐盐甜菜新品系中优选了4个综合性状优良的耐盐品系进行品比试验，其中两个品系已在山东省品种审定委员会备案；另有22个耐盐品系和1 200份耐盐植株的自交后代，播种在含盐量不同的盐渍地中，进行产量比较和抗盐抗病性选择。耐盐甜菜种植总面积超过33.3公顷。以离体培养的丛生芽为受体，通过农杆菌介导法将3个耐盐基因转入8个基因型甜菜获得转基因植株；从已有的转基因甜菜中选出10个能耐受2%氯化钠的株系，5个可耐受2.5%氯化钠的株系；利用转不同耐盐相关基因的耐盐株系进行基因聚合的工作已在实施中。

三、滩涂海水种植—养殖系统

系统水质监控按计划进展顺利；完成了系统微生物监测普查工作；增设了小气候观测站，深入了解水质与气象关系；通过生态调查已初步得出氮、磷营养元素在系统中的循环周期、富集系数以及净化效应。建立了红树林海水种植养殖系统示范塘面积102.3公顷，并构建江蓠海水种植养殖系统面积133.3公顷，通过偶合和优化耐盐植物种植系统和鱼、虾养殖系统，改善水质指标，降低养殖系统的病害发生，获得了种养殖双重经济效益。

四、滩涂海水灌溉农业示范

对海水灌溉下土壤水盐运动进行室内原状土柱模拟试验和田间小区验证试验进展顺利；耐盐植物的耐海水生物学特性研究、海水灌溉对盐生植物生长发育研究以及海水灌溉下农艺技术的研究也进展顺利。通过田间海水胁迫栽培、化学递增海水组培交替进行的轮选法，培育出耐60%海水的芦荟新材料，这种新材料用60%海水灌溉比淡水灌溉更加健壮。已建立海水灌溉示范基地292公顷。

资源与安全篇

生物资源包括植物资源、动物资源、微生物资源和人类遗传资源。生物资源有蓄积性资源和再生性资源两种内涵。生物蓄积性资源是指生物在历史演化中累积产生的物质总量及其年生产量，而生物再生性资源是指生物体可持续生存与发展的能力，又称种质资源。生物资源是生物多样性中对人类具有现实和潜在价值的基因（品种）、物种和生态系统的总和，它们是生物多样性的物质体现，是发展生物技术及其产业的基础，是人类赖以生存的物质基础。

中国是世界上物种最丰富的国家之一，占有世界物种总数的10%左右，位居亚洲首位。近年来，中国政府采取多种措施，在生物资源保护和利用方面取得了很大成就，初步建立了一套具有中国特色的生物资源，特别是珍稀生物资源的保护体系。2002年，中国科学家利用中国的特有生物资源，取得了一批创新性成果，为生物技术及产业的发展做出了新的贡献。

随着科学技术，特别是生物技术的飞速发展和人类生活方式的变化，转基因生物的生物安全越来越成为关注的焦点，食品安全成为当前人民生活水平进一步提高的关键因素，重大疫病的防治和预警、外来生物入侵的防范也成为生物安全的重要组成部分，对社会和经济的可持续发展产生越来越深刻的影响。2002年，在中国政府的重视和支持下，中国科技人员在上述几方面开展了大量工作，取得了显著成效。

生 物 多 样 性

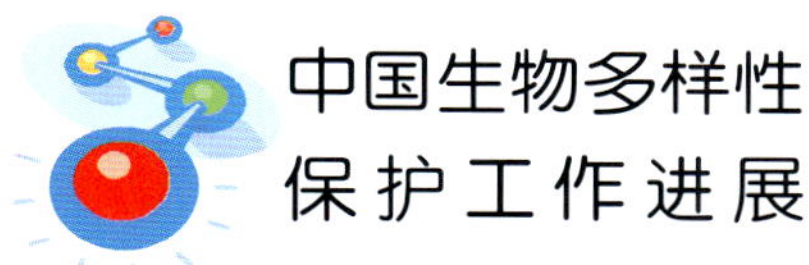

中国生物多样性保护工作进展

自然保护区是自然生态系统的精华，85%的陆地生态系统、85%的野生动物种群和65%的野生植物群落在自然保护区内得到有效保护。国家重点保护野生动物的主要生境几乎都在自然保护区内，所以自然保护区建设和管理是生物多样性保护的根本措施。2002年新批准国家级自然保护区22个。建立动物园和植物园是濒危动植物的迁地保护措施，植物园的科学价值受到有关部门的重视，中国科学院计划增加投入，建设植物园。国际上对中国生物多样性保护的投入十分重视，很多国际组织为保护中国的生物多样性进行了投资和技术支持。

一、自然保护区建设成绩巨大

截至2002年底，我国建立各种类型、不同级别的自然保护区1 757个，总面积达132.9万平方公里（不含港澳台），初步形成了类型比较齐全、布局比较合理、功能比较健全的网络。保护区中有197个为国家级，面积占全国自然保护区面积的50%以上。22个加入了“世界人与生物圈保护区网络”，21个列入了“国际重要湿地名录”，3个被列为世界自然遗产地。2002年，经国家级自然保护区评审委员会评审通过，有26个自然保护区晋升为国家级自然保护区。分别是：河北省阳原县、蔚县泥河湾保护区，河北省蔚县、涿鹿县小五台山保护区，内蒙古自治区呼伦贝尔盟辉河保护区，内蒙古自治区兴安盟图牧吉保护区，吉林省龙井市天佛指山保护区，黑龙江省挠力河保护区，浙江省磐安县大盘山

保护区，江西省铅山县武夷山保护区，湖南省炎陵县桃源洞保护区，广东省博罗县象头山保护区，广西壮族自治区武鸣、马山、上林、宾阳县的大明山保护区，海南省乐东县和东方市尖峰岭保护区，四川省平武县王朗保护区，四川省彭州市白水河保护区，西藏自治区察隅县慈巴沟保护区，甘肃省民勤县连古城保护区，宁夏回族自治区同心县罗山保护区，内蒙古自治区额济纳胡杨林国家级自然保护区，内蒙古自治区红花尔基樟子松林国家级自然保护区，吉林省鸭绿江上游国家级自然保护区，广西壮族自治区猫儿山国家级自然保护区，海南省铜鼓岭国家级自然保护区，云南省大山包黑颈鹤国家级自然保护区，西藏自治区芒康滇金丝猴国家级自然保护区，新疆维吾尔自治区托木尔峰国家级自然保护区，青海省三江源国家级自然保护区。位于内蒙古自治区草原东部的达赉湖国家级自然保护区，于2002年底被列入联合国MAB保护计划，正式加入世界人与生物圈保护区网络，是继长白山、九寨沟、神农架等知名保护区之后被纳入这个网络的第22个中国自然保护区，也是2002年加入这个网络惟一来自中国的自然保护区。达赉湖国家级自然保护区于1993年加入中国生物圈保护网络，并于2002年1月被拉姆萨尔公约组织列入国际重要湿地名录。

近年来，湿地生态类型自然保护区建设步伐明显加快。1998—2002年五年新建湿地生态类型自然保护区128处，面积2 006万公顷。目前林业系统建立和管理的湿地生态类型保护区总数达到244处，总面积3 733万公顷，为国土面积的3.89%。1992年中国加入国际湿地公约以来，现有国际重要湿地21块，总面积303万公顷。中国国际重要湿地有：黑龙江省扎龙保护区、黑龙江省洪河保护区、黑龙江省三江保护区、黑龙江省兴凯湖保护区、吉林省向海保护区、大连市斑海豹保护区、内蒙古自治区达赉湖保护区、内蒙古自治区鄂尔多斯遗鸥保护区、海南省东寨港保护区、青海省鸟岛保护区、江苏省盐城沿海滩涂湿地保护区、江苏省大丰麋鹿保护区、上海市崇明东滩保护区、江西省鄱阳湖保护区、湖南省东洞庭湖保护区、湖南省南洞庭湖保护区、湖南省西洞庭湖保护区、广东省湛江红树林保护区、广东省惠东港口海龟保护区、广西壮族自治区山口红树林保护区、香港米埔保护区。

我国将进一步加快自然保护区的建设步伐，将在大江大河源头、重点流域上游、重点森林和湿地地区、生物多样性热点地区，尤其是典型生态系统保护空缺区域和国家确定的15个重点保护物种的栖息地、原生地，实行抢救性保护，建设一批抢救性自然保护区。

中国科学院和中国工程院院士呼吁加大

对自然保护区资金投入，建议将保护区经费投入纳入国家预算计划，保障保护区建设与运行的基本费用。目前，国家对自然保护区的投入严重不足，近年来全国自然保护区每年得到各级政府的总投入不足2亿元，而发达国家用于自然保护区的投入每平方公里每年平均约为2 058美元，发展中国家为157美元，而中国仅为52.7美元，即使在发展中国家我们也几乎是最低的。院士们建议，对保护区的投入可以先从国家级自然保护区开始，并列入国家的经费预算。满足近200个国家级自然保护区的基本经费需求，每年只需十几亿元，同治理破坏后的生态环境相比，该投入是微不足道的，但它所产生的生态效益却是无法用金钱来估量的。

二、《野生动植物保护和自然保护区建设工程》启动，进入正式实施阶段

2001年底国家林业局启动了野生动物保护及自然保护区建设工程，使大熊猫、兰科等濒危物种的拯救繁育工作得到加强，珍稀物种得到有效保护。以虎、苏铁、兰花等工程作为标志，就地保护和迁地保护相结合的物种拯救工程首先启动。2002年，我国野生动植物保护及自然保护区建设工程取得重大进展，全年完成了15个重点物种拯救、自然保护区建设和湿地示范工程建设的规划以及各省、自治区、直辖市相应规划的编制工作，新建自然保护区249处，新增保护面积359万公顷，使全国林业系统建立和管理的自然保护区达到1 405个，总面积达1.09亿公顷，占国土陆地总面积的11.35%。大熊猫、朱鹮、金丝猴、老虎、藏羚羊、兰科植物、苏铁等濒危物种的拯救繁育工作取得新进展。

三、中国科学院启动植物园建设计划

全球现约有30万种植物，中国占了其中的1/10。但中国的3万多种植物中约有20%正处于稀有濒危状态。植物园是天然植物种质的资源库，承担着植物的保护与研究重任。目前中国有140多个植物园，但这些植物园仅保护了不到一半的中国植物资源。中国科学院正在进行一项规模庞大的植物园建设计划，决定投入1.5亿元经费，目标是将中国本土75%的植物品种引种到植物园里并有效保护起来，重点放在华南、武汉、西双版纳、北京等几个地方，以保护本土植物资源为主。武汉将以亚热带的水生植物为主，西双版纳以热带雨林为主，北京则将立足温带，大量引种防治沙尘暴、荒漠化的植物。秦岭植物园的植物保护项目是中国科学院整个植物园建设计划的一部分，规划总面积将达458平方公里，比目前世界上最大的植物园大4倍。植物园内将就地保护秦岭地区的3 200多种植物，还将迁地保护900种温带植物和2 000多种热带和亚热带植物。秦岭植物园主要有四大功能：生物多样性保护、科学研究、科

学普及教育和生态旅游。目前，秦岭植物园正在建设10个迁地保护基地，选择关键地区，收集重要珍稀濒危动植物的种质和基因资源。对植物进行移栽天然苗、收集种源，通过组织培养、扦插、播种等手段，解决其快速繁殖技术。

四、农业植物基因资源调查和自然保护区建设全面展开

农业野生植物等生物遗传资源是我国遗传育种和生物技术研究的重要物质基础，是生物多样性的重要组成部分。保护野生植物对调整农业结构、改善农产品质量、保障我国粮食安全和生态安全具有重要意义。近年来由于一些地方片面追求一时利益而进行不合理开发，加之监管体系不健全、管理不到位，农业野生植物资源破坏严重，部分物种已经灭绝，一些我国独有的物种正面临灭绝的威胁。同时，有些野生植物资源通过非正常渠道流失到国外，甚至发生了外国公司抢注我国野生植物专利的事件。2002年农业部成立了野生植物保护领导小组及专家审定委员会，各地农业行政主管部门也将尽快健全专门的农业野生植物保护管理机构，近期将重点对农业野生植物采集、经营和进出口活动进行严格监督检查，加大对违法、违规行为的打击力度。农业部对农业植物资源调查和抢救性收集，并建立自然保护区进行就地保护的工作全面展开。我国将用2～3年时间摸清农业野生植物资源“家底”，建立并完善农业野生植物动态监测和预警系统，开展重点农业野生植物资源的抢救性收集，并建立一批农业野生植物示范保护区。同时要加快野生植物开发利用的科技创新，对有重要经济利用价值的资源进行生物技术开发，实行知识产权保护，积极鼓励农业野生植物的人工种植和栽培。

五、中国生物多样性保护受到全球关注，3个全球环境基金项目全面启动和实施

“中国湿地生物多样性保护与可持续利用”项目是全球环境基金（GEF）与联合国开发计划署（UNDP）援助的国际合作项目。项目总资金3 457.832 4万美元，其中GEF援助1 168.9万美元，澳大利亚政府援助259.2万美元，中国政府配套2 029.732 4万美元。该项目的主要目的是消除项目区内不利于生物多样性保护的威胁因子，保护项目区内具有全球重要意义的湿地生态系统及其生物多样性，同时，开展实现可持续发展的示范，并将从示范中获得的经验推广到中国类似的湿地区。项目区包括5省11个湿地自然保护区，覆盖4片不同类型的湿地，即黑龙江省三江平原沼泽湿地、江苏省盐城沿海滩涂湿地、湖南省洞庭湖湖泊湿地、四川省和甘肃省的若尔盖高原沼泽湿地。项目拟通过加强能力建设、帮助当地人民实施替代生计计划、改善保护区管理、提高公共意识，认识湿地生

物多样性保护面临的主要威胁因子，努力实现湿地资源可持续利用，从而使中国具有全球重要意义的湿地生物多样性逐步得到全面保护。在项目推动下，国家林业局正在编制全国《湿地保护条例》，完成后报国务院批准发布，甘肃省政府已在2002年4月发布《甘肃省湿地保护管理条例》（征求意见稿），黑龙江省政府正在开展《黑龙江省湿地保护条例》的立法调研工作。随着项目活动的开展，越来越多的项目区群众认识到湿地保护的重要意义，自觉停止不利于湿地保护的活动。保护区管理部门的能力大大加强，有效遏止了各种破坏湿地资源的违法活动，湿地生物多样性保护状况明显改善。在若尔盖项目区，阿坝藏族自治州政府于2000年新建了日干乔州级自然保护区，面积1 224平方公里；在盐城项目区，大丰国家级自然保护区的面积由2 668公顷扩大到78 000公顷。项目还将通过为当地群众设计并实施替代生计方案，扩大他们的收入来源，提高他们的生活水平。

白鹤GEF项目中国项目区2002年12月正式启动。项目区将包括环鄱阳湖地区、扎龙国家级自然保护区、向海国家级自然保护区、莫莫格国家级自然保护区、科尔沁国家级自然保护区等。该项目的实施，将加强全国白鹤及其相关鹤类自然保护区的建设，全面提高保护区的保护和管理能力，同时有效保护鹤类栖息地，其带动的产业将惠及鹤类湿地周边生活的群众，使之积极参与到野生动物保护中来，还将为世界鹤类保护事业做出卓有成效的成绩。

总投资达2.3亿美元的中国“林业持续发展项目”正式启动。“林业持续发展项目”总投资达2.3亿美元，其中包括：欧盟赠款1 690万欧元、全球环境基金赠款1 600万美元、世界银行贷款9 390万美元。该项目的建设内容包括三大部分：天然林管理部分、保护区建设和速生丰产林建设。保护区建设部分，由全球环境基金的赠款支持13个自然保护区建设及其相关省自然保护区管理能力的建设。

六、国家濒危野生动植物种质基因保护中心成立，濒危野生动植物种质基因保护计划启动

2002年，国家濒危野生动植物种质基因保护中心在浙江大学宣告成立，标志我国有史以来覆盖种群最多、规模最大、层次最高的濒危野生动植物离体抢救性研究和保护工程——野生动植物离体基因保护工程在杭州正式启动。根据国家濒危野生动植物种质基因保护计划，国家濒危野生动植物种质基因保护中心将通过现代生物学技术，在抢救性地收集和保存濒危灭绝物种的基因资源材料的基础上，系统地建立基因资源库，为进一步探索野生动植物的濒危机制，阐明物种遗传结构与疾病、生殖和环境之间的关系以及

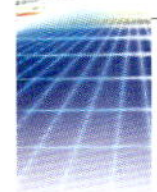

开发和利用与遗传性疾病、生殖和重要经济性状等有关的重要功能基因资源，提供有效的基因资源的材料平台。经过10年努力，将在目前所构建的39种濒危野生动植物基因资源库的基础上，再构建1 961种，使其构建的我国濒危野生动植物基因资源的总数达到2 000种（亚种），并完成2 000种（亚种）濒危野生动植物及其产品物种鉴定的指纹图谱的制作。该中心一期投资7 000万元，下设“濒危野生动物基因资源部”、“濒危野生植物基因资源部”、“濒危野生动植物检测中心”等五个机构。中心将通过现代生物学技术，在抢救性地收集和保存濒临灭绝物种的基因资源材料的基础上，分别完成濒危野生动植物的体细胞和生殖细胞，基因组DNA文库和cDNA文库，濒危野生动植物及其产品鉴定检测和基因资源信息网络的设施平台建设，并最终建立一个完整系统的基因资源库。

七、全国野生动植物调查和湿地资源调查结束

全国大熊猫第3次调查基本完成，为全国生物多样性现状提供了基础数据，为野生动植物和湿地多样性的保护提供了基础数据。

植 物 资 源

农作物、林木、饲用植物、药用植物、陆地野生植物、淡水水生植物和海洋野生植物等植物资源，是世界粮食安全的生物基础，并直接或间接地支持地球上每一个人的生活。它们包含传统品种、现代栽培品种作物野生缘种和目前或将来可用于粮食和农业生产的其他野生植物品种包含的遗传材料多样性。

我国植物资源的收集保存与研究工作，在2002年度实施了“农作物种质资源的收集、整理、保存与利用”、“林木种质资源保存技术创新与利用研究”等国家863计划和973计划、农作物种质资源保护专项、科技攻关、基础性工作等重大项目，开展了植物资源的考察、搜集、保存、信息登录、建立数据库和利用生物技术进行种质评价等研究工作，并取得了重要进展。

作物种质资源

一、实现了资源收集保存与信息共享

收集了国内外各类作物种质资源11 200份；完成主要农作物长期库繁种5 370份，农艺性鉴定5 143份，编目5 143份，入国家长期库2 030份；完成长期库种质监测5 450份；完成中期库种质繁殖更新21 860份，入中期库种质14 131份，编目14 131份，分发利用17 487份。对库存种质安全保存与预警关键技术进行了研究，提出了水稻、大豆的预警指标；完成农作物种质资源对外交换原则和一类名录的专家审定工作，组织全国76个单位、115名专家对果树、蔬菜、牧草等64种作物的对外交换原则和191种作物的一类名

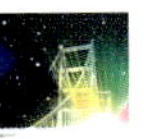

录进行审定，其中对外交换原则1 894条，约5万字；一类名录27 078条，约200万字，并报送农业部审批。完善了国家农作物种质资源数据库系统、农作物种质资源相关图像和数据的信息处理系统，实现了农业品种资源与生态环境信息共享。完成了10个中期库种质资源数据库的建立和完善工作；向8万多人次提供了种质信息及相关服务。

二、种质资源育种获得新的创新

发掘小麦抗病新基因3个，创新具有两个或两个以上优异性状的水稻、小麦、大豆等新种质85份。育成抗病、优质、高产新品种（品系）6个，其中3个通过省级品种审定，推广面积6万公顷。培育出抗白粉病近等基因系一套（10个），是国际上目前携带抗白粉病基因最多的近等基因系。

三、开展了种质资源野外台站数据监测

提出了我国草原试验站和湖泊试验站监测指标体系；编写了规范的草原、湖泊试验站监测方法；并首次制定了我国草原、湖泊试验站监测与数据质量管理体系；开展了野外台站基本情况、数据和网络状况调查，初步制定了国家野外试验站数据分类、分级标准、数据字典标准和元数据库标准。

四、提出了核心种质的构建策略

对水稻、小麦和大豆的研究，均发现等位变异数对核心种质的构建影响最大。在构建水稻核心种质时，选用36个位点，压缩比例为70%，在初选核心种质压缩比例较大时，多态性高的标记效率高，而当压缩比例较小时，标记的多态性对取样的影响不大。对小麦的研究发现，当群体的多态性较低时，标记的等位变异应在350～400个，而当群体的多态性较高时，标记的等位变异数则需增至500～550个。对大豆研究发现，应选用57个位点，325个等位变异对初选核心种质进行压缩。

五、分离克隆了一个新的抗白叶枯病基因 *Xa*26（*t*）

从水稻品种明恢63中分离克隆了一个新的抗白叶枯病基因*Xa*26（*t*），*Xa*26（*t*）由两个外显子和一个内含子组成，编码序列长3 309 bp。该基因的5’末端位于起始密码上游48bp处，3’末端位于终止密码下游166bp处。*Xa*26（*t*）基因编码受体激酶类蛋白，该蛋白包含两个主要结构域：富亮氨酸重复（LRR）和蛋白激酶结构域。采用农杆菌介导的遗传转化技术，将*Xa*26（*t*）基因导入感病水稻品种。转基因植株表现为抗病，而且抗性比明恢63强，抗谱比明恢63宽。初步分析推测明恢63中可能含有影响*Xa*26（*t*）基因效应的负调节因子。

六、构建了一批BAC库和cDNA文库

利用水稻携有*Xa*23的近等基因系CBB23，构建了CBB23的基因组大片段可转化文库（TAC文库）。所用载体为pYLTAC68。

文库包含6.9万个克隆，插入片段长度20～50kb，平均30kb。覆盖水稻基因组约5倍。384-孔板单克隆保存。利用与*Xa*23基因紧密连锁的分子标记筛选CBB23的TAC文库，获得12个阳性TAC克隆，目前已初步鉴定出3个*Xa*23候选基因克隆，将*Xa*23基因框在了约110kb的物理区间内。

构建了六倍体小麦和二倍体小麦D基因组的BAC库，平均插入片段长度近120kb，分别覆盖基因组的7倍和5倍。构建了世界上第二个非点膜的六倍体矮败小麦的BAC库。该BAC库约有100万个克隆，平均插入片段长度为118kb，覆盖基因组的7.3倍。该BAC库的构建为克隆小麦矮秆基因Rht10、太谷核不育基因Ms2等其他重要农艺性状基因奠定了基础。

构建了盐胁迫大麦高质量cDNA文库及耐高盐大麦cDNA的抑制消减杂交（SSH）文库。构建了一个白粉病菌诱导小麦叶片72hr的普通cDNA文库和一个诱导24hr、48hr、72hr混合SSH cDNA文库，从两个文库分别获得387条、760条EST；结合文库高密度点阵膜的差示筛选，从普通文库中获得与抗病相关的已知功能基因15个；SSH文库中获抗病相关EST65条。

七、鉴定出小麦抗病基因

鉴定出6个新的小麦抗白粉病基因，分别来自高大山羊草的PmL，来自波斯小麦的PmAm4和PmAm9，来自硬粒小麦的PmDr和来自小伞山羊草的PmU及未知来源的PmN。此外，还发现了一个抗白粉病主效QTL Qpm7D，可解释遗传变异的29.4%。初步建立了小麦在白粉病侵染初期的抗病相关基因表达谱；应用基于同源序列的候选基因法从小麦基因组中分离到*Mlo*类、*Mla*类、NBS-LRR类表达基因序列。

八、筛选出大豆SSR核心引物

利用102个SSR引物对80份秋大豆进行鉴定，筛选出60个SSR核心引物。这些引物具有较好的代表性，可用于中国大豆种质资源遗传多样性分析。选择表现为高抗SMV3的78份大豆品种资源，用60个SSR核心引物分析其分子遗传多样性，共扩增出397个等位变异。结果表明大豆SMV3抗源间相似程度较低，遗传差异较大。聚类分析结果表明亲缘关系相近、地理来源相同的品种大多聚在一起，国外品种与我国品种分聚在不同类别，这对拓宽大豆抗SMV品种遗传基础具有重要参考价值。

九、申请了生物技术专利和新品种保护权

“小麦高分子量谷蛋白亚基(HMW-GS)单克隆抗体及其杂交瘤细胞系”和“小麦1Bx14基因、其编码的蛋白质及其启动子”已申报国家发明专利，获得EST-SSR标记478个，居国际同类研究先进水平；培育抗白粉病新抗源5个。

大豆高异黄酮的培养方法申请国家发明专利，高油抗病大豆新品系“东农163”和缺失脂肪氧化酶2、3大豆新品种“五星1号”申请并获新品种保护。建立了分子标记辅助选择的方法和程序，利用分子标记辅助选择培育出低豆腥味、早熟、抗病“中黄18”和缺失脂肪氧化酶2、3及胰蛋白酶抑制剂“中黄16”，这两个大豆新品种已通过北京市审定。

林木种质资源

一、构建了白皮松核心种质的实验模型

在研究和实验分析的基础上，构建了白皮松核心种质的实验模型。白皮松天然群体核心种质构建异地保存与设施保存采取3级样本结构，即：群体/家系/子代个体。制定了“8＋1”的群体保存方案和家系/子代个体的平衡方案，绘制了白皮松家系样本数与子代样本数以及对群体遗传多样性产生影响的消长平衡关系三维图，当每家系保存子代个体数为18～20时每群体需要保存23～25个家系，据此构建了我国第一个松树树种的核心种质，可靠性为95%。

二、新建6个散生树种人工聚群群体

采用人工聚群繁殖与配置。在同一个大地区内，新建人工聚群群体6个，进行了散生树聚群人工繁殖与保存，提高了群体杂合性，减少了近（自）交率，从而提高人工聚群群体子代的遗传多样性。

三、完成了皂荚种质资源勘察、收集、保存、鉴定与利用研究

研究了皂荚在中国北方残次分布现状，收集保存了6省、直辖市皂荚的人工聚群/家系/个体的种质材料共468份。新发现两个特优型植物胶优异种质，其1%胶液黏度为275和282mPa.s，具有特殊利用价值。

通过形态、株型、结实性、适应性、稳定性、抗逆性和种子生化成分的量化分析，推荐优异种质8份，平均提高株荚果产量23.0%～26.8%，提高苗木生长量14.4%～18.6%。2002年“皂荚家系G202”、“皂荚家系G302”、“皂荚家系G303”、“皂荚家系G403”被国家林木品种审定委员会审定（国家林业局“公告”2002年第2号），这些优异种质已经在国家退耕还林工程建设中得到大力推广与应用，繁殖苗木百万株左右，深受林业工程建设单位的欢迎，产生了良好的生态经济效益。

四、编制了全国林木种质资源保护纲要（初稿）

初步建立了林木种质资源库的技术体系，研制出中国林木种质资源保存策略和阶段发展计划，编制了《全国林木种质资源保护纲要（初稿）》，为今后我国林木种质资源保护提供了政策指导，指明了发展方向。

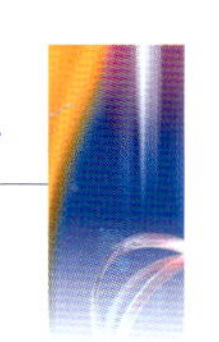

五、完成了白皮松遗传多样性研究

分析了白皮松10个群体的等位酶水平的遗传多样性。共分析了16种酶，产生了31个清晰位点，其中多态位点17个，多态位点百分率54.8%，平均等位基因数1.74。其中具两个等位基因的位点有12个；具3个等位基因的位点有5个，共检测出等位基因53个。53个等位基因中，全域基因（每个群体均有分布）有32个，广域基因14个，局域基因6个，特异基因（只在1个群体有分布）1个。

利用AFLP标记技术对白皮松4个群体进行了DNA遗传多样性研究分析，采用4对引物共扩增出326条谱带，总的多态位点百分率达99.08%，4个群体多态百分率在70.55%～93.87%；总的Shannon信息指数0.427，平均0.384；群体间分化系数0.102。

根据同工酶分析和AFLP分子标记分析，结合表型测定的结果，完成了白皮松遗传多样性测定评价与核心种质构建，制定了白皮松的核心种质保存策略。

药用植物种质资源

2002年主要对人参、西洋参和龙胆草等中药材种质资源保存进行了离体组织保存、花粉低温保存及其种子低温保存等几项技术研究并获成功；编制人参等药用植物种子采收及鉴定标准，已经收集人参、西洋参、龙胆草、细辛、黄芪、平贝母（含黄花平贝母60余份资源）、刺五加、五味子、甘草、麻黄、防风、秦艽、淫羊藿、穿龙薯蓣、雷公藤、柴胡、藁苯、桔梗、玉竹、远志、黄花乌头、黄檗、天南星、白屈菜、蒺藜、党参、知母、黄芩、苍术、月见草、萱草、黄精、北重楼、车前子、地榆、罗布麻、藜芦、蛇床子、木通、马兜铃、抱茎苣荬菜、延胡索、银柴胡、东北红豆杉、薤白、徐长卿、紫草和草乌等50余种药用植物的种质资源。

对30份地黄的种质资源进行了鉴定，鉴定的性状包括叶片的大小、叶形、叶色、叶缘、叶片着生角度、块根形状、皮色、肉色及根部和叶片中梓醇含量、浸出物量、多糖含量等。对20份黄芩种质进行了鉴定，鉴定的性状包括：叶色、株形、根形、皮色、黄芩甙和黄芩素含量等。对不同产区的半夏种质资源进行了收集和初步评价。

水产种质资源

我国的水产种质资源十分丰富，是我国水产业生物育种、养殖生产和可持续发展的重要物质基础。然而近几十年来，由于修堤建坝造成的江湖阻隔、对水生生物的过度捕捞、工农业发展带来的环境污染、森林砍伐

导致大面积水土流失等原因，造成水产生物资源的急剧减少和遗传多样性的降低，一些物种濒临灭绝。为了保护和利用这些珍贵的水产种质资源，我国加强了这些资源的收集、整理、保存、研究和开发工作，经许多科研人员的共同努力，2000年度取得了一定的成果。

研究了长江三峡工程的建设对流域内水产种质资源的巨大影响。生长栖息环境的重大变化将改变流域内鱼类的组成，上游特有的溪流性鱼类将可能被迫迁移或消失，建坝后长江水文条件的改变将导致长江中“四大家鱼”资源的减少，白鳖豚、中华鲟等珍稀物种的产卵场和栖息地变小，不利于种群的生长和繁衍，长江口许多水生动物资源将减少。为了保护长江流域的水产种质资源，应采取一定的必要措施保护这些珍贵资源，如建立长江中游“四大家鱼”天然生态基因库，建立水产种质资源保护区，进行人工增殖放流，实行禁渔期等，针对性地研究了生态环境的变化对“四大家鱼”等种质资源的影响，继续对长江的鱼类种质资源人工生态库进行了深入研究。

加强了对重要水产种质资源的研究工作。对各个水系的中华绒螯蟹种质资源变异进行了研究：在不同水系其生命周期有较大的差异，个体形态特征上也有一定的差异。利用现代生物技术研究了花鲈、大黄鱼、大菱鲆等种质问题，为资源的保护和可持续利用提供理论依据。制定了多项水生生物种质标准。

掌握了一些重要水生动物的遗传多样性。研究了海湾扇贝、马氏珠母贝群体的遗传多样性，研究了梭鱼和日本对虾自然群体与养殖群体遗传多样性的差异。研究表明，湛江近海约氏笛鲷自然群体种质资源维持在良好水平，捕捞尚未对其造成明显影响。鮸状黄姑鱼的遗传多样性均处于较低水平，养殖群体的遗传多样性水平比野生群体更低。研究表明缢蛏的遗传多样性比较丰富。

低温冷冻保存种质资源技术取得了一定的进展。研究了栉孔扇贝、紫贻贝、菲律宾蛤仔、黑鲷和真鲷等精子的超低温保存技术，得到了在液氮（－196℃）条件下的适宜保存条件。研究了紫菜的细胞技术育种，建立了完整的紫菜种质保存与应用的技术体系，使紫菜的种质可常年保存。在淡水方面，主要对鲟鱼类如中华鲟、史氏鲟等精子和泥鳅胚胎的低温保存条件进行了研究。

陆地野生植物资源

2002年是我国植物资源研究进入一个新的发展阶段的标志性一年。在这两年里，80卷125册的世界上最大的植物志——《中国

植物志》，除第一卷和个别补充外已全部完成。此外，中国植物志的英文修订版《Flora of China》（25卷）又被作为重大项目在科学技术部立项并已开始全面启动，预计将于2010年完成。以上这些充分体现了我国植物资源调查和编研工作所取得的丰硕成果，也标志着我国系统与进化植物学研究进入一个新的发展阶段。然而，资源调查和编研工作仅仅是系统与进化植物学研究的开始，植物系统学和进化研究仍然是一项长期而艰巨的任务。

《中国植物志》由科学技术部、国家自然科学基金委员会和中国科学院共同资助，科学出版社出版，是一部总结我国蕨类植物和种子植物分类研究的科学巨著，收载植物343科、3 155属、30 586种。全书共分80卷，包含125册，约5 000万字，附有5 000余幅图片；主要收载我国原产植物，全面反映我国高等植物资源的现状。目前，除了第一卷总论部分，全书的主体部分——79卷124册已经全部完成出版。《中国植物志》对我国已知的维管束植物种类进行了全面的植物分类学处理、编目和描述，并记载了其他相关信息。该书的出版将为研究、保护和利用我国植物资源，提供最基本的参考资料。《中国植物志》对资源植物种类的鉴定、寻找潜在的资源植物是必不可少的，同时也可以提供资源植物的产地、分布、用途等相关资料。

《Flora of China》是在《中国植物志》的基础上编译、修订，全面反映中国植物分类学最新研究成果的著作，由中国和美国合作研究、编写和出版。有17位国内外知名植物学家（包括两位主席）担任编委，多家国内外研究机构和大学为协作单位。

《Flora of China》全书共25卷，对应每一卷都有一本图版集《Flora of China Illustrations》，计划在2010年前后完成。

《中国植物志》在50多年的编写过程中，尤其是在早期，一直受到文献不全、标本不足、无法研究保存在国外的许多模式标本等困扰。中外合作编写《Flora of China》将会弥补这些不足，修订原《中国植物志》中的遗漏和错误，使其成为具有世界水平的专著。《中国植物志》因为开始编写的年代很早，采用的分类系统已经无法反映植物系统学研究最新的进展；而且许多卷（册）几十年前便已经出版，受当时的局限，一些类群的分类存在这样或那样的问题。《Flora of China》将根据最新的研究成果，调整分类系统，引入当前许多新的文献资料，对每一个类群进行全面的分类学修订，预期《Flora of China》将成为一部具有世界水平的植物志，将会为我国植物资源的保护和利用、相关植物学科的研究和农林牧等相关产业的生产实践，提供更为准确的参考。

牧草种质资源

牧草种质资源工作，主要实施了“中国重点牧草资源搜集、保存及数据库信息网络”项目和“牧草种质资源保护”项目。重点开展了国内部分省、自治区野生牧草种质资源采集和搜集，国外畜牧业发达国家栽培牧草品种的引进和搜集；牧草一般性状的鉴定以及繁种和入牧草基因库保存；建立牧草种质资源数据库信息网络；重要优良牧草遗传多样性及亲缘关系的检测和研究。此外，还开展了牧草种子资源评价和筛选利用以及生物技术的研究和利用。

一、取得的进展

1.搜集

本年度在国内以野生牧草为主，采集和搜集到优良的、有利用和保护价值的牧草种质资源962份；在国外以栽培牧草品种为主，引进和搜集牧草种质资源218份，本年度共搜集1 180份。使我国搜集的牧草种质资源累计数达10 774份。

2.保存

通过田间试种、一般性状的鉴定、繁殖种子及入牧草基因库保存660份。到2002年底在牧草基因库保存的牧草种质资源达7科129属420种，共计3 802份。此外，在8个多年生牧草资源圃中，田间保存1 082份。

3.建立信息网络

完成了信息网络总体设计，确立了中国牧草种质资源数据库的结构。对原数据库（FoxBase数据库）的数据内容、类型、格式等进行了一定取舍，转换后，纳入新数据库的数据共88 753个。另收集和整理新数据9 222个，并录入库中相应字段。初步建立起牧草种质资源数据库及信息网络。

4.评价及筛选利用

以植物学特征和农艺性状为主，本年度完成1 387份材料的鉴定与评价（其中，抗逆性鉴定205份）。到2002年底，我国累计完成5 930份材料的鉴定和评价（其中，抗逆性1 439份）。

利用优良牧草种质资源，筛选和培育出一批优良牧草栽培品种。在本年度有18个优良品种通过审定登记，将在生产上应用和推广。从1986—2002年底，我国已审定登记的牧草（包括饲料、草坪草）品种达250个。

二、生物技术研究和应用

应用生物技术创造牧草新物种和培育牧草新品种有赖于掌握牧草遗传资源的广度和研究的深度。反之，牧草遗传资源的有效保护和充分利用又有赖于生物技术的研究与应用。在我国牧草遗传资源研究领域中，生物技术研究与应用起步较晚，从1980—2000年，主要采用花粉培养技术，成功获得单倍

体的苜蓿和羊柴植株；采用组织培养技术，用器官、组织和细胞培养出苜蓿、中间锦鸡儿、碱茅等牧草的再生植株；用原生质体培养出苜蓿、红豆草的再生植株；通过耐盐细胞的选育，获得苜蓿耐盐再生植株；采用农杆菌介导法，已将含硫氨基酸基因转导到苜蓿中。

从2001—2002年，对草麻黄和中麻黄的愈伤组织发生和愈伤组织麻黄碱的含量变化进行测定和研究；以皇竹草腋芽或顶芽为植体，培养获得胚性愈伤组织，建立起快速繁殖体系。此外应用分子生物技术（RAPD标记技术）对苜蓿、沙打旺、披碱草的遗传多样性及亲缘关系等进行检测和研究。

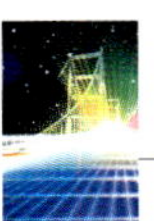

动 物 资 源

动物种质资源包括畜禽、特种经济动物、水产养殖动物、经济昆虫等，是经过长期演化自然形成及人为改造的、对人类社会生存与可持续发展不可或缺的、为人类社会科技与生产活动提供基础材料，并对科技创新与经济发展起支撑作用的重要战略物质资源。2002年主要开展了下列工作：

一、编写了《中国家养动物遗传资源报告》

为联合国粮农组织（FAO）编写了《中国家养动物遗传资源报告》，报告系统介绍了中国畜牧业概况、家养动物多样性状况评估、畜产品需求变化对国家动物遗传资源政策、战略和计划的影响、国家资源保护能力状况及建设需要、家养动物遗传资源保存和利用的重点、加强在家畜多样性领域的国际合作等内容，该报告不仅是对我国家养动物的全面总结，也是我国未来一定时期家养动物种质资源纲要性文件。

二、建立了家养动物种质资源永生细胞库技术平台

建立了家养动物种质资源永生细胞库技术平台，并开展了北京油鸡、五指山小型猪、北京鸭、小尾寒羊、萧山鸡、白耳鸡、狼山鸡、清远麻鸡、藏鸡和德保矮马等15个品种的细胞收集和入库工作。实现各类家养动物种质资源的永久保存，一旦资源灭绝可通过克隆技术使它们得到再现；可以保存完整的基因组信息，为结构基因组、功能基因组及其他分子生物学研究提供取之不尽、用之不竭的宝贵材料；可以通过细胞的无性繁殖，避免各项科学研究的反复采样；可以实现畜禽遗传资源的社会共享，为有关单位提供基础研究材料；可以节省畜禽遗传资源的保护费用。

三、家养动物资源的保护与研究

对确认的78个重点保护名录的家养动物种质资源继续开展了活体抢救性保护。

开展了对绵山羊、家禽种质资源进行分子遗传评价和鉴定。

四、水生动物资源

主要进行了“海洋渔业资源监测调查”和“东南太平洋竹荚鱼资源开发性探捕”、“共管水域渔业资源调查与管理措施的研究”、“长江鲟鱼类物种保护技术研究”、“主要水产养殖品种种质资源收集、保存、整理”和“水产养殖种质资源数据库与网络建设”。

系统研究了“东、黄海生态系统动力学与生物资源可持续利用”,使我国在国际海洋生态系统动力学这一新学科发展中起到了领军作用，为建立我国近海可持续发展的生态系统、合理的渔业管理体系和负责任的捕捞制度提供了科学依据。

五、天敌昆虫资源

利用SQL Server 2000数据库工具和Visual Basic编程语言，初步开发了用户界面友好的《中国害虫天敌信息系统》的框架。初步定义制定了天敌昆虫数据库的字段和数据结构，该系统实现了按天敌类群名称、生活环境、寄主种类和地理分布、人工饲养等的快捷查询，将天敌的分类特征、生活习性、地理分布、寄主范围等十几项信息以图文并茂的形式直观地展现在用户面前。

在中红侧沟茧蜂、食蚜瘿蚊、甘蓝夜蛾赤眼蜂等天敌种类的繁育、保存技术等方面取得显著进展。

六、野生动物资源

2002年,我国野生动物保护及自然保护区建设工作取得了重大进展,全年完成了重点物种大熊猫、朱鹮、虎、金丝猴、藏羚羊、扬子鳄、亚洲象、长臂猿、麝、普氏原羚、鹿类、鹤类、雉类拯救，自然保护区建设和湿地示范工程建设的专项规划以及各省、自治区、直辖市相应规划的编制工作。新建自然保护区249处，新增保护面积359万公顷。全国新建野生动物种源繁育基地304个。进一步明确了目标任务和建设重点,加大了野生动物保护及自然保护区建设力度。大熊猫、朱鹮、金丝猴、老虎、藏羚羊等濒危物种的拯救繁育工作取得新进展。我国各种类型的保护区有效地保护了我国85%的陆地生态系统类型、85%的野生动物种群。许多濒危珍贵野生动物，如大熊猫、金丝猴、扬子鳄、虎、麋鹿等,在保护区里得到了良好的保护。

濒危野生物种保护

中国生物种类约占地球全部生物种类的1/10。中国作为世界文明的发源地之一，这些生物资源为中华民族数千年的繁衍生息和文明发展提供了不可或缺的重要物质来源。近一百余年来，由于栖息地变化、过度利用等原因，这些生物资源的状况发生了极大的变化，有许多种类已处于濒临灭绝或濒危状态。

自新中国成立后，我国野生生物资源的状况向两个方向发展。一是由于人口增长和经济发展的巨大压力，濒危物种逐年增加；二是随着科学认识和人民素质的提高，对濒危物种的保护力度迅速加强。

濒危物种的概念

现在所称的濒危物种（Endangered Species）概念，含义较广。在野生生物资源管理实践中，我国对此的认识和理解有一个渐次的演变过程。

1950年中央人民政府颁布了《稀有生物保护办法》，文中的“稀有生物”主要是从数量上来界定。此后在持续的社会主义建设高潮中，野生生物资源，特别是野生毛皮和药材动物资源成为利用的重要对象，以至成为一个生产行业——狩猎生产。主要从经济价值和生产管理考虑以及兼顾我国的特有动物，1962年国务院发出的《关于积极保护和合理利用野生动物资源的指示》中，有“经济价值高、数量已经稀少或目前虽有一定数量，但为我国所特有的鸟兽”之称。依其所指，可以简化为“珍贵、稀有和特有动物”，或可进一步简化为“珍稀动物”。1983年国务院发出《关于严格保护珍贵稀有野生动物的通令》，有关部门依此

制定了国家保护动物名录。1982年我国加入《濒危野生动植物种国际贸易公约》，由此发端始用“珍贵稀有濒危动物”一词，一般简称“珍稀濒危动物”，逐渐成为广泛使用的名词。在语义使用上，珍贵、稀有和濒危三个限定词是并列的。实际上，稀有物种一般比数量丰富的物种遭至灭绝的危险要大的多，即濒危物种在生物学意义上可包含稀有物种。因此，1988年全国人民代表大会常务委员会通过的《中华人民共和国野生动物保护法》中，使用了“珍贵、濒危野生动物”的称谓。但日常活动中，仍多用“珍稀濒危”一词。

“濒危物种”一词的广泛使用，源于世界自然保护联盟（IUCN）的“物种红皮书”，该项工作源于20世纪60年代。它汇集了全球一流科学家的工作，现已成为世界有关制定濒危物种名录方面的权威性文献。该红皮书随着物种状况的变化以及科学上新的发现、认识等在不断修订，最近一次完成于2001年。实际上，IUCN红皮书中所列物种并不都是濒危的。其英文全名是“The IUCN Red List of Threatened Species”，即“IUCN受威胁物种红色名录”。受威胁物种包括已经处于濒危状态和在一定时间内将要或可能成为濒危的物种。

按红皮书2001年修订版的规定，物种生存受到威胁的等级分为绝种（Extinct EX）、野外绝种（Extinct in the Wild EW）、极度濒危（Critical Endangered CR）、濒危（Endangered EN）、易危（Vulnerable VN）、临危（Near Threatened NT）、受关注（Least Concern LC）、缺乏数据（Data Deficient DD）和未受评估等9个级别。很明显，这套等级的规定是为了甄别物种面临绝种危险的程度，而日常所称的濒危物种，一般是指野外绝种、极度濒危、濒危和易危这几类。

借鉴IUCN的工作，我国于20世纪80年代由国家环境保护总局发起组织编写中国的物种红皮书，迄今已出版了濒危植物和濒危动物两套。我国红皮书濒危等级的划分较IUCN的少，为绝迹、野生绝迹、濒危、易危、稀有和未定，共六个等级。

中国濒危野生生物物种的种类

上述所说的濒危物种是通过一系列严格的科学标准和程序确定的。由于物种分布、科学研究资料积累、经济水平和文化背景的差异，国与国之间，甚至地区与地区之间在确定哪个物种处于濒危状态时不尽相同。同样，不同的有关行业和部门也会制定自己所需的名录。我国目前使用的有如下几种名录：

1987年，原国家药品监督管理局公布了《国家重点保护野生药材物种名录》，共列入国家重点保护药材种类80种，包括动物、植物和菌类。

1989年，根据《中华人民共和国野生动物保护法》，国务院批准公布了《国家重点保护野生动物名录》，共列入国家重点保护野生动物258个分类单元。其中大部分单元为种，也有部分单元为亚种、属、科和目。

1999年，国务院批准国家农业部颁布了《国家重点保护野生植物名录（第一批）》，共列入国家重点野生保护植物254个分类单元，绝大部分单元为种，很少几种为属和科。

1980年，我国加入《濒危动植物种国际贸易公约》（1973年于美国华盛顿签署）。该公约主要是基于一个濒危状况的分级附录物种系统对缔约国之间的濒危物种贸易实行管制。2002版附录共列入物种分类单元（亚种、种、属和科）约33 000个，其中在我国有分布的为186个单元。

上述名录都是根据法律或法规制定的，因此称为国家或国际性的濒危物种，其种类的增删往往有特定的标准和程序，并受到相应法律法规的保护。如果不特加说明，平常所指的"濒危物种"即为列入这些名录中的物种。此外还有一些由民间组织或科学团体制订的名录，如IUCN红色名录、中国濒危物种红皮书等，这些名录一般具有较多的研究性，并作为制订前述名录的参考。由于这些名录使用了较多的种以上分类单元，且科学界又有不同的分类系统，因此我国到底有多少"种"濒危物种，目前还没有一个确切的数字，粗略估计受法律保护的约2 500种。

在此需要特别加以说明的是："濒危物种"除了指现在数量少、分布区域小等真正濒危的物种外，也指数量或分布区域等正以较快速度减少，并在将来一段时间内濒危或可能濒危的物种。

中国濒危物种的保护

中国作为一个文明古国，历史上不乏自然或物种保护的事例和言论，如设立专职官员、禁猎、禁渔和设立禁猎（渔）区等，荀子提出要"万物皆得其宜，六畜皆得其长，群生皆得其命"，则须"草木荣华滋硕之时，则斧斤不入山林，不夭其生，不绝其长也。鼋鼍鱼鳖鳅鳣孕别之时，网罟毒药不入泽，不夭其生，不绝其长也。"但这些都只是些没有科学基础的、不成系统的和朴素的自然保护的思想和行动。1949年新中国成立后，我国的自然保护和濒危物种保护事业开始步入一个新的全面发展阶段。

一、国家颁布的有关法律、法规

从1949年至今，我国颁布了一系列的法律、条例和规章，涉及野生生物的资源利用、栖息地保护和具体物种保护等方面（表14）。

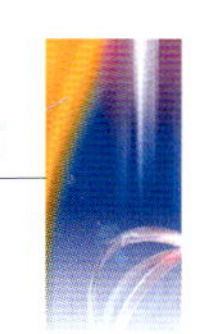

表 14　20 世纪 50 年代以来国家所颁布的涉及濒危物种保护的主要法律和法规

年份	名　称	物种保护规定	种　类
1956	天然森林禁伐区（自然保护区）划定草案	划出禁猎禁伐区（自然保护区）	世界罕见的和有经济价值的动、植物
1956	狩猎管理办法（草案）		稀有珍贵动物
1959	关于珍贵动物出口问题的指示	限制珍贵动物的出口	我国特有的 29 种珍贵动物
1962	关于积极保护和合理利用野生动物资源的指示	加强资源保护，积极繁殖饲养，合理猎取利用	经济价值高、数量已经稀少或目前虽有一定数量，但为我国所特有的鸟兽
1964	加强中药材市场管理的通知	有关药材必须由国家药材部门经营	
1971	关于发展狩猎生产的报告的通知	规范狩猎生产	珍贵稀有动物
1973	关于停止珍贵野生动物收购和出口的通知		珍贵野生动物
1979	中华人民共和国水产资源繁殖保护条例	保护有经济价值的水生动物和植物的亲体、幼体、卵子、孢子等以及赖以繁殖成长的水域环境	重要或名贵的水生动物和植物等 90 种
1981	关于加强市场管理、打击投机倒把和走私活动的指示	禁止非法倒卖贵重药材	麝香等 34 个贵重药材品种
1982	中华人民共和国海洋环境保护法	建立海洋自然保护区	
1983	关于严格保护珍贵稀有野生动物的通令	加强保护珍贵稀有野生动物工作	珍贵稀有野生动物
1984	关于公布我国第一批《珍稀濒危保护植物名录》的通知	国家保护的植物名录	珍稀濒危植物 79 种
1984	中华人民共和国森林法	禁止捕猎列为国家保护的野生动物，建立保护区	
1985	森林和野生动物类型自然保护区管理办法	自然保护区的管理	珍贵稀有或者有特殊保护价值的动、植物种的主要生存繁殖地区
1985	中华人民共和国草原法	保护草原植被	珍稀野生植物，益鸟益兽
1986	中华人民共和国渔业法	禁止捕捞	有重要经济价值的水生动物苗种，珍贵水生动物
1987	坚决制止乱捕滥猎和倒卖、走私珍稀野生动物的紧急通知	加强保护和管理	珍稀野生动物
1987	野生药材资源保护管理条例	国家重点保护的野生药材级别、标准和相应的管理措施	国家重点保护野生药材
1988	关于惩治捕杀国家重点保护的珍贵、濒危野生动物犯罪的补充规定	刑法补充规定	珍贵、濒危野生动物
1989	国家重点保护野生动物名录		258 个分类单元的动物
1989	中华人民共和国环境保护法	保护和严禁破坏各种类型的自然生态系统区域，珍稀、濒危的野生动物自然分布区域	
1989	中华人民共和国野生动物保护法	野生动物保护	珍贵、濒危的陆生、水生野生动物和有益的或者有重要经济、科学研究价值的陆生野生动物

（续）

年份	名　　称	物种保护规定	种　类
1989	关于实行“特许猎捕证”有关问题的通知	特许猎捕证管理	国家重点保护的陆生野生动物
1990	关于严厉打击非法捕杀收购倒卖走私野生动物活动的通知	严厉打击非法捕杀收购倒卖走私野生动物活动	野生动物
1990	中国人民解放军环境保护条列	保护和改善生态环境	珍贵和稀有的野生动物、植物
1991	关于加强野生动物保护严厉打击违法犯罪活动的紧急通知		
1992	中华人民共和国陆生野生动物保护实施条例	野生动物保护	依法受保护的珍贵、濒危、有益的和有重要经济、科学研究价值的陆生野生动物
1993	中华人民共和国猎枪弹具管理办法	猎枪弹具管理	
1993	中华人民共和国水生野生动物保护实施条例	水生野生动物保护	珍贵、濒危的水生野生动物
1994	中华人民共和国自然保护区条例	加强自然保护区的建设和管理，保护自然环境和自然资源	有代表性的自然生态系统、珍稀濒危野生动植物物种的天然集中分布区
1994	关于陆生野生动物刑事案件的管辖及其立案标准的规定	量刑的具体规定	国家重点保护动物
1996	国务院关于环境保护若干问题的决定	维护生态平衡，保护和合理开发自然资源	
1996	中华人民共和国野生植物保护条例	野生植物保护	原生地天然生长的珍贵植物和原生地天然生长并具有重要经济、科学研究、文化价值的濒危、稀有植物
2000	关于审理破坏野生动物资源刑事案件具体应用法律若干问题的解释		

表中只列出了主要的法律、法规，如果全部统计，包括市场管理、药材生产经营管理以及为个别物种或物种类群的等，肯定要多于每年1件的水平。如果再加上各级地方政府和部门颁发的有关文件，肯定不少，这说明我国政府历来就重视濒危物种的问题。

但从我国现有濒危物种的现状以及发展趋势看，上述规定在总体上并未能对保护濒危物种发挥应有的全部作用。以麝为例，20世纪50～60年代，估计我国麝的数量为300万头，而最近的一次普查表明仅余不足10万头。从1980年以来，颁布了数件专门针对麝的保护和麝香经营管理的文件，最典型的是1986年国家经济贸易委员会、国家医药局、海关总署、林业部等13个部委（局）联合发出的《关于加强麝香资源保护和市场管理的通知》，但仍然没有从根本上制止偷猎、非法经营和走私的严重局面。因此，今后不但要

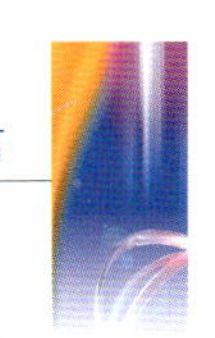

适应经济和科学的发展，进一步完善各种法律法规，更重要的是在人力、财力和制度上切实予以落实，使其发挥应有的作用。

二、自然保护区建设（就地保护）

建立自然保护区可以说是目前濒危物种就地保护最重要也是最有效的措施，自1956年在广东省鼎湖山建立我国第一个自然保护区以来，迄今我国共建立自然保护区1 757个，覆盖国土总面积的13.2%，其中国家级的保护区197个。

我国自然保护区的建设大致可分为五个阶段：

1956—1966年的创始阶段：这一期间全国有8个省份建立（或规划）了20个自然保护区，以保护我国特有物种，以大熊猫和热带亚热带森林为主。

1966—1974年的停滞破坏阶段：这一阶段时值我国的"无产阶级文化大革命"时期，不但没有建立新的自然保护区，原有已建保护区也受到了不同程度的破坏。

1975—1979年的恢复阶段：1973年农林部召开了《全国环境保护会议》，重新推动了自然保护区的建设，此段时间又新建了23个自然保护区。

1980—1990年的迅速增长阶段：在有关会议的推动下，结合全国的农业区划工作，保护区建设遍及全国各省、自治区和各有关部门，保护区数量、面积迅速增加和扩大。

1991—2000年合理规划和抢救性建设阶段：在《中国自然保护区发展规划纲要》的指导下，各省、自治区、直辖市人民政府组织开始制定本地区自然保护区发展规划，并将其纳入国民经济和社会发展计划，认真组织实施。规划要求到2050年，使全国自然保护区总数达2 500个左右，其中国家级自然保护区350个，自然保护区总面积占国土面积的比例要达到18%。

目前我国的自然保护区主要由国家林业局、国家环境保护总局和国家农业部主管。按主管部门级别的高低又可分为国家级、省级、市级和县级等；按环境类别可分为陆地、水域、森林、草原、湖泊、海洋等；根据其主要保护对象，则主要分为生态系统、群落和物种等类型。

经过几十年的建设，我国的自然保护区已经基本形成了一个可覆盖不同生物地理地带、不同区域环境和不同生物种类的网络系统。目前存在的主要问题还是保护区的管理水平，特别是地方级别的保护区，有相当一部分实际上是有名无实。

三、人工培育繁殖（异地保护）

对于一些自然栖息地已经丧失或栖息地的质量已经严重恶化的濒危物种，通过人工培育的措施保存其种源，在人工环境下发展其数量，待环境改善后重新放归野外，是濒危物种保护的关键性措施之一。另外，对于

数量已很稀少，生产生活又有一定需求量的濒危物种，通过人工培育来满足需求，减少或完全脱离对野生资源的依赖，也是挽救物种的重要方法。

1994年统计，我国共有动物园和附属在公园的动物展区175个，共饲养动物600多种，10万余只，并繁育成功大熊猫、华南虎、黑颈鹤等多种濒危动物。从1987年开始，依托动物园的技术积累和研究力量，相继建立了成都大熊猫繁育基地、广西黑叶猴繁殖研究基地、青海扭角羚繁育研究基地和沈阳珍稀鹤类繁育基地等4个大型珍稀动物繁育基地。除上述传统的动物园外，我国近年兴建的一批大型野生动物园、水族馆和海洋馆也加入到濒危动物异地保护的行列。与动物园类似，我国近百个植物园在濒危植物的异地保护中也发挥着不可或缺的重要作用。很明显，上述这些公园的主要作用还是科普教育。

如果仅以繁育的数量比较，遍及全国各地的、提供生产和生活产品的各种动物养殖场、植物种植场等则取得了更大的成绩。如鹿类全国饲养约30万头、麝近3 000头，熊近5 000头，银杏、水杉、苏铁等野生濒危的植物更已成为常见的绿化树种。

如果不区分野生和人工种养，许多物种就其全部数量来看已不成为濒危物种。但问题在于，目前我国濒危物种的人工培育繁殖对它们野外种群的恢复并没有起到直接的促进作用。动物方面最典型的如梅花鹿，全国饲养总计已有15万头左右，而野外现存却不足1 000头；植物方面最典型的如人参，全国种植的人参产量已超过1 500吨，而野参已近绝迹，这是今后我国濒危物种保护中亟待引起重视的问题。

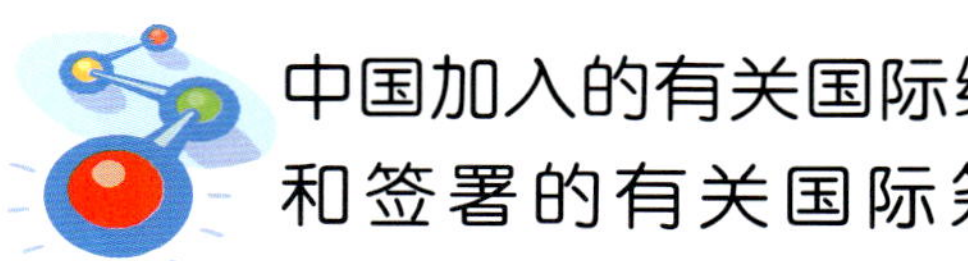

中国加入的有关国际组织和签署的有关国际条约

大自然通过数十亿年进化，形成了现存的大约500万～3 000万种生物，与地球的土壤、水分和空气等构成了目前宇宙中惟一已知有生命存在和适合人类生存的地球生物圈，从这个意义上说，保护地球生物圈和其中的每一个物种应是不分国家和不分民族的。

随着改革开放的全面推进，我国在濒危物种保护工作中的国际合作越来越广泛和深入，主要体现在加入了多个重要的国际组织和签署了一系列的国际条约，主要有：

1978年加入联合国教科文组织的人与生物圈计划；

1980年加入《濒危动植物种国际贸易公约》；

1981年和日本政府签署保护候鸟及其栖息地的协议；

1984年和前苏联政府签署保护候鸟公约；

1985年加入《保护世界文化和自然遗产公约》；

1986年国家林业局和美国内务部签署自然保护交流与合作议定书；

1988年签署中澳保护候鸟及其生活环境协定；

1989年签署前苏联和中国自然保护合作备忘录；

1990年签署中蒙自然环境保护合作协定；

1992年加入《关于特别是作为水禽栖息地的国际重要湿地公约》组织；

1992年加入《生物多样性公约》。

其中最重要的有：

（1）人与生物圈计划（MAB）：该计划是联合国教科文组织于1971年开始组织实施的一个长期计划，提出了通过生物圈保护区网络来研究和保护生物多样性，促进自然资源的可持续利用。现已有100多个国家参加了该计划，中国为该组织的理事国。1978年经国务院批准成立了中国MAB国家委员会。截至2001年全世界共有411个保护区成为MAB网络的成员，其中中国有21个。

（2）濒危动植物种国际贸易公约（CITES）：基于国际贸易对野生动植物严重威胁的认识，1973年在美国华盛顿80个国家发起签署了该公约（因此又称“华盛顿公约”），迄今已有164个国家和地区成为它的缔约国。经过30年的发展，该公约已成为目前国际上保护濒危物种最有效的极少数几个公约之一。1980年我国加入CITES，随后遵照其规定，由国务院批准在国家林业局成立了“中华人民共和国濒危物种进出口管理办公室”——CITES中国管理机构，在中国科学院成立了“中华人民共和国濒危物种科学委员会”——CITES中国科学机构，两机构联合负责CITES在中国的具体执行。

（3）生物多样性公约：1992年在巴西里约热内卢召开了由各国首脑参加的有史以来最大规模的联合国环境与发展大会，会上150多个国家签署了该公约，目前已发展到175个国家。中国政府成立了由国家环境保护总局牵头、国务院20个部委组成的中国履行《生物多样性公约》工作协调组负责该公约在我国的履行。

微生物资源

微生物资源是指可培养的，有一定科学意义或实用价值的细菌、真菌、病毒、细胞株及相关信息。

微生物是一类现实和潜在用途很大的生物资源。开发利用微生物资源是利用微生物菌体本身，或其代谢产物，或其某种特性。微生物资源的利用涉及农业、林业、食品、医药、环保、冶金、轻纺、水产等多个行业，是人类赖以生存的自然资源的重要组成部分，是科研、教学、产业及生物技术的重要物质保障，与国民食品、健康、生存环境及国家安全密切相关。

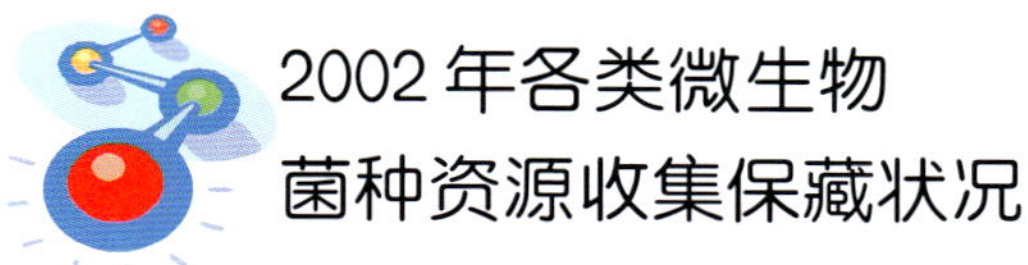

2002年各类微生物菌种资源收集保藏状况

一、普通微生物

截止2002年12月，保藏各类微生物菌种15 929株，分属555属，2 884个种。其中细菌198属1 416种；真菌357属1 468种。从国外引进模式菌59种，满足了国内科研需要。保存用于专利程序的各类生物材料202株，为我国知识产权保护提供了技术服务。向社会各行业提供各类微生物菌种近6 000株。

二、农业微生物

农业微生物主要是指与农业生产（种植业、饲养业和养殖业）、农产品加工、农业环境保护及农业生物技术有关的微生物的总称。

2002年农业微生物菌种保藏中心主持承担了国家科技基础性项目——“农、林、医、药微生物菌种收集、鉴定、评价与保藏”，通过该项目实施，保藏条件、鉴定水平都具有国内领先水平，菌种性状描述及功能评价逐步深入。到2002年底，共保藏有各类微生物菌种170属，520种，4 600株。2002年向社

会提供菌种3 000份。

从新疆、海南、云南、宁夏、内蒙古等省、自治区各地采样分离各类豆科根瘤菌5 000株，从长白山等地分离得到珍贵的大型真菌17株。配合863计划——“新型多功能生物有机肥料的研究与产业化”筛选抗病、促生菌株100株。邀请了世界菌种联合会（WFCC）秘书长、CABI基因资源保藏部主任Dr.David Smith及德国菌种中心（DSMZ）细菌部主任Dr.Dagmar Fritze分别来华讲学各1周，做了“中国微生物多样性保护与利用”、“世界菌种保藏联合会介绍”、“菌种保藏中心的质量管理系统”、“真菌保藏方法”、“好氧芽孢杆菌的分类方法及进展”、“细菌分类的新技术及方法”等学术报告。这是我国农业系统第一次邀请国外著名分类专家来我国讲学，加强了同世界菌种联合会的联系。

三、工业微生物

工业微生物菌种资源主要指食品发酵和轻化工等工业领域应用的微生物菌种。到2002年底保藏有各类微生物菌种70个属，266种，1 950株，创建了域名为www.china-ciccc.org的中心网站，部分菌种数据可以网上检索，对外供应1 200份，并为中小型企业培训人员和加工生产菌种。

四、医学微生物

医学微生物由细菌、真菌、立克次氏体、支原体和病毒组成。医学微生物资源是生物资源的组成部分，是医学微生物研究和医学微生物产业发展的重要物质基础。经过20多年的逐步发展完善，形成了一套独立的医学细菌保藏管理体系。2002年从20个省、直辖市、自治区35个单位收集到分枝杆菌53种426株、各种链球菌228株、大肠埃希氏菌202株、厌氧菌57株。从美国ATCC引进分枝杆菌50株。到2002年底，保藏有45个属，180个种，5 000株菌，向国内供应各类菌种5 000多支，主要用于筛选制造疫苗的菌种；制造诊断抗原或制备抗体；流行病学的追踪；耐药的监测；教学；治疗用药物的筛选及其他。

五、林业微生物

森林是陆地生态系统的主体，而林业微生物作为这一生态系统中物质和能量的转换者，在改善生态环境，维护生态平衡中起着不可替代的作用。

到2002年底，已登记在册进入国家林业菌种保藏的微生物菌株共1 100株，分属于200属393种（亚种或变种），对外供应菌种130份。开展三峡库区淹没区（175米以下）8个县、市的不同森林立地类型采集，包括含相关微生物的木本植物和土壤标本，分离获得了50余株不同类型的微生物纯培养物。

六、兽医微生物

兽医微生物包括引起动物及人共患疾病的病原性微生物及与动物饲养、健康和动物食品品质的改善相关的微生物，与其他微生物资源有着广泛的渗透和交叉。

到2002年底保藏包括细菌、病毒、支原体、衣原体和原虫在内的各类微生物资源50个属，230种，3 768株，全年对外供应各类菌毒种2 181份，标准抗原10 020瓶，诊断血清2 612瓶，其他生物制品8 229瓶。

七、药用微生物

药用微生物是指可作为微生物药物直接来源的，或对于微生物药物的研究与开发有一定科学意义和应用价值的各类菌体、遗传物质或代谢产物及相关的信息资料。

到2002年底共保藏菌种4 000株，36个属，294个种。其中具有研究和经济价值的各类菌株近1 000多株。对外供应菌种500份。2002年配合863计划——“创新药物与中药现代化”在三峡库区淹没地采集135米以下土样100多份，筛选各种抗肿瘤、抗病毒、抗耐药菌及生理活性物质的菌株。

工作进展

2002年，在国家科学技术部科技基础性工作专项资金的资助下，大部分菌种中心得到较大的发展，菌种数据库的建设初显功效，菌种的共享程度明显提高。各中心共保藏有微生物菌种36 347株，对外供应18 011份（表15）。但是各中心保藏的菌种有一些交叉，所以需要统一的整合，以便更好地服务于社会。微生物菌种资源的收集、保藏、评价是一项长期、累计性不可间断的公益性工作，所以需要制定中长期规划。

表15　2002年国家菌种保藏中心保藏菌种数量及共享统计表

名　称	属	种	菌　株	对外供应菌种（份）
中国普通微生物菌种保藏管理中心	555	2 884	15 929	6 000
中国农业微生物菌种保藏管理中心	170	520	4 600	3 000
中国林业微生物菌种保藏管理中心	200	393	1 100	130
中国医学微生物菌种保藏管理中心	45	180	5 000	5 000
中国药学微生物菌种保藏管理中心	36	294	4 000	500
中国兽医微生物菌种保藏管理中心	50	230	3 768	2 181
中国工业微生物菌种保藏管理中心	70	266	1 950	1 200
合　计	1 126	4 767	36 347	18 011

人类遗传资源

遗传资源的收集、保存，为人类重大疾病致病和易感基因的研究与开发应用提供遗传资源保证，其进一步的收集、保存和开发利用已经成为政府和科技界的共识。统一规划，收集、保存和利用我国重大疾病遗传资源，建立和完善遗传资源的收集网络和标本库，用于疾病基因和功能基因研究，为“功能基因组学与生物芯片”重大科技专项的实施予以资源条件的支撑。

2002年遗传资源收集保护的进展

2002年度我国在人类重大疾病，包括肿瘤、心血管疾病、代谢性疾病、老年病、精神疾病及多种单基因遗传病等家系、病例对照、受累同胞对，隔离人群和有关少数民族人群的遗传资源的收集和保存上开展了系统的研究工作。

(1) 收集患者血样或组织标本、疾病家系样本以及临床与流行病学资料。

(2) 样本的制备、保存及其相关技术的研究。

(3) 数据库的建立与利用。

(4) 遗传资源收集中的伦理等问题及组织管理工作。

863计划继续资助对肿瘤、心脑血管疾病、内分泌疾病、精神神经系统疾病、老年性疾病和单基因病的遗传资源进行收集和保存专项课题。少数民族及其隔离人群遗传资源方面，2002年在安徽、湖南、云南等省、直辖市继续重点收集了3 000人5个隔离人群的血样和遗传资源；收集了脑卒中家系10个，1 000个脑卒中病例和对照的临床资料及DNA

标本；1 200个高血压病人遗传资源样本；500个冠心病例遗传资源；收集了7个大肠癌家系，保存了29人细胞株；收集260例肝癌、胃癌和食管癌组织标本和1 000多份白血病标本；收集了40个神经系统遗传病家系，300个DNA样本，建立了50人细胞株；皮肤病方面收集了多基因家系150个，3 000人遗传资源，单基因家系10个。

北京市科学技术委员会在北京市继续资助收集1 000多名老年病样本、50个精神分裂症家系、80个儿童孤独症家系、1 000个冠心病病例和对照样本遗传资源。在北京市卫生局的支持下，国家人类基因组北方研究中心人类重要疾病遗传资源库成立大会于2002年1月21日在北京举行，同时还举行了人类遗传资源收集培训班开学典礼。北方中心遗传资源库是以国家人类基因组北方研究中心为基地，将国家人类基因组北方研究中心的学术地位和技术资源优势，与北京地区的国家所属及北京市属卫生医疗单位和研究机构的人才和疾病资源优势结合，建成的以收集北京地区及全国各种人类重要疾病遗传资源为目标的机构。北方中心遗传资源库将由管理委员会、专家顾问委员会及伦理委员会负责组织和协调各项任务，并建立一个规范化、规模化、管理科学化的人类重要遗传资源和临床资料的收集、保存和管理的完整体系。同时还负责进行人类重要遗传资源相关方面的技术培训，增强我国参与国际人类基因研究的合作和竞争能力，以促进我国人类重要遗传资源的收集保护和利用开发。

2002年人类胚胎干细胞研究正成为全球激烈争论的热点。而缺乏伦理规范也开始影响中国基因研究在健康的轨道上进一步推进。国家人类基因组南方研究中心伦理委员会在2001年10月已经通过了一个建议——“人类干细胞研究的伦理指导大纲”，建议内容包括建立一套既符合国际生命伦理的国际原则，又适合中国国情的胚胎干细胞研究和应用的伦理准则，在专家委员会和伦理委员会的监控指导下，妥善处理中国胚胎干细胞研究在伦理、法律和社会方面所遇到的难题。列入大纲的伦理原则包括：行善和救人、尊重和自主、无伤和有利、谨慎和保密以及已经广为人们知道的“知情同意权”。

2002年度北京市科学技术委员会以国家人类基因组北方研究中心为依托，组织多家医院和科研机构启动北京市重大疾病遗传资源收集和保存研究专项，分别收集和保存了200多例肿瘤病例的血样和肿瘤组织标本、1 000多心血管病病例、Ⅱ型糖尿病和重要单基因疾病的系统收集和保存。国家人类基因组北方研究中心设立的北京市人类遗传资源管理委员会和伦理委员会开展了日常工作，负责审理北京市范围内有关人类遗传资源收集项目的医学伦理问题。国家人类基因组北

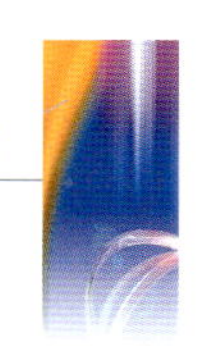

方研究中心在中国医学科学院、北京大学和首都医科大学及国家人类基因组南方研究中心的配合下,举办了两期人类遗传资源收集、保存和管理方面的培训班，在全国培训了100多名遗传资源收集、保存方面的医务和科研骨干。

国家人类基因组南方研究中心在2001年度遗传资源收集和保存工作的基础上，不断完善高血压、糖尿病、精神病、白血病以及肝癌、鼻咽癌等疾病遗传资源收集的网络，为这些疾病相关基因和致病基因的研究提供了重要的资源保证。

上海第二医科大学附属瑞金医院、上海市高血压研究所在国家863计划的资助下，经过5年工作在上海建成了“高血压遗传数据库及DNA样本库”，该库已经收集了5 000例以上DNA样本和相关的临床资料，其中包括高血压核心家系232个共1 274例、患病同胞385对1 358例、1个隔离群体726例、双生子111对223例、高血压患者818例、单基因遗传性高血压家系3个共28例。课题组利用这些遗传资源在中国汉族人中将原发性高血压易感基因定位在2号染色体的长臂14～23区域内，有关搜寻、识别、克隆这一基因的工作也已开展。

国家自然基金委员会继续支持1999—2003年“中国不同民族基因组的保存及遗传多样性研究”课题的研究。国家计划生育委员会对有关少数民族、自然地理环境隔离人群以及先天缺陷为代表的人类遗传资源继续进行收集和保存。

2002年人类遗传资源利用的进展

中国医学科学院基础医学研究所、国家人类基因组北方研究中心和中国科学院上海生命科学研究中心等完成的《遗传性乳光牙本质致病基因的研究》、北京华大基因研究中心等和国家人类基因组南方和北方中心协作完成的《国际人类基因组计划1%，3号染色体短臂末端基因组测序》等研究获国家2002年度自然科学奖二等奖。

由卫生部、中国人民解放军总后勤部卫生部、科学技术部、国家药品监督管理局、国家中医药管理局、中国科学技术协会、中华医学会等单位联合主办评选的2002中国医药科技十大成果中，包括了我国科学家在利用收集和保存的人类重要疾病遗传资源，开展相关基因研究方面获得的新进展。

鼻咽癌易感基因被定位。我国南方是鼻咽癌高发地区，广东省和广西壮族自治区人群是高危险人群。国际权威学术期刊《自然遗传学》在2002年7月15日刊发论文介绍，鼻咽癌易感基因定位已由中山大学肿瘤防治中心和国家人类基因组南方研究中心合作完成。这是重要疾病遗传资源开发利用，鼻咽癌研究的重大突破，该课题工作为鼻咽癌易感基因的筛查和鉴定提供了第一条重要线索。将为克隆鼻咽癌易感基因提供基础，为提高鼻咽癌的早期诊断、高危人群的筛选以及新药开发、基因治疗提供可能。

我国科学家发现儿童白内障致病基因。2002年度我国科学家发现并明确了热休克转录因子-4突变是引起儿童白内障致病基因。热休克转录因子-4关系到人眼晶状体的明亮，既像清洁工负责清除晶状体上老化可损伤的蛋白质，又像交通警维持晶状体蛋白质的三维有序排列。热休克转录因子-4基因的突变会使热休克蛋白产量减少或无法合成，最终导致遗传性儿童白内障。

骨质疏松致病基因首次克隆成功。山东大学医学院医学遗传学研究所与国外同行合作，在国际上首次成功克隆了“骨质疏松—假性神经胶质瘤综合征”的致病基因LRPS5。这一重大突破，为揭示成年人骨质疏松的病因并为寻找有效的骨质疏松治疗和预防药物打下了重要基础。

Ⅱ型糖尿病易感基因研究获得重要进展。由中国医学科学院基础医学研究所，北京协和医院和国家人类基因组南、北方研究中心共同参与的“中国人群Ⅱ型糖尿病易感基因定位及血糖调节相关基因的研究”，通过对60个Ⅱ型糖尿病家系、400多个成员进行除性染色体之外的基因组扫描分析，在1号染色体上，精确定位了5个易感基因位点，并从其中的两个位点上筛查出P RKCZ基因和UTS2基因，初步被认定为可能是Ⅱ型糖尿病的候选易感基因。该成果获得2002年度中华医学科技奖一等奖。

我国发现丙肝病毒新基因。中国人民解放军302医院传染病研究所在国际上首次发现了一种新的基因——丙型肝炎病毒核心蛋白结合蛋白。

2002年，我国收集和保存的人类重要疾病遗传资源，为人类健康相关功能基因组研究和开发提供了重要的资源和材料。利用获得的遗传资源，我国科学家在神经系统遗传病、精神性疾患、肝癌、鼻咽癌、胃癌、食管癌、白血病、原发性高血压、Ⅱ型糖尿病、系统性红斑狼疮、皮肤病等常见病多发病的致病基因和易感基因研究上取得新进展。分离克隆了上千余条新基因全长cDNA，又获得一批与信号传导、基因表达调控相关的基因，申请了上百个专利。此外我国在利用人类遗传资源开展中国人群单核苷酸多态性研究方面也取得了重要成绩。

生　物　安　全

转基因生物安全

一、转基因生物安全法规体系

1.转基因生物安全管理法规进一步健全

为了适应国内外生物技术发展的新形势和加入世界贸易组织后生物安全管理的需要，根据2001年5月国务院第304号令颁布的《农业转基因生物安全管理条例》的规定，2002年1月5日农业部以第8号、第9号和第10号令分别发布了《农业转基因生物安全评价管理办法》、《农业转基因生物进口安全管理办法》和《农业转基因生物标识管理办法》，自2002年3月20日起施行，从发布到实施，留有75天的实施准备期。《农业转基因生物安全管理条例》及3个配套规章，将我国原有法规主要针对转基因生物研究和试验阶段的管理延伸到转基因生物的生产、加工、经营和进出口活动的全面安全管理，是原有农业生物基因工程安全管理法规的继续和完善，是对生物技术发展和消费者需求的反映。

《农业转基因生物安全评价管理办法》规定，凡在中国境内从事农业转基因生物的研究、试验、生产、进口活动必须进行安全评价。安全评价按照植物、动物、微生物三个类别，四个安全等级和实验研究、中间试验、环境释放、生产性试验和申请安全证书五个阶段进行报告或审批。农业部成立国家农业转基因生物安全委员会，具体负责农业转基因生物对人类、动植物、微生物和生态环境构成的危险或者潜在风险的评估。同时，对申报程序、技术规范、技术检测以及各级农业行政主管部门的监管责任和要求做出了规定。

《农业转基因生物进口安全管理办法》规定，农业转基因生物进口安全管理以安全评价为前提，对进口农业转基因生物按照用途分为用于研究与试验、用于生产、用作加工原料3种类型分别实施安全管理，并对这3种类型的安全评价要求以及申报、审批程序等做出了相应的规定。还按照国际《生物安全议定书》的有关规定，对进口农业转基因生物安全评价的申请，要求在270天内做出批准或不批准的决定。

《农业转基因生物标识管理办法》规定，凡在中国境内销售列入标识目录的农业转基因生物，必须实行标识。该办法还明确规定了标识的对象、标识的方法、标识的审查认可和监督机构以及标识目录的制定、调整和发布程序。列入第一批标识目录的农业转基因生物有17种：大豆种子、大豆、大豆粉、大豆油、豆粕；玉米种子、玉米、玉米油、玉米粉；油菜种子、油菜籽、油菜籽油、油菜籽粕；棉花种子；番茄种子、鲜番茄、番茄酱。

2.切实保障转基因生物安全管理法规顺利实施

《农业转基因生物安全管理条例》及其3个配套管理办法发布后，国内外均给予了极大的关注，引起了强烈的反应。遵循WTO的规则和国际通行的安全评价做法，中国政府对于向WTO通报和征求意见、实施准备期、贸易影响、国民待遇以及安全管理的科学性、可操作性和定性标识等问题多次向有关方面做出了答复和通报。此外，为使境外公司自申请转基因生物进口安全评价到批复的270天内，转基因农产品贸易能够正常进行，农业部于2002年3月10日发布了“转基因农产品安全管理临时措施”（农业部公告第190号）。该公告规定，向中国出口转基因生物的境外公司可在申请安全证书的基础上，持本国或第三国有关机构出具的安全评价有效文件，向农业部农业转基因生物安全管理办公室申请“临时证明”，对审查合格者，农业部将在30天内发给“临时证明”。进口商可持境外公司已取得的“临时证明”办理报检手续，并按《农业转基因生物标识管理办法》的规定进行标识。该临时措施有效期截止到2002年12月20日。同年10月11日，农业部发布公告（第222号），鉴于技术的原因，决定延长转基因农产品安全管理临时措施实施期限至2003年9月20日。自2002年3月20日《农业转基因生物安全管理条例》3个配套管理办法和临时措施实施以后，境内外从事生物技术开发和贸易的单位积极向农业转基因生物安全管理办公室递交进口安全评价、临时证明和标识认可申请。其中，主要涉及转基因大豆、油菜、玉米、棉花，并包括大豆和大豆油的标识。

为了确保农业转基因生物安全管理法规的顺利实施，我国政府采取了一系列切实有效的保障措施，其中对转基因生物安

全管理法规顺利实施发挥了重要作用的主要措施有：

（1）及时召开了部级联席会议。农业转基因生物安全管理部级联席会议由农业部召集，科学技术部、对外经济贸易部、卫生部、国家质量检验检疫总局、国家环境保护总局等部门负责人参加。本年度，多次召开部级联席会议，研究解决有关转基因生物安全管理的重大问题以及加强政府有关部门之间相互沟通、衔接的问题。

（2）加强了安全管理组织机构建设。农业部成立了农业转基因生物安全管理领导小组，负责研究安全管理工作的重大问题；设立了农业转基因生物安全管理办公室，负责安全管理的综合协调、归口管理和统一对外；组建了国家农业转基因生物安全委员会，委员会由部级联席会议成员部门推荐的生物技术与生物安全专家组成，负责农业转基因生物的安全评价工作。

（3）举办培训班，加强法规宣传。通过培训和宣传，提高转基因生物安全评价的申报质量，增强安全管理人员的执法能力。

（4）进一步明确了申报程序。对转基因生物安全评价申报程序进行了细化和分解，制定了“农业转基因生物安全评价管理程序”、“农业转基因生物进口安全管理程序”、“农业转基因生物标识管理程序”和“转基因农产品安全管理临时措施管理程序”，方便了国内外进出口商和生物技术研发机构按照程序进行安全评价、进口和标识的申报。

（5）建立了监管体系和检测机构。为了保障法规的落实，农业部先后下发了“关于贯彻执行《农业转基因生物安全管理条例》及配套规章的通知”（农科教发［2002］1号文）和明传电报“关于对农业转基因生物进行标识的紧急通知”（［2002］农明字第4号），要求各省级农业行政主管部门加强领导，健全管理程序，组建执法队伍，开展标识的受理审查工作，做好监督检查。根据工作需要，农业部还认定了第一批农业转基因生物技术检测机构，组织制定了检测技术规范和标准。

二、转基因生物安全评价

按照《农业转基因生物安全管理条例》规定，国家建立农业转基因生物安全评价制度。第一届国家农业转基因生物安全委员会2002年成立，由58名委员组成。农业部《农业转基因生物安全评价管理办法》附录中规定，从2002年开始，对国内外申报的农业转基因生物按照实验研究、中间试验、环境释放、生产性试验（新增）和申请安全证书（原名商品化生产，下同）等5个阶段进行安全性评价。依据《农业转基因生物安全评价管理办法》和《农业转基因生物进口安全管理办法》的规定，农业转基因生物安全管理办公室负责安全评价的受理，国家农业转基因生物安全委员会负责具体的安全评价。

2002年，农业部共受理国内外农业转基因生物安全评价申请266项(其中境外公司申请进口用作加工原料的安全证书19项)，经国家农业转基因生物安全委员会严格评审，批准199项，其中中间试验94项、环境释放44项、生产性试验49项、生物安全证书12项，未批准67项。与往年一样，2002年申报安全评价的转基因生物仍以转基因植物为主。在通过安全性评价的199项转基因生物申请中，转基因植物占72%，转基因微生物占28%，详细数据见表16。

表16　2002年批准农业转基因生物安全评价申请情况

类　别	中间试验	环境释放	生产性试验	安全证书	小　计
植　物	63	35	48	12	158
植物用微生物	3	2	0	0	5
动物用微生物	28	7	1	0	36
合　计	94	44	49	12	199

抗病虫棉花和水稻为主要项目。在批准的10类转基因性状、27种转基因植物中，按照植物种类分，棉花、水稻、玉米等3种作物的项目数量最多，占转基因植物项目总数的83%，其他相对较多的还有马铃薯、番茄、小麦、大豆。详细数据见图26。按照转基因性状分，2002年申报和批准的项目仍以抗虫、抗病两种性状为主，占转基因植物总数的81%，其他性状还有品质改良、抗逆、抗寒、耐盐、耐贮藏、抗除草剂、育性等，详细数据见图27。

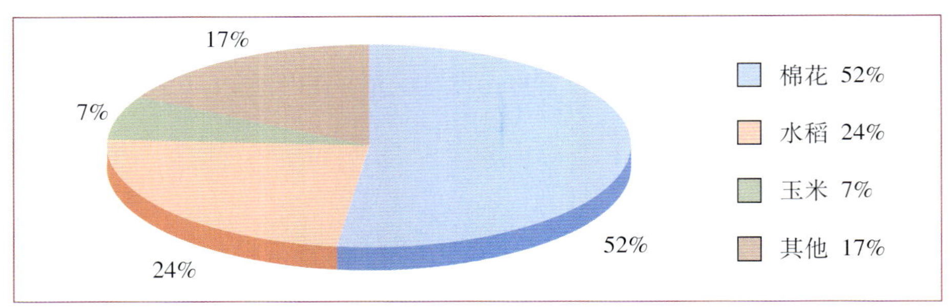

图26　转基因植物种类

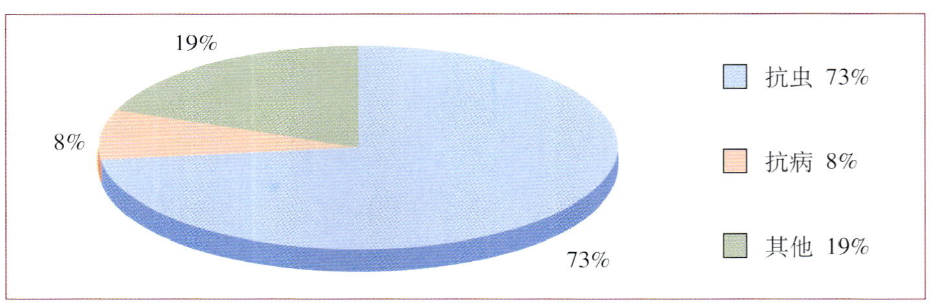

图27　转基因植物性状

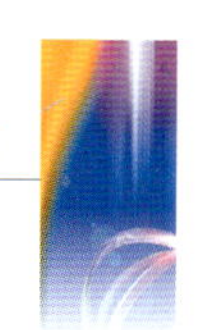

通过安全评价获得生物安全证书的转基因生物已达71项。2002年批准生物安全证书12项，全部为转基因抗虫棉花。自1997年至2002年底，农业部已累计批准转基因生物安全证书71例（每个品种一个省、直辖市或自治区为一例），其中转基因植物55项，转基因微生物16项。

三、转基因生物安全研究

在国家863计划“生物安全分析与评价标准研究”专题，973基础研究规划“农业转基因生物安全性研究”项目的带动下，转基因生物安全研究在更加广泛的范围开展，生物安全的基础研究和应用研究同步进行，互相促进。当前的转基因生物安全研究对象既包括抗病虫、抗除草剂、品质改良和雄性不育的转基因棉花、水稻、玉米、大豆、油菜、番茄、杨树等植物，也包括转基因鱼和防病杀虫、固氮、疫苗、饲料添加剂应用的转基因微生物，研究内容覆盖了从基本生物学特性观察、成分分析到基因流散、生物多样性影响和毒理学研究的方方面面。生物安全研究成绩显著，为生物技术开发应用和安全管理提供了重要的科学和技术依据。

1.转基因水稻和棉花对农田非靶标生物与生物多样性没有显著的不良影响，有利于保护农田生态系统平衡

通过抗虫转基因水稻和棉花对田间主要害虫、次要害虫、天敌、有益昆虫、食物链以及对农田生物群落结构和优势种群动态影响的研究，表明转基因水稻和棉花对农田非靶标生物和生物多样性没有显著的不良影响。转基因棉花田间大规模应用的调查和室内外科学试验研究显示，在我国华北和长江流域棉区自然条件下，当前已批准商品化生产种植的转Cry1A基因抗虫棉以及转Cry1A和CpTI双基因抗虫棉对棉田主要害虫棉铃虫的控制效果在85%以上，对红铃虫和玉米螟也有显著的控制效果。这些抗虫棉品种的应用使棉田节肢动物多样性水平得到提高，瓢虫、草蛉和蜘蛛类等捕食性天敌数量大幅度增加，棉花蕾铃期蚜虫受到天敌昆虫的有效控制，高毒化学农药用量显著减少，有利于保护农田生态系统平衡。通过田间系统观察并结合室内测定，研究了转Cry1Ac、Cry1Ab和修饰CpTI基因抗虫水稻不同品系对浙江、福建、湖北等地稻田靶标害虫（二化螟和稻纵卷叶螟等）、非靶标害虫（稻飞虱和叶蝉等）、天敌（蜘蛛和寄生蜂等）及稻田生物多样性的影响，试验水稻品系对二化螟和稻纵卷叶螟两种主要靶标害虫均有显著的控制效果，其中由中国科学院遗传与发育生物学研究所和福建省农业科学院农业遗传工程重点实验室提供的转SCK基因的抗虫水稻恢复系MSB，在未施任何杀虫剂的情况下，与亲本MH86相比，对两种害虫发生高峰期的

防治效果分别达到90%~100%和81%~100%，显示出修饰CpTI基因抗虫水稻的良好应用前景。试验MSB、MSA和其他转基因抗虫水稻材料对褐飞虱、白背飞虱、黑尾叶蝉等非靶标害虫的控制没有明显负效应，对拟水狼蛛等蜘蛛、稻田主要寄生蜂未发现明显不利影响，稻田节肢动物多样性水平没有显著变化。综合这些结果，专家初步预计这几个转基因抗虫水稻品系的生产应用对稻田生物多样性不会造成显著的不良影响。

2.没有发现棉铃虫对cry1Ab等基因的田间抗性群体

靶标害虫对外源转基因的抗性演化和监测是转基因抗虫作物研究的一项主要内容。对我国主要棉区多年抗性监测研究表明，虽然我国大面积种植转基因抗虫棉已有6年，室内人工汰选已获得对cry1Ab基因产生抗性的棉铃虫，但在田间自然条件下，至今尚未发现对主要抗虫基因cry1Ab、cry1Ac的棉铃虫抗性群体，表明现有抗虫棉品种可以继续有效使用。室内有关CpTI、cry1Ab抗性研究和棉铃虫抗性演化交互试验发现，CpTI抗虫蛋白和cry1Ab原毒素间存在拮抗作用，但CpTI和cry1Ab活化毒素间属于相互独立关系。经人工饲料汰选，亚洲玉米螟对cry1Ab杀虫蛋白已经产生抗性。二化螟人工饲料、培养技术、Cry1Ac和Cry1Ab杀虫蛋白的敏感性基线以及针对cry1Ab基因的抗性二化螟汰选研究也已着手进行。这些工作将为转基因水稻的开发应用及二化螟的抗性治理提供科学和技术依据。

3.基因流散及其生态风险成为转基因水稻环境安全性研究的重点

以抗除草剂转基因水稻为重点的外源基因流散规律研究取得新的进展。由于我国是水稻的起源中心之一，有关转基因水稻基因流散及其生态风险的研究，是国家973基础研究规划“农业转基因生物安全性研究”项目中的一个重要课题，也是863计划“生物安全分析与评价标准研究”专题中“转基因水稻环境安全研究”项目的主要内容之一。2002年开展研究的内容主要包括不同生态区水稻花粉传播距离、异花授粉率、我国3种野生稻的分布及其与水稻的可交配性、稻田主要杂草（稗草）与水稻的可交配性等，研究获得大量试验数据，计划2003年做进一步深化研究。

4.建立了转基因食品毒性和过敏性研究方法

重点研究建立了转基因水稻中营养素、抗营养素与天然毒素的测定方法，提出了转基因水稻和转基因鱼有关动物毒理及营养利用的实验技术和方案，包括营养素生物利用实验（小型猪、Wista大鼠）、免疫毒理学试验、90天喂养亚慢性实验、致畸实验等。

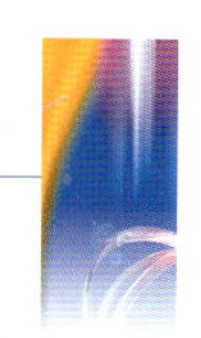

外来生物入侵

全球国际贸易、旅游和交通的迅速发展为外来物种长距离的迁移与入侵、传播与扩散到新的生境中创造了条件，外来生物入侵的危险性日益增加。现代农业物种资源的引进与交换也增加了外来有害生物伴随入侵的危险性，因而，防范外来生物入侵就成为全球21世纪面临的共同问题。我国许多陆地和水域生态系统已受到大量外来有害物种的影响和危害，并对我国农林牧渔业和景观生态系统造成无法估量的危害和损失。更需要进一步加大由于我国加入WTO以后，国际贸易往来愈加频繁所带来的危险外来生物入侵的防范力度。

一、2002年农业危险生物不断传入，新的疫情不断突发

2002年，我国检疫部门在口岸查获的入境动植物疫情比以往任何一年都要高。截止2002年底，全年共截获各类有害生物1 310种，22 448批次，分别比上年增加1.5倍和3.4倍。这些截获的有害生物来自130个国家和地区，其中多次截获的有害生物有腥黑粉菌、暗褐断眼天牛、锯天牛亚科、花天牛亚科和小蠹科幼虫、松材线虫等。

一些危害性极大的外来物种相继传入我国。近年来，外来有害生物成功入侵的频率加快，与往年的记载相比，出现了一个入侵高峰，2002年报道入侵的外来有害生物就有6种之多。如在广西南宁引种的佛肚树上采集到原产于澳大利亚新南威尔士州的澳洲阿克象（Axionicis insignis）；在广西引进的加拿大海枣上发现了危害椰子的重要害虫——锈色棕榈象（Rhynchophorus ferrugineus），根据调查，近年来在海南省发现的椰子树枯黄死亡是由于该虫的危害所致；在广东省南海市发现原产于菲律宾吕宋岛的、严重危害大王椰子和假槟榔假植苗木的褐纹甘蔗象（Rhaabdoscelus lineaticollis），危害达到有虫株率在50%～60%。在海南省海口市发现了我国重要的检疫害虫——椰心叶甲（Brontispa longissima），随后在三亚市也发现了疫情。海南省共有受害树木3.1万株，疫区面积0.67万公顷；在海南省东方市引进的华盛顿棕榈植株上发现水椰八角铁甲（Octodonta nipae），该虫将对我国的棕榈科植物造成严重威胁；在汉江发现了来自南美亚马孙河流域的琵琶鱼（Plecostomus punctatus），目前在珠江流域、成都、广西、河北等地均有发现此鱼的报道。这种鱼繁殖能力强，可取食河内藻类和其他鱼的卵，一旦繁殖形成种群，很有可能会对我们江河的生态平衡带来灾难性的破坏。

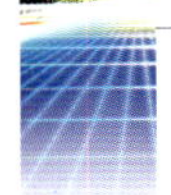

二、2002年外来有害生物入侵的基础研究取得新的进展

针对外来生物入侵的严峻形势，我国科研部门加强了农林危险生物入侵与成灾机理及其控制的基础与应用研究，在早期预警、检测与控制等方面取得了具有良好势头的新进展。

1.生物学研究取得新进展

初步探明了薇甘菊种群幼苗结构和动态、种子萌发特性以及不同光照强度对其幼苗生长、形态和光合性状的影响。明确了稻水象甲的一些基本种群生态习性，如第一代稻水象甲卵历期和幼虫历期、卵和种群的空间分布型、抽样技术以及种群动态等，为开展稻水象甲田间综合防治提供了有利的策略积累。记述了寄生于美国白蛾幼虫的两种茧蜂新种（白蛾孤独长绒茧蜂和白蛾聚集盘绒茧蜂），成功地完成对美国白蛾另一重要天敌——白蛾周氏啮小蜂的人工大量繁殖。分别研究了甘蓝潜蝇茧蜂对美洲斑潜蝇幼虫、圆斑弯叶毛瓢虫对湿地松粉蚧和安婀珍蝶对薇甘菊的控制作用，并对蔗扁蛾、湿地松粉蚧以及一些控制外来入侵生物的天敌昆虫，如水葫芦象甲、冈崎姬小蜂的基本生物学特性有了初步了解，这为入侵生物更深层次的研究奠定了理论基础。

2.分子生物学方法在检测与监测方面得到了广泛的应用

为克服传统的形态学鉴定的不足，依据松材线虫rDNA基因部分序列，运用PCR方法，实现了对单条松材线虫的快速检测，且稳定性较好，同时运用DNA PAPD技术比较了松材线虫和拟松材线虫不同株系线粒体，发现了两者种间变异明显大于种内变异，为准确划分种提供了深层次的技术支持。成功地用荧光PCR方法快速检测禽流感病毒，与国际标准方法（国际兽疫局确定的鸡胚病毒分离）相比，将检测时间从原来最短21天缩短为4小时，大大提高了检验检疫机构的检测效率。应用PAPD-PCR、PCR-RFLP、mtDNA COI基因序列技术鉴定了美洲斑潜蝇和番茄斑潜蝇以及中国内地烟粉虱种群的生物型情况，明确了B型烟粉虱在我国的发生情况。

3.遗传分化的研究有所突破

通过测定中国、日本、加拿大的松材线虫群体对3～4年生黑松的致病性，发现它们的致病力有明显分化，中国松材线虫群体致病力高于日本和加拿大群体。对采自黑龙江省和内蒙古自治区的15株大豆疫霉病菌（P. sojae）进行了生理小种鉴定，发现黑龙江省P. sojae群体毒性构成复杂，且存在一定比例强毒性菌株，对大豆生产构成潜在威胁，长期保存的P. sojae菌株致病性发生变化，表现为能克服的抗病基因数量增加。

4.化感作用研究取得新进展

研究发现了飞机草乙醇提取物对豇豆、青瓜、萝卜等8种蔬菜不同程度的化感作用，

总体上呈现出低促高抑的现象，且随着溶液浓度增大而抑制作用增强；薇甘菊挥发油对植物、真菌和细菌均具有生物活性，对植物和水稻稻瘟病菌的抑制活性尤其显著，随着挥发油浓度的增加，受试植物幼苗的生长随之明显减弱；通过6种植物（白花夹竹桃、海桐、鬼针草、杨梅和大叶桉树）地上部分的水浸提液对豚草的化感作用研究发现，这些水浸提液对豚草的发芽率、胚根，胚轴及幼苗生长均有不同程度的抑制作用。这些化感作用研究为进一步揭示入侵杂草形成和扩张的生态机制开辟了新方向，同时为应用化感作用防治杂草提供了技术积累。

5.风险评估从定性分析转向定量分析

开展了小麦矮腥黑穗病菌（TCK）定量风险分析的研究工作，取得了国际领先的成果，该研究利用地理信息系统（GIS），根据18年的气象数据，建立了TCK地理植物病理学模型，以更科学的方法和严密的数据分析了TCK在我国发生的可能性，绘制出TCK发生的风险区划图，其中高中风险区约占冬麦区总面积19.3%，说明TCK对中国小麦生产存在着重大威胁，为我国采取相应的检疫措施提供了科学依据。在实蝇监测工作的基础上，以GIS为技术，建立全国性或区域性实蝇监测快速反应网络，及时了解和掌握本国、本地区经济实蝇主要种类、地理分布等基本信息，快速提供植物检疫辅助决策的技术支持。利用CLIMEX系统软件对豚草卷蛾及其寄主豚草、三裂叶豚草与银胶菊在我国的适生性分布作了预测，模拟了该天敌与目标杂草在我国85个气候观测区可能同时定殖的吻合程度。其结果对于预测检疫杂草豚草、三裂叶豚草和银胶菊在我国的扩散分布，进一步扩大豚草卷蛾对上述杂草的释放控制提供重要的参考，同时对于风险寄主的生态气候风险分析提供了分析方法。结合各地入侵生物发生情况，地方性风险评估也取得了一些进展，如松材线虫传入云南的风险评估，松突圆蚧等5种松树有害生物在福建省潜在危险性分析。

6.持续控制技术有所发展

开展了黑光灯诱捕稻水象甲、佳多频振式杀虫监测并防治烟粉虱和美洲斑潜蝇等方面的物理防治试验。研究了松针褐斑病菌毒素对紫茎泽兰、粉虱座壳孢对烟粉虱、空心莲子草叶斑病菌代谢产物和莲子草假隔链格孢菌对空心莲子草控制作用。发展了用PP袋＋肿腿蜂等防治松材线虫病技术。一系列针对不同对象的单剂、复配药剂得到了进一步筛选，如集琦虫螨克、齐螨素等对美洲斑潜蝇、苹果棉蚜、稻水象甲、烟粉虱、福寿螺等的田间药效试验；开展利用羟基治理入侵生物的研究，采用高频脉冲大电流气体强电离放电方法，把高密集度氧、水分子离解成高浓度羟基自由基OH以及其他活性粒子来控制压舱水中的有害生物。在转化利用上，

探索了大米草、凤眼莲、飞机草净化生活污水、吸附重金属离子作用及机理；研究了飞机草等入侵杂草的次生化合物对香蕉交脉蚜、荔枝蒂蛀虫、美洲斑潜蝇等的生测试验。这些研究为合理制定外来入侵生物综合治理方案提供了有力的技术支撑。

三、入侵杂草的综合治理技术得到进一步推广应用

（1）豚草的生物防治：对本地天敌昆虫苍耳螟与引进的豚草卷蛾的联合控制效应的研究表明，在示范区，综合控制豚草的效应达到94%。2002年，该项综合利用技术在湖南省推广应用333.3余公顷。

（2）紫茎泽兰的化学防治：筛选出了草甘膦、盖灌能、咪唑乙烟酸、甲嘧磺隆、噻吩磺隆、二甲四氯、氯嘧磺隆、氯草定、乙羧氟草醚等灭生性除草剂和选择性除草剂以及超高效内吸和长残效除草剂。从已有试验和示范结果看，灭生性除草剂草甘膦和盖灌能对紫茎泽兰有良好的杀灭效果，杀灭效果可达到95%以上。在示范区的田间地头和荒山上，草甘膦的杀灭效果均在90%以上，高用药量区效果为100%。

四、政府加大投入，开展重大基础研究，加强综合治理力度

针对外来生物入侵的严峻性以及预防与控制的紧迫性，科学技术部2002年批准了“农林危险生物入侵机理与控制基础研究”研究计划。该项目围绕外来入侵生物的早期预警、遗传变异及生态适应3个核心问题，开展农林危险生物入侵机理、成灾机理以及控制机理的基础研究，以期建立农林危险生物入侵预防与控制的科学方法和技术，建立和发展入侵生物学学科的理论体系，为促进我国农林牧鱼生产可持续发展、维护国家生态安全、保障人民健康提供科学依据。

食　品　安　全

中国在基本解决食物量的安全（food security）的同时，食物质的安全（food safety）越来越引起全社会的关注。尤其是中国作为WTO的新成员，与世界各国间的贸易往来会日益增加，食品安全已经成为影响农业和食品工业竞争力的关键因素，并在某种程度上约束了中国农业和农村经济产品结构和产业结构的战略性调整。

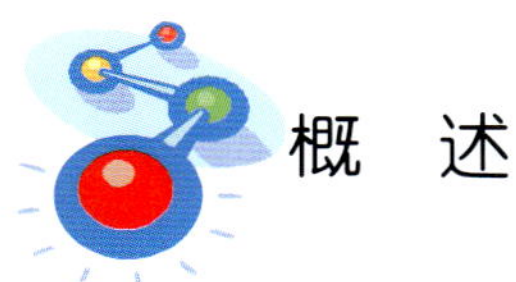

概　述

食品安全（food safety）是对食品按其原定用途进行制作和/或食用时不会使消费者健康受到损害的一种担保。而我国所称的食品安全有两方面的含义，分别来源于两个英语概念：一是一个国家或社会的食物数量保障（food security），即是否具有足够的食物供应；另一是食品中有毒、有害物质对人体健康影响的公共卫生问题（food safety）。此处所描述的是后一类食品安全（food safety），它与我国的常用名词“食品卫生（food hygiene）”几乎为同义词。1984年世界卫生组织在《食品安全在卫生和发展中的作用》的文件中，就将“食品安全”与“食品卫生”作为同义语，定义为：“生产、加工、储存、分配和制作食品过程中确保食品安全可靠，有益于健康并且适合人消费的种种必要条件和措施”。1996年世界卫生组织在其《加强国家级食品安全计划指南》中则把“食品安全”与“食品卫生”作为两个概念不同的用语加以区别。其中，“食品卫生”所指的范围似乎比食品安全稍窄一些。“食品卫生”指“为了确保食品安全性和适用性在食物链的所

有阶段必须采取的一切条件和措施”；而“食品安全”被定义为“对食品按其原定用途进行制作和/或食用时不会使消费者健康受到损害的一种担保”。

食源性疾病严重危害人们的健康，而安全食品则有益于健康，并能为促进社会发展和缓解贫穷提供有效平台。食品中致病菌和有害化学物质对健康的危害越来越引起人们的关注。根据世界卫生组织估计，进食不安全的食品导致亿万人发病，发达国家每年有1/3的人感染食源性疾病，这一问题在不发达国家更加严重，因为贫穷人群对于疾病的危害最为敏感，如食源性（包括水源性）腹泻仍然是发病和死亡的主要原因，每年全世界大约有220万人为之丧生。目前，全球食品安全形势不容乐观，在过去的10年间，世界各大洲食源性疾病不断上升，并均有严重的食源性疾病暴发，这说明食品安全问题在公共卫生和社会方面的意义。而恶性食品污染事件接二连三，食品生产及食品加工新技术与新工艺带来新的危害引起的食品贸易纠纷不断。如继二噁英（欧洲）和大肠杆菌O157：H7（日本、欧洲、美国）后，又出现了牛海绵状脑病（BSE，俗称疯牛病，欧洲和日本）等影响食品安全的全球恶性事件。其中有的引起众多消费者急性发病乃至死亡，如大肠杆菌O157：H7引起近万人食物中毒；有的引起的病例虽然不多，但病死率高、社会影响大，如疯牛病引起人克-雅氏病；也有的化学污染物造成广泛的食品污染，对人体健康具有长期和严重的潜在健康危害，如二噁英、农药和兽药残留的污染等。最近，我国出口蔬菜和茶叶中农药残留超标、酱油中氯丙醇、花生中黄曲霉毒素的污染和动物性食品氯霉素残留等又引起了一场国际食品安全风波。这些事件虽然发生于某一国家或地区，但由于食品贸易的广泛性，迅速波及其他国家和地区，这些问题已成为影响各国经济发展、国际贸易以及国家声誉的重要因素。

有鉴于此，世界卫生组织（WHO）、联合国粮食与农业组织（FAO）以及世界各国，近年来均加强了食品安全工作，包括完善机构设置、调整政策法规、强化监督管理和科技投入。2000年WHO第53届世界卫生大会首次通过了有关加强食品安全的决议，将食品安全列为WHO的工作重点和最优先解决的领域。2001年6月FAO/WHO召开的“保证食品的安全和质量：强化国家食品控制体系”会议上进一步修订了“建立有效的国家食品控制体系的导则”，更加明确地强调：各国需建立国家食品安全体系，其框架包括立法（法规体系和食品卫生标准）、管理（包括危险性评价与监督管理）、监测（包括食品污染与食源性疾病）与实验室能力建设等项内容。在FAO/WHO支持下，2002年于摩洛哥召开了首次政府间世界食品安全论坛，有

160余个国家参与。同时，食品安全问题也成为了世界贸易组织的重要文件——卫生与植物卫生措施协定（SPS）和贸易技术壁垒协定（TBT）的主要内容之一，协定明确规定国际食品法典委员会（CAC）所制定的标准、准则和技术规范被认定为处理国际贸易纠纷的仲裁标准。

近年来，各国政府纷纷采取措施，建立和完善管理机构体系和法规制度。美国、欧洲等发达国家不仅对食品原料、加工品有较为完善的标准与检测体系，而且对食品生产的环境以及食物生产对环境的影响都有相应的标准、检测体系及有关法规、法律。西方发达国家还以食品安全作为贸易壁垒，在进出口贸易中维护本国经济利益。如美国于1997年决定增加拨款1亿美元的年度预算，设立总统食品安全启动计划，1998年又组成了多部门的总统食品安全委员会。欧盟于2000年发布了长达52页的食品安全白皮书，就应优先开展的食品安全问题提出建议；在1999—2002年的FP5框架优先研究领域生命质量中就将食品安全作为重要内容。

发展回顾

我国食品安全管理主要由卫生部、农业部、商务部、国家食品药物管理局、国家质量检验检疫总局、国家工商行政管理总局等部门协调进行。

一、加强法律法规建设

我国对食品安全的法制化管理可追溯到新中国成立初期，经过不断积累经验，逐步建立和完善了具有中国特色的、以《中华人民共和国食品卫生法》为核心，并涉及食品安全的环境保护、农业生产、市场运转、质量监控等相关的法律、法规，组成了比较完备的食品安全管理法律、法规和标准体系。1964年国务院颁布了《食品卫生试行条例》，将食品安全纳入政府重点管理的公共社会事务。1983年全国人民代表大会常务委员会审议通过了我国第一部食品安全的专门法律，即《中华人民共和国食品卫生法（试行）》。经过12年的实践探索，特别是在我国由计划经济转向市场经济的过程中，法制化管理要求不断提高，依法行政逐步深入开展，1995年10月31日全国人民代表大会常务委员会正式制定实施了《中华人民共和国食品卫生法》，这标志着食品安全法制化管理迈进了崭新的轨道。《食品卫生法》立法宗旨是“防止食品污染和有害因素对人体健康的危害，保障人民身体健康，增强人民体质”，并规定“国家实行食品卫生监督制度”，“国务院卫生行政部门主管全国食品卫生监督管理工作，国务院有关部门在各自的职责范围内负责食品卫生管理工作”。根据《食品卫生法》以“食

品应当无毒、无害，符合应当有的营养要求，具有相应的色、香、味等感官性状”的根本要求，规定“食品，食品添加剂，食品容器、包装材料，食品用工具、设备，用于清洗食品和食品用工具、设备的洗涤剂，消毒剂以及食品中污染物质、放射性物质容许量的国家卫生标准、卫生管理办法和检验规程，由国务院卫生行政部门制定或者批准颁发”；“国家未制定卫生标准的食品，省、自治区、直辖市人民政府可以制定地方卫生标准，报国务院卫生行政部门和国务院标准化行政主管部门备案”；“食品添加剂的国家产品质量标准中有卫生学意义的指标，必须经国务院卫生行政部门审查同意；农药、化肥等农用化学物质的安全性评价，必须经国务院卫生行政部门审查同意。屠宰畜、禽的兽医卫生检验规程，由国务院有关行政部门会同国务院卫生行政部门制定”。由此明确国务院卫生行政部门（卫生部）为食品卫生主管部门，其他相关部门和地方政府在各自的职责范围内负责食品卫生管理工作的局面，使我国的食品安全监督工作步入了法制管理阶段。目前我国已经初步建立了一系列有关食品的法律、规范和标准体系，除《食品卫生法》外，与食品安全有关的其他法律包括《产品质量监督法》、《动植物检疫法》、《进出口商品检验法》等。相关的国务院条例包括《农药管理条例》、《兽药管理条例》、《生猪屠宰管理条例》等。

二、建立健全标准体系

卫生部、国家质量检验检疫总局、农业部等有关食品安全主管部门相应制定了一系列食品卫生、进出口食品安全、农产品质量安全方面的法规与标准。

食品卫生标准在依法保障我国国民健康，维护社会和经济秩序，保障食品卫生法贯彻实施等方面具有十分重要作用。20世纪50年代到60年代，多半是针对食品不卫生而发生中毒等危害人体健康的问题制定各种单项标准或规定。如食品中糖精剂量的规定、酱油中含砷量的标准等，1974年卫生部责成原中国医学科学院卫生研究所负责起草以食品卫生标准为重点的1973—1975年全国食品卫生科研规划，并组织全国卫生系统（包括各省级卫生防疫站、医学院校和有关部门）大协作，组成了粮食、食用油、调味品、肉与肉制品、水产品、乳与乳制品、蛋与蛋制品、酒类、冷饮食品、食品添加剂、食品中黄曲霉毒素、汞、六六六和滴滴涕及食品中放射性物质限量等14个食品卫生标准协作组，起草出了14类54个食品卫生标准和12项卫生管理办法，于1978年5月开始在国内试行。80年代，为配合《中华人民共和国食品卫生法（试行）》的贯彻落实，卫生部成立了全国卫生标准技术委员会食品卫生标准技术分委员会，至1998年底已研制并颁布食品卫生国家标准236项，标准检验方法227项，

包括食品中有毒、有害物质及化学污染物的限量标准、食品添加剂使用卫生标准及营养强化剂使用卫生标准、食品容器及包装材料卫生标准、辐照食品卫生标准、食物中毒诊断标准及理化和微生物标准检验方法等。食品卫生类别标准涵盖面达90%以上。在我国加入世界贸易组织后，对我国的食品卫生标准进行了清理整顿，在危险性评估基础上制定并修订了近500个食品卫生标准及有关的食品卫生法规，并建立了相应的检验方法。此外，国家质量检验检疫总局根据《产品质量法》成立了全国食品标准化委员会，在所制定的食品质量标准中引用相应的卫生指标，并建立了相应的检验方法；进出境检验检疫部门为了进出境食品的检验也制定了一系列食品检验方法（SN）。农业部在农产品原料方面，积极引用国家食品卫生标准中的指标，建立了农产品（含绿色食品和无公害食品）的农业行业标准（NY）；食品行业相关主管部门，从原轻工业部、商业部到后来的国家经济贸易委员会和目前的商务部，先后建立了一系列加工食品的行业标准（SB）。据不完全统计，至2002年9月全国已经颁布实施的各类食品的国家标准、行业标准已达2 226项。

三、积极参加国际食品法典工作

1984年，中国正式加入国际食品法典委员会（CAC），并同时由国务院批准成立由各有关部、委组成的部际食品法典协调小组，卫生部任组长、农业部任副组长，对外联络点设立在农业部，秘书处设在卫生部食品卫生监督检验所。卫生部还设立了“法典专家组”，牵头开展CAC标准的跟踪研究和国内外食品卫生标准的比较研究。专家组按照国际法典制定程序，对每一项新的国际法典草案进行研究，结合我国实际提出修改建议。在有关“食品添加剂使用”、“六六六、滴滴涕在动物组织中的残留计算”、“菜籽油中芥酸指标”、“海鱼中铅限量”、“酱油中3-氯丙二醇限量”等许多科学问题上通过危险性评估研究提出我国的书面建议，保护我国的利益。特别是在有关“牛乳中黄曲霉毒素M1限量标准”草案中，针对欧盟提出的苛刻的限量指标（0.05微克/千克），根据我国肝癌研究数据进行危险性评估，提出如此苛刻的限量指标既对保护健康没有意义，又会成为贸易壁垒，最终依据科学的危险性评估，使该标准保持在我国0.5微克/千克的水平予以通过，保护了我国奶制品的贸易利益。2002年首先承担CAC标准“控制树果中黄曲霉毒素污染生产规范”的起草小组牵头国，并在“豆制品在食品分类体系中的地位”发挥主导作用。

四、加大了监督检验力度

各级卫生、农业、环境、工商、质检和商业等部门已经建立了相适应的食品安全监督管理和检测体系；各有关部门在各自的职责范围内认真履行法律、法规赋予的职责，开展了大量食品安全监督执法工作，目前全国食品卫生状况有了明显的改善。卫生部根据《食品卫生法》形成了中央、省（直辖市、自治区）、市（区）和县四级食品安全技术保障体系。迄今，全国2 000多个县级以上行政区域的卫生技术人员达10余万人，在保障食品安全、预防和控制食源性疾病方面做出了重要的贡献。《食品卫生法》刚试行时，我国食品抽检的卫生总合格率只有61.5%，2000年总合格率已达88.9%，2001年北京、天津、上海、广东等地食品的卫生合格率已达到了90%以上。2002年卫生部积极推进食品监督新模式，在推广良好卫生规范（GHP）、良好生产规范（GMP）和危害关键点分析控制点（HACCP）技术在食品生产企业应用的基础上，发布了HACCP实施指南和食品卫生分级量化管理，并投入3 000万元，建立食品污染监测点，开展食品污染监测。2002年8月，国务院发出《关于加强新阶段“菜篮子”》工作的通知，以提高“菜篮子”产品卫生安全水平，让城乡居民吃上“放心菜”和“放心肉”。2002年7月23日，农业部出台的《全面推进“无公害食品行动计划”的实施意见》，计划用8～10年时间基本实现农产品的生产和消费无公害。特别是农业部、财政部共同组织实施农业行业标准制、修订计划，从1999年开始安排3 000万元专项资金支持350项以无公害农产品质量标准为主要内容的制、修订工作。由原国家经济贸易委员会等八部门联合发起的“提倡绿色消费，培育绿色市场，开辟绿色信道”的“三绿工程”向纵深发展。此外，各部门还开展了一系列产品认证，如农业部的“绿色食品”认证、国家环境保护总局的“有机食品”认证，国家质量检验检疫总局对食品生产领域实行“质量安全（QS）”标志制度等。

国家为了加强食品安全的协调，在原国家药品管理局基础上组建国家食品药品管理局，实施“食品放心工程”，重点从以下方面开展工作：

1.狠抓生产加工环节整治，加强源头管理

以农产品生产过程控制和产地环境监管为重点，全面实施“无公害食品行动计划”，加强农产品和农药、兽药等农业投入品的监管；严格质量标准，规范农业生产行为，全面实施农产品安全监测制度。以解决蔬菜有机磷的农药残留问题为突破口，进行植物产品农药残留的超标整治；以严查“瘦肉精”污染为主线，进行畜产品使用违禁药物和兽药残留的超标整治；以氯霉素污染为切入点，进行水产品药物残留的超标整治。加强对食品加工环节的监管，采取卫生许可、生产许可、出厂强制检验等措施，强化食品生产企业的质量管理。

2.严格市场准入，规范经营行为

继续实施“三绿工程”，加强对食品加

工、流通业的行业指导和管理。

3.推广现代流通方式，提高市场组织化程度

大力发展农业产业化和连锁经营、物流配送等现代营销方式。在大中城市建立示范市场，在条件具备时推广农贸市场改超市，鼓励实行商店与农副产品生产者、生产企业、生产基地直接挂钩等新型购销方式。

4.完善法规，加大执法力度

加快研究制定食品质量卫生安全、农产品质量安全等法规和标准，建立健全食品法律法规、标准和认证体系。加大执法力度，完善执法责任制和责任追究制。

5.建立应急处理机制

为了有效预防、及时控制和消除食品安全突发性事件的危害，维护正常的社会秩序，根据国务院《突发公共卫生事件应急条例》，结合我国食品安全特点，研究提出相应的应急措施和法律责任，制定预防与应急处置及信息报告与发布等制度。食品放心工程是一项复杂的系统工程，需要各方面协同配合，特别是要科学制订规划、适当增加投入，着力建设农产品生产基地、食品和农产品标准体系、食品安全检验检测体系，加强食品质量卫生安全的科学研究，扶持发展现代流通方式。农业部、商务部、卫生部、国家质量检验检疫总局、国家食品药物管理局等各部门在各自的职责范围内实施。

通过政府监督管理部门、食品企业和学术界的共同努力，我国的食品安全在近20年取得了长足的发展，从而在保障消费者健康、促进国际食品贸易、发展国民经济方面发挥了重要的作用。

五、促进了食品安全三大学科的发展

1.毒理学科的发展

如何提供安全营养的食品以及证明食品的安全性，一直是世界各国政府努力的目标。20世纪70年代，一些国家已提出安全性评价系统。当时我国尚无系统的食品卫生标准和安全性评价法规，致使食品的卫生质量监督管理工作产生了相当的困难。全国首届食品毒理培训班（上海，1975年）为我国食品卫生监督机构、高等医学院校及营养与食品卫生研究机构培训了一支具有相当水平和检验能力的食品毒理学队伍。1981年食品毒理学的基础理论编入营养与食品卫生学。1994年我国《食品安全性评价程序和方法》及《食品毒理学试验操作规范》以国家标准形式颁布（GB15193.19−94），为我国食品毒理安全性评价工作进入规范化、标准化及和国际接轨提供了保证。在大量实践经验的基础上，最近又对此“程序和方法”进行了修改，以进一步提高科学水平和实用性。

2.理化学科的发展

1959年以前，我国没有统一的食品理化检验方法。1978年卫生部首次颁布《食品卫生检验方法（理化部分）》，包括原子吸收分光光度法、气相色谱法、荧光分光光度法等，使理化检验有了质的变化。80年代初期，食品卫生检验方法（理化部分）上升为国家标准（GB5009），1996年颁布了建国以来第四版中华人民共和国国家标准《食品卫生检验方法·理化部分》GB5009—1996，单一物质的测定方法达到165项。50年来，理化分析手段从简单的目视比色发展到原子吸收、气相色谱、液相色谱、荧光分光光度计、紫外分光光度计、质谱、红外、毛细管电泳仪等现代分析技术；从一般定性分析发展到能对100多种物质的定性、定量分析，初步发展了对未知物的鉴别；从一般成分分析到对杂质的分析。同时理化检验方法的发展也造就了一大批人才，使我国的食品卫生理化检验上升到新的水平。

3.微生物学科的发展

我国食品卫生微生物学的建立和发展基于建国初期外贸中发生的沙门氏菌污染影响我国出口蛋品的事件。1960—1962年在我国证实了副溶血性弧菌是引起食物中毒的病原菌，并建立了一整套的常规检验方法及生化、血清、噬菌体的分型技术。1976年卫生部批准颁布了《食品卫生检验方法（微生物学部分）》，检验方法包括食品卫生细菌学检验技术、食品卫生真菌学检验技术、食品卫生微生物学检验、食物中毒细菌学检验。其后，出版了第一版中华人民共和国国家标准《食品卫生检验方法微生物学部分》GB4789—84（并在1994年修订为GB4789—94），1990年由人民卫生出版社出版发行的《食品卫生检验方法注解（微生物学部分）》，成为10余年来本专业最重要的参考书之一。50年的实践，微生物学科的发展体现了如下特点：病原菌的检测、鉴定技术由传统的微生物生化鉴定发展到生化、免疫、分子生物学与仪器自动化的多元技术；未知中毒病原的研究技术达到国际先进水平（如嗜盐菌中毒、肉毒中毒、酵米面及变质银耳中毒、霉变甘蔗中毒等）；微生物性食物中毒的诊断与控制技术标准化（先后制订并颁布了十几种相应的诊断标准和处理原则）；紧跟国际热点，开展微生物危险性评估及生物标志物的研究，如以O1和非O1型霍乱弧菌区分致病性，有效解决安全监管难题。

六、开展了不明原因食物中毒病因研究

保证食品安全的重要任务是降低食品中各类病原体的污染水平，预防和控制食源性疾病的发生。中国疾病预防控制中心营养与食品安全所（前中国预防医学科学院卫生研究所）在原因不明食物中毒方面的研究取得许多进展。酵米面是我国东北地区流行的一种传统食品加工方法，但20世纪50年代起一再发生不明原因的食物中毒。其后，在变质银耳中也有中毒发生。截止1994年，我国该

类食物中毒在16个省发生3 352起，病人达到3 352人，死亡1 401人，平均病死率高达41.80%。经过研究证实，中毒病原为椰毒假单孢菌酵米面亚种及其产生的米酵菌素，并提出了相应的诊断、污染监测和预防控制等科学对策，使之得到有效控制。变质甘蔗中毒是我国又一重要原因不明的急性食物中毒，在我国13省共有217起884人中毒，死亡88人，幸存者常留有终身残疾的后遗症。经过研究，首次证实节菱孢霉菌的代谢产物3-硝基丙酸是人食物中毒病因。90年代在江西（特别是赣州龙南、定南两县）发生数千人因为有机锡污染造成的有毒猪油食物中毒事件，近百人因严重中毒住院治疗，3人死亡。经过中国科学院生态环境研究中心对我国江西毒猪油中毒事件的研究，证实为剧毒的甲基锡等有机锡化合物所致。

七、辐照食品安全性研究获得重大进展

辐照食品是一项有效的食品加工新技术，但其安全性一直存在争论。在“七五”、“八五”攻关项目的支持下，我国先后进行了8项近500人的人体试食试验，以充分的科学数据证明了10千戈的辐照食品不存在安全性问题，填补了辐照食品的危险性分析资料缺乏人体试验数据的空白，受到世界卫生组织/联合国粮食农业组织/国际原子能组织的高度评价，并被不少国际组织和国家采用。

八、有机氯农药安全性评价研究促进了我国对外贸易

对我国拟投资γ-六六六（林丹）取代工业品六六六进行安全性评价，所提供的结果为我国政府作出不发展林丹并停止六六六、滴滴涕农药使用的决定提供了科学依据。普查了万余份食品中六六六、滴滴涕残留量数据，为我国制定食品中六六六、滴滴涕残留量标准提供了依据。特别是根据分布规律，创造性提出脂肪含量10%以下残留量以全肉重量计，而10%以上以脂肪计。从而解决了脂肪含量少的鸡、兔肉超标问题，有效地保护了我国的出口。而且这一观点不仅在贸易谈判中被欧盟采纳，也成为欧盟的限量标准。

九、摄入量暴露评估研究

原中国预防医学科学院营养与食品卫生研究所在我国高硒中毒地区安全岛未中毒人群中进行的硒摄入量的研究，不仅是我国制订硒安全摄入量的重要科学依据，也已经被国际社会广泛采纳。我国1990年成功开展的中国总膳食研究（市场菜篮子方法），在当时是发展中国家惟一成功开展以此技术进行暴露危险性评估的国家，被世界卫生组织称赞为发展中国家的典范。这一研究在1992年和2000年又继续开展。

尽管我国建立了一系列的法律、法规和专业队伍，使食品安全取得长足的进步，但随着市场经济的发展和食物链中新的危害不

断涌现，仍存在着不少亟待解决的不安全因素以及潜在的食源性危害，随着国际贸易的日益发达，食品污染扩散的速度之快、范围之广、对人民身体健康和国家经济影响之大，也是前所未有的。由于我国食品生产源头在广大个体农户中，生产、加工企业设备落后，人员素质和技术水平不高，造成了形形色色的食品安全问题，给我国食品安全工作增加了特殊的难度。我国传统的食品生产经营技术与蓬勃兴起的新技术所形成的强烈反差，又使我国食品在国际贸易中处于被动局面。我国广大消费者，尤其既是食品安全卫生的权益主体，又是责任主体的广大农民的食品安全知识水平偏低和防范意识不足，部分人食品生产经营的违法违规行为猖獗，在一定时期内使我国食品安全形势不容乐观。国际上流行的“对食物短缺的担忧已被对食品的安全恐惧代替”这一说法在我国有一定程度的体现。

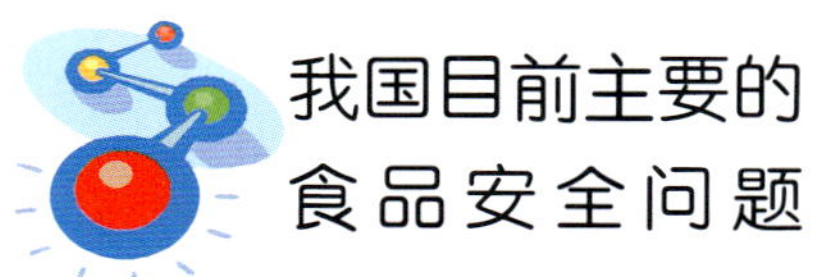

我国目前主要的食品安全问题

一、微生物污染造成的食源性疾病问题

我国每年报告的食源性疾病病例约为2万~4万人，但据专家估计尚不到实际数字的1/10，也就是说我国目前掌握的食物中毒数据仅为实际发生的食源性疾病的“冰山一角”。

二、农、兽药残留超标和食品中非法添加违禁物品事件时有发生

目前我国农药（成药）单位面积用量为世界平均水平的2倍。因为小农生产方式的难以管理使得蔬菜和水果农药残留引起人畜中毒死亡事件仍有发生。非法使用兴奋剂克仑特罗（瘦肉精）而造成消费者食物中毒事件也在一些地方（广东、浙江等）发生。

三、环境污染仍相当严重

据2000年中国环境状况公报，我国七大重点流域地表水、湖泊、水库、部分地区地下水和近岸海域均已受到了不同程度的污染。从而通过生物链的富集、浓缩最后达到食物链的顶端，直接或间接进入人体，危害健康。

四、新技术、新工艺、新资源也带来了食品安全的新问题

食品添加剂、包装材料与防霉保鲜剂等化学品的使用，食品发酵工业中使用新的菌种，我国转基因作物的研究发展迅速并达到国际先进水平，但安全性评价工作却远远滞后。

在过去几十年中，伴随着人们对食源性疾病与食源性危害知识的积累，食品安全性评价已经向危险性分析技术过渡。由危险性评估、危险性管理和危险性交流三部分组成的危险性分析（risk analysis）在保证食品安全和制定食品卫生标准中得到越来越多的应用。特别是定量的危险性评估技术，使得危

险性科学（risk science）这一毒理学分支学科在食品安全保证中得到飞速发展，进而使食品卫生标准、准则和规范的制定更具科学性和透明度。但综观全局，我国食品安全检测技术及体系的不完善和发展的不平衡、监测和预警体系刚刚起步、危险性分析原则还没有真正作为决策和管理的基础、先进食品安全关键控制技术的使用尚未形成规模以及缺少对食品生产新工艺、新技术进行评价和控制的技术能力，已经成为当前发展我国食品安全保障体系的科技瓶颈。为此，国家加强了食品安全科技的投入。

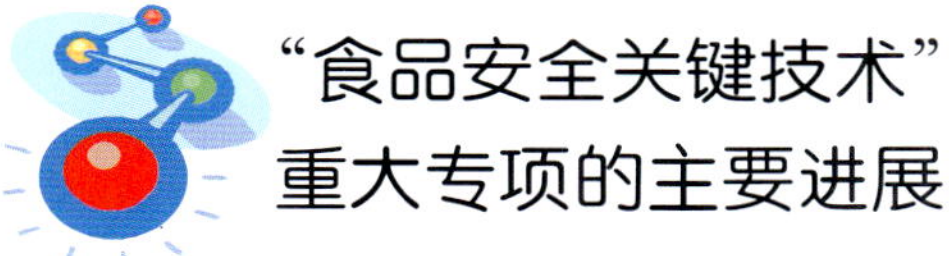

“食品安全关键技术”重大专项的主要进展

2001年将“食品安全关键技术”列入国家“十五”攻关重大项目正式启动（投入），2002年上升为国家12个重大科技专项之一。

2001年启动的国家“十五”攻关重大项目“食品安全关键技术”，从几个相互关联的部分设立如下课题：①国际食品安全技术法规对我国影响和对策研究；②农药和兽药多残留系统检测方法和快速筛选方法的研究；③二噁英、多氯联苯和氯丙醇的痕量与超痕量检测技术的研究；④疯牛病朊蛋白和禽流感病原检测技术的研究；⑤生物毒素和中毒控制中常见毒物快速测定技术的研究；⑥食品企业中HACCP实施指南的研究；⑦食品工业用菌安全性的检测与评价技术的研究；⑧食源性疾病监控技术的研究；⑨食品污染物监测及其对健康影响评价的研究；⑩进出口食品安全监测与预警系统的研究；⑪进出口食品安全风险控制技术的研究；⑫保健食品原料安全评价技术与标准的研究；⑬食品安全关键技术应用综合示范；⑭农产品生产环境安全保障技术的研究；⑮钙和铁的膳食参考摄入量的研究。

一、关键检测技术

检测技术是左右一个国家食品安全水平的关键。为此，各国都把设置检测机构、应用先进检测方法、建立和提高分析质量保证体系及培养人才放在优先地位。目前，发达国家对食品安全控制呈现两个明显的趋势：①安全卫生指标限量值的逐步降低，并出现了诸如二噁英等污染物的超痕量指标；②检测技术日益趋向高技术化、系列化（多残留）、速测化、便携化。前者对检测技术提出了更高的要求，后者为前者的实现提供了保证。我国对于目前一些公认的重要食源性危害，在检测技术方面，不少尚属空白或不够完善，不能满足食品安全控制的需要。如二噁英及其类似物的检测技术属于超痕量（10^{-12}～10^{-15}）水平，而“瘦肉精”和激素等农兽药残留、氯丙醇的分析技术为痕量（10^{-9}）水平，需要建立能够与国际接轨并得

到认可的技术。对我输日大米和输欧茶叶，国外要求检测100多种农药残留（要求的最高残留限量为目前先进检测方法的检测低限），因此一次能进行上百种农药的多残留分析技术就成为技术关键；疯牛病朊蛋白、禽流感病毒等的检测方法对于我国在进出口食品的监督管理中至关重要。在微生物性食源性疾病的控制方面利用现代分子生物学技术提高食源性疾病的病原体监测和溯源能力也是关键技术。

二、危险性评估技术

危险性评估是WTO和国际食品法典委员会（CAC）强调的用于制定食品安全控制措施（法律、法规和标准及进出口食品的监督管理）的必要技术手段。我国现有的控制措施与国际水平不一致的原因之一，就是没有广泛地应用危险性评估技术，特别是对化学性和生物性危害的暴露评估和定量危险性评估。国际经验表明，在食品中应用“良好农业规范(GAP)”、“良好生产规范(GMP)”、“良好卫生规范（GHP）”和危害关键控制点分析(HACCP)等先进的食品安全控制技术，对提高食品企业素质和食品安全质量十分有效。在我国，出口食品企业中已应用了HACCP技术，但缺少覆盖各行业的HACCP指导原则和评价准则，从而需要制定这一先进技术的指导原则和评价准则，以便在我国广泛应用。

三、取得的重要阶段性成果

1.二噁英检测监测技术获得国际公认

中国疾病预防控制中心营养与食品安全所、中国科学院武汉水生生物研究所和北京大学参加第七次国际二噁英分析比对试验，通过了国际社会的分析质量保证考核（z平分在1以内的全球不超过45个实验室），建立了公认的二噁英分析实验室，通过国家计量认证并被认定为卫生部二噁英实验室；并获得了我国二噁英膳食暴露水平数据。从获得的结果看，我国人群膳食摄入的二噁英的水平已经与发达国家相接近，数据结果已被2002年二噁英国际年会采纳（有关内容已上报国务院）。

2.人畜共患病检测技术突破

研制出了荧光RT-PCR快速检测禽及禽产品新城疫、禽流感病毒的方法，使检测周期由21天缩短为4小时左右。国家质量检验检疫总局组织了“禽及禽产品新城疫、禽流感病毒快速检测技术研究”攻关技术成果的专家鉴定会，该方法的检测设备正由企业组织生产，并将在10个试点局应用的基础上，在系统内全面推广。

3.食品工业用菌安全性评价技术日趋完善

突破了我国传统的菌种安全性评价方法中仅使用固定培养物、仅对代谢产物进行毒力测试的局限性，将危险性评估手段引入菌种安全性测试的领域。完成了发酵食品中真

菌毒素赭曲霉素A、3-硝基丙酸、橘青霉素的检测方法，并基本提出19种可供安全使用的菌种名单，由卫生部行文通告全国。

4.建成了我国进出口食品安全监测与预警系统

该系统通过对每年产生的大量进出口食品安全检测数据进行统计分析处理和深度挖掘，实时掌握进出口食品安全状态，发现和聚焦存在的问题，确定其性质、范围和程度，提出控制方案，为政府及有关部门实施控制措施提供决策依据和技术支持。目前，国家质量检验检疫总局正发文将该系统推广到全国的进出口检验系统。

5.建立了我国食品污染物监测网络

中国疾病预防控制中心营养与食品安全所在全国11个省、直辖市建立食品污染物监测网，对十大类主要食品污染状况进行监测，得出结果初步表明：我国重金属污染与1992年相比基本相似，监测数据在2001年全国食品卫生标准修订中被采纳；在有机氯农药监测中，发现我国部分地区有使用林丹的现象。鉴于食品污染监测在食品安全暴露评估、预警体系建立和卫生标准修订中的重要作用，国务院办公厅和卫生部已分别行文，要求把食品污染物监测网络建设纳入卫生行政部门重要工作内容，并要求未进入污染物监测网的省市，创造条件，积极参与污染物监测工作。

6.食源性疾病监控技术取得明显进展

建立金黄色葡萄球菌耐热核酸酶基因（nuc）、血浆凝固酶基因（coa）及金葡菌肠毒素基因（sea/e、seb/c）和A、B、C、E四种肠毒素PCR快速检测技术，检出菌落数限为10/毫升。所建立方法不需对肠毒素进行提取，检测不受食物成分及蛋白A的干扰，全部检测可在24小时内完成（而传统方法要两周）。以hlyA基因建立食品中单核细胞增生性李斯特氏菌PCR快速技术，检出时间34小时（传统方法3周）。以沙门菌属侵袭性抗原保守基因invA基因建立食品中沙门氏菌PCR检测方法，检测时间为19小时（传统方法两周）。以大肠杆菌的uidA基因、eae gene基因和bfp基因为模板建立食品中致病性大肠埃希氏杆菌PCR快速检测技术，检测时间17个小时（传统方法两周）。采用耐热性溶血素的tl基因建立食品中副溶血性弧菌PCR快速检测技术。这些技术的建立极大地缩短了食源性疾病的确诊时间。此外，用脉冲场凝胶电泳DNA指纹图谱分型技术建立了肠炎沙门氏菌溯源技术。这些食源性疾病监控的共性技术的突破，将极大地缩短食源性疾病的确诊时间。

7.颁布了我国的HACCP应用实施指南

建立食品企业HACCP通用指南、建立六大类食品企业HACCP的各类专项指南、提出六大类食品的危害分析模式，共形成了

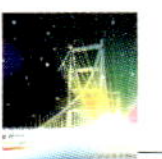

近30项文件，涵盖肉制品、乳制品、禽类屠宰、果蔬汁饮料、水产品、酱油类调味品六类产品共13种产品模式，文件涉及GMP、SSOP等实施HACCP所必需的基础规范，六大类共13种食品的HACCP实施指南初稿均已起草完成，正在结合试点企业的HACCP系统进行现场验证阶段。其中食品企业HACCP总体指南已经由卫生部发布，并在全国范围内推广实施。

8.首次参与国际标准制、修订工作

受国际食品法典委员会(CAC)委托，我国首次牵头起草的减少树果中黄曲霉毒素污染技术规范（初稿）被今年3月国际法典委员会会议采纳，供进一步讨论。

2002年，开始实施“食品安全关键技术重大专项”，主要从我国食品安全存在的关键问题和入世后所面临的挑战入手，抓好市场准入安全这一关键环节，加强技术攻关与集成，应用示范与对策研究并重，认真落实“人才、标准、专利”三大战略。采取自主创新和积极引进并重的原则，建立符合我国国情的食品安全科技支撑创新体系。

（1）重点解决：①标准体系提升与完善；②关键检测、监控技术与仪器设备研究开发；③食品安全科技战略与对策研究；④地方科技综合示范。

（2）主要研究内容为：①共性技术：包括污染物、农药残留、兽药残留、生物毒素、动植物疫病病原等检测、控制、监测技术；②标准：通过食品安全标准总体设计，制（修）订重要标准和技术措施；③战略和政策研究：《制定食品安全科技发展纲要》和《食品安全科技年度报告》；④示范：以“农田到餐桌”全程监管为模式，以市场为导向，政府、科技界、产业界紧密合作，对共性技术进行集成示范。通过专项实施带动食品安全科技动力建设，带动食品安全人才培养和基地建设，以食品安全带动农产品安全生产，形成我国食品安全科技体系，推动食品安全科技工作的全面开展。

国际合作篇

重大国际合作项目

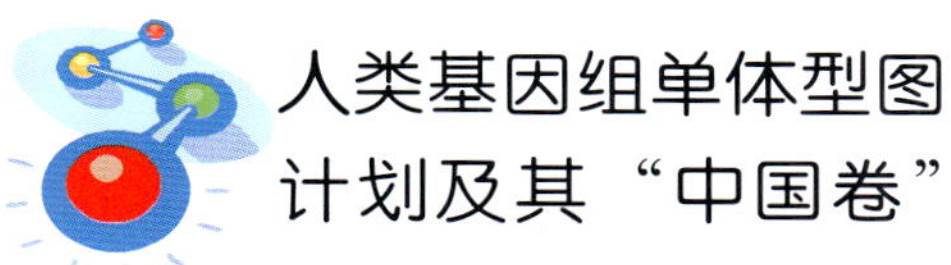

人类基因组单体型图计划及其“中国卷”

人类基因组单体型图（Haplotype map，以下简称HapMap）计划是与不久前完成的基因组测序计划相当的又一多国参与的重大国际合作项目，也是人类基因组研究领域的第二个重大战略目标。其目的是在通过测序了解遗传基本信息的基础上，进一步确立世界上主要族群基因组的遗传变异图谱。这一计划的主要内容是对亚、非、欧裔全基因组中DNA序列上的多态位点进行测定和分析，由此构建出整合人类遗传多态信息的每条染色体的“单体型图”，为疾病易感性、药物敏感性、遗传多态性等研究提供最基本的信息与工具。

自从“国际人类基因组计划”的工作框架图发表，初步揭示了人类自身遗传的“天书”的概貌，研究基因组的序列变异和多态性便开始成为新的研究热点。只有阐明DNA序列的差异以及基因组的多态性，才能真正了解与疾病，特别是多基因疾病有关的遗传机制；同时深入、准确地了解人类起源、进化和迁徙过程中的DNA序列变化。

单核苷酸多态性（single nucleotide polymorphism，简称SNP），指在一个群体中的一条染色体的某一个位点上有不同的核苷酸组成，是广泛分布于人类全基因组中稳定的多态位点。SNP最大程度地代表了不同个体之间的遗传差异，因而成为研究复杂疾病、药物敏感性及人类进化的重要标记。至今在人类基因组中已有500多万个SNP位点被确定。然而，尽管许多科研机构和制药公司都斥巨额资金于SNP研究，并且在发现SNP位点和一些疾病的多态性研究方面取得了重要进步。如果每一个对群体或个体的研究项目，都要对所有样品中即基因组中的一部分序列的每一个SNP位点进行检测、鉴定，其费用显然是极为惊人的昂贵。由此，在国际人类基因组计划协作组基础上建立的“HapMap计划”国际协作组提出了人类基因组研究的第二个战略任务，即再次以多国分担合作的形式，共同构建整合了人类全基因组遗传与变异信息的单体型图。

HapMap的科学基础是染色体上的SNP的“板块”(block)结构。SNPs在一段染色体上是成组遗传的，在DNA上构成无形的区域——“板块”。每个进化上非常保守的板块的SNP构成在单个染色体上的模式，即单体型(Haplotype，图28)。不同个体的DNA序列上的差异因而可以准确地用SNP的始祖板块或单体型表示。特别是，对于一种单体型来说，只需几个位点作为其标签(tag) SNPs，

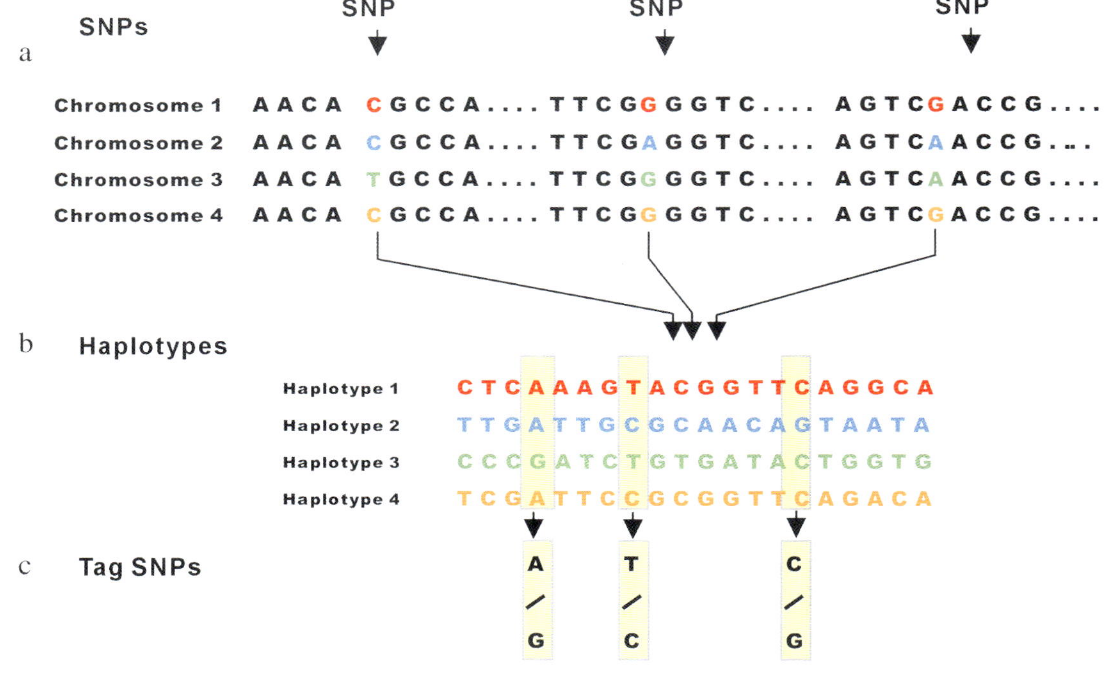

图28　单体型图示意

a：一段DNA上的SNP位点。来自不同个体的4条染色体的这一段DNA的大部分序列完全相同，但有3个位点表现出差异。每个SNP有两个可能的等位位点（alleles）

b：单体型。一个Haplotypes由临近的一系列SNP等位位点组成，图中显示从一个6 000 bp DNA片断上检定出的20个SNPs的排布类型，包括a中的3个位点（第二排箭头）

c：标签SNPs。只要检定分型20个SNPs中的3个，就足以确定这一段序列的单体型。例如，如果测出一个染色体的标签SNPs是A－T－C，则这一序列是单体型1（转引自The International HapMap Consortium. 2003. The international HapMap project，Figure 1. *Nature*，in press）

便可知道整个单体型的模式。因而在检测上只要对几个标签SNPs而无需对所有的位点进行检定，便可确定一个“板块”的单体型。HapMap项目的宗旨就是通过对不同族群的多个样品的全基因组上约100万个或更多的SNP位点进行检定分析，确定不同人群中独立遗传的DNA始祖板块，从全基因组规模大大简化以后的SNP分型研究，为疾病相关的遗传多态研究提供揭示人类遗传多态信息的“单体型图”及SNP标签位点。

HapMap国际协作组于2002年10月27～29日在美国华盛顿召开了“第一届国际人类基因组单体型图计划的战略会议”，在闭幕式上向全球公布了这一重大国际计划的正式启动。HapMap的参加国有美国、英国、日本、加拿大、尼日利亚和中国。在HapMap构建上，中国在这一重大多国合作项目中将做出10%的贡献。其他国家的贡献分别为：美国31%，日本25%，英国24%，加拿大10%。HapMap“中国卷”的具体内容为构建3号、21号染色体和8号染色体短臂的HapMap以及提供一半的亚洲样品。正是由于中国的参与，争取到一半亚洲样品将由中国提供，意味着在完成了的单体型图谱中，将含有大量汉民族全基因组的信息及其与其他族裔的比较结果，为中华民族的遗传多态和疾病相关研究提供重要的基础数据。HapMap项目同人类基因组测序计划具有同样的公益性，所建立的全部数据供全球科学家无偿使用。

HapMap的总任务为通过使用亚裔、欧裔、非裔的各90个样品，对人类基因组（30亿个核苷酸）中的确定的SNP位点以一定密度（第一阶段5 kb）进行测定和分析。针对在遗传样品采集过程中曾经出现过的一些问题，HapMap项目的取样增加了“社区参与”（Community Engagement）内容，即对社区的不同人群进行一定规模的问卷和访谈调查以及通过讲座对社区予以回报。各族样品都在转化成细胞株后由美国国立卫生院下属的Coriell医学研究所的人类遗传细胞存储中心统一提取成DNA分送至各参加中心进行SNP分型检定。

HapMap计划的中国卷由中国科学院北京基因组研究所，国家人类基因组南、北方中心共同参与。随后又有港台地区科学家的参加，并成立了中华单体型图协作组，北京基因组研究所代表中国参加国际协调小组的各项活动。中国卷的主要部分已于2002年得到“功能基因组和生物芯片”国家重大专项的资助。

同人类基因组测序计划一样，HapMap计划由各参加国代表组成的国际协调小组主持完成。人类基因组测序计划负责人，美国国立人类基因组研究所主任Francis Collins为总负责人。下设样品采集、数据协调传输、数据分析、通讯交流和知识产权等工作小组。

完成这一计划的主要策略是先以较为稀疏的密度进行SNP检定分型，进而通过数据分析确定较大的单体型板块。在此基础上再以更高的密度进行检定分析，以确定较小的单体型板块。

HapMap项目自启动以来，进展良好。国际协作组首先启动了SNP再发现的工作，通过重测序等手段获得足够得到确认的SNPs，使目前公共数据库中的SNPs数量已经比项目开始时增加了1倍。与测序项目略有不同的是，进行DNA测序的技术手段比较单纯，经过竞争淘汰，主要的技术平台均集中在Megabase和ABI两家。而对SNP进行检定分型的成熟技术有很多种，在方法原理上也有很大不同，由各参与中心根据自身情况取舍，因而对质量控制和比较有很高要求。中国团队的平台技术主要有基于引物延伸方法的质谱检测和荧光偏振光检测方法以及基于分子杂交的Illumina方法。

在样品收集方面，北京基因组研究所与北京师范大学合作，按照HapMap国际协作组制定的程序和要求，认真遵照国际伦理学有关标准，所有志愿者都是在严格的知情同意和样品匿名的情况下提供血样；所有取样程序经过中国科学院的伦理审查委员会批准；样品的输送则经过中国人类遗传资源管理办公室的批准。目前中国团队已经按时完成社区参与的调查访谈及社区讲座等内容和汉族血样的全部收集工作，保证了HapMap项目的顺利进行。这是在中国第一次实行首先经过大规模的社区参与活动后方可进行的人体样品的采集，也是中国科学家在有关遗传资源和人体样品采集方面严格遵守国际生命伦理学标准的一次成功演示，其执行的严格程度和公开透明的操作受到国际协作组和有关专家的好评，为中国在生命伦理学方面的工作赢得了荣誉。

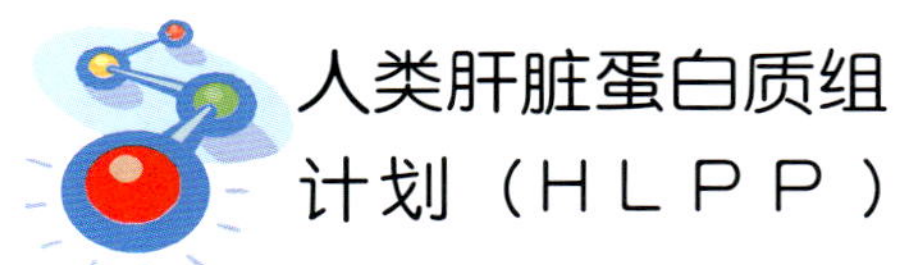

人类肝脏蛋白质组计划（HLPP）

一、HLPP由来

2002年4月29～30日，在国际人类蛋白质组组织（HUPO）Bethesda会议上，中国代表介绍了中国蛋白质组及肝脏相关研究情况，并呼吁在国际开展人类肝脏蛋白质组协作研究，得到了HUPO以及与会代表的支持。为了落实此次会议的精神，2002年10月22～24日，在中国政府和有关单位的支持下，在北京召开了国际人类肝脏蛋白质组研讨会，出席会议的有来自澳大利亚、加拿大、中国（内地、香港及台湾）、法国、德国、日本、韩国、新西兰、俄罗斯、泰国、英国及美国等14个国家和地区的102位科学家。与会代表就中国提出的“人类肝脏蛋白质组计划”（简称HLPP）主要任务和科学目标进行了充分

研讨并达成了共识。2002年11月21～24日，在法国Versailles召开的第一届HUPO国际大会上，中国代表就北京研讨会和HUPO人类肝脏蛋白质组计划向大会和HUPO理事会作了报告。与会代表一致同意将此计划作为HUPO人类蛋白质组计划首批启动项目，经HUPO提名，成立了由贺福初院士为主席、加拿大的John Bergeron教授和法国的Christian Berchot教授为共同执行主席的人类肝脏蛋白质组计划领导机构。

二、HLPP背景

随着人类基因组全序列测定的完成，人类基因的注释与确认已成为生命科学面临的最重要任务之一。蛋白质是生命活动的功能执行体，人类基因组中绝大部分基因及其功能有待于蛋白质水平上的揭示与阐述。蛋白质组研究已成为21世纪生命科学的焦点之一，蛋白质组学继基因组学之后已逐渐成为生命科学与生物技术的主要前沿学科。蛋白质组学集生物技术、分析技术、信息技术和材料技术等精华，采用大规模、高通量、高速度的技术手段，通过全局性研究基因组所表达的所有蛋白质在不同时间与空间的表达谱和功能谱，全景式地揭示生命活动的本质。蛋白质组是开发疾病防诊治药物和技术的直接靶体库，人类蛋白质组已成为新世纪最大的战略资源之一，是国际生物科技的战略制高点和竞争焦点，将直接关系到未来整个生物技术及相关产业的发展空间和市场份额，有限的蛋白质组资源将是各国国力世纪性角逐的主要“战场”

“人类蛋白质组计划”（Human Proteome Project，简称HPP）是继“人类基因组计划”（Human Genome Project，简称HGP）之后最大规模的国际性科技工程，也是21世纪第一个重大国际合作计划。HPP首批行动计划包括由美国牵头的“人类血浆蛋白质组计划”和由中国牵头的“人类肝脏蛋白质组计划”。

艾滋病国际合作进展

艾滋病是由人类免疫缺陷病毒（Human Immunodeficiency Virus，HIV）引起的一种烈性传染病。自1981年美国报告首例艾滋病以来，经过短短十几年的流行，已成为人类面临的最严重的健康问题和社会问题。艾滋病感染人群主要为青壮年，因而它比其他任何一种疾病带给社会和经济的冲击都大。全球艾滋病感染者累计已达6 000万，其中1 000多万已死亡。我国自1993年以来，HIV携带者已从缓慢增加转为高速增长，发病者每年都在迅速增加，如果没有强有力的控制措施，我国HIV感染者到2010年有可能达到1 000万人。

面对艾滋病的严重威胁，世界各国都采取了以宣教和行为干预为主的各种措施来控制艾滋病的流行。这些措施在一些西方国家和少数发展中国家收到效果，HIV流行速率趋于平缓和下降，然而在全球范围内和大多数国家尚未见效。新药物的出现使艾滋病的治疗取得了很大的进展，但是昂贵的费用、复杂的服药过程使许多发展中国家的患者难以获得这些药物，而他们又恰恰是最需要药物的人群。在发达国家药物的获得要容易得多，但药物的副作用，病毒耐药株的出现给药物的长期使用提出了新的问题。从历史的经验来看，对付流行性疾病最经济有效的方式就是使用疫苗，因此安全有效的艾滋病疫苗是最终阻断HIV流行的惟一可能的方法。许多国家政府和国际组织认识到必须发展疫苗才能最终控制艾滋病，因而作出了以宣教为主的行为干预和以疫苗为主的生物医学干预并重的战略调整。

从“九五”阶段开始，在国家科学技术部中国生物技术发展中心支持下，大力发展国际合作。与德国、荷兰合作，共同申请并连续获得INCO.Ⅰ、INCO.Ⅱ和INCO.Ⅲ课题，加快了本项目的进展速度。

INCO.Ⅰ的主要目的是研制能应用于Ⅰ、Ⅱ临床试验的新型HIV候选疫苗。由于HIV基因的多变性，HIV疫苗应该基于当地流行毒株的基因型来构建。根据多年的HIV分子流行病学的研究资料，确定以云南德宏的主要流行B亚型毒株为原型毒株，发展新的HIV候选疫苗。德宏地区HIV感染者主要是静脉注射吸毒者，易于跟踪调查和监测。在分子流行病学调查监测该地区HIV的变异情况的同时，根据这些毒株的序列构建新型的病毒颗粒样疫苗即VLPs和重组ALVACs。VLPs是一类具有与HIV相似外形结构、却无病毒核酸的、无感染性的新型疫苗，在体内激发细胞免疫和体液免疫的能力要优于多肽疫苗和亚单位疫苗。实验结果表明，纯化后的VLPs在小鼠和猴体内都激发了较强的HIV特异性细胞和体液免疫，与ALVACs联合免疫后，免疫效果进一步提高，明显高于VLP或ALVAC单独免疫。

在INCO.Ⅰ项目的进行过程中，分子流行病学资料显示一种新的HIV B’/C重组毒株在中国的云南出现，并在中国的西南、中西部和西部迅速流行起来，感染人数和比例呈逐年上升的趋势，和原来的B亚型毒株并列成为我国最主要的流行毒株。面对这种新的流行形势，我们再次与德国里根斯堡大学联合申请并获得了INCO.Ⅱ的项目资助。INCO.Ⅱ项目是对INCO.Ⅰ的延伸和补充，主要研究内容是基于中国的B’/C重组毒株构建HIV疫苗。INCO.Ⅱ继续支持HIV分子流行病学的研究工作，监测C亚型毒株的变异情况，探索毒株变异与病毒复制、传播效率的关系。完成了C亚型毒株全长基因的克隆，并根据此全长克隆构建DNA疫苗和VLP疫

苗。为了提高DNA疫苗的免疫效果，对基因进行了一些改造，如密码子的人源优化，Kozak序列的优化，基因内部剪切位点的删除。在小鼠实验中进行了DNA疫苗不同免疫程序、不同剂量以及与VLP疫苗联合免疫效果的研究。实验结果表明，DNA疫苗与VLP的prime–boost免疫方式所激发的体液和细胞免疫要明显高于任何一种疫苗单独免疫的效果。在灵长类动物实验方面则充分发挥了我国的资源优势和国外的技术优势。我国的科技人员通过在国外的技术培训，在昆明分子生物学研究所的灵长类中心开展疫苗的安全性和免疫原性研究工作。

在INCO.Ⅰ和INCO.Ⅱ的基础上，2001年我们将此项合作继续向前推进，获得了INCO.Ⅲ项目资助，旨在将前期合作研制出的候选疫苗向临床试验推进，在中国建立HIV疫苗的临床试验现场，完成欧洲候选疫苗的临床评估。这些疫苗包括基于中国C亚型毒株的DNA疫苗，天坛重组痘苗病毒疫苗和重组NYVAC疫苗。该项研究的主要目标是：进一步跟踪调查中国南部、中部和西北地区出现的新发感染病例，确定HIV的基因漂移和感染者体内的病毒变异；评估DNA疫苗GMP产品、重组痘苗病毒GMP产品的安全性；评估DNA疫苗诱导的天然免疫和HIV的特异性免疫；比较非复制型的NYVAC和复制型的Tiantan株体内诱导的免疫反应以及DNA疫苗与Tiantan或NYVAC prime–boost免疫效果的比较。该项目的实施将对中国的人员进行系统的技术培训，并将标准的实验方法移植到中国，从而在国内协调、建立临床实验的技术基础框架，包括自愿者的招募，临床监测、自愿者免疫学、病毒学参数的跟踪研究。

863课题和INCO项目的实施加强了国内的研究力量，发展了国内的科研队伍。我国艾滋病疫苗研究起步较晚，国内HIV的感染人数又已进入快速增长期，艾滋病的防治任务非常严峻。在这种情况下，积极寻求国际合作，快速提高国内的科研水平，培养国内强有力的科研队伍是解决当前矛盾的有效方法。本着优势互补、共同发展的原则，国际合作取得了很大的成功。我国艾滋病疫苗的研究虽不处于世界领先水平，但有着自己独特的优势：

我们有着翔实的HIV分子流行病学资料，对其在各地的分布、传播和变化趋势十分清楚，克隆了许多可供疫苗研究的代表毒株。

可用于艾滋病疫苗研究的重要资源，如猕猴等灵长类动物十分丰富，这正是欧美国家所缺乏的。

我国政府十分重视卫生防疫和流行病控制工作，有一支富有疫苗工作经验的防疫队伍；健全的防疫网络，能及时有效地掌握和控制流行病的发生和流行情况，并能有效地

将疫苗的普及落实到基层。

我国艾滋病流行正处于快速增长期，这十分有利于艾滋病疫苗的临床评价。在无需使用很大人群和较少投资条件下，可评价出艾滋病毒疫苗的有效性。

除了所具有的这些优势，我们也有许多不足：

（1）虽然我国HIV疫苗的研究已做了一些工作，但目前仅限于实验室研究阶段，因而我国艾滋病疫苗的总体水平在国际上是落后的。

（2）艾滋病的临床评价涉及很多社会和伦理道德问题，在这一点上我们有着很大的欠缺。此外，艾滋病疫苗免疫效果的评价涉及到一些特殊的检测方法，在自愿者招募、临床检测、病毒学及免疫学指标跟踪研究等方面我们没有什么经验。

随着INCO项目Ⅰ、Ⅱ、Ⅲ的逐步实施，通过国际交流与培训，为国内培养了一批专业技术人才，国内的科研水平迅速提高。一些实验方法已经标准化，与国际接轨，这为将来疫苗评价的标准化奠定了基础。国际合作的另一项成功就是引入了大量科研资金，缓解了国内科研经费不足的状况，使我国疫苗研究从实验室阶段迈向临床试验成为可能。

INCO项目的合作进一步延伸到欧洲艾滋病疫苗计划（EuroVac简称），EuroVac是由欧盟第五框架协议支持的疫苗研究项目，目的是将欧洲HIV预防性疫苗推向Ⅰ期临床试验。来自8个欧盟国家的25个实验室参与了这项计划。EuroVac的首要目标是研制、评估HIV B亚型和C亚型疫苗。B亚型是以欧洲流行的代表株，C亚型则是以我国的CN54作为疫苗构建的原型。在INCO项目中，我们的合作伙伴德国里根斯堡大学也是EuroVac的成员之一，因此从我国分离的C亚型毒株CN54被选作EuroVac疫苗构建的原型毒株，从而推动了EuroVac计划的启动。与此同时，我们还和美国NIH、哈佛、霍普金斯、华盛顿、加州、北卡等多所大学建立了密切的信息交流、人员互访和科技培训等多种形式的合作关系。国内合作方面，与中国人民解放军军需大学合作完成了重组鸡痘病毒的构建，免疫动物可获得对HIV的体液及细胞免疫反应。与病毒所合作进行了非复制型天坛株痘苗病毒活载体疫苗的研究；与中国农业科学院合作，完成EIAV/HIV比较研究一阶段工作，发现的主要信息已用于蛋白质工程HIV疫苗。

在广泛的国内外合作基础上，完成了艾滋病毒的生物学与分子生物学跟踪研究和全国范围艾滋病毒分子流行病学研究，为国家制定艾滋病防治策略提供了重要的参考数据，为防疫系统培养了一支能从事分子流行病学工作的队伍，促进和支持了我国艾滋病疫苗研究，指导着我国HIV诊断试剂的发展和提高；分离筛选了我国的HIV流行毒株，构建

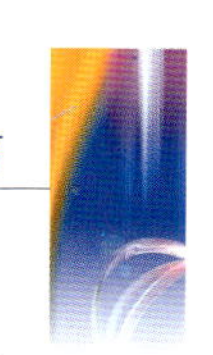

了基于我国流行株的病毒样颗粒疫苗、DNA疫苗和重组痘苗活载体疫苗候选株，而且就疫苗中试和诊断试剂开发已与国内生物制品企业达成了合作意向，并将申请进行临床试验；将分离到的流行毒株和序列提供给病毒所、医科院、医科大学、解放军等国内研究单位和欧美等国际研究机构用于他们的研究项目；获得国家和部级奖3项，发表文献50余篇，国际报告20余次，使我国在国际HIV疫苗领域牢固地占有了一席之地。

面对HIV在全球不断蔓延的严峻形势，国际社会经过多方论证已经达成了需优先发展艾滋病疫苗的共识，只有疫苗才有可能从根本上逆转艾滋病在全球加速蔓延的势头。作为一个置身于全球艾滋病增长最快地区而本身的HIV感染正处于急剧增长期的国家，我国发展HIV疫苗不但是完全必要的，而且是十分迫切的。正如李岚清副总理深刻指出的那样，我国人口多，艾滋病的威胁大，防治艾滋病要大力支持疫苗研究，这不但是对世界也是对我们自己的贡献。

迄今世界上尚无有效的HIV疫苗问世，处于临床试验中的HIV疫苗尚在Ⅰ、Ⅱ期临床观察阶段，少数进入Ⅲ期临床试验的疫苗也面临重重困难。上述迹象表明，研制HIV疫苗的道路还十分艰辛。尽管如此，各国的研究者从未放弃过努力，大家都在发挥各自的优势，广泛开展国际合作，共同攻克艾滋病这一世界性难题。

加快我国艾滋病疫苗的研究，可大大提高我国HIV防治工作的效率，在节省防治投入成本的条件下最大限度地阻止HIV在我国的流行，保护我国人民免受艾滋病的威胁，其结果将产生巨大的经济利益和重大的社会效益。

部门和机构国际合作进展

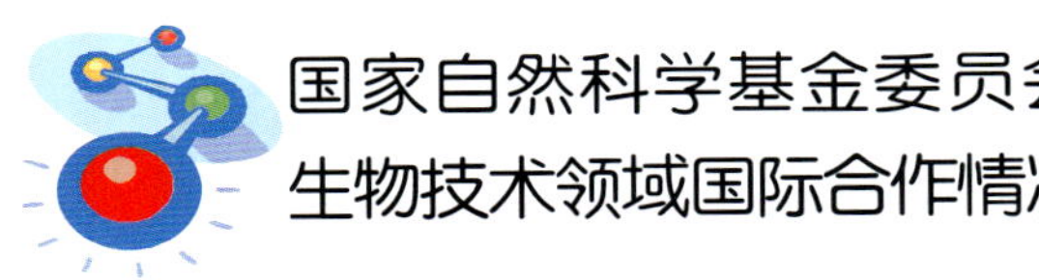

国家自然科学基金委员会生物技术领域国际合作情况

一、国家自然科学基金委员会开展国际交流项目的特点

衡量基础研究水平的标准只有一个，即国际同行的认可，因此国际合作一直得到国家自然科学基金委员会的高度重视。特别是我国基础研究的整体水平与发达国家尚存在较大的距离，国内有学者分析，我国目前只有15%的学科接近先进水平，84.4%的学科与世界先进水平有较大差距，而且还存在投入较少等问题。需要看到的是，我国在生命科学领域的基础研究近年来得到了较大的发展，其中有3个原因：①我国政府加大了对生命科学研究领域的投入；②我国在生物学资源方面具有得天独厚的优势；③我国科学家积极开展了与国际同行的交流。

有效提高我国基础研究水平的最好办法就是加强我国科学家与国际同行的合作，及时获取信息，学习先进的方法和技术手段，培养或引进优秀的人才，甚至争取得到海外研究资金的支持。我国既是人口大国又是农业大国，生物技术方面的研究将直接涉及我国社会发展中的许多关键性问题，开展这方面的国际合作已经成为国家自然科学基金委员会的一个重点。

国家自然科学基金委员会在开展国际交流方面主要通过两种资助板块，即“项目板块”和“人才板块”。具体对于国际合作而言，主要包括资助如下内容开展国际合作：在华召开国际学术会议，出国参加国际学术会议，海外留学人员短期回国工作讲学，国家重点

实验室国际交流专项，中德科学中心合作项目，“两个基地”项目，国际合作普通项目，国际合作重点和重大项目，海外青年学者合作研究基金，香港、澳门青年学者合作基金。

二、2002年国家自然科学基金委员会开展国际交流的基本情况

2002年国家自然科学基金委员会资助的国际交流项目总的形式是点和面的结合，既有普通的面上资助，比如合作研究项目，在华召开国际会议，出国参加学术会议，邀请留学人员回国讲学或工作等，也资助重大的国际合作项目。前者资助总经费大约为2 080万元。在此类项目资助中，资助生命科学领域经费约为586万元；后者资助的总经费为1 850万元，用于资助生命科学的经费约为1 280万元，其中最大的国际合作项目便是“植物功能基因组拟南芥转录因子”项目，资助总经费为1 200万元，这也反映出国家自然科学基金委员会对生命科学领域的高度重视。在这些资助项目中，大部分资助对象是与生物技术研究有关的项目或人，在重点的国际合作项目中更加如此。此外，生命科学部在资助国际合作的双边交流方面也投入了约820万元开展重点的国际合作。

2002年国家自然科学基金委员会资助在华召开的关于生物技术方面的主要国际会议有12个：第三届国际棉花基因组大会，首届发育与疾病的分子机理研讨会，第七届国际多肽学术大会，第三届亚太地区国际菌物学与生物技术大会，分子生物技术科学前沿国际研讨会，国际微藻生物技术研讨培训会议，首届国际植物基因组学与作物遗传改良会议，植物基因组学与农业生物技术会议，首届国际行为与遗传机制会议，第三届海外学者生命科学与医学学术会议，第二届中美21世纪医学论坛，国际人类基因组2002年年会，等等。

2002年国家自然科学基金委员会资助并组织多位中国科学家参加在国外举行的学术研讨会，主要有：中国与瑞典糖尿病合作研究学术研讨会，第四届国际病理学大会，第五届斑马鱼发育与遗传学研讨会，基因组与表型的关联国际会议，等等。

2002年资助的与生物技术有关的重点或重大国际合作项目，除上面提到的“植物功能基因组拟南芥转录因子”重大项目外，还有如下12个：“A-1型短指骨骼发育缺陷的分子基础研究”，“马铃薯晚疫病持久抗性与加工品质改良”，“神经激肽与神经激肽受体在帕金森并发生与治疗中的作用”，“单链寡核苷酸的脱氧核糖核酸重组工程学”，“神经生长因子生物学功能的化学基础研究”，“肝癌新基因的研究”，“潮汕人群食管癌的分子生物学研究”，“应用重组AAV-TRAIL进行淋巴癌白血病研究”，“靶向性腺病毒在肿瘤治疗中的作用”，“40个人类新基因在心脏早期发育与先天性心脏病关系”，“四氢原小檗

碱在体内生物转化双羟基研究”，“中国隐孢子虫病的分子流行病学研究”，等等。

除此之外，国家自然科学基金委员会在2002年还资助了大量的普通国际合作项目、出国参加国际学术会议、接待海外留学人员回国讲学或工作，同时对评估为优秀的国家重点实验室给予20万元资助以用于开展国际合作交流。2002年国家自然科学基金委员会资助了“海外青年学者合作研究基金”和“香港、澳门青年学者合作基金”。

国家自然科学基金委员会很重视“人才板块”资助计划，通过这种合作，加强了国内学者与海外优秀的华人学者之间的联系，六年来的实践表明，这是吸引海外学者为国服务的一个有效途径，对提高国内同行的研究水平发挥了很好的效果。正是通过这一方式，吸引了不少海外的优秀学者与国内同行开展合作研究。

三、重大国际合作项目“植物功能基因组拟南芥转录因子”的科学意义和最新进展

重大国际合作项目“植物功能基因组拟南芥转录因子”由北京大学朱玉贤教授和耶鲁大学邓兴旺教授共同主持，因为有这一重大国际合作项目的支持，北京大学专门成立了“北大—耶鲁植物分子遗传暨农业生物技术联合研究中心”。项目研究期限为2002年2月至2004年1月，总投入为1 200万元，受资助单位还将另筹措500万元投入此项目。

拟南芥全基因组序列是世界上第一个完成的高等植物基因组，为确定基因对植物生长发育及环境应答的决定性影响提供了一个前所未有的大舞台，将极大加快人类认识自然和改造自然的步伐。但是，测定基因组序列只是了解基因的第一步，因为基因组计划不可能直接阐明基因的功能，更不能预测该基因所编码蛋白质的功能和活性，并不能指导人们充分准确地利用这些基因产物。只有通过功能基因组研究，才能快速、高效、大规模地鉴定基因的产物和功能，并把研究成果直接应用于医药和农业生产，为人类创造巨大的物质财富。该项目的目的就在于应用蛋白质组学的新思路和新技术，从基因组的水平阐明拟南芥细胞中各种主要蛋白质的结构、功能、活性及蛋白质之间的相互作用。通过研究，拟开发出高密度、高通量的蛋白质芯片，并对拟南芥基因组所编码的全部转录调控因子进行生化活性及功能分析。并将克隆1 500个以上拟南芥转录因子，表达1 400个以上GST-融合蛋白，在世界上首次系统地进行拟南芥转录因子之间的相互作用分析。分离并纯化内源功能性蛋白复合体，为阐明转录因子的各种生理功能提供理论依据。同时，结合我国农业发展的实际需要，尽快把大量能改善作物农艺性状的基因应用到生产实践中，在抗病、抗逆、高产优质等领域充分发挥基因工程作为“朝阳产业”的优势。

项目实施1年来，已经成功地将733个各种转录因子克隆到中间载体，有379个基因已经被克隆到植物和酵母中间表达载体；将转录因子克隆到受半乳糖诱导表达启动并形成融合蛋白，并转化酵母后获得了79个表达各种拟南芥转录因子的酵母株系；发展了快速、高效地从酵母细胞中分离纯化外源表达蛋白的新方法；初步开展了用蛋白质芯片技术研究拟南芥转录因子，DNA结合活性实验优化了蛋白质微阵列技术。

应该说，项目实施1年来，已经取得了较好的进展，在《Flant Cell》杂志上发表文章一篇。

四、与国家自然科学基金委员会签署了开展国际合作双边协议的国家或地区

到现在为止，与国家自然科学基金委员会签署了开展国际合作双边协议的国家或地区已经达到60个。通过这些协议的实施，可以促进双方科学家便利地开展实在的合作研究（表17）。它们是：

表17　签署开展国际合作双边协议的国家或地区

序号	国家或地区	机　构　名　称	人员交流方式（人月/年）
01	澳大利亚	澳大利亚研究理事会（ARC）	按具体项目商定
02	奥地利	奥地利工业研究基金会（FFF）	按具体项目商定
03	奥地利	奥地利科学基金会（FWF）	按具体项目商定
04	白俄罗斯	白俄罗斯共和国基础研究基金会	6
05	比利时	国家科学研究基金会（FNRS/NFWO）	12
06	保加利亚	保加利亚教育科学部（NFSB）	24
07	加拿大	加拿大卫生研究院（CIHR）	6
08	加拿大	自然科学和工程研究理事会（NSERC）	按具体项目商定
09	捷　克	捷克科学院	6
10	捷　克	捷克科学基金会（GACR）	按具体项目商定
11	丹　麦	丹麦研究理事会（DRC）	12
12	埃　及	埃及科技研究院（ASRT）	40
13	芬　兰	芬兰科学院（AF）	12
14	法　国	法国国家科学研究中心（CNRS）	按具体项目商定
15	法　国	法国原子能委员会（CEA）	按具体项目商定
16	法　国	法国农业科学研究院（INRA）	按具体项目商定
17	法　国	法国国家海洋开发研究院（IFREMER）	按具体项目商定
18	德　国	德意志研究联合会（DFG）	100
19	希　腊	希腊国家研究基金会（NHRF）	按具体项目商定
20	香　港	京港学术交流中心（BHKAEC）	85人天/年
21	香　港	裘槎基金会（CF）	按具体项目商定
22	香　港	研究资助局（RGC）	待定
23	印　度	科学和工业研究理事会（CSIR）	按具体项目商定
24	印　度	印度科学技术部（DST）	按具体项目商定
25	意大利	国家研究理事会（CNR）	按具体项目商定
26	意大利	国家高等数学研究院（INdAM）	按具体项目商定
27	日　本	日本学术振兴会（JSPS）	按具体项目商定

（续）

序号	国家或地区	机　构　名　称	人员交流方式（人月/年）
28	韩　国	韩国科学与工程基金会（KOSEF）	6
29	韩　国	韩国科学技术评价院（KISTEP）	按具体项目商定
30	澳　门	澳门基金会（FM）	3
31	墨西哥	国家科学技术理事会（CONACYT）	按具体项目商定
32	荷　兰	荷兰应用科学研究组织（TNO）	按具体项目商定
33	荷　兰	荷兰科学研究组织（NWO）	15～18
34	新西兰	研究、科学和技术基金会（FRST）	按具体项目商定
35	挪　威	挪威研究理事会	12
36	巴基斯坦	巴基斯坦科学基金会（PSF）	按具体项目商定
37	葡萄牙	国家科技研究理事会（JNICT）	6
38	俄罗斯	俄罗斯科学院（RAS）	24
39	俄罗斯	俄罗斯基础研究基金会（RFBR）	30 个项目
40	斯洛文尼亚	斯洛文尼亚科学基金会（SSF）	按具体项目商定
41	西班牙	西班牙科学研究理事会（CSIC）	12
42	瑞　士	瑞士国家科学基金会（SNF）	30
43	泰　国	国家研究理事会（NRCT）	按具体项目商定
44	乌克兰	乌克兰科学院（NASU）	6
45	英　国	英国皇家学会（RS）	按具体项目商定
46	英　国	英国工程和自然科学研究理事会（EPSRC）	按具体项目商定
47	英　国	英国生物技术和生物科学研究理事会（BBSRC）	按具体项目商定
48	英　国	英国粒子物理与天文学研究理事会（PPARC）	按具体项目商定
49	美　国	美国国家科学基金会（NSF）	按具体项目商定
50	瑞　士（所在地）	欧洲核子研究中心（CERN）	按具体项目商定
*51	巴　西	国家材料科学研究所	按具体项目商定
*52	意大利（所在地）	国际理论物理中心（ICTP）	按具体项目商定
*53	加拿大	魁北克医学研究基金会（FRSQ）	9（1998 年）
*54	澳　门（所在地）	联合国大学软件所（UNU/IIST）	按具体项目商定
*55	墨西哥（所在地）	国际玉米小麦改良中心（CIMMYT）	按具体项目商定
*56	菲律宾（所在地）	国际水稻所（IRRI）	按具体项目商定
*57	美　国	康奈尔大学（CU）	按具体项目商定
*58	美　国	德克萨斯农工大学（TAMU）	按具体项目商定
*59	奥地利（所在地）	国际应用系统分析学会（IIASA）	按具体项目商定
*60	英　国	英国电信公司（BT）	按具体项目商定

＊为部门间协议

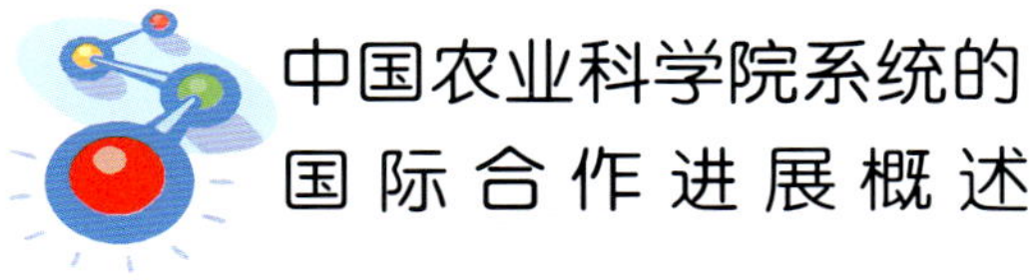

中国农业科学院系统的国际合作进展概述

2002 年，中国农业科学国际合作工作紧密围绕科技创新和产业发展的优先重点，在遗传资源、生物技术、动植物育种、病虫害防治、软科学研究等领域，与一些国家和国际组织以及民间机构开展了多层次、多渠道、全方位的深入合作，在巩固和加强现有合作关系

的基础上，培育了新的合作生长点，开拓了一些新的合作领域，为我国的农业科技发展做出了一定的贡献，并取得了良好的成绩。

生物技术作为国家农业科学研究的重点领域之一，也是我国开展农业科技国际合作最为活跃的领域，2002年该领域在农业科技合作方面的主要特点是：①积极做好基础工作和条件建设，引进了大批生物材料和先进的仪器设备，为我国的农业科技创新奠定了良好的条件；②中国农业科学院作为发起单位，积极参与国际农业生物技术领域的重大国际行动计划，包括国际农业研究磋商小组系统的全球挑战计划项目“挖掘生物多样性基因资源”，动物分子生物学诊断技术和畜产品安全等欧盟重点项目；③与国外共建分子生物技术合作国际开放实验室，包括与荷兰共同建设了园艺分子生物学国际开放实验室，中国农业科学院与国际玉米小麦改良中心共建小麦品质改良实验室等；④与国外联合培养生物技术领域的高级人才等。

2002年度，我国生物技术和品种资源改良利用等领域取得的主要成绩和进展情况如下。

一、农业生物技术领域引进国外先进技术项目

1.引进了大批农业新品种的种质资源，极大地丰富了我国品种资源宝库

2002年，共引进粮食、棉花、油料、糖、水果、蔬菜、牧草、花卉等优良品种，自交系、杂交亲本和种质材料总计1 800多份；世界上优质肉牛和奶牛350头，优质胚胎480多枚，优质精液1 000多支；优良瘦肉型种猪100多头，优质肉用和毛用种羊500多只和胚胎500多枚；种鸡3 000多只；6个优良水产养殖品种的亲鱼和几百万个幼鱼与鱼卵。这些国外独特的优质、抗逆的品种和种质资源的引进，极大地丰富了我国资源宝库，为我国农业生产提供了高产优质新品种，为育种研究提供了多样化的材料来源。

2.从7个国家和地区引进了60多套较为大型的先进仪器设备，武装了一批农业研究试验室和研究单位

目前这些仪器设备都已调试成功，并在科学研究中发挥作用。这些先进的仪器设备，不但直接运用到引进技术的研究上，而且为研究人员承担“863”、“973”、成果转化等重大研究课题、为深入开展科学研究和技术创新提供了强大的硬件支撑。

3.通过派出人员和请进专家，不但引进了一批难以通过正常商务购买渠道引进的“软技术”，而且拓宽了我国农业研究与世界领先水平沟通的渠道，为我国农业科学研究培养了一批后备人才，保证了科学研究的持续发展

2002年，共派出学习80人次，涉及20多个国家和地区；请进专家40人次，涉及10

多个国家和地区。科学家之间的交流与互访，在技术引进过程中起到了润滑剂的作用，减少了引进技术的“摩擦成本”。

4.引进了一批可持续发展技术

如生物防治技术、农药兽药残留检测技术、有机肥生产技术、大型畜禽场粪便处理技术、草场监测与荒漠化治理技术、农业害虫天敌技术、节水灌溉技术等。其中“退化草地综合改良与草地建设配套技术”的引进，通过消化吸收，到2002年末，已改良草地7 000公顷，建立人工草地1 600公顷，建立牧草种子生产田1 000公顷，涉及西藏、云南、贵州、青海、内蒙古、宁夏、河北、山西等省、自治区的30多个县，对国家生态建设工程的推动和环北京防沙治沙工程的执行起到了强有力的技术支撑。

5.引进了一些我国急需的而目前国内科研又相对差距较大的重大关键技术、高新技术以及基础研究成果，提高了我国的科研水平，增加了技术贮备

如各种基因技术、DNA芯片技术、病毒防治技术、生物酶制剂技术等。其中“疯牛病和羊瘙痒病检疫用单克隆抗体细胞株的引进与分子构象检测技术的建立”项目，通过引进国外特异性检测疯牛病和羊瘙痒病的克隆抗体，并自行克隆一些朊蛋白基因，制备了多克隆抗体，初步建立了分子构象检测技术方法，能够成功检测出致病朊蛋白病毒，为我国开展疯牛病和羊瘙痒病的检测和防治工作储备了技术。

6.引进了一批有利于提高我国农产品的国际竞争力，促进整个产业快速发展的先进技术

针对不同产业发展的特点，在产业发展的全过程、每个环节上都有先进技术引进，即不但有优良品种引进，还有各种从种植到加工、检测、卫生、检疫等所有过程的操作、管理技术和技术标准等等，有效地发挥集成和综合作用。如“柑橘良种及配套技术引进与推广”项目，到2002年末，共引进了63个国外优质柑橘品种，同时引进了病毒快速检测、品种纯度检测、柑橘分级等相关设备和技术，目前已建立了100公顷苗圃，共出圃优质苗木35万株、接芽148万个，建立了440公顷示范园，高接换种3.2万公顷老劣橘园。筛选出25个适宜不同省、直辖市的优良新品种，在我国长江流域6省、直辖市大规模扩繁推广，组织全国性和省级技术培训1 200人次，县级3 000人次，带动农户6 000多户。不但为柑橘结构调整提供了品种贮备，而且大大提高柑橘果实的内在品质和外观质量，延长上市期，从而有效抵御了外国产品对国内市场的冲击，提高了国内柑橘的市场竞争力。而且，通过建立柑橘无病毒快速检测和品种纯度检测技术体系，为柑橘产业持续发展提供了技术支撑。

二、积极主动参与国际组织或国际重点实验室的重大农业科技合作研究项目，加强了我国农业与发达国家同领域的技术交流

2001年启动的参与国际水稻研究所开展的“全球水稻分子育种计划”项目，2002年取得了丰硕的成果。该项目已从12个水稻主产国征集到约200份优良品种资源，目前正进行大规模的杂交、回交和分子标记鉴别，已经将部分品种资源的基因组片段导入到了各国的优良品种中，实现了优良基因资源在分子水平上的大规模国际交流，为将来培育出大量的近等基因导入系，对鉴定和发掘大批有利新基因，培育一批适应广泛生态环境的优良品种，具有巨大的潜在价值。这种主动出击，利用我国目前有一定优势、基础较好的学科来与国际先进水平对话，有利于把我国农业研究带入一个新的平台，推动我国部分农业研究进入世界前沿，加入国际农业科技主流。与荷兰联合建立园艺分子生物学国际开放实验室，与国际玉米小麦改良中心联合建立小麦品质改良实验室等运作良好。同时我国积极参与国际农业研究磋商小组(CGIAR)挑战计划项目，解决全球普遍关注的共性问题。CGIAR在2001年年会上对其农业研究战略做出调整，正式启动了全球挑战计划（Global Challenge Program，CP），2002年组织全球有关农业研究单位启动挑战计划项目。该项目分为3个阶段，即：征集并产生计划设想；产生计划预案；提出完整计划方案。目前，3个先期启动的试验性挑战计划项目为：

（1）农作物生物强化和人类食品营养项目（Biofortified Crcps For Improved Human Nutrition）。

（2）水资源和食品项目（Water and Food）。

(3) 资源匮乏地区的作物遗传多样性挖掘项目(Unlocking Genetic Diversity in Crops for the Resource-Poor)。

2002年中国农业科学院作为全球9个主持单位之一，组织生物中心、作物所、品资所、水稻所、灌溉所与农经所参与了上述项目方案的酝酿与起草工作。目前上述项目方案已获得CGIAR临时科学委员会的审议和通过，目前正在落实工作计划。

三、国家有关部委的国际农业生物技术科技合作重点项目

2002年，中国农业科学院根据国家农业发展研究重点和国际合作的需要，向科学技术部申请并获批准6个重大国际合作项目，获得经费支持325万人民币，这些项目包括大豆转基因生物安全评价、牛皮蝇防治技术研究、小麦基因组学研究、蔬菜和茄子抗病研究、玉米抗旱种质材料的改良项目等。国家外国专家局对这种智力引进和引智成果的推广工作也予以了极大的支持，全年提供经

费资助157万元人民币。国家外国专家局还批准中国农业科学院畜牧所、生防所和油料作物研究所作为国家级国外智力引进和技术成果示范推广基地。国家部委的这些支持有力地促进了中国农业科学院以科技创新为核心的国际合作与交流工作。

四、生物技术国际合作重点项目的进展

1.欧盟项目：家畜牛皮蝇蛆病控制措施的改进和诊断方法的研制

合作伙伴为法国农业科学院和意大利TERAMO大学。该项目研究的重点是国内外普遍关注的两个热点问题：一是环境污染；二是食品安全。目前寄生虫防治可使用的疫苗数量很少，大部分寄生虫是以药物防治为主。虽然新研制的药物不断涌现，给药方法和途径进一步完善。但这一切都比寄生虫耐药性的产生慢一步，因此，临床上不得不使用比常规剂量高出很多的超大剂量防治寄生虫病，使得大量的药物经动物代谢后排出体外，污染环境，使草场退化，牧草质量下降，牧区水质变坏；同时，由于一些农牧民在动物屠宰上市前还继续使用药物，使得肉品中各种药物的含量明显高于安全标准，严重地影响了食品安全。本项目研制出价格低、疗效高的药物制剂，该制剂可广泛应用于我国西部地区牛皮蝇蛆病的防治，并且大大降低肉品中的药物残留，提高肉品质量，对提高农民收入和食品安全具有重要的经济效益和社会效益。

经过合作方的共同努力，本项目主要取得了以下阶段性成果。

（1）研制出了高效、低残留、对环境无污染、价格低廉、农牧民容易接受的牛皮蝇专用伊维菌素微小剂量注射液。

（2）确定了利用该注射液预防和控制牛皮蝇的最佳用药时间。

（3）2002年9～11月在甘肃省安西、玛曲、渭源等地建立试验点及推广研究的药物。

（4）分离并克隆了可编码、可用于诊断的Hypodermin C和可用于疫苗抗原的Hypodermin A基因，测定了基因序列，并进行了初步的表达。

（5）利用虫体抗原，建立了诊断牛皮蝇感染的ELISA。

该项目在疫苗和诊断制剂的研究上已经取得了良好的阶段性结果，近期内有望达到世界先进水平。

2.欧盟项目：严重危害中国绵、山羊的泰勒虫裂殖子抗原分子和免疫学特性分析及其在诊断和疫苗研制中的应用

合作方为德国博士特尔研究中心（Research Center Bostel D-23845 Germany）和葡萄牙实验生物技术研究所（IBET/ITQB/Univ. Nova de Lisboa Portugal）。

本项目所研究的对象为最近在中国发现的对绵、山羊危害严重，引起巨大经济损失

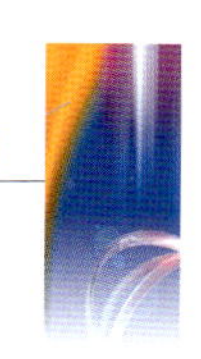

的泰勒虫。本项目主要研究分子疫苗和诊断试剂，旨在减少由该病造成的损失，直至最后控制该病。

羊的泰勒虫生物学特性研究：利用蜱传播试验，确定了我国西北地区大面积分布的羊的泰勒虫传播媒介、传播方式，阐明了病原、媒介蜱与宿主之间的关系；利用采自流行区的蜱，确定青海血蜱为羊泰勒虫的自然传媒介；利用人工感染试验，确定了羊的泰勒虫传播方式为阶段性传播，青海血蜱不能经卵传递羊的泰勒虫，实验证明我国的羊的泰勒虫不能被小亚璃眼蜱传播，明确了羊泰勒虫病的病原及其生物学特性。同时还证实，曾在我国北方大面积分布的环形泰勒虫不能感染绵、山羊。发现羊的泰勒虫裂殖体不仅寄生于淋巴结、肝、脏、血液等上皮组织中，还在肾脏、肺脏、骨髓等组织或器官中发现裂殖体的寄生。

羊的泰勒虫分子分类学研究：在生物学特性研究基础上，通过分子分类学研究，建立了进化树。在建立的进化树上，经与常见的蜱传病病原比较，发现我国的羊的泰勒虫与水牛泰勒虫关系最近，与列氏泰勒虫和环形泰勒虫有很大的差异，确定了我国羊的泰勒虫的分类地位，表明该虫种是一新种。

羊的泰勒虫诊断和防治技术的研究：分析了羊的泰勒虫裂殖子蛋白，初步鉴定了与动物抗体反应良好的蛋白带，为研制诊断制剂或生物工程疫苗奠定了基础。利用裂殖子抗原建立了ELISA，研究了感染泰勒虫的羊的抗体动态变化，为泰勒虫病的诊断和流行病学调查提供了工具。经筛选，将对羊泰勒虫病有明显治疗作用的药物制成缓释注射液，在实验条件下对易感羊的保护期达3个月，使易感羊安全度过蜱的活动季节。在羊泰勒虫病流行严重的甘肃省张家川、临潭县和榆中县进行了防治试验，预防效果良好，取得了良好的经济效益和社会效益。

该项目的具体结果如下。

(1) 确定了我国羊的泰勒虫传播媒介和传播方式。①证实了泰勒虫的自然传播媒介；②确定了实验条件下的传播方式；③发现小亚璃眼蜱不能传播羊的泰勒虫，具有重要的学术价值。这项研究的内容共有3篇文章发表在国际性学术刊物上，并全部被SCI收录。其中《Parasitology research》一篇，《Veterinary Parasitology》两篇。

(2) 采用18S RNA的基因序列分析法进行泰勒虫分子分类学研究，并取得了阶段性结果。这一工作是在德国博斯特医学与生物技术中心共同完成的，研究论文也发表在国际性重要刊物上。

(3) 开展了裂殖子蛋白分析和ELISA诊断方法的研究。迄今为止，国内外尚无人进行羊的泰勒虫裂殖子蛋白分析，ELLSA诊断方法也仅见于泰勒虫，因此这两个研究方法较为先进。

(4) 开展了“药物防治”试验，并研制出了缓释注射液，在实验条件下对动物的保护期可达3个月，这方面的研究在国内外尚无报道。

3. 中—美项目：水稻叶绿体转化体系及转基因技术的引进

该项目的合作伙伴是美国新泽西州州立大学。2002年获得如下阶段性结果。

(1) 确定了水稻叶绿体适宜外源基因定点插入，并且转化效率高的位点，在此基础上克隆了用于定点整合外源基因的同源片段。

(2) 利用PCR方法从水稻叶绿体基因组中分离出强启动子16S，并对其进行了改造，构建完成了水稻叶绿体基因组表达载体(《水稻叶绿体16S启动子克隆改造、载体构建及转化研究》一文已经被《植物学通报》接收)。

(3) 将潮霉素抗性基因转入水稻叶绿体中，建立了以潮霉素抗性为选择标记的水稻叶绿体表达体系。该研究首次将外源潮霉素基因克隆到水稻叶绿体基因组中，并获得表达。

(4)用除草剂抗性基因bar对水稻叶绿体进行转化，通过抗性筛选获得再生植株，初步的分子检测证明外源基因已经转入到水稻的叶绿体基因组中，进一步的检测尚在进行之中，期望获得抗除草剂的叶绿体转基因水稻。

(5) 正在构建带有抗虫基因Bt表达盒，以除草剂(Bar)抗性为选择标记的水稻叶绿体表达载体，基因枪法转化水稻，期望获得既抗虫又抗除草剂的叶绿体转基因水稻。

上述研究已逐步建立了水稻叶绿体转化体系，将为今后进一步培育高产、优质、抗病、抗逆的优良品种的研究和向产业化发展起到推动作用。

4. 中—美项目：玉米种子生物反应器的建立及其在饲料工业中的应用

该项目的合作方为美国先锋公司。其目的在于建立玉米种子生物反应器技术平台，得到高效表达植酸酶的玉米种子直接用于饲料加工，从而简化添加植酸酶的工序，降低饲料生产成本。2002年该项目在研究上已取得阶段性结果。

(1) 鉴于人们对转基因产品安全性的关注，在转化载体的构建和转化策略上将筛选标记基因和植酸酶基因分别构建；转化时去除“骨架DNA”(去掉抗生素、细菌复制起点等)，仅留下线性的植酸酶基因表达盒和筛选标记基因表达盒。转化采用共转化策略，这样在转基因后代选育中，利用后代分离得到只含植酸酶基因而不含筛选标记的转基因玉米。

(2) 建立了玉米遗传转化体系，积累了玉米再生苗的温室和网室栽培管理经验，玉米幼胚的转化频率可达3%～4%，转基因再

生玉米植株移栽成活率可达70%～80%。

(3) 用基因枪的方法转化玉米幼胚和愈伤获得了上百株独立转化的转植酸酶基因的玉米植株（经PCR和Southern-blot检测）；生长发育良好，育性正常，所结的种子播种后可以正常萌发，发育为健康植株。

(4) 目前已经获得了第三代转基因玉米种子，将于2003年进入筛选育种阶段。

通过该项目，我方派出科技人员到美国先锋公司参加玉米转化相关技术培训，不仅掌握了玉米转化技术，还学到了标准化的研究工作操作程序，实现了实验结果的高度可重复性。在项目研究中，我们建立了数据库，对实验全过程涉及的材料进行跟踪记录。该数据库将为今后的进一步研究奠定了扎实的基础。

五、积极探索和实施农业生物技术“走出去”战略的有效途径

在温家宝总理出席世界粮食首脑会议5年回顾会议期间，应粮农组织总干事迪乌夫要求，向尼日利亚、塞拉里昂派遣了农业专家和技术人员，帮助这些国家发展农业生产，解决粮食安全问题，提出了项目实施方案。

中国专业技术考察团访问了缅甸，对一些双方共同感兴趣的技术交流与合作项目进行了实地考察和论证，计划2003年开始在橡胶加工、边境地区动物疫病监测体系建设等方面实施合作。与印尼的杂交水稻合作项目也已开始实施，中方专家已经派出。

中方与肯尼亚合作的“Bt杀虫剂技术示范基地项目”已交湖北省科诺生物农药公司组织实施。项目总投资500万元，其中中方负担300万元，200万元为我国资助。该项目也是我国近年来最大的援外项目之一。中国在肯尼亚建立生物杀虫剂技术示范基地，中国产品质量达到国际先进水平，开始占领肯尼亚生物杀虫剂市场，并进入整个非洲市场。

长春市科技局和巴西州政府共同合作，由长春生物制品所和巴西最大的疫苗生产基地共同合资组建疫苗生产防治中心，从中方引进和共同生产乙肝疫苗和狂犬疫苗。该项目的建成可年创汇1亿美元。

六、在我国举办的重大国际农业生物技术会议

2002年9月，我国与国际水稻研究所合作，在北京成功召开了首届国际水稻大会。1 200多位中外科学家和有关领导人参加了会议。会议以“创新、影响、繁荣”为主题，旨在使亚洲和国际社会继续重视水稻生产，继续关注贫困稻农和消费者，促进水稻的第二次绿色革命和生态环境的保护。江泽民主席在会上作了重要讲话。水稻生物技术研究进展报告是本次会议的重要议题。

产 业 篇

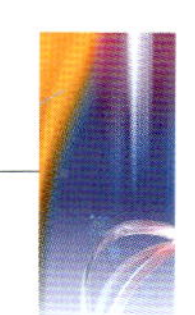

医药生物技术产业

生物医药行业基本情况分析

一、生物技术及其在医药行业的应用

以基因工程、细胞工程、酶工程、发酵工程为代表的现代生物技术近20年来发展迅猛，并日益影响和改变着人们的生产和生活方式。所谓生物技术（Biotechnology）是指“用活的生物体（或生物体的物质）来改进产品、改良植物和动物，或为特殊用途而培养微生物的技术”。生物工程则是生物技术的统称，是指运用生物化学、分子生物学、微生物学、遗传学等原理与生化工程相结合来改造或重新创造细胞的遗传物质、培育出新品种，以工业规模利用现有生物体系，以生物化学过程来制造工业产品。简言之，就是将活的生物体、生命体系或生命过程产业化的过程。生物工程包括基因工程、细胞工程、酶工程、微生物发酵工程、生物电子工程、生物反应器、灭菌技术及新兴的蛋白质工程等，其中，基因工程是现代生物工程的核心。基因工程（或曰遗传工程、基因重组技术）就是将不同生物的基因在体外剪切组合，并和载体（质粒、噬菌体、病毒）DNA连接，然后转入微生物或细胞内，进行克隆，并使转入的基因在细胞/微生物内表达产生所需要的蛋白质。

根据技术方法的不同，生物工程还可具体分为：给药方法（Drug Delivery）、基因治疗（Gene Therapy）、基因学（Genetics）、基因工程（Functional Genetics）、重组化学（Combinatorial Chemistry）、检测技术（Diagnostics）、试剂（Reagents）、单克隆体/

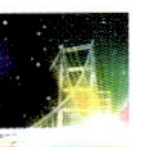

多克隆体（Monoclonal/Policlonal Antibody）、光激活制癌（Light-activated，cancer-therpy）、癌苗（Cancer Vaccine）、发酵（Fermention）等。

目前，人类60%以上的生物技术成果集中应用于医药工业，用以开发特色新药或对传统医药进行改良，由此引起了医药工业的重大变革，生物制药技术得以迅速发展。

生物制药就是把生物工程技术应用到药物制造领域的过程，其中最为主要的是基因工程方法。即利用克隆技术和组织培养技术，对DNA进行切割、插入、连接和重组，从而获得生物医药制品。生物药品是以微生物、寄生虫、动物毒素、生物组织为起始材料，采用生物学工艺或分离纯化技术制备，并以生物学技术和分析技术控制中间产物和成品质量而制成的生物活化制剂，包括菌苗、疫苗、毒素、类毒素、血清、血液制品、免役制剂、细胞因子、抗原、单克隆抗体及基因工程产品（DNA重组产品、体外诊断试剂）等。

生物技术引入医药产业，使得生物医药业成为最活跃、进展最快的产业之一。目前，生物医药产业的产品主要包括基因工程药物、疫苗、血液制品、生化药物、诊断试剂以及抗菌素这六大类。其在诊断、预防、控制乃至消灭传染病，保护人类健康延长寿命中发挥着越来越重要的作用。

二、生物医药行业特征

1.高技术

主要表现在高知识层次的人才和高新的技术手段。生物制药是一种知识密集、技术含量高、多学科高度综合互相渗透的新兴产业。以基因工程药物为例，上游技术（即工程菌的构建）涉及到目的基因的合成、纯化、测序，基因的克隆、导入，工程菌的培养及筛选；下游技术涉及到目标蛋白的纯化及工艺放大，产品质量的检测及保证。生物医药的应用扩大了疑难病症的研究领域，使原先威胁人类生命健康的重大疾病得以有效控制。21世纪生物药物的研制将进入成熟的ENABLING TECHNOLOGIES阶段，使医药学实践产生巨大的变革，从而极大地改善人们的健康水平。

2.高投入

生物制药是一个投入相当大的产业，主要用于新产品的研究开发及医药厂房的建造和设备仪器的配置方面。目前国外研究开发一个新的生物医药的平均费用在1亿～3亿美元，并随新药开发难度的增加而增加（目前有的还高达6亿美元）。一些大型生物制药公司的研究开发费用占销售额的比率超过了40%。显然，雄厚的资金是生物药品开发成功的必要保障。

3.长周期

生物药品从开始研制到最终转化为产品

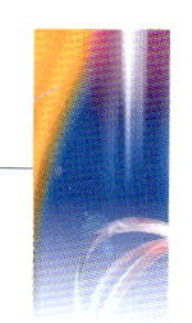

要经过很多环节：试验室研究阶段、中试生产阶段、临床试验阶段（Ⅰ、Ⅱ、Ⅲ期）、规模化生产阶段、市场商品化阶段以及监督每个环节的严格复杂的药政审批程序，而且产品培养和市场开发较难；所以开发一种新药周期较长，一般需要8～10年、甚至10年以上的时间。

4.高风险

生物医药产品的开发孕育着较大的不确定风险。开发新药的投资从生物筛选、药理、毒理等临床前实验、制剂处方及稳定性实验、生物利用度测试直到用于人体的临床实验以及注册上市和售后监督一系列步骤，可谓是耗资巨大的系统工程。任何一个环节失败都将前功尽弃，并且某些药物具有“两重性”，可能会因在使用过程中出现不良反应而需要重新评价。一般来讲，一个生物工程药品的成功率仅有5%～10%。时间却需要8～10年，投资1亿～3亿美元。另外，市场竞争的风险也日益加剧，“抢注新药证书、抢占市场占有率”是开发技术转化为产品时的关键，也是不同开发商激烈竞争的目标，若被别人优先拿到药证或抢占市场，也会前功尽弃。

5.高收益

生物工程药物的利润回报率很高。一种新生物药品一般上市后2～3年即可收回所有投资，尤其是拥有新产品、专利产品的企业，一旦开发成功便会形成技术垄断优势，利润回报能高达10倍以上。美国Amgen公司1989年推出的促红细胞生成素（EPO）和1991年推出的粒细胞集落刺激因子（G－CSF）在1997年的销售额已分别超过和接近20亿美元，奠定了其行业领先地位。可以说，生物药品一旦开发成功投放市场，将获暴利。

我国生物医药产业现状

一、概述

我国生物技术药物的研究和开发起步较晚，20世纪70年代初我国才开始将DNA重组技术应用到医学上；80年代，当美国生物制剂产值单品种已达到十几、二十几亿美元的时候，我国的生物技术药品领域还几乎是一片空白；到了90年代，以干扰素、人类基因组计划为重点的生物技术在国外蓬勃发展时，我国则是相对缓慢发展。但由于我国一直将生物技术列为重点产业来扶持发展，发展异常迅速。如我国先后将生物技术列入“七五”、“八五”攻关项目及将其列为863计划最优先发展项目后，国内已初步形成生物医药的产业格局。

目前已有300多家生物工程研究单位，20个国家重点实验室，3个基因工程药物开发中心，有320余家现代生物医药企业，这些企业主要分布在一些经济发达的省、直辖市和经济开发区，如北京、上海、深圳、吉林、浙江、江苏、山东等。我国已经成功开发了21种基因工程药物和疫苗，其中有3种是拥有自主知识产权的一类新药，世界上销售额排名前10位的基因工程药物和疫苗，中国已能生产8种。中国进入临床研究的生物医药达150多种，虽然目前行业规模还比较小，但是已经出现良好的发展势头，生物技术产业"高投入、高回报"的产业特征初步显现。一批基因工程药物和疫苗正在从实验室研究向产业化转化，基因工程重组人α-1b干扰素已占领国内干扰素市场的60%份额，年销售额达3亿元人民币，超过了进口产品，成为我国干扰素的第一品牌。现在，我国的基因工程制药产业已初具规模；人工血液代用品即将进入临床研究；体细胞克隆和遗传病的基因诊断技术达到国际先进水平；B型血友病、恶性肿瘤、梗塞性外周血管等6个基因治疗方案已进入了临床疗效研究；纳米技术开始应用于医药研究；肿瘤免疫治疗、抗血管治疗、组织工程、生物芯片和干细胞等技术也取得了一系列突破和重要进展。

据统计，2002全年医药工业实现产品销售收入2 464亿元，比上年同期增长16.12%；盈亏相抵后实现利润总额219亿元，比上年同期增长22.35%；其中生物制药工业总产值为200亿元左右，约占整个医药行业总产值的6%，增长率为16%，仅低于化学药品工业21%的年增长率。专家预计，未来若干年内，我国生物制药产值将以不低于12%的速度蓬勃发展。到2005年，我国生物制药业市场销售收入将可达到130亿～150亿元，毛利将达40亿～48亿元。生物制药行业有很大的发展潜力，将会成为21世纪医药领域新的高速利润增长点。

表18为2002年生物制药工业企业销售收入前50名；表19为2002年生物药物年销售收入500万元以上品种排序。

表18　2002年生物制药工业企业销售收入前50名

排序	企业名称	排序	企业名称
1	万基药业有限公司	13	四川远大蜀阳药业有限公司
2	深圳太太药业	14	兰州生物制品研究所
3	浙江德清拜克生物有限公司	15	安徽华源生物药业有限公司
4	诺和诺德（天津）生物技术有限公司	16	长春生物制品研究所
5	上海生物制品研究所	17	长春长生生物科技股份有限公司
6	清华紫光古汉生物制药股份有限公司	18	内蒙古生物药品厂
7	上海新兴医药股份有限公司	19	山西康宝生物制品股份有限公司
8	成都蓉生药业有限责任公司	20	广东天普生化医药股份有限公司
9	上海莱士血制品有限公司	21	山西安特生物制药股份有限公司
10	广西北生药业股份有限公司	22	艾康生物技术（杭州）有限公司
11	北京耀华生物技术有限公司	23	大连珍奥生物工程股份有限公司
12	北京天坛生物制品股份有限公司	24	内蒙古双歧生物制药厂

（续）

排序	企业名称	排序	企业名称
25	徐州万邦生化制药有限公司	38	安康平医用材料有限公司
26	苏州市朗力福保健品有限公司	39	常州生化千红制药有限公司
27	深圳康泰生物制品有限公司	40	南京健友生物化学制药厂
28	麒麟鲲鹏（中国）生物药业有限公司	41	天津德普生物技术和医学产品有限公司
29	北京北大维信生物科技有限公司	42	大连高新生物制药公司
30	深圳科兴生物制品有限公司	43	上海中洋海洋生物工程股份有限公司东海制药厂
31	大丰市天生药物化工制造有限公司	44	西安天诚医药生物工程有限公司
32	北京四环生物制药有限公司	45	长春精优药业有限公司
33	扬州市三药制药有限公司	46	成都生物制品研究所
34	深圳市卫武光明生物制品有限公司	47	兴化市双星生物化学制品厂
35	南京林通生物技术工程开发公司	48	南京振中生物工程有限公司
36	天津华立达生物工程有限公司	49	沈阳三生制药股份有限公司
37	上海实业科华生物技术有限公司	50	南通海天生物化工有限公司

表 19　2002 年生物药物年销售收入 500 万元以上品种排序

产品名称	类别	产品销售收入（万元）
人血白蛋白（低温乙醇蛋白分离法）	血液制品	59 906
注射用重组人干扰素	基因工程药物	12 487
注射用重组人白介素-2	基因工程药物	11 166
血脂康	生化药物	11 149
静免丙种球蛋白	血液制品	10 326
人用狂犬病纯化疫苗	疫苗	8 113
人血白蛋白输液	血液制品	6 768
注射用胸腺素	生化药物	6 579
乌体林斯注射液	治疗用疫苗	6 221
重组人干扰素 α 2a	基因工程药物	4 188
重组人红细胞生成素	基因工程药物	4 119
风疹减毒活疫苗	疫苗	4 002
生长激素注射液	基因工程药物	3 800
注射用核糖核酸	生化药物	3 602
P-转移因子口服液	生化药物	3 298
人血白蛋白注射液	血液制品	3 214
促肝细胞生长素注射液	生化药物	2 716
小牛血去蛋白注射液	生化药物	2 634
重组人干扰素 α 2b	基因工程药物	2 600
乙型脑炎灭活疫苗	疫苗	2 191
脑蛋白水解物注射液	生化药物	2 173
注射用肝复肽	生化药物	1 724
注射用重组人粒细胞巨噬细胞集落刺激因子	基因工程药物	1 704
肝复肽	生化药物	1 637
胸腺肽注射液	生化药物	1 597
乙免丙种球蛋白	血液制品	1 576

（续）

产品名称	类别	产品销售收入（万元）
注射用胸腺肽	生化药物	1 116
重组（CHO 细胞）乙型肝炎疫苗	疫苗	1 107
A 群脑膜炎球菌多糖疫苗	疫苗	976
脑多肽注射液	生化药物	874
静丙输液	血液制品	855
破伤风抗毒素	血液制品	845
重组人白介素-2	基因工程药物	687
脑活素（脑蛋白水解物）注射液	生化药物	684
重组人干扰素 V16 滴眼液	基因工程药物	526

二、2002 年生物医药上市公司整体运行情况综述

迄今为止，我国涉足生物医药的上市公司分为三类：一是以生物制药为主营业务的公司。这类公司大多兴起于 20 世纪 90 年代，现有 20 多家，有一定的新产品开发能力，并且已有成熟的产品上市销售，生物技术药物销售收入占公司主营业务收入的比例很大，现已取得了良好的业绩，比如天坛生物、海王生物等；二是主营业务为中西药制造，后又介入生物制药的公司，这类公司具备生产和销售上的优势，与新兴生物医药公司相比，大

表 20　部分主营生物制药上市公司

股票代码	股票名称	公司名称
000004	北大高科	深圳市北大高科技股份有限公司
000009	深宝安 A	中国宝安集团股份有限公司
000078	海王生物	深圳市海王生物工程股份有限公司
000403	三九生化	三九宜工生化股份有限公司
000509	天歌科技	四川天歌科技集团股份有限公司
000518	四环生物	江苏四环生物股份有限公司
000573	粤宏远 A	东莞宏远工业区股份有限公司
000590	紫光古汉	清华紫光古汉生物制药股份有限公司
000605	四环药业	四环药业股份有限公司
000750	桂林集琦	桂林集琦药业股份有限公司
000862	吴忠仪表	吴忠仪表股份有限公司
003538	北海国发	北海国发海洋生物产业股份有限公司
600080	金花股份	金花企业（集团）股份有限公司
600095	哈 高 科	哈尔滨高科技（集团）股份有限公司
600161	天坛生物	北京天坛生物制品股份有限公司
600196	复星实业	上海复星实业股份有限公司
600530	交大昂立	上海交大昂立股份有限公司
600635	大众公用	上海大众公用事业（集团）股份有限公司
600638	新 黄 浦	上海新黄浦置业股份有限公司

型化学和中药制药企业更善于把握整个医药行业的最新动态，在新药的立项选择、工艺改造、产品推广以及营销管理方面具备天然的优势，这类公司大多通过入主初具规模的生物制药企业而进入该领域，例如华北制药；三是主营业务为非医药行业，后通过控股、参股而介入生物制药的，这类公司在成功经营原主营业务的同时，也把生物制药作为其主营业务的一部分。

2002年，20家生物医药类上市公司的主营业务收入和主营业务利润均保持快速增长，平均实现主营业务收入45 598万元，比2001年增长了32.55%。其中仅有华神集团因药业以外的业务发生萎缩而使主营业务收入下降了15.64%，中牧股份因剥离了肉类加工业务而减少了4%，其他生物医药上市公司的主营业务都出现了不同程度的增长。高居榜首的是人福科技和四环药业，其主营业务收入增长均超过100%。20家上市公司的平均主营业务利润达到16 111万元，同比增长20.26%。其中威远生化、钱江生化等6家上市公司的主营业务利润出现下降，其主要原因多为主导产品价格出现了不同程度的下跌；主营业务利润增幅最大的是北生药业，同比增加了100.83%，主要是产品销售量同比大幅增加所致。

生物制药类上市公司具有以下特点：

资产规模扩大，股东权益增加。20家上市公司的平均总资产达到126 249万元，同比增长了16.03%，平均股东权益为65 555万元，同比增长了8.75%。由于大股东对生物制药类上市公司的回报要求比较高，2002年多数上市公司都实施了现金分红，因此生物制药类上市公司股东权益的增长显然受到较大抑制。生物制药类上市公司的规模显然还跟不上市场的发展，上市公司不得不通过提高资产负债率来扩大生产规模，积极应对市场的变化，因此出现了上市公司资产总额的增幅超过了股东权益增幅的现象。

产销两旺。20家上市公司的销售增幅小于主营业务收入的增幅（32.55%）。换句话说，生物医药类上市公司出现了产销两旺、存货周转加快的良好迹象。20家上市公司平均应收账款为13 621万元，同比增长了25.23%，也小于主营业务收入的增幅，应收账款的周转速度小幅提高。

主营业务利润率小幅下降。20家生物医药类上市公司平均实现主营业务利润率为35.33%，比2001年下降了3.61%，主营业务利润率下降了9.26%。其中仅有北生药业、金宇集团和星湖科技5家上市公司的主营业务利润率得到提高，主要系高毛利率的产品销售量得到不同程度的提高所致，其他如威远生化、钱江生化、三九生化和科苑集团等15家上市公司的毛利率出现不同程度的下跌，跌幅较大的原因主要是主导产品价格下跌所致。

费用增长过快。20 家上市公司平均三项费用总额为12 530万元，同比增长了 30.02%。其中平均营业费用为 5 989 万元，同比增长 27.07%；平均管理费用为 5 072 万元，同比增长 31.22%；平均财务费用 1 469 万元，同比增长了38.72%。总体来看，费用增长过快，其增速虽然略低于20 家上市公司主营业务收入的增幅（32.55%），但是已经大大高于主营业务利润的增幅（20.26%）。主营业务收入增幅：主营业务利润增幅：总费用增幅三者之比达到 1：0.62：0.92，也就是说，生物医药行业每赢得 1 个点的主营业务收入，只能赢得 0.62 个点的主营业务利润，却要相应付出 0.92 个点的总费用。这样扩大销售的结果是：主营业务利润跟不上主营业务收入的增幅，费用的快速增长使得营业利润的增幅更是落后于主营业务利润的增幅，经营绩效很差!中间环节消耗了相当部分的盈利空间，同时还反映出了药品销售流转不够顺畅、销售和管理等环节效益亟待提高等等一些深层次问题。

利润同比出现较大滑坡。虽然主营业务收入和主营业务利润都出现了较好的增长，但是20家公司的平均营业利润为3 753 万元，比 2001 年下降了 23.92%，主要反映了生物制药行业内激烈竞争所导致的费用增幅已经超出了主营业务利润的增幅；平均利用总额为 4 502 万元，同比下降了 14.78%，其降幅小于营业利润的降幅，反映出生物医药类上市公司在补贴收入和投资收益等方面收益不错；平均净利润为 3 318 万元，同比下降了 24.81%，净利润的下降幅度大于利润总额的下降幅度，主要反映了所得税有较大幅度的增加。由于平均净利润的下降，使得平均净资产收益率从 2001 年的 7.53%下降到 2002 年的 5.35%，下降了 28.91%。

三、2002年中国批准上市的基因工程药物

自从DNA重组技术于1972年诞生以来，作为现代生物技术核心的基因工程技术得到飞速的发展。1982 年美国 Lilly 公司首先将重组胰岛素投放市场，标志着世界第一个基因工程药物的诞生。基因工程药物的定义：将目的基因用 DNA 重组的方法连接在载体上，然后将载体导入靶细胞（微生物、哺乳动物细胞或人体组织靶细胞），使目的基因在靶细胞中得到表达，最后将表达的目的蛋白质提纯及做成制剂，从而成为蛋白类药或疫苗，这就称为基因工程药物。若目的基因直接在人体组织靶细胞内表达，就成为基因治疗，但目前没有基于基因治疗技术的药物被正式批准。

基因工程药物因为其疗效好，副作用小，应用范围广泛而成为各国政府和企业投资研究开发的热点领域，大量的基因工程药品连续问世，年产值达数十亿美元。自 1982 年问世以来，基因工程药物成为制药行业的一支奇兵，每年平均有 3～4 个新药

或疫苗问世，开发成功的约50多个药品已广泛应用于治疗癌症、肝炎、发育不良、糖尿病、囊纤维变性和一些遗传病上，在很多领域特别是疑难病症上，起到了传统化学药物难以达到的作用。原因在于，基因工程药物的研究与开发多是以对疾病的分子水平上的了解为基础的，往往会产生意想不到的高疗效。

基因工程制造药行业在近二十年中的飞速发展是以分子遗传、分子生物、分子病理、生物物理等基础学科的突破以及基因工程、细胞工程、发酵工程、酶工程和蛋白质工程等基础工程学科的高速进展为后盾的。基因工程药物的开发时间为5～7年，比开发新化学单体（10～12年）要短一些，当然这也与各国政府的支持有关。据报道，开发活性蛋白生物创新药的成功率按开发的5个阶段大致是：临床前的成功率为15%，一期临床为27%，二期临床为40%，三期临床为80%，注册登记为90%，总体成功率大大高于化学药。适应症不断延伸也是蛋白类药物的一大特点。例如，rhG-CSF，1991年上市时批的适应症是化疗并发中性粒细胞减少，到1995年11月13日止，又增加了骨髓移植，严重慢性中性粒细胞减少及外周及外周血干细胞移植等适应症。因此，基因工程生物药物发展包括新品种和新适应症两个方面。

1993年，我国批准了第一个基因工程药物重组人干扰素α-1b（赛若金，英文名SINOGEN，直译为中国基因）在我国生产，这标志着我国生产工程药物实现了零的突破，这是世界上第一个采用中国人基因克隆和表达的基因工程药物。随即赛若金占据了该市场60%的份额。目前，我国药品市场上主要有基因工程乙肝疫苗、干扰素、重组人白介素-2、G-CSF（增白细胞）、重组人红细胞生成素（EPO）等21种自己生产的基因工程药品，其中3种是拥有自主知识产权的一类新药，即α-1b干扰素、重组碱性成纤维细胞生长因子以及重组链激酶。已批准进入临床的有重组人胰岛素、白细胞介素-3等近10种；单克隆抗体研制已由实验进入临床，B型血友病基因治疗已初步获得临床疗效，遗传病、不育不孕症的基因诊断技术达到国际先进水平；正在进行开发研究的基因工程疫苗和药品还有几十种（表21、表22）。

表21　2002年中国批准上市的基因工程药物

名　称	剂　型	生　产　单　位
重组人干扰素α 1b，注射用	冻干制剂	北京三元、深圳科兴、上海生研所
重组人干扰素α 2a	注射剂100万、300万国际单位/支	长春长生基因药业股份有限公司
重组人干扰素α 2a滴眼液	核剂	长春生物制品研究所
重组人干扰素α 2b，注射用	栓剂	长春生物制品研究所
重组人干扰素α 2b，注射用	注射剂100、300、500万国际单位/支	海南新大洲一洋药业有限公司

（续）

名　　称	剂　　型	生　产　单　位
重组人干扰素 α 2b，注射用	注射剂 600 万国际单位 / 瓶	上海万兴生物制药有限公司
重组人干扰素 α 2b 滴眼液	滴眼液 100 万国际单位 / 5 毫升 / 支	安徽安科生物工程股份有限公司
重组人干扰素 α 2b 滴眼液	滴液	长春生物制品研究所
重组人干扰素 α－2b 滴眼液	滴眼剂 10 万国际单位 /5 毫升 / 支	安徽安科生物工程股份有限公司
重组人干扰素 α 2b 凝胶	凝胶剂 10 万国际单位 / 10 克 / 支	合肥兆峰科大药业有限公司
重组人干扰素 α 2b 乳膏	乳膏剂 100 万国际单位 /5 克 / 支	安徽安科生物工程股份有限公司
重组人干扰素 α 2b 软膏	软膏剂 5 克 / 支	哈尔滨里亚哈尔生物制品有限公司
重组人干扰素 α 2b 栓剂	栓剂 10 万国际单位 / 粒	安徽安科生物工程股份有限公司
重组人干扰素 α 2b 注射液	注射剂 100 万、300 万、500 万国际单位 / 支	天津华之达生物工程有限公司
重组人干扰素 γ，注射用	200 万国际单位 / 瓶	上海克隆生物高技术有限公司
重组人干扰素 γ，注射用	冻干粉针剂 100 万国际单位 / 支	上海克隆生物高技术有限公司
重组人白介素－2（125Ser），注射用	冻干粉针剂 100 万、200 万、50 万国际单位 / 支	山东泉港药业有限公司
重组人白介素－2（125Ser），注射用	冻干制剂 50 万国际单位 / 支	沈阳恩世制药有限公司
重组人白介素－2（125Ser），注射用	冻干制剂 50 万国际单位 / 支	辽宁卫星生研所（有限公司）
重组人白介素－2，注射用	冻干制剂	山东金泰生物工程有限公司
重组人白介素－2，注射用	冻干制剂	威海安捷医药生物技术有限公司
重组人白介素－2，注射用	注射剂 20 万、50 万国际单位 / 支	威海安捷医药生物技术有限公司
冻干滴眼用重组人表皮生长因子	冻干制剂 100 微克 / 支	解放军军事医学科学院生物工程研究所、中国科学院上海生物化学研究所
冻干鼠表皮生长因子	外用冻干剂 1 万国际单位 / 瓶	杭州天目北斗生物制药有限公司
外用重组人碱性成纤维细胞生长因子	冻干粉针剂 2 万国际单位 / 支	北京双鹭药业股份有限公司
外用重组人碱性成纤维细胞生长因子	冻干粉针剂 4 万国际单位 / 支	北京双鹭药业股份有限公司
外用重组人碱性成纤维细胞生长因子（融合蛋白）	冻干粉 12 000 国际单位 / 瓶	长春长生基因药业股份有限公司
重组人表皮生长因子滴眼液	滴眼液 2 万国际单位 /2 毫升 / 瓶	中国医学科学院基础医学研究所、桂林神龙保健品有限公司
重组人表皮生长因子滴眼液	滴眼液 2 万国际单位 /2 毫升 / 瓶	桂林华诺威基因药业有限公司
重组人表皮生长因子凝胶	凝胶剂 10 克：100 微克	桂林华诺威基因药业有限公司
重组人表皮生长因子凝胶	凝胶剂 10 克：100 微克	中国医学科学院基础医学研究所、桂林神龙保健品有限公司
重组人表皮生长因子凝胶	凝胶剂 20 克：200 微克	桂林华诺威基因药业有限公司
重组人表皮生长因子凝胶	凝胶剂 20 克：200 微克	中国医学科学院基础医学研究所、桂林神龙保健品有限公司
重组人表皮生长因子凝胶	凝胶剂 5 克：50 微克	桂林华诺威基因药业有限公司
重组人表皮生长因子凝胶	凝胶剂 5 克：50 微克	中国医学科学院基础医学研究所、桂林神龙保健品有限公司
重组人表皮生长因子凝胶	凝胶剂 5 克：50 微克　10 克：10 微克　20 克：200 微克	医科院基础医学研究所、桂林神龙保健品有限公司
重组人粒细胞集落刺激因子注射液	冻干制剂	海南华康生物制品研究所

（续）

名　称	剂　型	生　产　单　位
重组人粒细胞集落刺激因子注射液	注射剂	成都蓉生药业有限责任公司
重组人粒细胞集落刺激因子注射液	注射剂 100 微克 /0.4 毫升 / 支	深圳新鹏生物工程有限公司
重组人粒细胞集落刺激因子注射液	注射剂 150 微克 / 支	山东泉港药业有限公司
重组人粒细胞集落刺激因子注射液	注射剂 150 微克 / 支	北京四环生物工程制品厂
重组人粒细胞集落刺激因子注射液	注射剂 200 微克 /0.8 毫升 / 支	深圳新鹏生物工程有限公司
重组人粒细胞集落刺激因子注射液	注射剂 300 微克 / 支	北京四环生物工程制品厂
重组人粒细胞集落刺激因子注射液	注射剂 75 微克 / 支	北京四环生物工程制品厂
重组人粒细胞集落刺激因子注射液	注射液 300 微克、75 微克 / 支	山东泉港药业有限公司
重组人粒细胞巨噬细胞集落刺激因子，注射用	冻干制剂	长春生物制品研究所
重组人粒细胞巨噬细胞集落刺激因子，注射用	冻干制剂	海南华康生物制品研究所
重组人粒细胞巨噬细胞集落刺激因子，注射用	冻干制剂 100 微克 / 瓶　150 微克 / 瓶	解放军空军总医院
重组人粒细胞巨噬细胞集落刺激因子，注射用	冻干制剂 100 微克 / 瓶　150 微克 / 瓶	辽宁卫星生物制品研究所
重组人粒细胞巨噬细胞集落刺激因子，注射用	冻干制剂 100 微克 / 支	深圳市蓝安琪生物工程股份公司
重组人粒细胞巨噬细胞集落刺激因子，注射用	冻干制剂 100 微克 / 支	第四军医大学
重组人粒细胞巨噬细胞集落刺激因子，注射用	冻干制剂 100 微克 / 支	北京北医联合药业有限公司
重组人粒细胞巨噬细胞集落刺激因子，注射用	冻干制剂 150 微克 / 支	淮南福寿药业有限公司
重组人粒细胞巨噬细胞集落刺激因子，注射用	冻干制剂 75 微克 / 支　15 毫克 / 支	安徽江中高邦制药有限责任公司
重组人粒细胞巨噬细胞集落刺激因子注射液	冻干制剂	长春金赛药业有限责任公司
重组人粒细胞巨噬细胞集落刺激因子注射液	针剂 300 微克 /1.2 毫升	麒麟鲲鹏（中国）生物药业有限公司
重组人粒细胞巨噬细胞集落刺激因子注射液	注射剂	长春金赛药业有限责任公司
重组人粒细胞巨噬细胞集落刺激因子注射液		深圳新鹏生物工程有限公司
重组人生长激素，注射用	冻干粉针剂 20 毫克 / 支	医进生物技术（北京）有限公司
重组人生长激素，注射用	冻干制剂 1.0 毫克（2.5 国际单位）、4.0 毫克（10 国际单位）	上海联合赛尔生物工程有限公司
重组人生长激素，注射用	冻干制剂 1.3 毫克、2 毫克 / 支	深圳科兴生物工程股份有限公司
重组人生长激素，注射用	冻干制剂 4 国际单位	上海海济医药生物工程有限公司
重组链激酶，注射用	冻干制剂 50 万国际单位 / 支	青岛国大生物制药股份有限公司

（续）

名　　称	剂　　型	生　产　单　位
重组人红细胞生成素注射液	液体制剂 1 000 国际单位、2 000 国际单位 / 毫升 / 瓶	成都地奥九泓制药厂
重组人红细胞生成素注射液	液体制剂 4 000 国际单位 / 毫升 / 瓶	成都地奥九泓制药厂
重组人红细胞生成素注射液	注射剂 1 500 国际单位、3 000 国际单位 /0.5 毫升	麒麟鲲鹏（中国）生物药业有限公司
重组人红细胞生成素注射液	注射剂 2 000 国际单位 / 支	大鹰药业（开封）有限公司
重组人红细胞生成素注射液	注射剂 2 000 国际单位、3 000 国际单位、5 000 国际单位 / 支	北京四环生物工程制品厂
重组人白介素-2（125Ser），注射用	注射剂 100 万、10 万、20 万、300 万国际单位 / 支	辽宁卫星生物制品研究所
30/70 混合重组人胰岛素注射液	注射剂 100 毫升 /400 国际单位	通化安泰克生物工程有限公司、通化东宝药业股份有限公司
常规重组人胰岛素注射液	注射剂 300 国际单位 /3 毫升 / 支	通化东宝药业股份有限公司
常规重组人胰岛素注射液	注射剂 400 国际单位 /10 毫升 / 瓶	医进生物技术（北京）有限公司
低精蛋白重组人胰岛素注射液	注射剂 300 国际单位 /3 毫升 / 支	通化东宝药业股份有限公司
低精蛋白重组人胰岛素注射液	注射剂 400 国际单位 /10 毫升 / 瓶	医进生物技术（北京）有限公司
精蛋白重组人胰岛素注射液	注射剂 10 毫升：400 国际单位	徐州万邦生化制药有限公司
重组人胰岛素	原料药	徐州万邦生化制药有限公司
重组人胰岛素	原料药	医进生物技术（北京）有限公司
重组人胰岛素	原料药	深圳科兴生物工程股份有限公司
重组人胰岛素注射液	注射剂 100 毫升：400 国际单位	深圳科兴生物工程股份有限公司
重组人胰岛素注射液	注射剂 10 毫升：400 国际单位	徐州万邦生化制药有限公司

表 22　中国已批准上市的基因工程药物

名　称	适 应 证	生产单位（剂型、批准年份）
IFN α 1b（外用，滴眼液）	病毒性角膜炎	长春生研所（96）
IFN α 1b	乙肝、丙肝	深圳科兴（注射剂、97；冻干制剂、02）、北京三元（水针、01）、丽珠生物（冻干制剂、98）、上海生研所（冻干制剂、95）
IFN α 2a	乙肝、丙肝	注射剂：沈阳三生（01）、上海罗氏（00）、海南新大洲一洋（02）
	妇科病	栓剂：武汉天奥（98）、长春长生（99）
	乙肝、丙肝	冻干制剂：长春生研所（96）、海南贝尔特（96）、沈阳三生（97）
IFN α 2b	乙肝、丙肝	上海华新（注射剂、99；冻干制剂、01）、天津华立达（注射剂、00；冻干制剂、96）、合肥兆峰科大（凝胶剂、00）、安徽安科（乳膏剂、02）、长春长生（栓剂、99）、上海万兴（注射剂、02；粉针剂，01）
	乙肝、丙肝	冻干制剂：北京远策（99）、中国预防医学院病毒所（99）、山东鼎力（99）、长春生研所（99）、哈尔滨金亚哈尔（96）、丽珠苏州新宝（00）、安徽安科（01）、深圳海王英特龙（01）、安徽安科（97）
IFN α-2b（凝胶剂）	疱疹等	合肥兆峰（02）

（续）

名 称	适 应 证	生产单位（剂型、批准年份）
IFN γ	类风湿	冻干制剂：上海生研所（99）、上海克隆（98）
IL－2	癌症辅助治疗	注射剂：南京军区后勤军事医学所（96）
	癌症辅助治疗	冻干制剂：上海克隆/成都地友（97）、北京瑞德合通（98）、江苏金丝利（97）、深圳科兴（97）、山东金泰（97）、沈阳三生（95）、山东泉城（98）、沈阳康利（95）、四环生物/上海华新（94）、长春生研所（94）、北京双鹭（99）、沈阳恩世（00）
G－CSF	白细胞减少症	注射剂：深圳新鹏（02）、长春金赛（98）、北京双鹭药业（原名：北京白鹭园）（98）、军科院放射医学所/上海三维（98）、北海方舟（98）、杭州九源（96）、山东泉城生研所（99）、华北制药（99）、苏州中凯（99）、济南金鲁（99）、北京九九艳阳（99）、哈尔滨里亚哈尔（00）、广州南方（98）、山东科兴（01）、成都蓉生（01）、四环生物（01）、齐鲁制药（99）、厦门特宝（99）、山东格兰百克（00）
GM－CSF	白细胞减少症	冻干制剂：长春金赛（02）、海南华康（98）、厦门特宝（98）、辽宁卫星（02）、广东顺德南方制药（97）、华北制药（97）、海口制药厂（97）、医科院医学生物研究所（99）、四军大（99）、北京鑫金焱（99）、上海海济（99）、淮南福寿（00）、哈尔滨里亚哈尔（99）、长春生研所（00）、南方制药（98）、上海东昕（01）、中国科学院上海生化所（01）
人胰岛素	糖尿病	深圳科兴（注射剂、原料药、99）、通化东宝（注射剂、98）、徐州生化制药（注射剂、97）、诺和诺德（针剂、96）
HGH	矮小病	冻干制剂：长春金赛（98）、上海生化所（98）、上海阿尔法（98）、中国科学院上海细胞所（98）、深圳科兴（99）、上海联合赛尔（99）、
EPO	肾性贫血	注射剂：大鹰药业（01）、上海华新（99）、大鹰药业（开封）（99）、上海实业科华（99）、深圳雷克（00）、广州白云山制药（01）、沈阳三生（01）、南京华欣药业（01）、四环生物（01）、山东阿华生物（98）、深圳斯贝克（01）、华北制药（01）、山东科兴（97）、山东东阿阿胶（97）、上海克隆（98）、成都地奥（98）
链激酶rSK	溶栓	上海实业医大（粉针、97）、山东金泰（冻干制剂、00）
牛rbFGF（外用）	创伤、烧伤	冻干制剂：珠海东大生物（98）、长春长生基因（99）
Rh－bFGF（外用）	创伤、烧伤	双鹭药业（冻干制剂、00）
rhFGF	烧伤、创伤	冻干制剂：上海长江（98）、中国科学院上海生化所/军科院生物工程研究所（00）
（外用）	烧伤、创伤	深圳华生元（液体、98）、桂林神龙（凝胶剂、02）
IL－11	血小板减少症	北京双鹭药业（02）
抗白介素－8单抗乳膏剂	银屑病	东莞宏远逸士（01）

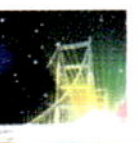

四、2002年中国批准上市的疫苗

作为医药发展的六大重点之一，疫苗领域将成为本世纪最受人瞩目的行业之一。未来十年，随着疫苗技术的创新，包括新的鼻内释放技术和切割边缘的DNA和病毒颗粒疫苗技术以及对免疫和病原体抵抗力认识的进展，使疫苗市场成为有动力的和潜在的赚钱领域。全球疫苗市场销售将超过80亿美元，并将以每年10%～15%的速度增长。中国13亿人口的潜在客户群体意味着中国疫苗市场拥有庞大的市场发展空间，中国目前每年可生产供应预防制品近10亿份人用剂量。中国目前主要的人用疫苗品种30多种（表23），全国约有20多家具有一定规模的疫苗生产企业，但年销售额在亿元以上的仅2～3家（表24）。

2002年由于人们普遍重视感冒疫苗的接种，致使人用疫苗进口额剧增，达7 074万美元，比上年增长95.33%；兽用疫苗也有一定的增幅，进口额为2 372万美元，比上年增长20.91%。人用疫苗在大量进口的同时，出口也迅速增长，出口额达2 985万美元（2001年仅为223万美元），同比增长1 238.57%。

表23 2002年中国批准上市的疫苗

名　称	剂　型	生　产　单　位
人用精制狂犬病疫苗（Vero细胞）	液体1毫升/支	长春长生基因药业股份有限公司
人用精制狂犬病疫苗（Vero细胞）	液体1毫升/支	成都蓉生药业有限责任公司、北京安宇科贸有限责任公司
人用精制狂犬病疫苗（地鼠肾细胞）	液体1毫升/支	吉林亚泰生物药业股份有限责任公司
人用狂犬病纯化疫苗	针剂1毫升	吉林亚泰生物药业股份有限责任公司
人用狂犬病纯化疫苗（Vero细胞）	液体1毫升/支	长春生物制品研究所
人用狂犬病纯化疫苗（Vero细胞）	液体1毫升/支	宁波荣安生物药业有限公司
Ⅰ型肾综合征出血热灭活疫苗（鸡胚细胞）	液体佐剂2毫升/支	中国预防医学科学院流行病学微生物学研究所、北京协和三友科技开发有限公司
冻干水痘减毒活疫苗	冻干制剂	长春生物制品研究所
甲型肝炎灭活疫苗	水针剂25活性单位/0.5毫升/支	北京科兴生物制品有限公司
甲型肝炎灭活疫苗	水针剂500活性单位/1毫升/支	北京科兴生物制品有限公司
甲型肝炎灭活疫苗	水针剂500活性单位/1毫升/支　500活性单位/0.5毫升/支	中国药品生物制品检定所、唐山怡安生物工程有限公司
口服福氏、宋内氏痢疾双价活疫苗	胶囊剂0.45克	兰州生物制品研究所
重组（CHO细胞）乙型肝炎疫苗	吸附制剂10微克/0.5毫升/瓶	长春生物制品研究所
重组（CHO细胞）乙型肝炎疫苗	吸附制剂20微克/1毫升/瓶	长春生物制品研究所

（续）

名　称	剂　型	生　产　单　位
重组（CHO 细胞）乙型肝炎疫苗	注射剂 10 微克 / 支	华北制药金坦生物技术股份有限公司
重组（CHO 细胞）乙型肝炎疫苗 [原名：乙肝基因工程疫苗（CHO）]	注射剂 20 微克 / 支	华北制药集团新药研究开发有限责任公司
重组（酵母）乙型肝炎疫苗	5 微克 /0.5 毫升 10 微克 /1 毫升	深圳康泰生物制品有限公司
重组（酵母）乙型肝炎疫苗	注射剂 10 微克 /0.5 毫升	大连高新生物制药有限公司
吸附精制百白破混合制剂	吸附制剂	成都生物制品研究所
治疗用黏质沙雷菌菌苗	水针剂 10 亿菌 /1 毫升 / 支	北京金力克医药生物有限责任公司
口服重组 B 亚单位 1 菌体霍乱菌苗	肠溶胶囊	中国人民解放军军事医学科学院生物工程研究所
流行性出血热灭活疫苗（双价）等 3 个品种		杭州天元生物药业股份有限公司（杭州天元生物）
麻疹、腮腺炎、风疹三联减毒活疫苗	冻干粉针每安瓿 0.5 毫升（1 人份）	北京生物制品研究所、北京天坛生物制品股份有限公司
麻疹、风疹二联减毒活疫苗	冻干制剂 0.5 毫升 / 支	北京生物制品研究所、北京天坛生物制品股份有限公司
双价肾综合征出血热灭活疫苗	液体 1 毫升 / 安瓿	长春生物制品研究所

表 24　国内市场主要疫苗一览表

	制　品　名　称	用　　途	生　产　厂　家
病毒类	重组酵母基因工程乙肝疫苗	用于预防所有已知亚型乙肝病毒的感染	北京天坛生物、深圳康泰
	重组（CHO）乙型肝炎疫苗	预防乙型肝炎病毒感染	兰州所、长春所
	甲型肝炎纯化灭活疫苗（VAQTA）	VAQT 适用于接触前的主动免疫，以预防甲型肝炎病毒引起的肝炎，但不能预防由非甲型肝炎病毒引起的肝炎。首次免疫应在预计接触前至少 2 周进行	巴斯德—梅里厄—康纳公司、北京科兴
	甲型肝炎减毒疫苗	用于预防甲型肝炎	史克必成公司、长春所、长春高新
	风疹减毒活疫苗	年龄为 8 个月以上的风疹易感者	巴斯德—梅里厄—康纳公司、兰州所、天坛生物、上海所
	麻疹减毒活疫苗	预防麻疹病	兰州所、长春所、上海所
	森林脑炎灭活疫苗	用于预防森林脑炎	长春所
	乙型脑炎灭活疫苗	本疫苗免疫接种后，刺激机体产生抗乙型脑炎病毒的免疫力，用于预防乙型脑炎	兰州所、长春所、天坛生物、上海所
	Ⅰ型肾综合征出血热纯化疫苗	预防流行性出血热	兰州所、上海所
	Ⅱ型肾综合征出血热纯化疫苗	预防Ⅱ型出血热	长春所
	流行性感冒灭活疫苗	6 岁以上所有希望预防流感的健康人群	巴斯德—梅里厄—康纳公司、史克必成公司、兰州所、长春所、长春高新
	腮腺炎减毒活疫苗	8 月龄以上的腮腺炎易感者	兰州所、上海所
	口服脊髓灰质炎减毒活疫苗	预防脊髓灰质炎	天坛生物
	口服轮状病毒活疫苗	预防小儿秋季腹泻	兰州所
	水痘减毒活疫苗	12 月龄以上的水痘易感者	长春生物制品研究所、史克

（续）

	制品名称	用途	生产厂家
			必成公司、长春所、上海所
病毒类	人用狂犬病纯化疫苗	用于预防狂犬病	巴斯德—梅里厄—康纳公司、兰州所、长春所、成都所
	黄热减毒活疫苗	预防黄热病	天坛生物
	皮内注射用卡介苗	用于预防结核病	长春所、上海所
	气管炎溶菌疫苗	接种后预防因上呼吸道感染而引起的支气管哮喘、哮喘性支气管炎、慢性支气管炎	天坛生物
	气管炎疫苗	经常感冒、上呼吸道感染引起的哮喘、慢性支气管炎等患者	兰州所、长春所、上海所
	成人型吸附白喉疫苗	本疫苗接种后，可使机体产生体液免疫应答，用于成年人预防白喉	天坛生物
	吸附白喉疫苗	用于6个月至12岁的儿童预防白喉	上海所
细菌类	伤寒Vi多糖疫苗	用于预防伤寒	巴斯德—梅里厄—康纳公司、兰州所、长春所、天坛生物、上海所、成都所
	钩端螺旋体疫苗	用于预防钩端螺旋体病	上海所
	吸附破伤风疫苗	用于破伤风的预防	长春所、天坛生物、上海所
	肺炎球菌多价疫苗（纽莫法23）	预防和降低肺炎双球菌感染	巴斯德—梅里厄—康纳公司、默沙东公司
	b型流感嗜血杆菌偶联疫苗（液体Pedvax HIB）	预防由b型流感嗜血杆菌引起的侵袭性疾病	巴斯德—梅里厄—康纳公司
	疖病疫苗	儿童和成人均宜，尤其是易患毛囊炎、疖病者	上海所
	A群脑膜炎球菌多糖疫苗	6月龄至15周岁儿童。流行地区可扩大年龄组作应急接种	兰州所、长春所、天坛生物、上海所
	吸附无细胞百日咳、白喉、破伤风联合疫苗	用途与吸附百白破疫苗相同，质量、稳定性和保护期比其更高更长，副反应小	天坛生物、上海所
联合疫苗	吸附白喉、破伤风、百日咳和脊髓灰质炎疫苗	该联合疫苗适用于儿童预防白喉、破伤风、百日咳和脊髓灰质炎的基础及加强免疫	巴斯德—梅里厄—康纳公司
	吸附百日咳、白喉联合疫苗	用于吸附百日咳、白喉、破伤风疫苗全程免疫后的儿童加强免疫，预防百日咳和白喉	长春所
	吸附百日咳、白喉、破伤风联合疫苗	供儿童预防百日咳、白喉及破伤风之用	长春所、上海所
	麻疹、流行性腮腺炎和风疹疫苗	预防麻疹、流行性腮腺炎、风疹	默沙东公司、史克必成公司
	甲乙肝联合疫苗	预防甲肝和乙肝	史克必成公司

五、血液制品

血液制品属于生物制品范围，主要指以健康人血液为原料，采用生物学工艺或分离纯化技术制备的生物活性制剂。血液制品发展至今，已列入2000年版“中国生物制品规程”的制品有静脉注射用人免疫球蛋白、特异性免疫球蛋白、组织胺人免疫球蛋白、人凝血因子Ⅷ、人凝血酶原复合

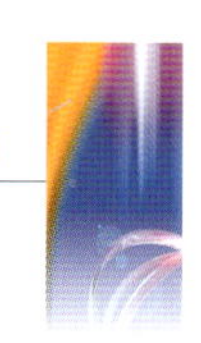

物、肌注人免疫球蛋白、抗人淋巴细胞免疫球蛋白、狂犬病人血白蛋白、破伤风免疫球蛋白、人纤维蛋白原、乙型肝炎、人胎盘血白蛋白。

目前，我国血液制品行业以人血白蛋白、人血丙种球蛋白为主导产品，而白蛋白产值是丙种球蛋白的几倍，所以习惯上以白蛋白产量来衡量国内血液制品行业的生产能力。目前国内33家生产单位的白蛋白生产能力约为年产120～150吨，而我国现有的消费能力仅为每年80吨，血液制品市场已经呈现出供大于求的局面（表25）。

表 25 血液制品主要产品 2002 年销售额

产 品 名 称	销售额（万元）
人血白蛋白（低温乙醇蛋白分离法）	59 906
静免丙种球蛋白	10 326
人血白蛋白输液	6 768
人血白蛋白注射液	3 214
乙免丙种球蛋白	1 576
静丙输液	855
破伤风抗毒素	845

六、生化药物

生化药物是从生物体分离、纯化所得以及用化学合成、微生物合成或现代生物技术制得的用于预防、治疗和诊断疾病的药物。随着现代生物技术以及现代分离纯化技术的发展与应用，生化药物占有越来越重要的地位（表26、表27、表28）。

表 26 国内主要的生化药品种类和厂家一览表

药物类别	主 要 常 用 品 种	主 要 生 产 厂 家
氨基酸类	赖氨酸冲剂、组氨酸、半胱氨酸、精氨酸、谷氨酸及其盐类；L-半胱氨酸；水解蛋白；思美泰；阿波莫斯以及氨基酸大输液	湖北省八峰药业、上海味之素氨基酸有限公司、武汉久安药业（武汉第二制药厂）、广州侨光药厂、深圳万和制药、华瑞制药
酶类	链激酶、尿激酶、凝血酶、降纤酶、抑肽酶、胰激肽释放酶、弹性酶、立止血、糜蛋白酶、菠萝酶、沙雷肽酶、门冬酰胺酶、透明质酸酶、细胞色素C、达吉、得每通	上海生物化学制药厂、广东天普药业公司、南京大学制药厂
核酸类	聚肌胞、阿昔洛韦、病毒唑、万乃洛韦、泛昔洛韦、更昔洛韦、胞二磷胆碱、硫唑嘌呤、甲基硫氧嘧啶、阿糖胞苷、ATP、CTP、CAMP、转移因子	丽珠医药集团股份有限公司、岳阳生化制药厂、金花企业（集团）股份有限公司
糖类	甘露醇、葡萄糖、肌醇、右旋糖酐、猪苓多糖、透明质酸、肝素、低分子肝素、果糖、乳果糖、甘油果糖等	珠海生化、杭州赛诺菲民生制药有限公司、苏威制药有限公司
脂质类	角鲨烯、胆固醇类激素、辅酶Q10、脉适宝、熊去氧胆酸、前列腺素、神经节苷脂等	广州明兴制药厂、广州星群药业（股份）有限公司、佛山康宝顺药业有限公司
多肽及蛋白质类	加压素及其衍生物、催产素及其衍生物、促皮质素及其衍生物、下丘脑垂体肽激素、消化道激素、胸腺素、降钙素、谷胱甘肽、施他宁、蛋白质激素	

表 27　2002 年生化药产量、能力和出口量

单位：亿单位	产　量	能　力	出口量
全国合计	23 820	27 611	16 509
北京市	2 802	2 100	2 680
天津市	647		134
上海市	14 904	3 302	13 507
江苏省	1 013	2 418	
浙江省	652	1 440	
山东省	1 851	3 250	
湖北省	1 466	1 180	
广东省	378	11 435	

表 28　主要生化药物 2002 年销售额

产　品　名　称	销售额（万元）
注射用胸腺素	6 579
注射用核糖核酸	3 602
P-转移因子口服液	3 298
促肝细胞生长素注射液	2 716
小牛血去蛋白注射液	2 634
脑蛋白水解物注射液	2 173
注射用肝复肽	1 724
肝复肽	1 637
胸腺肽注射液	1 597
注射用胸腺肽	1 116
脑多肽注射液	874
脑活素（脑蛋白水解物）注射液	684

从表26可看出，许多品种均为老品种，因此生化药物的制剂研究是生化药物研究的热点之一。以大分子药物非注射途径给药制剂的研究进展最快，研究最多的是胰岛素非注射给药制剂，如胰岛素柔性脂质体、胰岛素聚酯纳米粒、胰岛素微粒、胰岛素传递体（经皮）、胰岛素丙烯酸树脂肠溶微球、胰岛素气雾剂等。

非注射给药途径制剂或具有特殊性质的制剂在多糖类制剂方面，也有较大进展。以低分子肝素为例，目前研究了其透皮吸收制剂——低分子肝素脂质体和低分子肝素类脂质体，口服制剂——低分子肝素明胶复合物，在注射给药制剂方面研制了稳定性较好且体内作用时间长的低分子肝素前脂质体制剂和具有定向作用的脂质体肺靶向微球，在直肠制剂方面研究了低分子肝素栓剂。

七、诊断试剂

作为生物技术发展的产物，诊断试剂也随着生物技术的快速发展不断拓宽其种类。随着外部因素的变化，诊断试剂除了更加多元化外，也将朝向特异性强、灵敏度高、价格低廉、使用简单的家用诊断试剂及诊断自

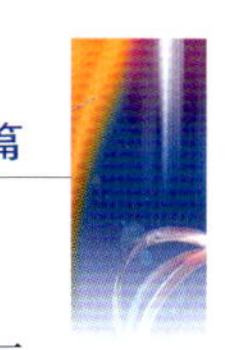

动化方向发展。

虽然目前诊断试剂仅占生物技术产业总产值的25%，然而却对当前的医疗诊断产生了很大的冲击。由于遗传工程、基因重组以及单株抗体等生物技术不断应用于开发诊断试剂，因而除了增加试剂的敏感度及特异性外，也使得过去不可能或旷日费时的传染病、肿瘤或基因异常等诊断，成为可能或快速的诊断。此外，与自动化分析仪器或电子技术的结合，更使这些精确的诊断不仅由研究阶段进入了临床例行诊断阶段，而且缩短了医疗与诊断之间的距离。

目前全球诊断试剂的市场份额已达200多亿美元，并以每年6%～9%的速度递增。尽管我国诊断试剂产品起步较晚，但发展很快。诊断试剂产品销售额从1996年的1.85亿元增长至2002年的约40亿元。

我国不少诊断试剂生产企业已取得一定市场份额（表29），但总体而言规模较小，市场占有率不高，其竞争力还有待进一步提高。

表29　诊断试剂主要生产厂家销售额占有率

公　　司	销售额（万元）	市场占有率（%）	产　　品
上海实业科华生物技术有限公司	18 000	5.00	免疫诊断、临床生化
上海复星实业股份有限公司	8 000～10 000	2.86	免疫诊断、临床生化、分子诊断
华美生物工程公司	8 000	2.29	免疫诊断、分子诊断、化学发光
英科新创（厦门）科技有限公司	7 000	2.00	免疫诊断
普生（天津）科技有限公司	7 000	2.00	诊断试剂
上海荣盛生物技术有限公司	6 000	1.71	放射免疫、免疫诊断、化学发光
丽珠医药集团股份有限公司	5 000	1.43	诊断试剂
中山医科大学达安基因股份有限公司	5 000	1.43	分子诊断
长春迪瑞实业有限公司	5 000	1.43	尿检试剂
中生北控生物科技股份有限公司	4 000～5 000	1.29	临床生化

国外也有许多公司在中国内地设有销售机构直接销售产品，他们的实际销售额约为3亿元左右，约占中国诊断试剂市场总额的10%。

表30　在中国通过办事处及分销商销售的国外主要公司＊

国家	国外公司名称	销售产品种类	销售额（万元）
美国	美国雅培制药有限公司	诊断试剂	2 000
美国	DSL公司	诊断试剂	100～200
美国	德普生（DPC）	诊断试剂	7 000
美国	贝克曼（Backman）	诊断试剂、诊断仪器	不详
美国	奥斯邦	诊断试剂	2 000～3 000
美国	罗氏（Roch）	诊断试剂、诊断仪器	1 500
美国	中美合作上海美康生物工程有限公司	体外诊断试剂	2 000～3 000
美国	吉比爱北京有限公司	诊断试剂	1 000
英国	郎道公司	诊断试剂	1 000
德国	欧蒙医学实验诊断有限公司	诊断试剂	1 000

（续）

国家	国外公司名称	销售产品种类	销售额（万元）
德国	维润公司	诊断试剂	100
德国	利德曼公司	诊断试剂	800
英国	邦地公司	免疫诊断试剂	300～400
瑞典	瑞典康乃格生物工程有限公司	诊断试剂	800～1 000
荷兰	奥瑞恩诊断试剂有限公司	科研诊断试剂	1 000
日本	希森美康（System）	诊断试剂、诊断仪器	300
韩国	盈东生物技术（北京）有限公司	尿检诊断试剂	300

注：* 资料来源于中国药品生物制品检定所

在国内诊断试剂市场中，免疫诊断试剂市场发展最快，动荡也最大（表31）。

表31　部分主要免疫试剂的国内市场情况

诊断对象	1998年		1999年		2000年		2001年	
	市场量万人份	增长率%	市场量万人份	增长率%	市场量万人份	增长率%	市场量万人份	增长率%
乙肝表面抗原	11 283	9.46	12 268	8.73	15 181	23.74	15 753	3.77
丙型肝炎	3 382	－2.51	3 376	－0.18	4 283	26.87	4 326	0.99
艾滋病	2 394	15.51	2 561	6.97	3 579	39.78	3 426	－4.26
梅　毒	2 950	－6.72	3 788	28.41	4 603	21.53	5 335	15.89

可见，近年来我国诊断试剂的市场增长迅速。同时，通过诊断试剂的发展不难发现：随着生物技术在中国的崛起，生物制药已经占据了中国制药市场的一席之地。

从发展来看，每年仍有许多新产品不断推向市场。2002年共批准了61个产品，其中又有新的公司进入了诊断试剂领域（表32）。

表32　我国2002年批准诊断试剂

产品名称	新药类别	规　格	申请单位	批准文号	日　期
C-反应蛋白（CRP）测定试剂盒（免疫比浊法）	二类	120人份/盒	上海科华生物工程股份有限公司	证字S20020031 准字S20020089	2002-8-29
丙型肝炎病毒（HIV）抗体诊断试剂盒（酶联免疫法）	四类	试剂盒96人份/盒	上海飞龙医用品有限公司	准字S20020081	2002-8-15
丙型肝炎病毒分片段抗体检测试剂盒（蛋白芯片）		100人份/盒	解放军医学科学院放射医学研究所、深圳益生堂生物企业有限公司	证字S20020034 准字S20020088	2002-10-16
丙型肝炎病毒分片段抗体检测试剂盒（酶联免疫法）	二类	体外诊断试剂24人份/盒	解放军军事医学科学院基础医学研究所、北京金伟凯医学生物技术有限公司	证字S20020041 准字S20020115	2002-12-23

（续）

产品名称	新药类别	规　格	申请单位	批准文号	日　期
丙型肝炎病毒核酸扩增（PCR）–酶免检测试剂盒	二类	16人份/套	上海科华生物工程股份有限公司	证字 S20020009 准字 S20020029	2002-5-8
促黄体激素诊断试剂（胶体全法）	二类	6人份/盒	艾康生物技术（杭州）有限公司	准字 S20020056	2002-6-14
弓形虫 IgM 抗体酶联免疫检测试剂盒	二类	48人份/盒	珠海经济特区海秦生物制药有限公司	准字 S20020001	2002-1-4
甲基转移酶诊断试剂盒（免疫组化）	一类	体外诊断用60人份/盒	解放军军事医学科学院野战输血研究所	证字 S20020015	2002-6-14
胶体金斑点渗滤法检测 ds–DNA 抗体试剂盒	一类	20人份/盒	广州万孚生物技术有限公司	准字 S20020073	2002-8-2
结核分支杆菌（TB）核酸扩增（PCR）荧光检测试剂盒	二类	20人份/盒	上海复星实业股份有限公司	证字 S20020022	2002-7-19
结核分支杆菌（TB）核酸扩增（PCR）荧光检测试剂盒	二类	20人份/盒	上海复星实业股份有限公司		2002-10-16
结核分支杆菌核酸扩增（PCR）荧光检测试剂		20人份/盒	华美生物工程公司	证字 S20020035	2002-9-30
结核分支杆菌核酸扩增（PCR）杂交梳检测试剂盒	二类	16人份	上海克隆生物高技术有限公司	试字 S20020004	2002-9-25
结核分支杆菌核酸扩增（PCR）杂交梳检测试剂盒	二类	16人份/盒	上海复星实业股份有限公司		2002-5-24
解脲脲原体人乳头瘤病毒沙眼衣原体抗体蛋白芯片检测系统	一类	体外诊断试剂20人份/盒	西安联尔生物技术有限公司	证字 S20020020	2002-7-19
可提取性核抗原（ENA）自身抗体谱免疫印迹试剂盒	二类	40人份/盒	广州万孚生物技术有限公司	准字 S20020074	2002-8-2
螺旋体抗体梅毒诊断试剂盒（胶体全双抗体夹心法）	三类	12人份/盒	北京和新康信息技术有限责任公司	证字 S20020026	2002-7-25
梅毒螺旋体抗体（IgG）诊断试剂盒（酶联免疫法）	二类	96人份/盒	北京耀华生物技术有限公司	证字 S20020038 准字 S20020106	2002-12-5
梅毒螺旋体抗体胶体等6个品种		20人份/盒	上海万兴生物制药有限公司		2002-10-16
梅毒螺旋体抗体胶体全法检测试纸条	三类	20人份/盒	郑州绿科生物工程有限公司	准字 S20020010	2002-2-19
梅毒螺旋体抗体胶体全诊断试剂	二类	体外诊断试剂	北京和新康信息技术有限责任公司		2002-6-17
梅毒螺旋体抗体酶联免疫诊断试剂盒（双抗原夹心法）	二类	96人份/盒	丽珠集团丽珠试剂厂	准字 S20020012	2002-3-6
前列腺特异性抗原酶联免疫检测试剂盒	四类	96人份/盒	解放军军事医学科学院基础医学研究所		2002-2-10
人类免疫缺陷病毒（HIV）2型抗体酶免诊断试剂盒（对抗原夹心法）	四类	96人份/盒	郑州绿科生物工程有限公司	准字 S20020042	2002-6-14

（续）

产品名称	新药类别	规 格	申请单位	批准文号	日 期
人类免疫缺陷病毒（HIV）1＋2型抗体酶联免疫法诊断试剂盒（双抗原夹心法）	三类	96人份/盒	丽珠集团丽珠试剂厂	准字S20020011	2002-2-19
人类免疫缺陷病毒（HIV）1＋2型抗体酶联免疫法诊断试剂盒（双抗原夹心法）	二类	96人份/盒	北京耀华生物技术有限公司	准字S20020009	2002-2-20
人类免疫缺陷病毒(HIV1＋2)抗体诊断试剂盒（胶体金法）	二类	25人份/盒	天津三达生物医学工程有限公司	证字S20020037	2002-12-5
人类免疫缺陷病毒（HIV－1）核酸扩增（PCR）荧光定量检测试剂盒	二类	24人份/盒	深圳市匹基生物工程股份有限公司	证字S20020010 准字S20020041	2002-6-3
人类免疫缺陷病毒（HIV－1/2）（对抗原夹心法）酶联免疫法诊断试剂盒	四类	96人份/盒	普生（天津）科技有限公司	准字S20020034	2002-5-24
人类免疫缺陷病毒（HIV－1/2）抗体酶联免疫法诊断试剂盒（双抗原夹心法）	四类	96人份/盒	北京金豪制药有限公司		2002-6-14
人类免疫缺陷病毒（HIV－1/2）抗体酶联免疫诊断试剂盒（双抗原夹心法）	四类	96人份/盒	河南理利生物技术公司	准字S20020057	2002-6-14
人类免疫缺陷病毒（HIV－1/2）抗体酶联免疫诊断试剂盒（双抗原夹心法）	四类	液体96人份/盒	兰州生物制品研究所	准字S20020065	2002-6-14
人类免疫缺陷病毒(HIV1＋2)抗体酶联免疫法诊断试剂盒（双抗原夹心法）		96人份/盒	上海科华生物工程股份有限公司		2002-12-20
人类免疫缺陷病毒(HIV1＋2)抗体诊断试剂盒（酶联免疫法）	三类	96人份/盒	上海荣盛生物技术有限公司	准字S2002010	2002-12-5
人类免疫缺陷病毒(HIV1＋2)诊断试剂盒（胶体金法）	二类	30人份/盒	广州万象生物技术有限公司	证字S20020039 准字S20020107	2002-12-5
人类免疫缺陷病毒1/2型抗体酶联免疫诊断试剂盒（双抗原夹心法）	四类	96人份/盒	上海生物制品研究所	准字S20020066	2002-6-21
人类免疫缺陷病毒抗体诊断试剂盒（酶联免疫法）	二类	96人份/盒	上海永华细胞和基因高技术分析中心	证字S20020030 准字S20020088	2002-8-29
人类免疫缺陷病毒诊断试剂盒（胶体金法）	四类	50人份/盒	北京金豪制药有限公司	准字S20020109	2002-12-5
沙眼衣原体核酸扩增（PCR）荧光检测试剂盒	二类		华美生物工程公司	证字S20020036 准字S20020105	2002-12-5
沙眼衣原体核酸扩增（PCR）杂交梳检测试剂盒	二类	16人份/盒	上海复星实业股份有限公司		2002-5-24
沙眼衣原体核酸扩增（PCR）荧光检测试剂盒	二类	20人份/盒	厦门泰伦生物工程有限公司	证字S20020019 准字S20020067	2002-6-21

（续）

产品名称	新药类别	规 格	申请单位	批准文号	日 期
神经管畸形基因检测（PCR-RFLP）试剂盒		40 人份	四川宇康生物技术有限公司	证字 S20020033 准字 S20020095	2002-9-13
神经元特异性烯醇化酶免定量测定试剂盒	二类	48 人份 / 盒	上海科华生物工程股份有限公司	准字 S20020003	2002-1-14
唾液酸酶测定试剂盒	二类	液体 50 人份 / 盒	洛阳百强试剂有限公司、温州市东瓯生物工程有限公司	证字 S20020017 准字 S20020063	2002-6-21
戊型肝炎病毒 IgG 抗体酶联免疫测定试剂盒	四类	96 人份 / 盒	河南华美生物工程有限公司	准字 S20020114	2002-12-20
乙肝病毒 Presl 抗原酶免检测试剂盒	四类	48 人份 / 盒	上海复星长征医学科学有限公司	准字 S20020072	2002-8-2
乙肝病毒表面抗原胶体全检测试纸条	三类	1 人份 / 盒	北京蓝十字生物技术有限公司	证字 S20020004 准字 S20020002	2002-1-14
乙型肝炎病毒（HBV）核酸扩增（PCR）荧光定量检测试剂盒	二类	96 人份 / 盒	深圳市匹基生物工程股份有限公司	准字 S20020033	2002-5-24
乙型肝炎病毒表面抗原诊断试剂盒		48 人份 / 盒	上海飞龙医用诊断用品有限公司	准字 S20020100	2002-10-24
乙型肝炎病毒核酸扩增(PCR)酶免检测试剂盒	二类	16 人份 / 盒	上海复星实业股份有限公司		2002-5-24
乙型肝炎病毒核酸扩增(PCR)酶免检测试剂盒	二类	16 人份 / 盒	上海复星实业股份有限公司		2002-5-24
乙型肝炎病毒核酸扩增(PCR)酶免检测试剂盒	二类	16 人份 / 盒	上海科华生物工程股份有限公司	证字 S20020003 准字 S20020001	2002-1-14
乙型肝炎病毒核酸扩增(PCR)酶免检测试剂盒	二类	16 人份 / 盒	上海科华生物工程股份有限公司	准字 S20020028	2002-4-30
乙型肝炎病毒核酸扩增(PCR)酶免疫定量检测试剂盒	二类	24 人份 / 盒	上海浩源生物科技有限公司	准字 S20020082	2002-8-26
乙型肝炎病毒核酸扩增(PCR)荧光检测试剂盒等 7 个品种			深圳市匹基生物工程股份有限公司		2002-4-24
乙型肝炎病毒核心抗体酶联免疫法诊断试剂盒（双抗原夹心法）	二类	48 人份 / 盒	爱恩地蓝十字（兰州）生物技术有限公司	证字 S20020005	2002-2-19
乙型肝炎病毒核心抗体诊断试剂盒		48 人份 / 盒	上海飞龙医用诊断用品有限公司	准字 S20020101	2002-10-24
乙型肝炎病毒抗体诊断试剂盒		48 人份 / 盒	上海飞龙医用诊断用品有限公司	准字 S20020097	2002-10-24
乙型肝炎病毒抗体诊断试剂盒		48 人份 / 盒	上海飞龙医用诊断用品有限公司	准字 S20020098	2002-10-24
乙型肝炎病毒抗体诊断试剂盒		48 人份 / 盒	上海飞龙医用诊断用品有限公司	准字 S20020099	2002-10-24
幽门螺杆菌抗体蛋白芯片检测系统	一类	20 人份 / 盒	西安联尔生物技术有限公司	证字 S20020025 试字 S20020003	2002-7-19
幽门螺杆菌抗原酶联免疫法诊断试剂盒	二类	96 人份 / 盒	协和药业有限公司		2002-6-10

八、抗菌素

抗生素是我们以前的俗称，目前更为科学的名称是抗菌素，或是抗微生物药物。抗微生物药是指对细菌、真菌病毒、兰克次体、衣原体等有杀灭或抑制性的药物。这类药物中最重要的是抗菌素。抗菌素对病原菌具有抑制或杀灭作用，是防治细菌感染性疾病的一类药物。

近几年来，国际市场抗菌素药物竞争异常激烈，新品种不断上市，产品生命周期缩短。从目前抗菌素发展的趋势看，各大类有发展前途的品种（2001—2005年销售额可达4亿美元以上）如下：

头孢菌素类：头孢三嗪、亚甲胺硫霉素、头孢唑肟、头孢替尼、头孢克肟和头孢他啶。

喹诺酮类：环丙沙星、氟罗沙星、氧氟沙星、左氧氟沙星。

大环内酯类：阿齐霉素、克拉霉素、罗红霉素。

至于四环素和氨基糖甙类，由于耐药菌和副作用的原因，市场使用范围已见缩小，在走下坡路。氨基糖甙类中的丁胺卡那霉素能维持1亿～1.5亿美元的销售额，四环素中的四环素、土霉素、金霉素和氨基糖甙类中的庆大霉素、卡那霉素、新霉素、大观霉素，在发达国家中已基本不用或极少使用，只在一些发展中国家使用，但市场也日渐缩小。

当前，全球的抗菌素市场增长空间有限，加上新产品不断上市，市场竞争日益激烈（表33）。在各国逐步改善环境卫生的条件下，致病菌也随着受到控制，使抗菌素的使用量逐步减少。另一方面，人类经过长期使用抗菌素，也认识到滥用抗菌素的严重后果，故对使用抗菌素更趋于谨慎。

表33　我国主要抗菌素品种2002年产能一览　（单位：吨）

名　称	生产单位		产　量	能　力	出口量
青霉素G钾			482.634	558.000	23.588
	河　北	华北制药集团有限责任公司	139.303	－	5.826
	河　北	石家庄制药集团有限公司	272.685	290	10.022
	河　北	张家口制药（集团）有限责任公司	43.114	－	0.000
	江　苏	苏州第二制药厂	－	68.000	0.000
	江　西	东风药业股份有限公司	14.790	200.000	7.740
	四　川	四川制药股份有限公司	12.742	－	－
青霉素G钠			3 583.726	6 214.000	94.985
	河　北	华北制药集团有限责任公司	1 178.492	1 264.000	11.388
	河　北	石家庄制药集团有限公司	725.340	950.000	16.377
	河　北	张家口制药（集团）有限责任公司	117.637	300.000	4.620
	黑龙江	哈药集团有限公司	991.081	1 200.000	14.330
	江　西	东风药业股份有限公司	119.990	(200.000)	48.270
	山　东	山东鲁抗医药集团公司	353.850	500.000	－
	河　南	河南新乡华星制药厂	28.000	－	－

（续）

名称	生产单位		产量	能力	出口量
青霉素G钠	四　川	四川制药股份有限公司	69.336	2 000.000	–
普鲁卡因青霉素G			578.116	740.000	357.142
	河　北	华北制药集团有限责任公司	301.857	240.000	192.462
	河　北	石家庄制药集团有限公司	67.469	200.000	–
	江　西	东风药业股份有限公司	208.090	300.000	164.680
	四　川	四川制药股份有限公司	0.700	–	–
长效普鲁卡因青霉素			123.009	60.000	40.180
	河　北	华北制药集团有限责任公司	46.754	–	–
	河　北	石家庄制药集团有限公司	25.425	–	–
	江　西	东风药业股份有限公司	50.830	60.000	40.180
阿莫西林（羟氨苄青霉素）			4 514.668	5 230.000	0.250
	河　北	华北制药集团有限责任公司	1 085.646	1 200.000	–
	河　北	石家庄制药集团有限公司	472.229	1 200.000	0.250
	河　北	张家口制药（集团）有限责任公司	346.823	300.000	–
	山　西	阿拉宾度大同同领药业有限公司	590.811	1 000.000	–
	山　西	华药集团山西博康药业有限公司		(50.000)	–
	黑龙江	哈药集团有限公司	332.187	720.000	–
	浙　江	浙江海正集团有限公司	3.862	–	–
	山　东	山东鲁抗医药集团公司	172.110	220.000	–
	广　东	丽珠医药集团股份有限公司	181.000	190.000	–
	广　东	珠江联邦制药厂有限公司	1 061.000	–	–
	四　川	四川制药股份有限公司	269.000	400.000	–
头孢拉定			1 181.913	1 367.000	–
	河　北	华北制药集团有限责任公司	384.987	390.000	–
	河　北	石家庄制药集团有限公司	14.406	–	–
	黑龙江	哈药集团有限公司	211.351	250.000	–
	上　海	上海五洲药业有限公司	83.828	160.000	–
	浙　江	浙江海正集团有限公司	17.750	150.000	–
	山　东	山东新华医药集团公司	274.712	200.000	–
	山　东	山东鲁抗医药集团公司	29.879	80.000	–
	广　东	广州医药集团有限公司	137.000	337.000	–
	广　东	珠江联邦制药厂有限公司	28.000	–	–
庆大霉素			932.525	2 017.390	379.268
	天　津	天津太河制药有限公司	16.827	31.000	0.000
	河　北	华北制药集团有限责任公司	28.421	65.000	7.761
	河　北	邯郸滏荣原料药公司	68.935	76.000	–
	山　西	侯马霸王药业有限公司	2.254	–	–
	山　西	大同市利群制药厂	24.504	30.000	–
	山　西	长治中宝制药有限公司	47.200	50.000	–
	上　海	上海四药有限公司	26.377	36.000	26.105
	福　建	福州抗生素集团有限公司	39.850	53.390	40.160
	福　建	福建汇生天生药业有限公司	20.740	60.000	6.040
	江　西	江西制药有限责任公司		50.000	–

（续）

名　　称	生　产　单　位		产　量	能　力	出口量
庆大霉素	山　东	烟台只楚药业有限公司	195.991	200.000	150.907
	河　南	河南省开封制药厂	21.342	50.000	1.525
	河　南	开封先锋制药厂	39.120	50.000	39.120
	河　南	安阳路德药业股份有限责任公司	62.910	100.000	-
	河　南	焦作市康力药业股份有限公司	110.140	150.000	40.000
	河　南	南阳普康集团衡淯制药有限责任公司	205.090	180.000	67.650
	河　南	新世界海天（信阳）豫南制药有限公司	-	180.000	—
	湖　南	湖南省株洲制药厂	0.034	-	-
	四　川	四川制药股份有限公司	17.790	25.000	-
	四　川	乐山三九长征药业股份有限公司	5.000	631.000	-
硫酸链霉素			1 414.482	1 408.000	754.007
	河　北	华北制药集团有限责任公司	917.476	1 020.000	536.782
	山　东	鲁抗医药集团公司	286.823	388.000	213.808
	四　川	乐山三九长征药业股份有限公司	210.183	1.000	-
	上　海	上海四药有限公司	-	-	3.487
双氢链霉素			345.386	706.000	152.946
	河　北	华北制药集团有限责任公司	137.126		90.299
	上　海	上海四药有限公司	62.487	150.000	62.647
	四　川	乐山三九长征药业股份有限公司	145.773	556.000	-
氯霉素			2 275.193	3 025.000	977.380
	山　西	华北制药集团太原有限责任公司	-	125.000	-
	辽　宁	东北制药总厂	514.360	580.000	378.300
	上　海	四药有限公司	2.825	30.000	2.825
	上　海	第六制药厂	106.936	240.000	2.255
	江　苏	南京医药产业（集团）有限责任公司	276.165	250.000	-
	浙　江	浙江家园药业有限公司	903.000	1 000.000	434.000
	湖　北	武汉诺佳药业集团股份有限公司	165.401	300.000	144.000
	广　东	广州侨光制药厂	0.020	-	-
	重　庆	西南合成制药股份公司	306.468	500.000	15.900
红霉素			759.798	800.000	3.210
	江　苏	利君集团镇江制药有限责任公司	180.730	120.000	-
	浙　江	杭州中美华东制药有限公司	53.650	120.000	-
	浙　江	浙江德清拓普药业有限公司	0.017	-	-
	湖　南	岳阳中湘康神药业集团有限公司	114.274	165.000	3.210
	广　东	广东台山市化学制药厂	105.070	105.000	-
	广　东	广东桂林集琦韶关制药厂	59.117	-	-
	陕　西	利君集团有限责任公司	246.940	290.000	-
克拉霉素			14.479	20.000	-
	辽　宁	朝阳制药厂	6.979	20.000	-
	浙　江	杭州中美华东制药有限公司	5.530	-	-
	湖　南	岳阳中湘康神药业集团有限公司	1.970	-	-
四环素			977.277	900.000	38.025
	河　北	华北制药集团有限责任公司	57.708	-	-

（续）

名称			生产单位	产量	能力	出口量
四环素	四	川	四川制药股份有限公司	52.269	400.000	–
	宁	夏	宁夏启元药业有限公司	867.300	500.000	38.025
多西环素（强力霉素）				1 052.451	1 310.000	356.850
	上	海	上海五洲药业有限公司	132.425	200.000	62.150
	江	苏	扬州制药厂	155.285	–	–
	江	苏	苏州第五制药厂	7.750	150.000	–
	江	苏	江苏省黄海制药有限公司	253.830	160.000	–
	江	苏	常州制药厂有限公司	137.078	200.000	–
	山	东	山东潍坊金钟药业有限公司	26.062	300.000	18.150
	河	南	河南省开封制药厂	340.021	300.000	276.550
磺胺类						
磺胺甲恶唑（SMZ）				2 616.481	3 520.000	225.600
	山	西	山西省大同制药厂		120.000	–
	江	苏	昆山双鹤药业有限责任公司	1 444.056	1 900.000	–
	浙	江	浙江康恩贝金华制药厂	297.339	500.000	–
	广	东	广州侨光制药厂	2.350	–	–
	广	东	南海市北沙医药有限公司	22.000	–	–
	重	庆	西南合成制药股份公司	850.736	1 000.000	225.600
甲氧苄啶（TMP）				1 638.057	2 550.000	776.940
	吉	林	吉林制药集团		50.000	–
	上	海	上海大众药业有限公司	16.800	250.000	12.000
	江	苏	南京制药厂		300.000	–
	山	东	山东新华医药集团公司	546.357	650.000	186.140
	山	东	寿光富康制药有限公司	1 008.000	1 000.000	504.000
	广	东	广州侨光制药厂	8.900	–	–
	重	庆	西南合成制药股份公司	58.000	300.000	74.800
磺胺嘧啶（SD）				2 149.999	2 490.000	945.001
	辽	宁	东北制药总厂	928.250	1 000.000	628.325
	上	海	上海三维制药有限公司	103.000	140.000	71.575
	湖	南	湖南制药有限公司	48.826	350.000	35.601
	广	东	广州侨光制药厂	1.510	–	–
	广	东	南海市北沙医药有限公司	161.000	200.000	–
	重	庆	西南合成制药股份公司	907.413	1 000.000	209.500
喹诺酮类						
吡哌酸				207.456	550.000	36.500
	山	东	山东新华医药集团公司	207.456	550.000	36.500
诺氟沙星（氟哌酸）				1 672.015	1 970.000	581.350
	天	津	天津市中央药业有限公司	5.888	–	–
	山	西	华北制药集团太原有限责任公司	–	70.000	–
	江	苏	昆山双鹤药业有限责任公司	73.302	–	–
	浙	江	浙江仙琚制药有限公司	30.475	30.000	0.275
	浙	江	浙江海正集团有限公司	151.520	350.000	–
	浙	江	浙江温岭制药厂	18.330	20.000	–

（续）

名　称	生　产　单　位		产　量	能　力	出口量
诺氟沙星（氟哌酸）	浙　江	浙江仙琚集团椒江制药厂	11.300	–	–
	浙　江	浙江九洲药业股份有限公司	276.000	300.000	44.945
	浙　江	东港工贸集团有限公司	946.900	1 000.000	536.130
	浙　江	浙江京新药业有限公司	–	–	23.797
	河　南	康威药业股份有限公司	158.000	200.000	–
	广　东	广州侨光制药厂	0.300	–	–
氧氟沙星			1 092.825	1 153.000	66.320
	天　津	天津市中央药业有限公司	5.800	–	–
	山　西	华北制药集团太原有限责任公司	–	23.000	–
	浙　江	杭州民生药业集团有限公司	70.220	200.000	–
	浙　江	杭州中美华东制药有限公司	146.080	–	–
	浙　江	浙江海正集团有限公司	18.440	100.000	–
	浙　江	浙江黄岩新华药物化工有限公司	177.690	230.000	66.320
	浙　江	浙江京新药业有限公司	668.800	600.000	–
	广　东	广州侨光制药厂	5.795	–	–
依诺沙星			7.576	11.500	–
	浙　江	浙江海正集团有限公司	3.895	5.000	–
	湖　北	武汉诺佳药业集团股份有限公司	3.681	6.500	–
环丙沙星			801.926	195.500	100.535
	上　海	上海三维制药有限公司	1.500	2.000	1.500
	江　苏	昆山双鹤药业有限责任公司	73.301	50.000	–
	江　苏	江苏省盐城市第二制药厂	–	3.500	–
	江　苏	江苏板桥药业有限公司（兴化）	574.110	–	–
	浙　江	浙江黄岩新华药物化工有限公司	138.675	140.000	99.035
	四　川	成都药业有限责任公司	14.343 –	–	

中国生物制药业与国际之间的差距、原因及对策

一、生物药品生产多以仿制为主，自主开发产品少

拥有几个有自主知识产权的新药，已经成为一些有实力的中国制药企业奋斗和追求的目标，但中国整个的新药研发，包括生物制药，目前依然是中国制药工业的一大软肋。一方面是R&D投入不足，国际上研制出一种新药一般需要8～12年，平均耗资2亿～3亿美元，据近年报道，已达6亿美元，我国研制一种新药虽然耗资只有发达国家的1/20～1/50，但对大多数研究单位来说，还是难以承受。国家新药研究基金的设立，对缓解新药研究经费不足起了很大作用，但产业发展资金不足、融资渠道狭窄的问题仍很突出，企业应增加融资渠道，通过资本运作方式和医药生物企业实施战略联盟来充实研

发资金。比如，投资银行积极帮助那些素质好、技术水平高的生物制药公司实现“借壳上市”来筹措资金、规范企业运作、增强影响力；也可以通过推荐、策划有市场前途和发展潜力的已上市公司再融资，解决发展过程中的资金瓶颈。另一方面，从辉瑞、默克等跨国公司新药研发资料看，这些公司在高的R&D投入下，都有一个层次分明的新产品梯队，梯队中包括治疗作用确切、销售前景看好的已批准上市新药、待批准新药和正处于Ⅰ、Ⅱ、Ⅲ期临床候选药物。分析世界二十大制药公司的研究体系，他们都遵循了这些规则，并且无一例外地获得了丰厚的创新药物的产出。中国加入WTO后，知识产权保护问题使中国的药物创新研究更加迫切。目前国内很多制药企业缺乏自己的专利产品，几乎全靠仿制国外已过专利保护期的产品（甚至有些还在专利保护期内），真正具有产品梯队的企业很少。生物制药企业的决策机构中，不仅要有研究一线的科学家，还要有高级市场分析人员和金融人士，决策不仅着眼于科学基础层面，还要着眼于未来的市场前景。

二、同种产品生产厂家过多

由于原来的新药审批制度的缺陷，形成目前绝大部分品种产能严重过剩的现状。例如生产α-干扰素的企业约20家，EPO约10家，G-CSF、GM-CSF约25家 。以基因工程药物的生产特点，1～2家的产量完全可以满足国内市场要求，对这些成熟产品来说，恶性竞争无可避免。一些企业规模小、产品结构低水平重复，一个品种几十家企业竞相生产，互相压价，哪个企业都没有办法满负荷生产，不仅造成生产能力的巨大浪费，而且阻碍了整个生物医药产业创新能力的提高，例如α-干扰素，没有一家能够做到年销售额超过1亿元。

三、缺乏产业化机制

和美国相比，我国生物制药产业规模相差甚远，虽然我国生物技术经过二十多年的发展，已经取得了很大的进展，但能把众多的上游研究成果转化成生物技术产品却寥寥无几，据报道，二者的比例还不到0.5%，原因之一就是下游工程技术的发展落后于上游生物技术的发展。我国下游工程设备、材料和新生产工艺研制开发与世界先进水平差距很大，而且在投资与下游工程人员配置方面也急需加强。美国等发达国家的生物制药企业的平均科研经费占该企业销售额的10%～20%，而我国同类企业平均科研经费仅占销售额的1%，由此导致我国生物制药产业产品研究开发领域中上游生物技术比国际先进水平落后3～5年，而下游工程技术至少落后了15年以上。

四、医药市场方面

第一是市场应用潜力有待开发。中国的

生物医药企业大多是新兴企业，历史较短，市场营销网络不够健全，市场开拓力度明显不足，我国目前整个生物医药产业的效益加起来还不如美国一个畅销品种所创造的效益，这不仅由于产品价格的高低造成，更重要的是人们的消费观念有待引导。以人的生长激素为例，这个产品在国际上具有很宽的应用面，但在国内市场，它的很多功能没有得到很好的应用，人生长激素在西方国家最大的卖点是它的抗衰老作用，但在中国，它的抗衰老功能不被消费者所知，企业缺乏大手笔的市场运作能力。

第二是从2003年1月起，中国将开放药品分销服务，允许外国批发商和零售商进入中国市场所带来的冲击。中国药品营销已呈现四个方面的趋势：①以资本为纽带，对医药营销的大流通领域进行整合，即通过资本运作，大型医药集团以兼并、重组、合资、控股等多种形式尽可能地控制自身战略规划中的医药大流通中的个体，包括优质的商业企业、药店系统、一定的医药物流体系和专业的配套公司，打造一种封闭式和具有垄断性竞争优势的战略体系；②“大卖场”方式将充分抢占社区、农村市场；③特色专业模式为补充，包括专业药品医院营销和特色药店；④医药商业与工业的联合共同体，双方市场和资源共享、利益均沾及共同打造药品流通链。2002年，专业化现代医药物流的建立和发展为我国医药商业实现规模化和集约化的医药流通体系提供了根本条件及可靠保证，大力推动了“并购重组、代理配送、零售连锁、药品经营企业认证”等一系列进程。

第三，药品虚高的零售价严重制约了药品的消费量，使实际市场规模与理论需求相差甚远，致使生产企业销售收入增长缓慢，这一点在生物医药上表现尤为突出。以α-干扰素为例，国内每年治疗中的病毒性肝炎病人约2 000万，治疗中的肿瘤病人约200万，按一个病人一个疗程84标准支计算，理论需求约18亿支，但目前的实际消费量约1 000万支，实际需求量仅有理论需求的0.5%，原因就是绝大部分病人没有消费能力承受其昂贵的价格。其他很多基因工程药物如EPO、G-CSF也都存在类似情况。

第四，“医药合业”阻碍了制药行业的发展，以药养医的政策使医院对销售高价药产生利益驱动。医药分业在发达国家已实行近百年；在中国，医药合业的状况是在新中国成立初期沿用前苏联的医疗体制而产生的。这种医药合业的医疗体制目前已到了非改不可的地步。据统计，通过医院销售的药品已占整个药品销售的80%，药品成为医院的利润中心。但药品的高价并没有使药厂获得高利润。这些“高利润”在营销过程中被层层分解，利润分配极不合理。医院药品零售价

获得30%～50%的利润，生产企业只有5%～15%，随着医疗保险制度、医疗机构管理制度、药品生产和流通体制“三项改革”的进行，医、药必将分业，医院的药房改制为社会零售药店，就将医院同药品销售之间的经济关系一刀切断，制药企业的经营环境将逐步改善。

生物制药行业前景分析

一、我国加入WTO，生物制药行业面临的挑战

目前，世界排行前十位的制药公司已全部进军中国市场，排名前25位的制药企业也有15家在中国设有办事机构。这些企业在中国加入WTO后，从政策上获得“准国民待遇”，从而对我国生物制药行业造成冲击。

1.进口药品

从进口关税看，目前药品制剂进口关税为20%，加入WTO后10年内将减到6.5%，国内生物制药企业将逐渐推动靠关税政策保护的竞争力；外资企业的直接进入，国外生物制药企业在国内独资或合资建厂明显增多，他们依靠资金和技术优势，对我国正在发展的生物制药业造成巨大冲击。

2.新药开发

由于我国新药研制投入严重不足，导致新产品的研制缺乏竞争力，新药开发进展缓慢。同样一种新药研制，一旦国外竞争对手抢先申报药品专利权，就会使国内前期开发投资落空。

3.市场开发

国外生物技术公司背后多有大资金支持，在新产品进入市场头几年都以巨额投资培育市场，并且可以在长时间不盈利的情况下继续生存，这是中国公司无法相比的。

4.产权纷争

由于我国大多数生物药品为仿制品，加入WTO后面临两个方面问题：①产品不能出口，只能内销；②仿制专利产品的做法将会受到限制，部分企业很快会遇到产权纠纷问题。

总体来看，我国的生物医药产业由于基础比较薄弱，具有知识产权的独家产品少，重复建设严重，价格竞争激烈，人们对生物技术的投资明显不足，2002年风险资金对生物技术领域的投资更是降到了近5年的最低点。如果我国不能及时开发出自己的产品，就会沦为国外企业产品的出口国，这绝不是危言耸听。

二、我国医药政策及相关管理办法对生物制药行业带来的影响

新修订的《药品管理法》及配套法规(即《药品管理法实施条例》和《药品注册管理办法》)的实施，对我国医药产业产生了深远的

影响，其中对产业链上的最核心环节——新药研发的影响尤为突出；药研机构的生存状态、研究思路、市场模式正在发生改变；制药企业对于药品研发的投入和前期介入更加慎重，风险的增加迫使药品研发在规范中得到发展。

新版《药品管理法》，①修改了新药的定义，将“新药是指我国未生产过的药品”修改为“未曾在我国上市销售过的药品”，按照过去“新药”的定义，一个已经在我国进口使用的药品，如果我国药品生产企业首次生产也算是新药，现在则不再属于新药，只能算作已有国家标准品的注册，这既符合WTO规则的要求，也利于提高我国医药产业参与市场竞争的能力。一段时间以来，新药申报数量已出现下降，而已有国家标准药品注册相应增加；②取消了过去的新药保护制度，因为专利法已将新药纳入专利保护，所以只对新药品种设立不超过5年的监测期；③积极鼓励新药科研成果的产业化转变，为此，我国药品监督管理局出台了一系列措施，鼓励新药研制机构在研发的早期尽早与医药企业联合，提高新药研发成果产业化能力。

目前在制药企业广泛开展的GMP认证，将一些不能通过GMP认证的小规模且管理不规范的企业淘汰掉，从2004年7月1日起，凡未取得GMP证书的生产企业，将可能被撤销《药品生产许可证》或其相应剂型的生产范围，同时撤销相应药品的生产批准文号，责令其停止生产。

随着全球生物制药业大环境的转暖，我国生物制药业从国家管理当局到企业自身如果能从以下几个方面寻求突破，就是真正的充满希望的朝阳产业。

一是解决融资渠道单一，产业发展资金不足的瓶颈。资金来源除了股东投入外，还要积极吸引风险投资为成长期的企业注入后续资金、积极准备开辟创业板等等。

二是进一步完善新药审批制度和专利制度，从制度上鼓励创新，切实保护创新者的知识产权，避免重复生产。

三是借鉴美国Amgen和Genetech公司的成功经验，不仅要有一批优秀的分子生物学家从事新药开发工作，而且还有许多其他领域的人才在操作产品的申报、生产、销售等各个环节，才能赢得全局的胜利。

农业生物技术产业

在国家政策的扶植下，尤其是在国家863计划和“国家植物转基因研究与产业化专项”的直接支持下，我国农业生物技术研究领域已取得了很大的成绩。我国农业生物技术的整体水平在发展中国家处于领先地位，在一些领域已经进入国际先进行列：我国是世界上继美国之后，第二个拥有自主研制抗虫棉的国家；我国抗虫转基因水稻的研制处于世界先进水平；我国科学家独立完成了籼稻的全基因组测序，成为少数几个能独立完成作物测序工作的国家之一。目前，我国涉及农业生物技术的各类研究机构已超过200家，初步形成了从基础研究、应用技术研究到产品开发相互衔接、相互促进的创新体系。

截止2001年12月，我国共批准农业转基因生物安全审批504项，其中环境释放129项，商品化生产59项，通过国家商品化生产许可的有转基因耐贮藏番茄，转查尔酮合成酶基因矮牵牛、抗病毒甜椒、抗病毒番茄、抗虫棉5种独立研制的转基因作物。2002年全国转基因作物种植面积达200多万公顷。

同时，我国的农业生物技术研究体系也基本建立起来，其中包括以基因研究为主的上游部分、以植物遗传转化为主的中游部分和以生物技术育种为主的下游部分的研究体系。国内一些从事农业生物技术研究的实验室的建设已初具规模，其中有些已达到了国际中等或中等以上的水平，并能独立自主地从事一些有关的研究工作。农业生物技术研究队伍也在各级政府的关注下以及国家重大科学技术研究项目的支持下基本形成。

然而，与世界发达国家，尤其是美国相

比，我国农业生物技术的产业化还存在国家政策取向不明确，国家各个科研及管理部门协调机制尚不健全，产业化投资力度不足，投资渠道少，产业化基础薄弱等环节，难以与国外跨国公司相抗衡等一些问题。

由于转基因作物引发的安全性争论深入影响到各国的决策层，不同国家采取不同的政策，同一国家在不同时期也在不同的政策之间徘徊。我国目前在农业生物技术的研发上总的说是采取了促进型政策，但是在转基因技术产业化方面还较为犹豫，取向不明确。这在较大程度上延迟了新产品的开发并降低了产品竞争力。

转基因作物的产业化进程将涉及到农业、环保、专利等管理部门的政策协调，如农业部、科学技术部、卫生部、环境保护总局、专利局等以及各研究单位、大专院校和公司，如果没有统一的协调管理机制，容易影响到本产业的发展速度与效率。在一系列法律法规中，存在着脱节的现象，不利于我国这一产业的顺利发展。

我国对农业生物技术的投资总额和比例远远低于西方发达国家。在美国自20世纪90年代以来，每年用于农业生物技术方面的投资大约在10亿～25亿美元。近年来，我国通过863计划和“国家植物转基因研究与产业化专项”等加大了投资力度，但与西方发达国家，尤其是与美国相比，仍然不足。

附　录

一、863计划生物和现代农业领域主题与专项2002年度立项课题清单

序号	课题名称	课题组长	依托单位
	组织器官工程专项		
1	组织工程化骨构建技术研究与产品开发	崔 磊	上海组织工程研究与开发中心
2	组织工程化软骨构建的相关技术研究与产品开发	周广东	上海第二医科大学
3	组织工程肌腱产品的研发与产业化	解慧琪	四川大学
4	组织工程化皮肤及其相关产品的研究与产业化	金 岩	中国人民解放军第四军医大学
5	成体干细胞分化的可塑性研究及其临床应用	裴雪涛	中国人民解放军军事医学科学院野战输血研究所
6	干细胞制备及在重要疾病中的临床应用研究	赵春华	中国医学科学院基础医学研究所
7	骨髓基质干细胞分化的神经组织细胞促进周围神经选择性再生的临床前研究	姜保国	北京大学人民医院
8	神经干细胞移植治疗神经系统重大疾病的临床方案及在体可视化评价	田嘉禾	中国人民解放军总医院
9	组织工程及干细胞医疗产品生产过程质检标准的研究	奚廷斐	中国药品生物制品检定所
10	人血代用品——红细胞代用品及白蛋白代用品的研制	刘 谦	北京凯正生物工程发展有限责任公司
	生物反应器专项		
1	“人乳化”奶产品和“生物钢”动物乳腺生物反应器的研制	李 宁	中国农业大学
2	山羊和/或奶牛的乳汁中生产人血清白蛋白的研究和开发	曾溢滔	上海市儿童医院上海医学遗传研究所
3	鸡法氏囊病疫苗的动物乳腺生物反应器研究	安晓荣	中国农业大学
4	牛结核杆菌多价DNA疫苗的应用和植物反应器的研制	蔡 宏	北京大学
5	降钙素植物生物反应器的研制	唐克轩	复旦大学
6	新型、高效植物生物反应器技术体系的建立	方荣祥	中国科学院微生物所
7	使用基因打靶和BAC技术制备t-PA突变体动物乳腺生物反应器的研究	邓继先	军事医学科学院生物工程研究所
8	植物及蓝藻反应器生产药用蛋白技术体系的建立	李雄彪	北京北大未名生物工程集团
9	人用和兽用腹泻植物黏膜疫苗的研制	王 涛	中国农业大学
10	动物转基因克隆技术平台研究	石德顺	广西大学
	生物工程技术主题		
1	磁性纳米药物载体系统治疗肝脏恶性肿瘤研究	龚连生	中南大学
2	抗肿瘤基因治疗药物siRNA的研究	邵荣光	中国医学科学院医药生物技术研究所

（续）

序号	课 题 名 称	课题组长	依 托 单 位
3	VEGFR-3/IgG 与 VEGFR-3 单抗抑制肿瘤淋巴转移的研究	孙启鸿	中国人民解放军军事医学科学院放射医学研究所
4	抗肺癌新药 SurKex 产业化开发研究	潘武滨	深圳市清华基因城发展有限公司
5	脑缺血保护新药复脑素的临床前研究	郭美丽	中国人民解放军第二军医大学
6	纳米生物磁小体靶向药囊治疗肝胆胰恶性肿瘤的研究	邹声泉	华中科技大学
7	CEA 人源化抗体与其放射免疫治疗剂联合治疗人结肠癌的研究	杨治华	中国医学科学院肿瘤医院肿瘤研究所
8	新型骨与骨关节疾病治疗性药物的开发	倪 建	上海中南生物技术有限公司
9	可诱导共刺激分子生物拮抗剂的研制和应用	沈 茜	中国人民解放军第二军医大学
10	自身免疫性疾病重组免疫毒素基因治疗的新技术研究	张 林	四川大学
11	RL 家族肿瘤表面抗原的发现及其在免疫治疗中的应用	蔡臻子	上海睿星基因技术有限公司
12	肝靶向丝裂霉素磁性纳米球研制	陈建海	中国人民解放军第一军医大学
13	恶性肿瘤靶向治疗药物载体技术平台的建立	马 洁	中国医学科学院肿瘤医院/肿瘤研究所分子肿瘤学国家重点实验室
14	重组抗乳腺癌免疫治疗融合蛋白	于永利	吉林大学
15	新型基因灭活药物 HepKex 治疗肝癌的临床前研究	周向军	深圳市清华源兴药业有限公司
16	新型丙型肝炎病毒疫苗的研制	张树林	陕西杨凌岱鹰生物技术研究所
17	新抗生素博宁霉素的开发研究	王海燕	中国医学科学院医药生物技术研究所
18	血吸虫病纳米疫苗的研制及其产业化	管晓虹	南京医科大学
19	新型纳米药物可控释放系统	罗 苹	上海睿星基因技术有限公司
20	重大疾病与药物筛选条件基因敲除小鼠动物模型的研究	谭焕然	北京大学医学部
21	双功能抗纤维化反义核酸药物及肽抗菌素 hPAB-β 研究	王正国	中国人民解放军第三军医大学
22	生物防御相关重要病原体快速检测技术体系的建立	祝庆余	中国人民解放军军事医学科学院微生物流行病研究所
23	肝癌复发转移早期预测因子试剂盒	赵 平	中国医学科学院肿瘤医院肿瘤研究所
24	治疗恶性肿瘤的纳米基因载体研究	张 红	中南大学
25	用可调控靶向载体携带抗癌基因治疗恶性肿瘤	裴子飞	中国科学院上海生物化学研究所
26	新型丙型肝炎病毒灭活疫苗研制	李尔广	广州中海潮生物技术有限公司
27	抗宫颈癌重组融合蛋白质疫苗的研制	明利华	中国医学科学院肿瘤医院肿瘤研究所
28	应用重组 AAV 基因载体治疗肺癌的临床前研究	许瑞安	中国医学科学院基础医学研究所
29	骨髓外来源的间充质干细胞的重建造血研究	崔 歧	中国医学科学院组织工程技术研究中心
30	抗肿瘤异种 EGFR 重组腺病毒疫苗的开发研究	卢 铀	四川大学
31	非清髓移植联合间充质干细胞预防移植物抗宿主病和促进植入的研究	艾辉胜	中国人民解放军军事医学科学院附属医院
32	在山羊的循环血液、肝脏和其他组织中含人源细胞嵌合体的研制及其功能分析	陈美珏	上海市儿童医院上海医学遗传研究所
33	脊髓源性神经干细胞修复脊髓损伤的研究	罗卓荆	中国人民解放军第四军医大学西京医院全军骨科研究所
34	以 VEGF 受体为靶点的小肽及小肽融合蛋白的抗肿瘤药物	寿成超	北京市肿瘤防治研究所
35	T-细胞肽疫苗治疗自身免疫病的研究	臧敬五	上海第二医科大学
36	人类新基因 HRG1 的肿瘤基因治疗研究	邱晓彦	北京大学医学部人类疾病基因研究中心
37	APA-BCC 长效镇痛微胶囊制备的中试及移植治疗癌痛的临床研究	薛毅珑	中国人民解放军总医院
38	基因修饰的治疗性 NK 细胞的建株及临床前研究	田志刚	中国科学技术大学

（续）

序号	课　题　名　称	课题组长	依　托　单　位
39	人类胚胎干细胞建系及向心肌和成骨细胞诱导分化	窦忠英	西北农林科技大学
40	动物细胞表达产品过程优化技术	米　力	中国人民解放军第四军医大学
41	微生物细胞表达产品过程优化技术	张嗣良	华东理工大学
42	产品分离纯化及质量控制技术平台	苏志国	中国科学院过程工程所
43	优质有色蚕丝基因的分子标记定位及其辅助育种	鲁　成	西南农业大学
44	影响鸡生长和体组成性状的主效基因检测研究	李　辉	东北农业大学
45	棉花优良纤维品质性状分子标记及聚合育种	刘惠民	山西省农业科学院
46	猪肉质及其他相关性分子标记辅助育种	李凤娥	华中农业大学
47	大豆品质分子标记辅助育种	朱保葛	中国科学院遗传与发育生物学研究所
48	小麦优质基因的分子标记与多基因聚合育种	张相岐	中国科学院遗传与发育生物学研究所
49	利用基因工程技术提高红豆杉中紫杉醇及其前体含量的研究	苗志奇	上海复旦迪恩生物技术有限公司
50	玉米对生性状的分子标记辅助选育种技术研究	程备久	安徽农业大学
51	小尾寒羊高繁殖力分子标记的研究	储明星	中国农业科学院畜牧研究所
52	早籼稻品质性状的分子标记及优质种质的创新	黄育民	厦门大学
53	利用植酸梅基因创建磷高效利用的环保型玉米、油菜新株系	陈茹梅	中国农业科学院生物技术研究所
54	耐盐、抗旱植物新品种的研究、开发及应用	张洪霞	中国科学院上海植物生理研究所
55	大规模抗虫转基因水稻育种技术体系建立	王　锋	中科丰乐生物技术有限责任公司
56	转基因食品安全性及标识标准	吴永宁	中国疾病预防控制中心营养与食品安全所
57	改良棉花纤维强度的转基因工程研究	刘进元	清华大学
58	马铃薯抗甲虫转基因育种体系的建立	张永强	中国农业科学院生物技术研究所
59	利用转基因技术培育耐盐耐旱玉米杂交种	张举仁	山东大学
60	利用数量抗病基因和主效抗病基因改良杂交水稻亲本对白叶枯病和稻瘟病的抗性	王石平	华中农业大学
61	转基因水稻南繁的环境与安全性评估	袁潜华	三亚市农业生物技术研究发展中心（国家863计划杂交水稻与转基因植物海南研究开发基地）
62	利用转基因技术改良水稻营养品质	张　健	上海交通大学
63	转基因抗白叶枯病杂交水稻的选育与规模化试验示范	王世全	四川农大高科农业有限责任公司
64	牧草抗寒、耐盐性状的基因工程改造	曹致中	四川禾本生物工程有限责任公司
65	培育安全的转 *Xa*21 抗白叶枯病优质杂交稻	翟文学	中国科学院遗传研究所
66	信阳大别山（江淮之间）超级杂交稻中试示范推广	尹保斌	河南省信阳市农业局
67	高效杀虫防病重组农用微生物的构建与相关功能基因的分离表达研究	郑爱萍	四川省农业生物技术工程研究中心
68	转 Bt 基因抗虫玉米生态安全性评价技术研究	王振营	中国农业科学院植物保护研究所
69	基因 TAC 的多基因无标记转化技术体系的创建和水稻多抗恢复系基因工程	张　伟	华南农业大学
70	转基因兔、羊乳腺生物反应器的开发和应用	范江霖	大连北方富新生物技术研究所
71	黄曲霉毒素解毒酶基因的克隆及其基因工程菌的构建	姚东生	暨南大学
72	高产甘油基因工程新菌株的构建及其在产业化中的应用	蒋　彦	四川川大光耀生物工程有限公司
73	酒精生产关键技术——普鲁兰酶工程菌构建及应用	黄遵锡	云南师范大学
74	石油微生物脱硫工程菌的构建和应用	邢建民	中国科学院过程工程研究所
75	聚羟基脂肪酸酯的微生物合成和应用	陈国强	清华大学

（续）

序号	课 题 名 称	课题组长	依 托 单 位
76	多功能（解磷、解钾）基因工程菌的构建及其应用	李明刚	南开大学
	基因操作技术主题		
1	DNA 生物计算机的进化算法及信息读取的研究	欧阳颀	北京大学物理学院
2	高通量人类基因组功能筛选和药靶开发	吴 骏	国家人类基因组南方研究中心
3	小片段干扰核酸在基因组研究和核酸制药方面的探索	梁子才	国家人类基因组北方研究中心
4	用于肿瘤免疫/基因治疗相关基因的克隆、鉴定与应用研究	廖 建	四川大学
5	逆转录病毒载体为基础的高通量功能基因组筛选技术平台	高光侠	中国科学院微生物研究所
6	典型儿童失神癫痫基因研究	潘 虹	北京大学医学部
7	精神疾病易感基因的研究	陈 刚	上海交通大学
8	中国人糖尿病易感基因及其功能研究	杨 泽	卫生部北京医院
9	心脏疾病及心脑血管并发症相关基因变异的研究	徐世杰	国家人类基因组南方研究中心
10	系列组织迁移相关新基因的功能及其与疾病的关系研究	瞿祥虎	军事医学科学院放射医学研究所
11	新型前列腺癌分子标志物及候选基因研究	周建光	军事医学科学院生物工程所
12	人红细胞中重要功能基因的研究	张俊武	中国医学科学院基础医学研究所医学分子生物学国家重点实验室
13	大脑学习和记忆相关基因的研究	李葆明	复旦大学
14	耐旱新基因的克隆及耐旱小麦、玉米的培育	胡鸢雷	北京大学
15	发现及克隆新的乙烯信息传递基因	文啟光	中国科学院上海植物生理研究所
16	小麦储藏蛋白相关基因的分离与表达研究	何光源	华中科技大学
17	基于水稻基因组序列的品质性状主效 QTL 克隆	徐明良	扬州大学
18	棉花高强纤维基因的克隆	陈明生	中国科学院遗传与发育生物学研究所
19	水稻光周期育性转换调控基因的分离、鉴定及转基因研究	谢先芝	中国科学院遗传与发育生物学研究所
20	植物耐逆基因资源的发掘和应用	向成斌	中国科学技术大学生命科学学院
21	小麦抗逆相关 DREB 基因的克隆与鉴定	马有志	中国农业科学院作物育种栽培研究所
22	主要农作物 DREB 基因的克隆及转化	刘 强	清华大学
23	棉花耐盐基因的分离、功能鉴定与应用	郑成超	山东农业大学
24	经济作物抗逆（抗盐及抗寒）分子机理及应用的研究	谢 旗	中山大学
25	水稻温敏不育基因的克隆及其不育机理的研究	庄楚雄	华南农业大学
26	稻瘟病抗性基因 Pi-d（t）2 和 Pi-zh 的鉴定与克隆	徐吉臣	中国科学院遗传研究所
27	特用高淀粉玉米淀粉合成代谢重要相关功能基因的克隆与鉴定	王英典	北京师范大学
28	调控水稻育性关键基因的克隆与功能分析	王 台	中国科学院植物研究所
29	小麦赤霉病抗性的基因表达谱分析及基因克隆研究	马正强	南京农业大学
30	植物分蘖调控相关基因分离鉴定	吕应堂	武汉大学
31	水稻人工染色体关键元件分离及相关转化技术研究	程祝宽	扬州大学
32	嗜热采油微生物-芽孢杆菌 NG80-2 的重要功能基因的识别、鉴定和表达	王 磊	南开大学
33	采油相关微生物功能基因的研究与开发	綦丹华	大庆石油管理局
34	运动发酵单胞菌发酵途径中乙醇合成等相关重要功能基因的研究	徐玉泉	中国农业科学院原子能利用研究所

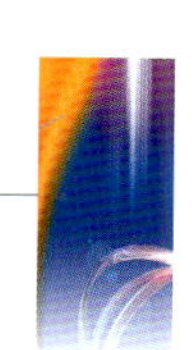

（续）

序号	课 题 名 称	课题组长	依 托 单 位
35	新型真核系统高效表达体系的构建	霍克克	复旦大学
36	新型原核系统高效表达体系的构建	覃重军	中国科学院上海植物生理研究所
37	新型植物系统高效表达体系的构建	陈晓英	中国科学院微生物研究所
38	利用基因表达系列分析法（SAGE）研究衰老和癌症发生机理	范清清	上海普泛生物技术有限责任公司
	生物信息技术主题		
1	药物靶点识别的生物信息学平台开发及应用／微生物基因组注释系统和功能基因数据库的开发	傅　刚	上海生物信息技术研究中心
2	数字化虚拟中国人的数据集构建与海量数据库系统	原　林	第一军医大学
3	功能基因组的信息分析／基因功能预测与药物靶标发现研究	凌伦奖	中国科学院生物物理所
4	植物抗盐碱与抗旱基因的整合信息技术平台及其应用	钟　杨	复旦大学
5	中国人群遗传多样性数据库的建立	石铁流	中国科学院上海生命科学研究院
6	生物信息学网络实验室 WEBLAB 的建立	罗静初	北京大学
7	基因调控信息集成数据库系统的研究与开发	孙　啸	东南大学
8	利用蛋白质组学的方法鉴定诱导免疫反应的异种同源蛋白	赵　霞	四川大学
9	应用蛋白质组技术对白血病细胞凋亡相关蛋白的高通量鉴定／人 IL－6 拮抗剂的分子设计	王红霞	军事医学科学院科学技术部
10	我国重大疾病大规模、快速蛋白质检测和诊断技术	何大澄	北京师范大学
11	药物先导结构发现的关键生物信息和化学信息技术及其应用研究	朱宏耀	中国科学院上海药物研究所
12	二咖啡酰奎宁酸抗乙型肝炎病毒一类创新药物研究	董俊兴	军事医学科学院放射医学研究所
13	几种重大疾病的小分子药物设计	程卯生	沈阳药科大学
14	镇痛与戒毒创新药-噻喏绯的研究	宫泽辉	军事医学科学院毒物药物研究所
15	基于 FKBPS 结构的神经退行性疾病防治药物的研究	聂爱华	军事医学科学院毒物药物研究所
16	抗心律失常性化合物 DDDC－K04 的临床前研究及新结构类型钾离子通道阻滞剂的设计、合成及活性筛选	柳　红	中国科学院上海药物研究所
17	逆转肿瘤多药耐药性新药 HZ08 的研究	黄文龙	中国药科大学
18	治疗类风湿性关节炎药物 SY0916 的临床前研究与开发	黄海洪	中国医科院药物研究所
19	抗真菌药物创制技术与全新药物设计研究	张万年	第二军医大学
20	新型肽库的建立及高亲和力多肽配体药物的筛选	薛沿宁	军事医学科学院基础医学研究所
21	基因组信息注释系统的标准建立和软件开发	昌增益	清华大学
22	功能基因组的信息分析	王翼飞	上海大学
23	复杂疾病或性状的遗传信息分析	朱　军	浙江大学
24	蛋白质结构与功能预测的新方法和新算法	孙之荣	清华大学
25	生物功能信息的整合、模拟与可视化	曾绍群	华中科技大学
	国际合作课题		
1	中欧生物技术与产业信息网的设计与构建	李　青	中国—欧盟生物技术中心
2	优质高产奶牛胚胎产业化合作开发	史远刚	宁夏四正生物工程技术研究中心
3	蛋白质组学新技术合作应用研究	高友鹤 何大澄	中国医学科学院基础医学研究所

（续）

序号	课题名称	课题组长	依托单位
4	重要病原微生物的后基因组研究	袁正宏 瞿涤	复旦大学、卫生部病毒基因工程国家重点实验室
5	基于E-SCIENCE的生命科学技术研究	姜涛	上海生物信息技术研究中心
6	HIV蛋白工程疫苗及乙型肝炎预防控制新方法的研究	邵一鸣 梁米芳	中国疾病预防控制中心
7	食品中持久性有机污染物膳食暴露、人体复合与健康效应的研究	吴永宁	卫生部营养与食品安全所
8	血液及血管干细胞生物学特性及基生长调控	韩忠朝 赵春华	中国医学科学院血液学研究所
9	纳米微粒靶向诊断与治疗	魏影允	北京盛泽伟业科技发展有限公司
10	水稻转录因子功能研究	张启发	华中农业大学
11	基因组水平的食源性病原菌发生机理研究	徐建国	中国疾病预防控制中心传染病预防控制所
12	新型抗肝癌免疫治疗疫苗的研究	陈红松	北京大学人民医院
13	家猪基因组计划	于军	中国科学院基因组信息学中心
14	中国海洋药用植物及其附生微生物中新药先导化合物的发现和结构优化	林文翰	北京大学医学部
15	小片断干扰核酸在基因组研究和核酸制药方面的探索	陈梅红	国家人类基因组北方研究中心
16	大熊猫基因资源库的建立	张志和	成都大熊猫繁育研究中心
17	牙周炎致病相关基因的研究	孟焕新	北京大学口腔医院
18	红瘢狼疮疾病相关基因鉴定及功能研究	陈顺乐	上海第二医科大学附属仁济医院、国家人类基因组南方研究中心
19	转基因大豆生物安全评价	吴孔明	中国农业科学院植物保护研究所
20	南方优质粳稻抗虫性分子育种	钱前	中国水稻研究所
21	中国和欧洲猪遗传多样性的分子鉴定及其保护	李宁	中国农业大学
22	生产燃料酒精用高效纤维素酶的研究	冯家勋	广西大学
23	具有抗癌活性ATP衍生物筛选研究	宋宝安	贵州大学
24	提高水稻光合效率的分子机理和基因工程	郑建初	江苏省农业科学院
25	氨基酸及功能蛋白的研发	魏东 胡玉瑚	中国新疆—亚美尼亚生物工程研发中心
26	中国生物技术与产业网的构建与开发	王宏广	中国生物工程开发中心

二、2002年973计划重大项目列表（生物部分）

项目编号	项目名称	首席科学家	单位	项目依托部门
2002CB5128	基于生物信息学的药物新靶标的发现和功能研究	陈国强 蒋华良	上海第二医科大学 中国科学院上海药物所	上海市科委 中国科学院
2002CB5129	环境化学污染物致机体损伤及其防御的基础研究	魏庆义 金力	中国疾病预防控制中心 复旦大学	卫生部 教育部
2002CB5130	炎症的细胞信号转导网络及其调控机制	李林 姜勇	中国科学院上海生化所 第一军医大学	中国科学院 总后卫生部

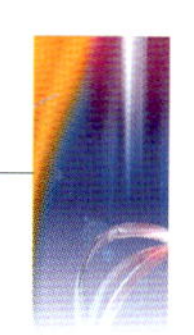

（续）

项目编号	项 目 名 称	首席科学家	单 位	项目依托部门
2002CB5131	恶性肿瘤侵袭和转移的机理及分子阻遏	马 丁	华中科技大学	教育部
		詹启敏	中国医学科学院肿瘤所	卫生部
2002CB4123	湖泊富营养化过程与蓝藻水华暴发机理研究	刘永定	中国科学院水生生物所	中国科学院
		金相灿	中国环境科学研究院	国家环保总局
2002CB7137	调控细胞增殖重要蛋白质作用网络的研究	姚雪彪	中国科技大学	中国科学院
2002CB7138	生命科学若干前沿与交叉问题研究	章杨培	军事医学科学院	总后卫生部
2002CB1113	重要农作物品质性状功能基因组学与分子改良的研究	王道文	中国科学院遗传与发育生物学研究所	中国科学院
		何中虎	中国农业科学院作物育种与栽培所	农业部
2002CB1114	农林危险生物入侵机理与控制基础研究	万方浩	中国农业科学院生物防治所	农业部
		郑小波	南京农业大学	

三、2002年973计划课题分解明细

1.基于生物信息学的药物新靶标的发现和功能研究

序号	课 题 名 称	课题负责人	主要承担单位
1	高通量药物靶标识别的系统生物信息学技术体系建立	姜 涛	上海生物信息技术研究中心
2	药物靶标模拟筛选的结构生物信息体系建立	蒋华良	中国科学院上海药物研究所
3	抗葡萄球菌的药物靶标的发现和功能研究	瞿 涤	复旦大学上海医学院
4	抗结核杆菌药物靶标的发现和验证	王洪海 高 谦	复旦大学、中国科学院武汉病毒所
5	利用蛋白质-蛋白质相互作用信息发现针对M2b型白血病的药物靶标	陈国强 童建华	上海第二医科大学附属瑞金医院 上海血液学研究所 中国医学科学院天津血液学研究所
6	利用原创型细胞分化模型发现诱导分化治疗白血病的药物靶标	李 稻 赵 倩	上海第二医科大学 中国科学院上海生命科学院健康科学中心
7	以中草药有效成分为探针发现和验证药物靶标	岳建民	中国科学院上海药物研究所

2.环境化学污染物致机体损伤及其防御的基础研究

序号	课 题 名 称	课题负责人	主要承担单位
1	ECPs应答基因的筛选、鉴定和重要应答基因和蛋白的表达调控研究	余应年	浙江大学 中国医学科学院
2	ECPs重要易感基因SNPs及其单倍型筛选鉴定及相关功能研究	卢大儒	复旦大学 南京医科大学

（续）

序号	课 题 名 称	课题负责人	主要承担单位
3	ECPs 致 DNA 损伤及其修复与遗传通路的研究	郑玉新	中国疾病预防控制中心 中山大学
4	机体对 ECPs 致 DNA 损伤的耐受与适应机制及外遗传通路的研究	庄志雄	中山大学 浙江大学
5	重要应答蛋白参与 ECPs 致细胞损伤与保护的研究	邬堂春	华中科技大学、复旦大学
6	ECPs 对细胞周期、相关信号转导和关卡调控影响的机制研究	周宗灿	北京大学 中国疾病预防控制中心
7	ECPs 致神经系统损伤及其防御的机制研究	谢克勤 阮迪云	山东大学 中国科学技术大学
8	ECPs 致生殖内分泌紊乱及其调节机制的研究	王心如	南京医科大学 华中科技大学
9	环境医学相关生物资源库和 ECPs 损伤–防御的信息数据库	金　力	复旦大学
10	建立以生物标志物为基础的 ECPs 危险性评价模式和预警系统	魏庆义	中国疾病预防控制中心

3. 炎症的细胞信号转导网络及其调控机制

序号	课 题 名 称	课题负责人	主要承担单位
1	动脉内皮细胞刺激与损伤的信号转导网络及调控机制	唐　宏	中国科学院微生物研究所
2	单核 / 巨噬细胞分化与成熟的信号转导网络及调控机制	廖　侃	中国科学院上海生科院生化与细胞所
3	泡沫细胞形成与凋亡的信号转导网络及调控机制	李伯良	中国科学院上海生科院生化与细胞所
4	SIRS 过程中白细胞激活的信号转导网络及其调控机制	殷志敏	南京师范大学　南京大学
5	SIRS 过程中内皮细胞激活的信号转导网络及其调控机制	姜　勇	第一军医大学
6	白细胞和内皮细胞黏附的信号转导网络及其调控机制	耿建国	中国科学院上海生科院生化与细胞所 中国科学院上海有机所
7	免疫细胞和滑膜细胞功能异常的信号转导网络及调控机制	药立波	第四军医大学　清华大学
8	炎症反应的细胞信号转导的蛋白质相互作用网络	李　林	中国科学院上海生科院生化与细胞所

4. 调控细胞增殖重要蛋白质作用网络的研究

序号	课 题 名 称	课题负责人	主要承担单位
1	细胞有丝分裂蛋白质作用调控网络的研究	姚雪彪	中国科学技术大学
2	细胞凋亡调控蛋白质作用网络的研究	吴　缅	中国科学技术大学
3	细胞分裂退出蛋白质作用调控网络的研究	胡仁明	复旦大学
4	端粒功能调控网络的研究	黄　河	浙江大学

5.恶性肿瘤侵袭和转移的机理及分子阻遏

序号	课 题 名 称	课题负责人	主要承担单位
1	细胞周期调控与肿瘤恶性增殖的关系及其分子机理	詹启敏	中国医学科学院肿瘤研究所
2	细胞凋亡和分化的调节及其在肿瘤侵袭中的作用	陈 佺	中国科学院动物研究所 中国医学科学院基础医学所
3	新型细胞刺激因子在肿瘤细胞侵袭性生长中的作用及分子机理研究	郑晓飞	军事医学科学院放射医学所
4	肿瘤转移微环境的变化及其与转移器官的相互作用	覃文新 李锦军	上海市肿瘤研究所
5	肿瘤转移相关基因的研究	郑 杰 陆应麟	北京大学医学部 军事医学科学院基础医学所
6	粘附分子在肿瘤转移过程中的作用与机理	孙启鸿 娄晋宁	军事医学科学院放射医学所 中日友好医院临床医学所
7	SMART 克隆肿瘤转移效应基因及靶向阻遏研究	马 丁	华中科技大学同济医学院
8	恶性肿瘤增殖阻遏机制研究	邵荣光	中国医学科学院医药生物技术所 中国医学科学院肿瘤所
9	肿瘤转移潜伏细胞和微转移病灶的早期诊断及清除	冯作化 周剑峰	华中科技大学同济医学院
10	生物纳米技术用于恶性肿瘤侵袭和转移的分子机理研究	王柯敏	湖南大学

6.湖泊富营养化过程与蓝藻水华暴发机理研究

序号	课 题 名 称	课题负责人	主要承担单位
1	湖泊富营养化驱动机制的反演和模拟研究	于 革 徐南妮	中国科学院南京地理湖泊研究所 中国环境科学研究院
2	集水区入湖营养物质发生过程与机理研究	候文华 汪金舫	中国环境科学研究院 中国科学院南京土壤研究所
3	入湖小流域生态系统特征及水网区生源要素输移过程研究	王 超	河海大学 中国科学院南京地理湖泊研究所
4	湖泊水—沉积物界面过程对营养物迁移转化影响研究	金相灿 刘剑彤	中国环境科学研究院 中国科学院水生生物研究所
5	水文过程与气象因子对湖泊富营养化和水华暴发的驱动作用	孔繁翔 张永春	中国科学院南京地理湖泊研究所 国家环境保护总局南京环科所
6	水华蓝藻生消的生物学机制	宋立荣 吴兆录	中国科学院水生生物研究所 云南大学
7	水生植被退化与恢复的机理	尹大强 叶 春 许秋瑾	南京大学 中国环境科学研究院
8	湖泊富营养化成灾机理及危害	潘 纲 肖邦定	中国科学院生态环境研究中心 中国科学院水生生物研究所
9	富营养型湖泊稳态转换和生态系统调控原理	刘永定 李 伟	中国科学院水生生物研究所 中国科学院武汉植物研究所
10	湖泊流域复合生态系统管理原理和模型研究	刘忠翰 蔡庆华	云南省环境科学研究所 中国科学院水生生物研究所

7.生命科学若干前沿与交叉问题研究

序号	课题名称	课题负责人	主要承担单位
1	结构基因组学中的衍射相位问题	范海福	中国科学院物理所
		梁栋材	中国科学院生物物理所
2	量子点、绿色荧光蛋白荧光光谱学与生命科学	阮康成	中国科学院生化细胞所
		邹炳锁	中国科学院物理所
			中国科学院化学所
			中国科学院长春光机与物理所
3	SPR 技术与生物大分子相互作用	费　俭	中国科学院生化细胞所
			中国科学院化学所
			中国科学院物理所
			中国科学院长春应用化学所
4	细胞的物理化学修饰	章扬培	军事医学科学院野战输血所
		马小军	中国科学院大连化物所
			军事医学科学院放射医学所
5	基因网络中蛋白质相互作用的分子动力学	陈润生	中国科学院生物物理所
			中国科学院物理所
6	生物大分子核磁共振波谱技术的研究与应用	叶朝辉	中国科学院武汉物理数学所
			中国科学技术大学
7	基于信息技术的蛋白质组研究	高　文	中国科学院计算所
			中国科学院上海生命科学研究院
			中国科学院上海生化细胞所
8	活细胞单分子实时视见研究	罗建红	浙江大学医学院
			浙江大学化学系
			中国科学院上海有机化学所
			第二军医大学中国科学院
			上海光机所

8.重要农作物品质性状功能基因组学与分子改良的研究

序号	课题名称	课题负责人	主要承担单位
1	小麦籽粒品质性状相关基因的分离与表达研究	张相岐	中国科学院遗传与发育生物学研究所
			中国农业科学院作物育种栽培研究所
2	利用转基因和突变体技术研究小麦籽粒品质性状相关基因的功能	王道文	中国科学院遗传与发育生物学研究所
			华中科技大学
3	大豆和棉花品质性状相关基因的分离、表达及功能研究	陈晓亚	中国科学院植物生理生态研究所
			中国科学院遗传与发育生物学研究所
4	小麦和大豆品质性状分子改良技术体系的建立与应用研究	何中虎	中国农业科学院作物育种栽培研究所
		盖钧镒	南京农业大学

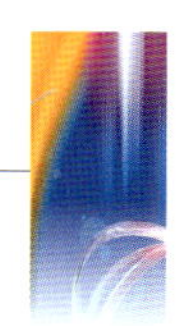

9.农林危险生物入侵机理及控制基础研究

序号	课 题 名 称	课题负责人	主要承担单位
1	农林危险入侵生物种群的遗传分化与演变机制	谢丙炎	中国农业科学院蔬菜花卉研究所
		罗 晨	北京市农林科学院植保环保研究所
2	农林危险入侵生物的分子生态适应机制	郑小波	南京农业大学
		雷仲仁	中国农业科学院植物保护研究所
3	农林危险入侵生物种群形成与扩张的生态机制	万方浩	中国农业科学院生物防治研究所
		刘树生	浙江大学
4	农林生态系统对危险生物入侵的抵御机制	骆有庆	北京林业大学
		吕 全	中国林业科学研究院森林保护研究所
5	农林危险生物入侵风险和环境经济评估的模式与体系	徐海根	国家环境保护总局南京环境科学研究所
		刘凤权	南京农业大学
6	农林危险入侵生物快速检测的分子基础	陈万权	中国农业科学院植物保护研究所
		韩丽娟	北京出入境检验检疫局
7	重要农林危险入侵生物可持续控制策略与途径	张青文	中国农业大学
		刘万学	中国农业科学院生物防治研究所

四、2002年度国家自然科学基金资助情况（生命科学部分）

（单位：万元）

	评审组	合计		自由申请项目		青年基金项目		地区基金项目		重点项目		杰出青年			GM 专项		仪器专项	
												国家	海外	香港合作				
		项数	金额	项数	金额	项数	金额	项数	金额	项数	金额	项数	项数	项数	项数	金额	项数	金额
1	微生物学	537	12 508.82	399	8 847.55	66	1 439.50	44	881.77	8	1 340.00	11	9					
2	植物学	476	10 562.76	347	7 096.05	42	840.78	55	1 177.93	9	1 448.00	16	7					
3	生态学	387	9 078.42	274	6 338.30	44	897.24	46	1 032.88	5	810.00	15	3					
4	林学	296	7 398.80	231	5 518.95	32	594.78	29	645.07	4	640.00							
5	生物化学与分子生物学	360	9 404.81	232	5 412.20	55	1 227.51	10	179.10	16	2 586.00	21	24	2				
6	遗传学	388	9 187.41	281	6 425.11	58	1 248.20	19	554.10	6	960.00	17	7					
7	细胞生物学与发育生物学	357	9 081.49	270	6 130.98	62	1 340.81	16	309.70	9	1 300.00							
8	免疫学	410	9 833.68	305	6 617.59	63	1 379.14	11	212.95	10	1 598.00	8	12		1	26		
9	神经科学与心理学	539	12 396.74	386	8 370.14	81	1 636.83	14	274.77	13	2 115.00	25	20					
10	生物物理学与生物医学工程	545	12 039.93	448	9 840.19	83	1 770.84	10	197.20	0	0.00				1	31.7	3	200
11	农学	1 178	28 136.94	888	20 335.46	117	2 481.47	132	2 941.41	14	2 378.60	22	5					
12	畜牧兽医与水产学	696	16 723.35	476	10 804.37	91	1 895.81	83	1 863.17	15	2 160.00	22	9					
13	动物学	349	7 640.12	271	5 215.47	34	697.86	38	716.79	6	1 010.00							
14	生理学与病理学	1 331	32 067.96	988	22 175.92	223	4 651.75	58	1 516.49	25	3 723.80	23	14					
15	预防医学与卫生学	758	19 064.03	547	12 234.40	120	2 448.83	59	1 235.80	15	3 097.00	9	4		2	48		
16	临床医学基础学科	2 303	49 444.11	1 745	37 457.91	432	9 110.88	80	1 657.37	9	1 183.30	21	15		1	34.65		
17	中医学与中药学	1 078	22 739.85	878	18 535.48	130	2 419.04	55	1 075.33	5	710.00	9		1				
18	药物学与药理学	533	12 948.85	397	8 858.57	87	1 819.15	15	294.33	12	1 976.80	12	10					
	合　计	12 521	290 258.07	9 363	206 214.64	1 820	37 900.42	774	16 766.16	181	29 036.50	231	139	3	5	140	3	200

五、2002年重大研究计划项目资助情况

1.2001年启动的重大研究计划在2002年继续资助

研究计划名称	受理项目数	批准项目数	资助经费（万元）
真核生物重要生命活动过程的信息基础	74	29	1 500
中医药学几个关键科学问题的现代研究	608	59	1 980
中国西部环境和生态科学	110	20	1 500

2.重大研究计划《真核生物重要生命活动过程的信息基础》2002年资助项目一览表

（单位：万元）

序号	编号	申请人	项目名称	单 位	申请金额	资助金额	备 注
1	90208009	朱立煌	在水稻的分化发育进程中转录组和蛋白组变化的比较研究	中国科学院遗传与发育生物学研究所	500	120	生命科学部推荐
2	90208003	孟安明	Nodal受体胞内运输相关蛋白的鉴定及对中胚层诱导	清华大学	220	80	生命科学部推荐
3	90208045	尧德中	脑功能信息提取新技术及自主软件平台	电子科技大学	169	110	信息科学部推荐
4	90208013	孙大业	调节植物分化发育的质外体多肽分子及其信息传递	河北师范大学	250	100	生命科学部推荐
5	90208023	杨洪全	高等植物光控发育和生物节律性的信息基础	中国科学院上海植物生理研究所	250	90	生命科学部推荐
6	90208004	李朝义	视觉信息的加工和整合：视皮层整合野的结构和功能研究	中国科学院神经科学研究所	150	120	生命科学部推荐
7	90208027	廖 侃	脂肪细胞分化的信号分子网络及其分泌蛋白质组	中国科学院生化与细胞研究所	180	80	生命科学部推荐
8	90208043	王书荣	视觉运动分析的中枢神经回路及其调控作用	中国科学院生物物理研究所	200	100	生命科学部推荐

六、中国科学院生物领域重大项目列表

院重大项目

项 目 名 称	主 持 人
重要农作物育种新技术研究及新品种选育	王恢鹏
典型湖泊、海湾渔业资源调控及优质高效模式	刘永定
治疗数种重要疾病新天然药物的研究与开发	郝小江
澜沧江流域人文因素对生物多样性影响	许再富
中国特有珍稀脊椎动物繁殖行为生态学研究	蒋志刚
木本植物—微生物共生生态及应用技术研究	张成刚
若干重要濒危植物的进化生物学研究	洪德元
广西十万大山动物区系、分布格局与演化形成	黄大卫
长江中下游浅水湖群的比较沼泽学研究	崔亦波
中国北方地区七千万年以来植物的演化及环境	李承森
农田重要虫鼠害防治技术及成灾机理研究	康　乐
生物农药的研制与开发	邱明华
中国西部高原与干旱生态系统与全球变化的关系	张新时
酶和受体水平的药物筛选新模型的建立和研究	陈凯先
热带亚热带退化生态系统的恢复与重建	彭少麟
主要鱼虾病害机理防治技术研究	潘金培
蛋白质功能的三维结构基础	周筠梅
动物卵子发育和早期发育的分子机制	王亚辉
扫描探针显微学及其在生物大分子结构研究中应用	李民干
水稻、拟南介和青菜转座基因插入突变库的构建	许政恺
灵长类的分子进化	张亚平
蛋白质功能区分析及蛋白质的识别与结合	冯佑民
动物卵激活和雌核发育的分子机理	孙方臻
细胞信号转导通路之间的相互作用	裴　钢
膜蛋白信号跨膜转导、跨膜运送及其调控	杨福愉
RNA 生物功能多样性	金由辛
小麦等农作物生物工程关键技术和品种改良	朱至清
生物技术药物的研究和开发	杨胜利
人源抗体工程研究	郭礼和
手性药物及中间体的合成与拆分	孙万儒

院重大特别支持项目

项 目 名 称	首 席 专 家
人基因组和后基因组研究及开发利用	李载平　赵国屏　裴　钢
水稻基因组测序与物理图完善	洪国藩
蛋白质功能的三维结构基础	周筠梅

（续）

治疗数种主要疾病的新药研制与开发	李伯良 郝小江
重要农作物优质高产新品种选育及关键技术研究育种	李振声

院知识创新重大项目

项 目 名 称	主 持 人
水稻基因组测序及其重要功能基因的分离和应用	洪国藩 薛勇彪
人类基因组和重要疾病基因的开发利用	李载平 赵国屏 裴 钢
《中国植物志》、《中国动物志》、《中国孢子植物志的编研》	魏江春

七、2002年中国科学家在部分生物学相关杂志发表论文统计

刊 名	发表总数	第一作者发表篇数	其他作者发表篇数	影响因子
《Nature》	14	12	2@	30.432
《Science》	17	10	7@	26.682
《Cell》	1*	1*	0	27.254
《Blood》	138	137	1@	9.273
总 数	170	160	10@	

* 香港特区

@ 在序号前有此标记的均是作为其他作者发表的文章

《Cell》收录的文章摘要（1篇）：

*1.bHLH蛋白的一种——Noc3p在芽殖酵母DNA的复制中发挥作用

作者：Yuexuan Zhang，Zhiling Yu，Xinrong Fu，and Chun Liang

出处：Cell，Vol 109，849—860，28 June 2002

作者单位：香港科技大学生化系

《Nature》收录的文章摘要（14篇）：

1.亚洲最早的泥盆纪四足动物

作者：Zhu M，Ahlberg PE，Zhao WJ，Jia LT

出处：NATURE 420 (6917)：760—761，DEC 26 2002

作者单位：中国科学院古脊椎动物与古人类学研究所

2.始祖鸟的‘另一半”

作者：Zhou ZH，Clarke JA，Zhang FC

出处：NATURE 420 (6913)：285—285，NOV 21 2002

作者单位：中国科学院古脊椎动物与古人类学研究所

3.在中国发现的不同寻常的兽角类恐龙

作者：Xu X，Cheng YN，Wang XL，Chang

CH，Chang H

出处：NATURE 419 (6904)：291—293，SEP 19 2002

作者单位：中国科学院古脊椎动物与古人类学研究所

4.一种接近于四足动物与肺鱼共同祖先的原始鱼类

作者：Zhu M，Yu XB

出处：NATURE 418 (6899)：767—770，AUG 15 2002

作者单位：中国科学院古脊椎动物与古人类学研究所

5.中国白垩纪早期的一种以种子为食的长尾鸟类

作者：Zhou ZH，Zhang FC

出处：NATURE 418 (6896)：405—409，JUL 25 2002

作者单位：中国科学院古脊椎动物与古人类学研究所

6.早白垩纪的中国鸟脚龙

作者：Xu Xing，Norell Mark A.，Wang Xiaolin，Makovicky Peter J.，Wu Xiao-Chun

出处：Nature (London) 415 (6873)：780—784，14 February 2002

作者单位：中国科学院古脊椎动物与古人类学研究所

7.发现于中国的一种角龙及角龙类的早期进化

作者：Xu X，Makovicky PJ，Wang XL，Norell MA，You HL

出处：NATURE 416 (6878)：314—317，MAR 21 2002

作者单位：中国科学院古脊椎动物与古人类学研究所

8.提高粮食产量，救助贫困人口

作者：Huang JK，Pray C，Rozelle S

出处：NATURE 418 (6898)：678—684，AUG 8 2002

作者单位：中国科学院地理与国家资源研究所中国农业政策中心

9.水稻第四号染色体的序列及其分析

作者：Feng Qi，Zhang Yujun，Hao Pei，Wang Shengyue，Fu Gang，Huang Yucheng，Li Ying，Zhu Jingjie，Liu Yilei，Hu Xin，Jia Peixin，Zhang Yu，Zhao Qiang，Ying Kai，Yu Shuliang，Tang Yesheng，Weng Qijun，Zhang Lei，Lu Ying，Mu Jie，Lu Yiqi，Zhang Lei S.，Yu Zhen，Fan Danlin，Liu Xiaohui，Lu Tingting，Li Can，Wu Yongrui，Sun Tongguo，Lei Haiyan，Li Tao，Hu Hao，Guan Jianping，Wu Mei，Zhang Runquan，Zhou Bo，Chen Zehua，Chen Ling，Jin Zhaoqing，Wang，Rong，Yin Haifeng，Cai Zhen，Ren Shuangxi，Lv Gang，Gu Wenyi，Zhu Genfeng，Tu Yuefeng，Jia Jia，Zhang Yi，Chen Jie，Kang Hui，Chen Xiaoyun，Shao Chunyan，Sun Yun，Hu Qiuping，Zhang Xianglin，Zhang Wei，Wang Lijun，Ding Chunwei，Sheng Haihui，Gu Jingli，Chen Shuting，Ni Lin，Zhu Fenghua，Chen Wei，Lan Lefu，Lai Ying，Cheng Zhukuan，Gu Minghong，Jiang Jiming，Li Jiayang，Hong Guofan，Xue Yongbiao，Han Bin

出处：Nature (London) 420 (6913)：316—320，21 November 2002

作者单位：中国科学院上海生命科学研究院国家基因研究中心

10.茉莉酮酸酯与水杨酸盐诱导表达草食动物细胞色素P450

作者：Li Xianchun，Schuler Mary A.，Berenbaum May R

出处：Nature（London）419（6908）：712—715，17 October 2002

作者单位：南京农业大学植保学院

*11.糖尿病与突变不存在普遍关联

作者：Lam CW

出处：NATURE 416（6882）：677—677，APR 18 2002

作者单位：香港中文大学化学病理学院

@*12.人类肿瘤BRAF基因的突变

作者：Davies H，Bignell GR，Cox C，Stephens P，Edkins S，Clegg S，Teague J，Woffendin H，Garnett MJ，Bottomley W，Davis N，Dicks N，Ewing R，Floyd Y，Gray K，Hall S，Hawes R，Hughes J，Kosmidou V，Menzies A，Mould C，Parker A，Stevens C，Watt S，Hooper S，Wilson R，Jayatilake H，Gusterson BA，Cooper C，Shipley J，Hargrave D，Pritchard-Jones K，Maitland N，Chenevix-Trench G，Riggins GJ，Bigner DD，Palmieri G，Cossu A，Flanagan A，Nicholson A，Ho JWC，Leung SY，Yuen ST，Weber BL，Siegler HF，Darrow TL，Paterson H，Marais R，Marshall CJ，Wooster R，Stratton MR，Futreal PA

出处：NATURE 417（6892）：949—954，JUN 27 2002

作者单位：

- 英国Wellcome Trust Sanger研究院肿瘤基因组计划研究小组
- 香港大学Queen Mary医学院外科
- 香港大学Queen Mary医学院病理科

@13.已知最早的真哺乳亚纲动物

作者：Ji Q，Luo ZX，Yuan CX，Wible JR，Zhang JP，Georgi JA

出处：NATURE 416（6883）：816—822，APR 25 2002

作者单位：

- 美国卡耐基国家历史博物馆
- 中国地质科学院
- 中国地质大学

@14.非鸟恐龙的“进化”羽

作者：Norell M，Ji Q，Gao KQ，Yuan CX，Zhao YB，Wang LX

出处：NATURE 416（6876）：36—37，MAR 7 2002

作者单位：

- 美国Norell M，Amer历史博物馆
- 中国地质科学院地理学院
- 中国辽宁省国土资源厅

《Science》发表文章（17篇）：

1. 转基因作物：从实验到投产——中国走过崎岖之路

作者：Yimin D，Mervis J

出处：SCIENCE 298（5602）：2317—2319，DEC 20 2002

作者单位：

2.HIV——在中国吸毒人群中传播

作者：Feng，Cheng；Des Jarlais，Don

出处：Science（Washington D C）298（5596）：1171，8 November 2002

作者单位：联合国HIV防治计划中国办事处

3.（箭状蠕虫）——可能为早寒武纪的毛颚类动物

作者：Chen，Jun-Yuan；Huang，Di-Ying

出处：Science（Washington D C）298（5591）：187，4 October 2002

作者单位：中国南京地质古生物学研究所

4.保护中国本土植物

作者：Huang，H；Han，X；Kang，L；Raven，P；Jackson，P. W；Chen，Y.

出处：Science（Washington D C）297（5583）：935—936，9 August 2002

作者单位：中国科学院

5.自身免疫性疾病位点——Bphs被证明为组胺受体H1

作者：Runlin Z. Ma，[12] Jianfeng Gao，[3] Nathan D. Meeker，[2] Parley D. Fillmore，[2] Kenneth S. K. Tung，[4] Takeshi Watanabe，[5] James F. Zachary，[2] Halina Offner，[6] Elizabeth P. Blankenhorn，[7] Cory Teuscher[3*]

出处：Science（Washington D C）297（5581）：620—623，26 July 2002

作者单位：中国科学院遗传所动物中心实验室

6.水稻基因组序列草图

作者：Yu Jun，Hu Songnian，Wang Jun，Wong Gane Ka-Shu，Li Songgang，Liu Bin，Deng Yajun，Dai Li，Zhou Yan，Zhang Xiuqing，Cao Mengliang，Liu Jing，Sun Jiandong，Tang Jiabin，Chen Yanjiong，Huang Xiaobing，Lin Wei，Ye Chen，Tong Wei，Cong Lijuan，Geng Jianing，Han Yujun，Li Lin，Li Wei，Hu Guangqiang，Huang Xiangang，Li Wenjie，Li Jian，Liu Zhanwei，Li Long，Liu Jianping，Qi Qiuhui，Liu Jinsong，Li Li，Li Tao，Wang Xuegang，Lu Hong，Wu Tingting，Zhu Miao，Ni Peixiang，Han Hua，Dong Wei，Ren Xiaoyu，Feng Xiaoli，Cui Peng，Li Xianran，Wang Hao，Xu Xin，Zhai Wenxue，Xu Zhao，Zhang Jinsong，He Sijie，Zhang Jianguo，Xu Jichen，Zhang Kunlin，Zheng Xianwu，Dong Jianhai，Zeng Wanyong，Tao Lin，Ye Jia，Tan Jun，Ren Xide，Chen Xuewei，He Jun，Liu Daofeng，Tian Wei，Tian Chaoguang，Xia Hongai，Bao Qiyu，Li Gang，Gao Hui，Cao Ting，Wang Juan，Zhao Wenming，Li Ping，Chen Wei，Wang Xudong，Zhang Yong，Hu Jianfei，Wang Jing，Liu Song，Yang Jian，Zhang Guangyu，Xiong Yuqing，Li Zhijie，Mao Long，Zhou Chengshu，Zhu Zhen，Chen Runsheng，Hao Bailin，Zheng Weimou，Chen Shouyi，Guo Wei，Li Guojie，Liu Siqi，Tao Ming，Wang Jian，Zhu Lihuang，Yuan Longping，Yang Huanming

出处：Science（Washington D C）296（5565）：79—92，5 April 2002

作者单位：中国科学院遗传所基因组与生物信息学研究中心

7.中国植物生物技术

作者：Jikun Huang，[1] Scott Rozelle，[2*] Carl Pray，[3] Qinfang Wang[4]

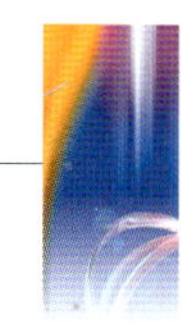

出处：Science（Washington D C）295（5555）：674—677，25 January 2002

作者单位：中国科学院地理与自然资源研究所中国农业政策中心

8.一种古果科植物——古老被子植物家族的新成员

作者：Sun Ge，Ji Qiang，Dilcher David L.，Zheng Shaolin，Nixon Kevin C.，Wang Xinfu

出处：Science（Washington D C）296（5569）：899—904，3 May 2002

作者单位：中国吉林大学古生物学研究中心

9.中国单位面积生物数量变化的计算

作者：Tang JY，Chen AP，Zhao SQ，Ci LJ

出处：SCIENCE 296（5572）：- MAY 24 2002

作者单位：

- 中国北京大学城市环境学院
- 中国林业科学研究院林业资源研究所

@10.一种东亚家犬起源的基因证据

作者：Savolainen Peter，Zhang Ya-ping，Luo Jing，Lundeberg Joakim，Leitner Thomas

出处：Science（Washington D C）298（5598）：1610—1613，22 November 2002

作者单位：

- 瑞典皇家技术研究院生物技术系
- 中国科学院昆明动物研究所动物分子生物学实验室
- 中国科学院昆明动物研究所分子进化与基因多态性实验室

@11.一种CCCH类型的锌指蛋白ZAP可抑制逆转录病毒RNA的生成

作者：Gao Guangxia，Guo Xuemin，Goff Stephen P

出处：Science（Washington D C）297（5587）：1703—1706，6 September 2002

作者单位：

- 美国哥伦比亚大学医学院生化与分子生物物理系
- 中国科学院微生物研究所

@12.中国与艾滋病——行动刻不容缓

作者：Kaufman J，Jing J

出处：SCIENCE 296（5577）：2339—2340，JUN 28 2002

作者单位：

- 美国哈佛大学
- 中国清华大学

@13.人类基因组多样性细胞系

作者：Cann Howard M.，De Toma Claudia，Cazes Lucien，Legrand Marie-Fernande，Morel Valerie，Piouffre Laurence，Bodmer Julia，Bodmer Walter F.，Bonne-Tamir Batsheva，Cambon-Thomsen Anne，Chen Zhu，Chu Jiayou，Carcassi Carlo，Contu Licinio，Excoffier Laurent，Ferrara G. B.，Friedlaender Jonathan S.，Groot Helena，Gurwitz David，Jenkins Trefor，Herrera Rene J.，Huang Xiaoyi，Kidd Judith，Kidd Kenneth K.，Langaney Andre，Lin Alice A.，Mehdi S. Qasim，Parham Peter，Piazza Alberto，Pistillo Maria Pia，Qian Yaping，Shu Qunfang，Xu Jiujin，Weber James L.，Greely Henry T.，Feldman Marcus W.，Thomas Gilles，Dausset Jean，Cavalli-Sforza L. Luca

出处：Science（Washington D C）296（5566）：261—262，12 April 2002

作者单位：

- 法国巴黎Foundation Jean Dausset—CEPH
- 中国上海基因组研究中心
- 中国医学科学院

@14.分布于古新世与始新世分界处的哺乳动物

作者：Gabriel J. Bowen，[1*] William C. Clyde，[2] Paul L. Koch，[1] Suyin Ting，[34] John Alroy，[5] Takehisa Tsubamoto，[6] Yuanqing Wang，[4] Yuan Wang[4]

出处：Science (Washington D C) 295 (5562)：2062—2065，15 March 2002

作者单位：

- 美国加州大学地理科学学院
- 中国科学院古脊椎动物与古人类学研究所

@15.独立于MAPKK激活的，TAB1–依赖性的p38 α自身磷酸化激活途径

作者：Baoxue Ge，[1] Hermann Gram，[2] Franco Di Padova，[2] Betty Huang，[3] Liguo New，[1] Richard J. Ulevitch，[1] Ying Luo，[34] Jiahuai Han[1*]

出处：Science (Washington D C) 295 (5558)：1291—1294，15 February 2002

作者单位：

- 美国Scripps研究院免疫学系
- 中国上海国家人类基因组研究中心

@16.人类与黑猩猩克隆比较图谱的构建分析

作者：Asao Fujiyama，[12*+] Hidemi Watanabe，[1*+] Atsushi Toyoda，[1*] Todd D. Taylor，[1*] Takehiko Itoh，[3*] Shih—Feng Tsai，[45*] Hong—Seog Park，[6*] Marie—Laure Yaspo，[7*] Hans Lehrach，[7] Zhu Chen，[8*] Gang Fu，[8*] Naruya Saitou，[2*] Kazutoyo Osoegawa，[9] Pieter J. de Jong，[9] Yumiko Suto，[10] Masahira Hattori，[1*+] Yoshiyuki Sakaki[111*+]

出处：Science (Washington D C) 295 (5552)：131—134，4 January 2002

作者单位：

- 日本横滨基因组研究中心
- 中国上海国家人类基因组研究中心

@17.传播疟疾的蚊子——按蚊的基因组序列

作者：Robert A. Holt，[1*+] G. Mani Subramanian，[1] Aaron Halpern，[1] Granger G. Sutton，[1] Rosane Charlab，[1] Deborah R. Nusskern，[1] Patrick Wincker，[2] Andrew G. Clark，[3] José M. C. Ribeiro，[4] Ron Wides，[5] Steven L. Salzberg，[6] Brendan Loftus，[6] Mark Yandell，[1] William H. Majoros，[16] Douglas B. Rusch，[1] Zhongwu Lai，[1] Cheryl L. Kraft，[1] Josep F. Abril，[7] Veronique Anthouard，[2] Peter Arensburger，[8] Peter W. Atkinson，[8] Holly Baden，[1] Veronique de Berardinis，[2] Danita Baldwin，[1] Vladimir Benes，[9] Jim Biedler，[10] Claudia Blass，[9] Randall Bolanos，[1] Didier Boscus，[2] Mary Barnstead，[1] Shuang Cai，[1] Angela Center，[1] Kabir Chatuverdi，[1] George K. Christophides，[9] Mathew A. Chrystal，[11] Michele Clamp，[12] Anibal Cravchik，[1] Val Curwen，[12] Ali Dana，[11] Art Delcher，[1] Ian Dew，[1] Cheryl A. Evans，[1] Michael Flanigan，[1] Anne Grundschober-Freimoser，[13] Lisa Friedli，[8] Zhiping Gu，[1] Ping Guan，[1] Roderic Guigo，[7] Maureen E. Hillenmeyer，[11] Susanne L. Hladun，[1] James R. Hogan，[11] Young S. Hong，[11] Jeffrey

Hoover,[1] Olivier Jaillon,[2] Zhaoxi Ke,[111] Chinnappa Kodira,[1] Elena Kokoza,[14] Anastasios Koutsos,[1516] Ivica Letunic,[9] Alex Levitsky,[1] Yong Liang,[1] Jhy－Jhu Lin,[16] Neil F. Lobo,[11] John R. Lopez,[1] Joel A. Malek,[6+] Tina C. McIntosh,[1] Stephan Meister,[9] Jason Miller,[1] Clark Mobarry,[1] Emmanuel Mongin,[17] Sean D. Murphy,[1] David A. O'Brochta,[13] Cynthia Pfannkoch,[1] Rong Qi,[1] Megan A. Regier,[1] Karin Remington,[1] Hongguang Shao,[10] Maria V. Sharakhova,[11] Cynthia D. Sitter,[1] Jyoti Shetty,[6] Thomas J. Smith,[1] Renee Strong,[1] Jingtao Sun,[1] Dana Thomasova,[9] Lucas Q. Ton,[11] Pantelis Topalis,[15] Zhijian Tu,[10] Maria F. Unger,[11] Brian Walenz,[1] Aihui Wang,[1] Jian Wang,[1] Mei Wang,[1] Xuelan Wang,[11] § Kerry J. Woodford,[1] Jennifer R. Wortman,[16] Martin Wu,[6] Alison Yao,[1] Evgeny M. Zdobnov,[9] Hongyu Zhang,[1] Qi Zhao,[1] Shaying Zhao,[6] Shiaoping C. Zhu,[1] Igor Zhimulev,[14] Mario Coluzzi,[18] Alessandra della Torre,[18] Charles W. Roth,[19] Christos Louis,[1516] Francis Kalush,[1] Richard J. Mural,[1] Eugene W. Myers,[1] Mark D. Adams,[1] Hamilton O. Smith,[1] Samuel Broder,[1] Malcolm J. Gardner,[6] Claire M. Fraser,[6] Ewan Birney,[17] Peer Bork,[9] Paul T. Brey,[19] J. Craig Venter,[16] Jean Weissenbach,[2] Fotis C. Kafatos,[9] Frank H. Collins,[11+] Stephen L. Hoffman[1||]

出处：Science（Washington D C） 298（5591）：129—149，4 October

作者单位：

- 美国康奈尔大学分子生物学与遗传学系
- 中国中山医科大学药理学院